"十二五"普通高等教育本科国家级规划教材

化工原理

（第四版） 下册

天津大学化工学院

柴诚敬 贾绍义 主编

中国教育出版传媒集团

高等教育出版社·北京

内容提要

　　本书是"十二五"普通高等教育本科国家级规划教材。全书以传递过程的理论和处理工程问题的方法论为两条主线,重点介绍化工单元操作的基本原理、过程计算、典型设备及其强化。全书共十二章,分上、下两册出版。上册包括流体流动、流体输送机械、非均相混合物分离及固体流态化、液体搅拌、传热、蒸发;下册包括传质与分离过程概论、气体吸收、蒸馏、液-液萃取和液-固浸取、固体物料的干燥、其他分离方法(结晶、膜分离及吸附等)。每章均有学习指导、例题、习题与思考题。本书还有机融入了课程思政元素,并以二维码的形式配套了多种类型的数字化资源。

　　本书专业适用面宽,可供高等院校化工、石油、生物、制药、食品、环境、材料等专业使用,也可供有关部门从事科研、设计、管理及生产等工作的科研人员参考。

图书在版编目(CIP)数据

　　化工原理. 下册／柴诚敬,贾绍义主编. -- 4 版. -- 北京 : 高等教育出版社,2023.7(2024.12重印)
　　ISBN 978-7-04-060424-5

　　Ⅰ. ①化… Ⅱ. ①柴… ②贾… Ⅲ. ①化工原理-教材 Ⅳ. ①TQ02

　　中国国家版本馆 CIP 数据核字(2023)第 080120 号

HUAGONG YUANLI

策划编辑　翟　怡	责任编辑　翟　怡	封面设计　王　洋	版式设计　李彩丽
责任绘图　黄云燕	责任校对　刁丽丽	责任印制　刁　毅	

出版发行	高等教育出版社	网　　址	http://www.hep.edu.cn
社　　址	北京市西城区德外大街 4 号		http://www.hep.com.cn
邮政编码	100120	网上订购	http://www.hepmall.com.cn
印　　刷	三河市华润印刷有限公司		http://www.hepmall.com
开　　本	787mm × 1092mm　1/16		http://www.hepmall.cn
印　　张	24.75	版　　次	2006 年 1 月第 1 版
字　　数	510 千字		2023 年 7 月第 4 版
购书热线	010-58581118	印　　次	2024 年 12 月第 5 次印刷
咨询电话	400-810-0598	定　　价	46.80 元

本书如有缺页、倒页、脱页等质量问题,请到所购图书销售部门联系调换
版权所有　侵权必究
物 料 号　60424-00

序

近年来,在国家不断加大对教育的政策支持,推动高等教育内涵式发展,主动应对新一轮科技革命和产业变革挑战的大背景下,我国的化工高等教育得到快速发展。服务国家战略和区域发展需求,深化工程教育改革,推动新工科建设的"再深化、再拓展、再突破、再出发",成为我国化工高等教育改革与发展的一种必然。

新工科以"应对变化、塑造未来"为建设理念,以"继承与创新、交叉与融合、协调与共享"为主要途径,培养多元化、创新型卓越工程人才。为此,加强多学科的交叉融合、促进教学组织模式的变革创新、建立以项目为链条的模块化课程体系、探讨强化工程思维和创造思维的项目式教学模式,以培养学生的问题求解能力与管控能力、分析与解决复杂工程问题的能力,是当今深化教学内容与教学方法改革、加强课程建设与教材建设的重要抓手。

教材是构成课程的主要元素之一。传统的教学模式以教师为中心,以知识传授为导向,此时教材只是知识的承载体,教学以讲授教材的内容为核心;而新工科倡导的是以学生为中心,以能力培养为导向,此时教材的功能发生转变,从单纯的知识承载体变成了学生自主学习的指南,教材不再是单纯的一本教科书,而应是包括各类案例素材、辅助阅读材料、在线学习网站等的一套完整系统,这也是当今教材建设的主导方向。

为与上述发展需求相适应,在高等教育出版社的建议与指导下,由天津大学柴诚敬、贾绍义两位教授领衔的教材编写团队,对该校编写的《化工原理》进行了新一轮修订,由此形成了第四版教材。新版教材内容先进、体系新颖、结构严谨、资源丰富,并注重对学生的工程实践能力、分析与解决复杂工程问题能力的培养。可以相信,该教材的出版发行,必将受到广大读者的欢迎与好评。

王静康

中国工程院院士、天津大学教授

2022 年 6 月

第四版前言

本书是"十二五"普通高等教育本科国家级规划教材,第一版和第二版分别为普通高等教育"十五"和"十一五"国家级规划教材。本书自问世以来,受到同行和读者的热情支持、鼓励和认可,总体反映良好。此次修订的总体思路是,在保持原书框架结构和特色风格的前提下优化教材内容;贯彻落实《习近平新时代中国特色社会主义思想进课程教材指南》的相关要求,有机融入课程思政元素,把立德树人贯穿教材修订全过程;以二维码的形式配套数字化资源,以适应新形势下教材建设和课程教学的需要。

第四版教材主要修订内容如下:

(1) 紧密跟踪化工领域科技进展和最新研究成果,对部分内容进行充实与更新,以体现教材的先进性;

(2) 对部分例题做适当调整,结合工程实际,加强解题分析,以提高学生分析与解决问题的能力;

(3) 对部分习题做适当调整,力求体现工程背景,适当补充综合性习题,按照"基础习题"和"综合习题"的顺序编排,以提高习题的客观性与适应性;

(4) 增加"课程思政"内容,在书中以媒体素材形式展现,以全面落实"课程思政"的任务要求;

(5) 增加"案例解析"内容,在书中以媒体素材形式展现,以提高学生的工程实践能力和解决复杂工程问题的能力;

(6) 增加"附录拓展"内容,在附录中以媒体素材形式展现,以拓展附录的数据来源,并使学生初步掌握相关标准的使用方法。

教材修订工作基本上由各章的原执笔者分别负责完成,根据工作需要适当补充了新的编者。具体分工如下:柴诚敬(绪论、流体输送机械、蒸馏、下册附录)、张国亮(流体流动、其他分离方法)、夏清(非均相混合物分离及固体流态化、固体物料的干燥)、韩煦(液体搅拌、非均相混合物分离及固体流态化)、刘明言(传热、液-液萃取和液-固浸取)、张凤宝(传热、液-液萃取和液-固浸取)、马永丽(传热、液-液萃取和液-固浸取)、李阳(蒸发、流体流动)、贾绍义(上册附录、传质与分离过程概论、气体吸收)。本书由柴诚敬、贾绍义担任主编,负责审阅定稿。

在本书的修订过程中,得到中国天辰工程有限公司相关技术人员、天津大学化工学院有关教师的大力支持和帮助,在此表示衷心的感谢!

编　者

2022 年 6 月

第三版前言

　　本书是"十二五"普通高等教育本科国家级规划教材,第一版和第二版分别为普通高等教育"十五"和"十一五"国家级规划教材。本书自问世以来,受到业界和读者的热情支持、鼓励和认可,总体反映良好。根据十多年来教学实践的检验,并考虑到学科的最新进展和课程教学的资源化需求,此次修订在保持原总体结构和特色风格的前提下,对部分内容进行删减、调整、更新和充实。

　　第三版教材主要修订内容如下:

　　(1) 对有关单元过程进一步加强了研究重点、发展前沿、强化途径、节能措施等内容的介绍,以启迪读者的创新思维;

　　(2) 对某些例题做适当的调整,结合工程实际,加强案例分析,突出应用型人才与创新能力的培养;

　　(3) 对某些章节的内容顺序做了局部调整,同时对工程上已少用的内容做了删除或精简;

　　(4) 附录中更新了部分内容;

　　(5) 在出版纸质教材的同时,建立数字课程网站,纸质教材与数字课程网站的教学资源相链接。

　　本次修订工作由各章的原执笔者承担,他们是柴诚敬(绪论、流体输送机械、液体搅拌、蒸发、蒸馏、下册附录)、张国亮(流体流动、其他分离过程)、夏清(非均相混合物分离及固体流态化、固体物料的干燥)、张凤宝(传热、液－液萃取和液－固萃取)、刘明言(传热)、贾绍义(上册附录、传质与分离过程概论、气体吸收),柴诚敬、贾绍义担任主编。

　　衷心地感谢天津大学化学工程学院的同事在本书修订工作中给予的热情支持和帮助。

编　者

2016 年 4 月

第二版前言

本书为普通高等教育"十一五"国家级规划教材,第一版为普通高等教育"十五"国家级规划教材。本书第一版自问世以来,受到同行的热情支持、鼓励和认可,总体反映良好。根据几年来教学实践的检验,并考虑到学科的最新进展,此次修订中,在保持原总体结构和特色风格的前提下,对部分内容进行了删减、调整、更新和充实。

第二版教材主要修订内容如下:

(1) 对有关单元过程进一步加强了研究重点、发展前沿、强化途径、节能措施等内容的介绍,以启迪读者的创新思维;

(2) 在相关单元过程中补充了具有工程背景、体现工程应用、有利于加深对基础理论理解的例题,以期读者在获取知识的同时提高工程能力;

(3) 增加了部分内容,某些章节的内容顺序做了局部调整,同时对工程上已少用的内容做了删除或精简;

(4) 附录中增加和更新了部分内容。

本次修订工作由各章的原执笔者承担,他们是柴诚敬(绪论、流体输送机械、液体搅拌、蒸发、蒸馏、下册附录)、张国亮(流体流动、其他分离过程)、夏清(非均相混合物分离及固体流态化、固体物料的干燥)、张凤宝(传热、液-液萃取和液-固萃取)、刘明言(传热)、贾绍义(上册附录、传质与分离过程概论、气体吸收)。

感谢天津大学化学工程学院的同事在本书修订工作中给予的热情支持和帮助。

编　者

2009 年 12 月

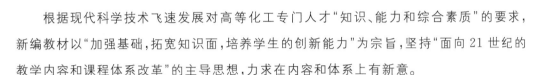

第一版前言

根据现代科学技术飞速发展对高等化工专门人才"知识、能力和综合素质"的要求，新编教材以"加强基础，拓宽知识面，培养学生的创新能力"为宗旨，坚持"面向21世纪的教学内容和课程体系改革"的主导思想，力求在内容和体系上有新意。

考虑到生物工程、制药工程、环境工程、食品工程等不同类型专业的需要，新编教材不仅拓展了内容，增加了新的知识点（如非牛顿流体的流动和传热、生物溶液的浓缩、冷冻干燥及固体浸取等），而且注意吸收本学科领域最新科技成果，及时反映学科发展的前沿，力求达到博而精，实现科学性、先进性和适用性的有机统一。

本教材以化工传递过程的基本理论和工程方法论为两条主线，突出工程学科的特点，系统而简明地阐述了化工单元操作的基本原理、过程计算、典型设备的结构特点及性能、过程或设备的强化途径等。全书分上、下两册出版。上册除绪论和附录外，包括流体流动、流体输送机械、非均相混合物分离及固体流态化、液体搅拌、传热和蒸发；下册包括传质与分离过程概论、气体吸收、蒸馏、萃取、干燥及其他分离过程（结晶、膜分离及吸附等）。

本教材在编写过程中，注意吸收我校在长期教材建设方面的经验和成果，按照学科的发展和认识规律，由浅入深、循序渐进、层次清晰、难点分散、理论联系实际，力求概念准确、论述严谨、可读性强。每章开篇有学习指导，且编入适量具有工程背景的实例、习题和思考题，有利于启迪思维，增强工程观念和创新意识，便于教与学。

本书可作为高等学校化工类及相关专业（化工、石油化工、生物、制药、环境、食品、材料、冶金等）的教材，也可供有关部门从事科研、设计、生产及管理等工作的科技人员参考。

本书主编柴诚敬。参加各章编写工作的有：柴诚敬（绪论、流体输送机械、液体搅拌、蒸发、蒸馏）、张国亮（流体流动、其他分离过程）、夏清（非均相混合物分离及固体流态化、干燥）、张凤宝（传热、液－液萃取和液－固萃取）、刘明言（传热）、贾绍义（附录、传质与分离过程概论、气体吸收）。王军、马红钦、吴松海、张裕卿、杨晓霞、张缨、姜峰等教师参加部分文字加工、素材搜集与制作等工作。在本书编写过程中，化工系的有关教师给予热情关心和支持，姚玉英、陈常贵等老师给予了具体的帮助，在此表示衷心的感谢。

本书承蒙清华大学蒋维钧教授主审,对书稿提出许多宝贵意见,在此致以诚挚的感谢。

　　由于编者水平所限,书中不妥之处甚至错误在所难免,恳请读者批评指正。

编　者

2005 年 1 月

目　录

第九章　蒸馏

第十章　液-液萃取和液-固浸取　　　　　　　　　　185

第十二章　其他分离方法 321

第七章 传质与分离过程概论

 学习指导

一、学习目的

通过本章的学习,掌握传质与分离过程的基本概念和传质过程的基本计算方法,为后面各章传质单元操作过程的学习奠定基础。

二、学习要点

1. 应重点掌握的内容

传质与分离过程的类型与选择;相组成的表示方法;传质的方式与描述;相际的对流传质模型——双膜模型;传质设备的基本类型和性能要求。

2. 应掌握的内容

相际的对流传质模型——溶质渗透模型和表面更新模型。

3. 应注意的问题

分子传质与导热、对流传质与对流传热具有类似性,在学习中应注意把握它们之间的类似性,以便于理解和记忆。学习分子传质问题的求解时,不要机械地记忆各过程的求解结果,应注意把握求解的思路和应用背景。

7.1 传质与分离过程概述

演示文稿

　　质量传递(简称传质)是自然界和工程技术领域普遍存在的现象,它与动量传递、热量传递一起构成了化工过程中最基本的三种传递过程,简称为"三传"。质量传递可以在一相内进行,也可在相际进行。质量传递的起因是系统内存在化学势的差异,这种化学势的差异可由浓度、温度、压力或外加电磁场等引起。在化工、石油、生物、制药、食品等工业过程中,质量传递是均相混合物分离的物理基础,同时,也是反应过程中几种反应物互相接触及反应产物分离的基本依据。

　　在近代工业的发展中,传质与分离过程起到了特别重要的作用。从航天飞机到核潜艇的制造,从绿色食品到珍贵药品的生产,从燃料油、润滑油到各种石油化工原料的提取,从生物化工到环境保护,都离不开对均相混合物的分离。

7.1.1　传质与分离方法

依据分离原理的不同,传质与分离过程可分为平衡分离、速率分离和场分离三大类。

一、平衡分离过程

平衡分离过程系借助分离媒介(如热能、溶剂、吸附剂等)使均相混合物系统变为两相系统,再以混合物中各组分在处于平衡的两相中分配关系的差异为依据来实现分离。因此,平衡分离属于相际传质过程。图7-1所示为几种相际传质过程的示意图,主要分为如下几种类型。

1. 气液传质过程

气液传质过程是指物质在气液两相间的转移,它主要包括气体的吸收(或脱吸)、气体的增湿(或减湿)、液体的蒸馏(或精馏)等单元操作过程,如图7-1中(a)、(b)、(c)所示。其中,蒸馏操作的气相是由液相经过汽化而得的。

2. 液液传质过程

液液传质过程是指物质在两个不互溶(或有限互溶)的液相间的转移,它主要包括液体的萃取等单元操作过程,如图7-1中(d)所示。

3. 液固传质过程

液固传质过程是指物质在液固两相间的转移,它主要包括结晶(或溶解)、液体吸附(或脱附)、浸取等单元操作过程,如图7-1中(e)、(f)、(g)所示。

4. 气固传质过程

气固传质过程是指物质在气固两相间的转移,它主要包括气体的吸附(或脱附)、固体物料的干燥等单元操作过程,如图7-1中(f)、(h)所示。

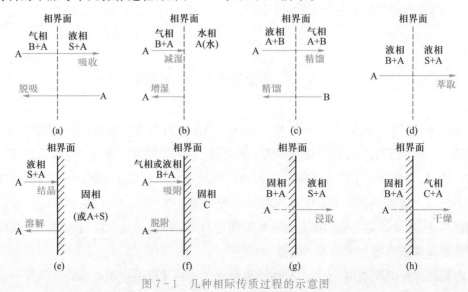

图7-1　几种相际传质过程的示意图

应予指出,上述的固体干燥、气体的增湿或减湿、结晶等单元操作过程同时遵循热量传递和质量传递的规律,一般将其列入传质单元操作。

在上述的平衡分离过程中,i 组分在互成平衡的两相中的组成关系常用相平衡常数(又称分配系数)K_i 来表示,即

$$K_i = y_i / x_i \tag{7-1}$$

式中,y_i、x_i 分别表示 i 组分在两相中的组成。K_i 值的大小通常取决于物系特性及操作条件(如温度、压力等)。i 和 j 两个组分的相平衡常数 K_i 和 K_j 之比称为分离因子 α_{ij},即

$$\alpha_{ij} = K_i / K_j \tag{7-2}$$

通常将 K 值大的当作分子,故 α_{ij} 一般大于 1。当 α_{ij} 偏离 1 时,便可采用平衡分离过程使均相混合物得以分离,α_{ij} 越大越容易分离。在某些传质单元操作中,分离因子又有专用名称,如在蒸馏中称为相对挥发度,在萃取中称为选择性系数等。

应予指出,相际传质过程的进行是以其达到相平衡为极限的,而两相平衡的建立往往需要经过相当长的接触时间。在实际操作中,相际的接触时间一般是有限的,某组分由一相迁移到另一相的量则由传质速率所决定。因此,在研究传质过程时,一般都要涉及两个主要问题,其一是相平衡,决定物质传递过程进行的极限,并为选择合适的分离方法提供依据;其二是传质速率,决定在一定接触时间内传递物质的量,并为传质设备的设计提供依据。只有将相平衡与传质速率二者统一考虑,才能获得最佳工程效益。

二、速率分离过程

速率分离过程是指借助某种推动力(如压力差、温度差、电位差等)的作用,利用各组分扩散速率的差异而实现混合物分离的单元操作过程。这类过程的特点是所处理的物料和产品通常属于同一相态,仅有组成的差别。膜分离为常见的速率分离过程,所谓的膜分离是指在选择性透过膜中,利用各组分扩散速率的差异而实现混合物分离的单元操作过程,它主要包括超滤、反渗透、渗析和电渗析等。

三、场分离过程

场分离是指在外场(如电场、磁场、离心力场等)作用下,利用各组分在外场中所呈现的某种特殊差异而实现(或强化)混合物分离的单元操作过程,它主要包括电泳、高梯度磁场分离、微波场分离和离心力场(超重力场)分离等。

应予指出,传质与分离过程的能量消耗通常是构成单位产品成本的主要因素之一,因此降低传质与分离过程的能耗,受到全球性普遍重视。膜分离和场分离是一类新型的分离操作,由于其具有节约能耗,不破坏物料,不污染产品和环境等突出优点,在稀溶液、生化产品及其他热敏性物料分离方面,有着广阔的应用前景。

四、分离方法的选择

对于一种均相混合物,有时可采用不同的方法进行分离,选择分离方法时应考虑以下主要因素:

（1）被分离物系的相态　通常，不同的分离方法适用于不同相态（气态、液态和固态）混合物的分离。例如，吸收方法用于气相混合物的分离，萃取方法用于液相混合物的分离等，故选择分离方法时应考虑被分离物系的相态。

（2）被分离物系的特性　被分离物系的特性通常是指热敏性、流动性、可燃性、挥发性及毒性等，这些特性对分离方法的选择往往具有决定性的作用。例如，对热敏性（物料受热易分解、聚合或氧化等）物系的分离，不宜采用蒸馏方法等。

（3）产品的质量要求　大多数化工产品都是经过分离过程获得的，产品的质量（包括纯度、外观等）通常与采用的分离方法密切相关。例如，对某些沸点差较小而熔点差较大的物系，若采用精馏方法分离，一般很难获得高纯度的产品，而采用结晶方法分离，则可获得高纯度的产品。

（4）经济程度　分离过程的经济程度主要取决于设备投资及操作费用等，选择分离方法时应予以充分考虑。例如，对某些液相混合物的分离，采用精馏方法通常能耗高，操作费用较高。

应予指出，选择分离方法除考虑上述的主要因素外，还应考虑场地和环境条件、环境保护的要求、可变因素（如原料组成、温度等）的影响。应根据具体条件，选择技术上先进，经济上合理，有利于可持续发展的最佳方案，以便充分调动有利因素，因地制宜，取得最大的经济效益和社会效益。

还应指出，化工生产过程中废气、废液和废渣的排放往往与所选择的分离方法有关。我国于2020年宣布了碳达峰、碳中和的目标愿景，即力争2030年前实现碳达峰，2060年前实现碳中和。实现"双碳"目标是党中央做出的重大战略决策，习近平总书记强调，要把碳达峰、碳中和纳入生态文明建设整体布局。为此，在选择分离方法时，应优先采用绿色分离技术，尽最大可能减少"三废"的排放，为实现"双碳"目标做出积极贡献。

7.1.2　相组成的表示方法

对于各种传质与分离过程，为了分析问题与设计计算的方便，通常采用不同的组成表示方法，常用的有以下几种。

一、质量浓度与物质的量浓度

1. 质量浓度

单位体积混合物中某组分的质量称为该组分的质量浓度，以符号 ρ 表示，其定义式为

$$\rho_A = \frac{m_A}{V} \qquad (7-3)$$

式中　　ρ_A——组分 A 的质量浓度（或密度），kg/m^3；

m_A——混合物中组分 A 的质量，kg；

V——混合物的体积，m^3。

若混合物由 N 个组分组成,则混合物的总质量浓度为

$$\rho_{总} = \sum_{i=1}^{N} \rho_i \tag{7-4}$$

2. 物质的量浓度

单位体积混合物中某组分的物质的量称为该组分的物质的量浓度,以符号 c 表示,其定义式为

$$c_A = \frac{n_A}{V} \tag{7-5}$$

式中　　c_A——组分 A 的物质的量浓度,$kmol/m^3$;

　　　　n_A——混合物中组分 A 的物质的量,kmol。

若混合物由 N 个组分组成,则混合物的总物质的量浓度为

$$c_{总} = \sum_{i=1}^{N} c_i \tag{7-6}$$

组分 A 的质量浓度与物质的量浓度的关系为

$$c_A = \frac{\rho_A}{M_A} \tag{7-7}$$

式中　　M_A——组分 A 的摩尔质量,kg/kmol。

二、质量分数与摩尔分数

1. 质量分数

混合物中某组分的质量占混合物的总质量的分数称为该组分的质量分数,以符号 w 表示,其定义式为

$$w_A = \frac{m_A}{m} \tag{7-8}$$

式中　　w_A——组分 A 的质量分数;

　　　　m——混合物的总质量,kg。

若混合物由 N 个组分组成,则有

$$\sum_{i=1}^{N} w_i = 1 \tag{7-9}$$

2. 摩尔分数

混合物中某组分的物质的量占混合物总物质的量的分数称为该组分的摩尔分数,以符号 x 表示,其定义式为

$$x_A = \frac{n_A}{n} \tag{7-10}$$

式中　　x_A——组分 A 的摩尔分数;

　　　　n——混合物总物质的量,kmol。

若混合物由 N 个组分组成,则有

$$\sum_{i=1}^{N} x_i = 1 \tag{7-11}$$

应予指出,当混合物为气液两相体系时,常以 x 表示液相中的摩尔分数,y 表示气相中的摩尔分数。

组分 A 的质量分数与摩尔分数的互换关系为

$$x_A = \frac{w_A/M_A}{\sum_{i=1}^{N}(w_i/M_i)} \tag{7-12}$$

及

$$w_A = \frac{x_A M_A}{\sum_{i=1}^{N}(x_i M_i)} \tag{7-13}$$

三、质量比与摩尔比

在某些传质单元操作过程(如吸收、萃取等)中,混合物的总质量(或总物质的量)是变化的。此时,若用质量分数(或摩尔分数)表示气液相组成,计算很不方便。为此引入以惰性组分为基准的质量比(或摩尔比)来表示气液相的组成。

1. 质量比

混合物中某组分质量与惰性组分质量的比值称为该组分的质量比,以符号 $\overline{X}$ 表示。若混合物中除组分 A 外,其余均为惰性组分,则组分 A 的质量比定义式为

$$\overline{X}_A = \frac{m_A}{m - m_A} \tag{7-14}$$

式中　　$\overline{X}_A$——组分 A 的质量比;

$m - m_A$——混合物中惰性组分的质量,kg。

质量比与质量分数的关系为

$$\overline{X}_A = \frac{w_A}{1 - w_A} \tag{7-15}$$

或

$$w_A = \frac{\overline{X}_A}{1 + \overline{X}_A} \tag{7-15a}$$

2. 摩尔比

混合物中某组分物质的量与惰性组分物质的量的比值称为该组分的摩尔比,以符号 X 表示。若混合物中除组分 A 外,其余均为惰性组分,则组分 A 的摩尔比定义式为

$$X_A = \frac{n_A}{n - n_A} \tag{7-16}$$

式中　　X_A——组分 A 的摩尔比;

$n - n_A$——混合物中惰性组分的物质的量,kmol。

摩尔比与摩尔分数的关系为

$$X_A = \frac{x_A}{1 - x_A} \tag{7-17}$$

或 $$x_A = \frac{X_A}{1+X_A} \tag{7-17a}$$

同样,当混合物为气液两相体系时,常以 X 表示液相的摩尔比,Y 表示气相的摩尔比。

◆ **例 7-1** 含乙醇(A)12%(质量分数)的水溶液,其密度为 $980\ kg/m^3$,试计算乙醇的摩尔分数、摩尔比及物质的量浓度。

解: 乙醇的摩尔分数为

$$x_A = \frac{w_A/M_A}{\sum\limits_{i=1}^{N}(w_i/M_i)} = \frac{0.12/46}{0.12/46+0.88/18} = 0.0507$$

乙醇的摩尔比为

$$X_A = \frac{x_A}{1-x_A} = \frac{0.0507}{1-0.0507} = 0.0534$$

溶液的平均摩尔质量为

$$\overline{M} = (0.0507 \times 46 + 0.9493 \times 18)\ kg/kmol = 19.42\ kg/kmol$$

乙醇的物质的量浓度为

$$c_A = c_总 x_A = \frac{\rho_总}{\overline{M}} x_A = \left(\frac{980}{19.42} \times 0.0507\right)\ kmol/m^3 = 2.558\ kmol/m^3$$

7.2 质量传递的方式与描述

演示文稿

与热量传递中的导热和对流传热类似,质量传递的方式有分子传质(分子扩散)和对流传质(对流扩散)两类。

7.2.1 分子传质(分子扩散)

一、分子扩散现象与费克定律

1. 分子扩散现象

分子传质又称为分子扩散,简称为扩散,它是由于分子的无规则热运动而形成的物质传递现象。因此,分子传质是微观分子热运动的宏观结果。分子传质在固体、液体和气体中均能发生。

如图 7-2 所示,用一块隔板将容器分为左、右两室,两室中分别充入温度及压力相同而浓度不同的 A、B 两种气体。设在左室中,组分 A 的浓度高于在右室中的浓度,而组分 B 的浓度低于在右室中的浓度。当隔板抽出后,由于气体分子的无规则热运动,左室中的 A、B 分子会窜入右

动画
分子扩散
现象

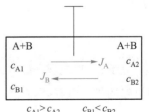

图 7-2 分子扩散现象

室,同时,右室中的 A、B 分子也会窜入左室。左、右两室交换的分子数虽相等,但因左室中 A 的浓度高于右室中的,故在同一时间内 A 分子进入右室较多而返回左室较少。同理,B 分子进入左室较多而返回右室较少,其净结果必然是物质 A 自左向右传递,而物质 B 自右向左传递,即两种物质各自沿其浓度降低的方向传递。

上述扩散过程将一直进行到整个容器中 A、B 两种物质的浓度完全均匀为止,此时,系统处于扩散的动态平衡中,在任一截面,物质 A、B 的净的扩散通量为零,即

$$J = J_A + J_B = 0 \tag{7-18}$$

式中　　J——混合物总的扩散通量,$kmol/(m^2 \cdot s)$;

　　　　J_A——组分 A 的扩散通量,$kmol/(m^2 \cdot s)$;

　　　　J_B——组分 B 的扩散通量,$kmol/(m^2 \cdot s)$。

2. 菲克(Fick)定律

实验表明,在二元混合物的分子扩散中,某组分的扩散通量与其浓度梯度成正比,该关系称为菲克定律,其数学表达式为

$$J_A = -D_{AB} \frac{dc_A}{dz} \tag{7-19}$$

及

$$J_B = -D_{BA} \frac{dc_B}{dz} \tag{7-20}$$

式中　　$\dfrac{dc_A}{dz}$、$\dfrac{dc_B}{dz}$——分别为组分 A、B 在扩散方向的浓度梯度,$(kmol \cdot m^{-3})/m$;

　　　　D_{AB}——组分 A 在组分 B 中的扩散系数,m^2/s;

　　　　D_{BA}——组分 B 在组分 A 中的扩散系数,m^2/s。

对于两组分扩散系统,在恒温下,总物质的量浓度为常数,即

$$c_{总} = c_A + c_B = 常数 \tag{7-21}$$

对式(7-21)微分,可得

$$\frac{dc_A}{dz} = -\frac{dc_B}{dz}$$

由式(7-18),可得

$$J_A = -J_B \tag{7-22}$$

因此,可得

$$D_{AB} = D_{BA} \tag{7-23}$$

式(7-23)表明,在两组分扩散系统中,组分 A 与组分 B 的相互扩散系数相等。

应予指出,式(7-19)、式(7-20)表达的菲克定律仅适用于描述由分子无规则热运动而引起的扩散过程,但在某些情况下,在进行分子扩散的同时还伴有混合物的总体流动。现以用液体吸收气体混合物中溶质组分的过程为例,说明总体流动的形成。如图7-3所示,设由 A、B 组成的二元气体混合物,其中 A 为溶质,可溶解于液体中,而 B 不能在液体

中溶解。这样,组分 A 可以通过气液相界面进入液相,而组分 B 不能进入液相。由于 A 分子不断通过相界面进入液相,在相界面的气相一侧会留下"空穴"。根据流体连续性原则,混合气体便会自动地向界面递补,这样就发生了 A、B 两种分子并行向相界面递补的运动,这种递补运动就形成了混合物的总体流动。很显然,通过气液相界面组分 A 的传质通量应等于由于分子扩散所形成的扩散通量与由于总体流动所形成的总体流动通量的和。此时,由于组分 B 不能通过相界面,当组分 B 随总体流动运动到相界面后,又以分子扩散形式返回气相主体中,故组分 B 的传质通量为零。

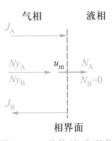

图 7-3　总体流动现象

由图 7-3 可知,若在扩散的同时伴有混合物的总体流动,则传质通量应为分子扩散通量与总体流动通量之和。对于组分 A,其传质通量为

$$N_A = J_A + y_A N \tag{7-24}$$

即

$$N_A = -D_{AB}\frac{dc_A}{dz} + y_A N \tag{7-25}$$

对于组分 B,其传质通量为

$$N_B = J_B + y_B N = 0 \tag{7-26}$$

即

$$D_{BA}\frac{dc_B}{dz} = y_B N \tag{7-27}$$

式中　　N_A、N_B——组分 A、B 的传质通量,$kmol/(m^2 \cdot s)$;

　　　　N——混合物的总传质通量,$kmol/(m^2 \cdot s)$;

　　　　y_A、y_B——组分 A、B 的摩尔分数。

式(7-25)给出在伴有混合物总体流动的分子传质过程中组分 A 的实际传质通量,通常称该式为菲克定律的普遍表达形式。

二、气体中的定态分子扩散

在传质单元操作过程中,定态分子扩散有两种形式,即双向定态扩散(反方向定态扩散)和单向定态扩散(一组分通过另一停滞组分的定态扩散),现分别予以讨论。

1. 等分子反方向定态扩散

等分子反方向定态扩散的情况通常在两组分的摩尔汽化潜热相等的蒸馏操作中遇到。如图 7-4 所示,用一段直径均匀的圆管将两个很大的容器连通,两容器内分别充有浓度不同的 A、B 两种气体,其中 $p_{A1} > p_{A2}$、$p_{B1} < p_{B2}$。设两容器内混合气体的温度及总压相同,两容器内均装有搅拌器,用以保持各自浓度均匀。显然,由于连通管两端存在浓度差,在连通管内将发生分子扩散现

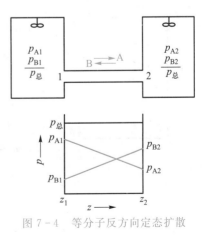

图 7-4　等分子反方向定态扩散

象,使组分 A 向右传递而组分 B 向左传递。因两容器内总压相同,所以连通管内任一截面上,组分 A 的传质通量与组分 B 的传质通量相等,但传质方向相反,故称为等分子反方向定态扩散。

对于等分子反方向定态扩散过程,有

$$N_A = -N_B$$

因此得

$$N = N_A + N_B = 0$$

将以上关系代入式(7-25),可得

$$N_A = J_A = -D_{AB}\frac{dc_A}{dz} \tag{7-28}$$

参考图7-4,式(7-28)的边界条件为

(1) $z = z_1$ 时,$c_A = c_{A1}$(或 $p_A = p_{A1}$);

(2) $z = z_2$ 时,$c_A = c_{A2}$(或 $p_A = p_{A2}$)。

求解式(7-28),并代入边界条件得

$$N_A = J_A = \frac{D_{AB}}{\Delta z}(c_{A1} - c_{A2}) \tag{7-29}$$

$$\Delta z = z_2 - z_1 \tag{7-30}$$

当扩散系统处于低压时,可按理想气体混合物处理,于是

$$c_A = \frac{p_A}{RT}$$

将上述关系代入式(7-29)中,得

$$N_A = J_A = \frac{D_{AB}}{RT\Delta z}(p_{A1} - p_{A2}) \tag{7-31}$$

式(7-29)、式(7-31)即为 A、B 两组分作等分子反方向定态扩散时的传质通量表达式,依此式可计算出组分 A 的传质通量。

2. 一组分通过另一停滞组分的定态扩散

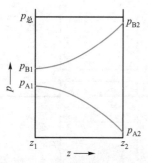

图7-5　一组分通过另一停滞组分的定态扩散

一组分通过另一停滞组分定态扩散的情况通常在吸收操作中遇到。如用水吸收空气中氨的过程,气相中氨通过不扩散的空气扩散至气液相界面,然后溶于水中,而空气在水中可被认为是不溶解的,故它并不能通过气液相界面,而是"停滞不动"的。

如图7-5所示,设由 A、B 两组分组成的二元混合物中,组分 A 为扩散组分,组分 B 为不扩散组分(称为停滞组分),组分 A 通过停滞组分 B 进行扩散。

由于组分 B 为不扩散组分,$N_B = 0$,因此得

$$N = N_A + N_B = N_A$$

将以上关系代入式(7-25),可得

$$N_A = -D_{AB}\frac{dc_A}{dz} + y_A N_A = -D_{AB}\frac{dc_A}{dz} + \frac{c_A}{c_\text{总}} N_A$$

整理得
$$N_A = -\frac{D_{AB}c_\text{总}}{c_\text{总} - c_A}\frac{dc_A}{dz} \tag{7-32}$$

在系统中取 z_1 和 z_2 两个平面。设组分 A、B 在平面 z_1 处的物质的量浓度分别为 c_{A1}、c_{B1},在平面 z_2 处的物质的量浓度分别为 c_{A2}、c_{B2},且 $c_{A1} > c_{A2}$、$c_{B1} < c_{B2}$,系统的总物质的量浓度 $c_\text{总}$ 恒定。则可列出式(7-32)的边界条件为

(1) $z = z_1$ 时,$c_A = c_{A1}$(或 $p_A = p_{A1}$);

(2) $z = z_2$ 时,$c_A = c_{A2}$(或 $p_A = p_{A2}$)。

求解式(7-32),并代入边界条件得

$$N_A = \frac{D_{AB}c_\text{总}}{\Delta z}\ln\frac{c_\text{总} - c_{A2}}{c_\text{总} - c_{A1}} \tag{7-33}$$

或
$$N_A = \frac{D_{AB}p_\text{总}}{RT\Delta z}\ln\frac{p_\text{总} - p_{A2}}{p_\text{总} - p_{A1}} \tag{7-34}$$

式(7-33)、式(7-34)即为组分 A 通过停滞组分 B 定态扩散时的传质通量表达式,依此式可计算出组分 A 的传质通量。

由于扩散过程中总压 $p_\text{总}$ 不变,故得

$$p_{B2} = p_\text{总} - p_{A2}$$

$$p_{B1} = p_\text{总} - p_{A1}$$

因此
$$p_{B2} - p_{B1} = p_{A1} - p_{A2}$$

于是
$$N_A = \frac{D_{AB}p_\text{总}}{RT\Delta z}\frac{p_{A1} - p_{A2}}{p_{B2} - p_{B1}}\ln\frac{p_{B2}}{p_{B1}}$$

令
$$p_{BM} = \frac{p_{B2} - p_{B1}}{\ln\dfrac{p_{B2}}{p_{B1}}}$$

p_{BM} 称为组分 B 的对数平均分压。据此得

$$N_A = \frac{D_{AB}p_\text{总}}{RT\Delta z\, p_{BM}}(p_{A1} - p_{A2}) \tag{7-35}$$

比较式(7-35)与式(7-31)可知,组分 A 通过停滞组分 B 定态扩散的传质通量较组分 A、B 进行等分子反方向定态扩散的传质通量相差 $p_\text{总}/p_{BM}$,前者为有总体流动的扩散过程,后者总体流动为零。因此,$p_\text{总}/p_{BM}$ 反映了总体流动对传质速率的影响,定义为"漂流因数"。因 $p_\text{总} > p_{BM}$,所以漂流因数 $p_\text{总}/p_{BM} > 1$,这表明由于有总体流动而使物质 A 的传递速率较单纯的分子扩散要大一些。当混合气体中组分 A 的浓度很低时,$p_{BM} \approx p_\text{总}$,因而 $p_\text{总}/p_{BM} \approx 1$,式(7-35)即可简化为式(7-31)。

◆ 例7-2　有两个大的容器,中间用一根内径为 25 mm、长为 150 mm 的圆管连接。在两个容器中,分别装有组成不同的 N_2 和 CO_2 混合气体。在第一个容器中,N_2 的摩尔分数为 0.82;在第二个容器中,N_2 的摩尔分数为 0.26。两容器中的压力均为常压,温度为 298 K。在常压和 298 K 条件下,N_2 在 CO_2 中的扩散系数为 0.167×10^{-4} m^2/s,试计算每小时从第一个容器定态扩散进入第二个容器的 N_2 量。

解:本例为组分 A(N_2)与组分 B(CO_2)的等分子反方向定态扩散问题,可由式(7-31)计算 N_2 的传质通量。

$$N_A = \frac{D_{AB}}{RT\Delta z}(p_{A1} - p_{A2})$$

其中

$$p_{A1} = y_{A1}p_{总} = (0.82 \times 1.013 \times 10^5)\,Pa = 8.307 \times 10^4\,Pa$$

$$p_{A2} = y_{A2}p_{总} = (0.26 \times 1.013 \times 10^5)\,Pa = 2.634 \times 10^4\,Pa$$

$$N_A = \left[\frac{0.167 \times 10^{-4}}{8314 \times 298 \times 0.150}(8.307 \times 10^4 - 2.634 \times 10^4)\right]\,kmol/(m^2 \cdot s)$$

$$= 2.549 \times 10^{-6}\,kmol/(m^2 \cdot s)$$

$$G_A = N_A \frac{\pi}{4}d^2 M_A$$

$$= (2.549 \times 10^{-6} \times 0.785 \times 0.025^2 \times 28)\,kg/s = 3.502 \times 10^{-8}\,kg/s$$

$$= 1.261 \times 10^{-4}\,kg/h$$

◆ 例7-3　在某一直立的细管底部装有少量的水,水在 315 K 的恒定温度下向干空气中蒸发。干空气的总压为 101.3 kPa,温度也为 315 K。水蒸气在管内的扩散距离(由液面至顶部)为 20 cm。在 101.3 kPa 和 315 K 条件下,水蒸气在空气中的扩散系数为 0.288×10^{-4} m^2/s。水在 315 K 时的饱和蒸气压为 8.26 kPa。试计算定态扩散时水蒸气的传质通量。

解:本例为组分 A(水蒸气)通过停滞组分 B(空气)的定态扩散问题,可由式(7-35)计算水蒸气的传质通量。

设在水面处,$z = z_1 = 0$,p_{A1} 等于水的饱和蒸气压,即

$$p_{A1} = 8.26\,kPa$$

在管顶部处,$z = z_2 = 0.20$ m,由于水蒸气的分压很小,可视为零,即

$$p_{A2} = 0$$

故

$$p_{B1} = p_{总} - p_{A1} = (101.3 - 8.26)\,kPa = 93.04\,kPa$$

$$p_{B2} = p_{总} - p_{A2} = 101.3\,kPa$$

$$p_{BM} = \frac{p_{B2} - p_{B1}}{\ln \dfrac{p_{B2}}{p_{B1}}} = \left(\frac{101.3 - 93.04}{\ln \dfrac{101.3}{93.04}} \right) \text{kPa} = 97.11 \text{ kPa}$$

故水蒸气的传质通量为

$$N_A = \frac{D_{AB} p_{\text{总}}}{RT \Delta z p_{BM}} (p_{A1} - p_{A2})$$

$$= \left[\frac{0.288 \times 10^{-4} \times 101.3}{8.314 \times 315 \times 0.20 \times 97.11} \times (8.26 - 0) \right] \text{kmol/(m}^2 \cdot \text{s)}$$

$$= 4.738 \times 10^{-7} \text{ kmol/(m}^2 \cdot \text{s)}$$

◆ 例 7-4 如本例附图所示,直径为 15 mm 的萘球在空气中沿径向进行一维定态扩散。空气的压力为 101.3 kPa,温度为 318 K,萘球表面温度亦维持 318 K。在此条件下,萘在空气中的扩散系数为 6.87×10^{-6} m²/s,萘的饱和蒸气压为 0.074 kPa,试计算萘球表面扩散的传质通量。

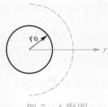

例 7-4 附图

解:本例为组分 A(萘)通过停滞组分 B(空气)的定态扩散问题。该扩散过程虽为定态,但因扩散面积沿径向是变化的,故扩散的传质通量为变量,而此时扩散速率仍为常量。

由

$$N_A = -D_{AB} \frac{dc_A}{dr} + y_A N$$

依题意

$$N_B = 0$$

得

$$N_A = -D_{AB} \frac{dc_A}{dr} + y_A N_A$$

$$= -\frac{D_{AB}}{RT} \frac{dp_A}{dr} + \frac{p_A}{p_{\text{总}}} N_A$$

整理得

$$N_A = -\frac{D_{AB} p_{\text{总}}}{RT(p_{\text{总}} - p_A)} \frac{dp_A}{dr}$$

扩散速率为

$$G_A = N_A A_r = 常数$$

$$A_r = 4\pi r^2$$

从而

$$\frac{G_A}{4\pi r^2} = -\frac{D_{AB} p_{\text{总}}}{RT(p_{\text{总}} - p_A)} \frac{dp_A}{dr}$$

整理得

$$-\frac{G_A RT}{4\pi D_{AB} p_{\text{总}}} \frac{dr}{r^2} = \frac{dp_A}{p_{\text{总}} - p_A}$$

当(1) $r = r_0$ 时,$p_A = p_{AS}$;

（2）$r \to \infty$ 时，$p_A \to 0$。

积分得
$$G_A = -\frac{4\pi D_{AB} p_总 r_0}{RT} \ln \frac{p_总 - p_{AS}}{p_总}$$

则
$$N_A \Big|_{r=r_0} = \frac{G_A}{4\pi r_0^2} = -\frac{D_{AB} p_总}{RT r_0} \ln \frac{p_总 - p_{AS}}{p_总}$$

$$= \left(-\frac{6.87 \times 10^{-6} \times 101.3}{8.314 \times 318 \times 0.0075} \ln \frac{101.3 - 0.074}{101.3} \right) \text{kmol/(m}^2 \cdot \text{s)}$$

$$= 2.565 \times 10^{-8} \text{ kmol/(m}^2 \cdot \text{s)}$$

三、液体中的定态分子扩散

通常液体中的扩散机理较为复杂，对其扩散规律的研究远不及对气体的研究得充分，因此只能仿效气体中的速率关系式写出液体中的相应关系式。

与气体中的定态扩散类似，液体中的定态扩散也分为双向定态扩散（反方向定态扩散）和单向定态扩散（一组分通过另一停滞组分的定态扩散）两种形式。

1. 等分子反方向定态扩散

仿照气体中的等分子反方向定态扩散过程，可写出液体中进行等分子反方向定态扩散时的传质通量方程为

$$N_A = \frac{D'_{AB}}{\Delta z}(c_{A1} - c_{A2}) \tag{7-36}$$

式中 D'_{AB}——组分 A 在溶剂 B 中的扩散系数，m^2/s。

2. 一组分通过另一停滞组分的定态扩散

溶质 A 在停滞的溶剂 B 中的扩散是液体扩散中最主要的方式，在吸收和萃取等操作中都会遇到。例如，用苯甲酸的水溶液与苯接触时，苯甲酸（A）会通过水（B）向相界面扩散，再通过相界面进入苯相中去，在相界面处，水不扩散，故 $N_B = 0$。依照气体中的一组分通过另一停滞组分的定态扩散过程，可写出液体中一组分通过另一停滞组分定态扩散时的传质通量方程为

$$N_A = \frac{D'_{AB}}{\Delta z} \frac{c_总}{c_{BM}}(c_{A1} - c_{A2}) \tag{7-37}$$

或
$$N_A = \frac{D'_{AB}}{\Delta z} \frac{c_总}{x_{BM}}(x_{A1} - x_{A2}) \tag{7-38}$$

其中
$$c_{BM} = \frac{c_{B2} - c_{B1}}{\ln \dfrac{c_{B2}}{c_{B1}}} \tag{7-39}$$

$$x_{BM} = \frac{x_{B2} - x_{B1}}{\ln \dfrac{x_{B2}}{x_{B1}}} \tag{7-40}$$

式中　　$c_\text{总}$——溶液的总物质的量浓度,$c_\text{总}=c_\text{A}+c_\text{B}$,kmol/m³;

$\quad\quad c_\text{BM}$——停滞组分 B 的对数平均物质的量浓度,kmol/m³;

$\quad\quad x_\text{BM}$——停滞组分 B 的对数平均摩尔分数。

◆ **例 7-5**　在 20 ℃下令某有机溶剂与乙醇水溶液接触,该有机溶剂与水不互溶。乙醇由水相向有机相扩散。设乙醇在水相中通过 2.5 mm 厚的停滞膜扩散,在膜的一侧(点 1)处,溶液的密度为 972.2 kg/m³,乙醇的质量分数为 0.165;在膜的另一侧(点 2)处,溶液的密度为 987.6 kg/m³,乙醇的质量分数为 0.065。20 ℃下乙醇在水中的平均扩散系数为 0.740×10^{-9} m²/s。试计算定态扩散时乙醇的传质通量。

解: 本例为组分 A(乙醇)通过停滞组分 B(水)的定态扩散问题,可由式(7-38)计算乙醇的传质通量。

点 1、点 2 处乙醇的摩尔分数分别为

$$x_\text{A1}=\frac{0.165/46}{0.165/46+0.835/18}=0.0718$$

$$x_\text{A2}=\frac{0.065/46}{0.065/46+0.935/18}=0.0265$$

$$x_\text{B1}=1-x_\text{A1}=1-0.0718=0.9282$$

$$x_\text{B2}=1-x_\text{A2}=1-0.0265=0.9735$$

$$x_\text{BM}=\frac{x_\text{B2}-x_\text{B1}}{\ln\dfrac{x_\text{B2}}{x_\text{B1}}}=\frac{0.9735-0.9282}{\ln\dfrac{0.9735}{0.9282}}=0.9507$$

点 1、点 2 处溶液的平均摩尔质量为

$$M_1=(0.0718\times46+0.9282\times18)\ \text{kg/kmol}=20.01\ \text{kg/kmol}$$

$$M_2=(0.0265\times46+0.9735\times18)\ \text{kg/kmol}=18.74\ \text{kg/kmol}$$

溶液的平均总物质的量浓度为

$$c_\text{总}=\frac{1}{2}\left(\frac{\rho_1}{M_1}+\frac{\rho_2}{M_2}\right)=\left[\frac{1}{2}\times\left(\frac{972.2}{20.01}+\frac{987.6}{18.74}\right)\right]\ \text{kmol/m}^3=50.64\ \text{kmol/m}^3$$

故水蒸气的传质通量为

$$N_\text{A}=\frac{D'_\text{AB}}{\Delta z}\frac{c_\text{总}}{x_\text{BM}}(x_\text{A1}-x_\text{A2})$$

$$=\left[\frac{0.740\times10^{-9}\times50.64}{0.0025\times0.9507}\times(0.0718-0.0265)\right]\ \text{kmol/(m}^2\cdot\text{s)}$$

$$=7.142\times10^{-7}\ \text{kmol/(m}^2\cdot\text{s)}$$

四、扩散系数

分子扩散系数简称扩散系数,它是物质的特性常数之一。扩散系数是计算分子扩散通量的关键。

16

1. 气体中的扩散系数

一般来说,扩散系数与系统的温度、压力、浓度及物质的性质有关。对于两组分气体混合物,组分的扩散系数在低压下与浓度无关,只是温度及压力的函数。气体扩散系数可从有关资料中查得,某些两组分气体混合物的扩散系数列于本书附录一中。气体中的扩散系数,其值一般在 $1\times10^{-5}\sim1\times10^{-4}$ m²/s。

应予指出,气体扩散系数通常是在特定条件下测定的,目前已发表的实验数据数量有限,在许多情况下,要通过估算求得所需的扩散系数。用于估算气体扩散系数的公式较多,其中较常用的为富勒(Fuller)等提出的公式,即

$$D_{AB}=\frac{1.013\times10^{-5}T^{1.75}\left(\dfrac{1}{M_A}+\dfrac{1}{M_B}\right)^{1/2}}{p_{总}\left[(\sum v_A)^{1/3}+(\sum v_B)^{1/3}\right]^2} \tag{7-41}$$

式中　　　　T——热力学温度,K;

　　　　　　$p_{总}$——总压力,kPa;

　　M_A、M_B——分别为组分 A、B 的摩尔质量,kg/kmol;

$\sum v_A$、$\sum v_B$——分别为组分 A、B 的分子扩散体积,cm³/mol。

式(7-41)中分子扩散体积 $\sum v_A$、$\sum v_B$ 的计算方法为:对一些简单的物质(如氧、氢、空气等)可直接采用分子扩散体积的值;对一般有机化合物的蒸气可按其分子式由相应的原子扩散体积相加而得。某些简单分子的扩散体积和某些原子的扩散体积分别列于表7-1及表7-2中。

表7-1　某些简单分子的扩散体积

物质	分子扩散体积 $\sum v$ cm³/mol	物质	分子扩散体积 $\sum v$ cm³/mol
H_2	7.07	CO	18.90
D_2	6.70	CO_2	26.90
He	2.88	N_2O	35.90
N_2	17.90	NH_3	14.90
O_2	16.60	H_2O	12.70
空气	20.10	(CCl_2F_2)	114.80
Ar	16.10	(SF_6)	69.70

表7-2　某些原子的扩散体积

物质	原子扩散体积 $\sum v$ cm³/mol	物质	原子扩散体积 $\sum v$ cm³/mol
C	16.50	(Cl)	19.5
H	1.98	(S)	17.0
O	5.48	芳香环	−20.2
(N)	5.69	杂环	−20.2

注:表中括号内的物质的数据只根据很少实验数据所得。

式(7-41)表明,气体扩散系数 D_{AB} 与 $T^{1.75}$ 成正比,与 $p_{总}$ 成反比。根据该关系,可由已知条件(T_1、$p_{总,1}$)下的扩散系数 D_{AB1},求得另一条件(T_2、$p_{总,2}$)下的扩散系数 D_{AB2},即

$$D_{AB2}=D_{AB1}\left(\frac{p_{总,1}}{p_{总,2}}\right)\left(\frac{T_2}{T_1}\right)^{1.75} \tag{7-42}$$

◆ **例 7-6** 试用式(7-41)估算在 110.5 kPa、300 K 条件下,乙醇(A)在甲烷(B)中的扩散系数 D_{AB}。

案例解析

解:查表 7-2,计算出

$$\sum v_A=(16.50\times2+1.98\times6+5.48)\ cm^3/mol=50.36\ cm^3/mol$$

$$\sum v_B=(16.50+1.98\times4)\ cm^3/mol=24.42\ cm^3/mol$$

由式(7-41)得

$$D_{AB}=\frac{1.013\times10^{-5}T^{1.75}\left(\frac{1}{M_A}+\frac{1}{M_B}\right)^{1/2}}{p_{总}[(\sum v_A)^{1/3}+(\sum v_B)^{1/3}]^2}$$

$$=\left[\frac{1.013\times10^{-5}\times300^{1.75}\left(\frac{1}{46}+\frac{1}{16}\right)^{1/2}}{110.5\times(50.36^{1/3}+24.42^{1/3})^2}\right]\ m^2/s=1.323\times10^{-5}\ m^2/s$$

2. 液体中的扩散系数

液体中溶质的扩散系数不仅与物系的种类、温度有关,而且随溶质的浓度而变。液体中的扩散系数可从有关资料中查得,某些低浓度下的二组分液体混合物的扩散系数列于本书附录一中。液体中的扩散系数,其值一般在 $1\times10^{-10}\sim1\times10^{-9}\ m^2/s$。

液体中的扩散系数也可采用公式估算,常用的为威尔克(Wilke)等提出的公式,即

$$D'_{AB}=7.4\times10^{-15}(\Phi M_B)^{1/2}\frac{T}{\mu_B V_{bA}^{0.6}} \tag{7-43}$$

式中 M_B——溶剂 B 的摩尔质量,kg/kmol;

  μ_B——溶剂 B 的黏度,Pa·s;

  T——热力学温度,K;

  Φ——溶剂 B 的缔合因子,常见溶剂的缔合因子见表 7-3;

  V_{bA}——溶质在正常沸点下的分子体积,cm^3/mol。

对于某些常见的物质,其在正常沸点下的分子体积参见表 7-4;对于其他物质,则根据其分子式中所含原子的种类和数目,由原子体积相加而得,详细内容可参考有关书籍。

表 7-3 常见溶剂的缔合因子

溶剂名称	水	甲醇	乙醇	苯	非缔合溶剂
缔合因子	2.6	1.9	1.5	1.0	1.0

表 7-4   某些常见的物质在正常沸点下的分子体积

物质	分子体积 cm³/mol	物质	分子体积 cm³/mol
空气	29.9	H_2O	18.9
H_2	14.3	H_2S	32.9
O_2	25.6	NH_3	25.8
N_2	31.2	NO	23.6
Br_2	53.2	N_2O	36.4
Cl_2	48.4	SO_2	44.8
CO	30.7	I_2	71.5
CO_2	34.0		

◆ 例 7-7   试用式(7-43)估算在 288 K 下,氨(A)在水(B)中的扩散系数 D'_{AB}。

解:查得 288 K 时水的黏度为

$$\mu_B = 1.156 \times 10^{-3} \ Pa \cdot s$$

查表 7-3,得

$$\Phi = 2.6$$

查表 7-4,得

$$V_{bA} = 25.8 \ cm^3/mol$$

由式(7-43)得

$$D'_{AB} = 7.4 \times 10^{-15} (\Phi M_B)^{1/2} \frac{T}{\mu_B V_{bA}^{0.6}}$$

$$= \left[7.4 \times 10^{-15} \times (2.6 \times 18)^{1/2} \frac{288}{1.156 \times 10^{-3} \times 25.8^{0.6}} \right] \ m^2/s = 1.794 \times 10^{-9} \ m^2/s$$

演示文稿

7.2.2   对流传质

一、涡流扩散现象

分子扩散只有在固体、静止或层流流动的流体内才会单独发生。在湍流流体中,由于存在大大小小的涡旋运动,而引起各部位流体间的剧烈混合,在有浓度差存在的条件下,物质便朝着浓度降低的方向进行传递。这种凭借流体质点的湍动和旋涡来传递物质的现象,称为涡流扩散。

对于涡流扩散,其扩散通量表达式为

$$J_A^e = -\varepsilon_M \frac{dc_A}{dz} \tag{7-44}$$

式中 J_A^e——涡流扩散通量,kmol/(m²·s);

ε_M——涡流扩散系数,m²/s。

应予指出,在湍流流体中,虽然有强烈的涡流扩散,但分子扩散是时刻存在的。涡流扩散的通量远大于分子扩散的通量,一般可忽略分子扩散的影响。

二、对流传质

对流传质通常指运动流体与固体壁面之间,或两个有限互溶的运动流体之间的质量传递,它是相际传质的基础。

1. 对流传质的机理

研究对流传质问题需首先弄清对流传质的机理。现以流体湍流流过固体壁面时的传质过程为例,探讨对流传质的机理。对于有固定相界面的相际传质,其传质机理与之相似。

当流体以湍流流过固体壁面时,在与壁面垂直的方向上,分为层流内层、缓冲层和湍流中心三部分。在层流内层中,流体沿壁面平行流动,在与流向相垂直的方向上,只有分子的无规则热运动,故壁面与流体之间的传质是以分子扩散形式进行的。在缓冲层中,流体既有沿壁面方向的层流流动,又有一些涡旋运动,故该层内的传质既有分子扩散,也有涡流扩散,必须同时考虑它们的影响。在湍流中心,发生强烈的涡旋运动,故该层内的传质主要为涡流扩散。

由此可知,当湍流流体与固体壁面进行传质时,在各层内的传质机理是不同的。在层流内层,由于仅依靠分子扩散传质,故其中的浓度梯度很大,浓度分布曲线很陡,为一直线;在湍流中心,由于旋涡进行强烈的混合,其中的浓度梯度必然很小,浓度分布曲线较为平坦;而在缓冲层内,既有分子扩散,又有涡流扩散,其浓度梯度介于层流内层与湍流中心之间。典型的流体与壁面之间的浓度分布曲线如图 7-6 所示,其浓度变化是由壁面处流体的浓度 c_{Ai} 连续变化为湍流中心的浓度 c_{Af}。由于湍流中心的浓度 c_{Af} 是变化的,不便进行计算,为使问题简化,常采用流体的主体平均浓度 c_{Ab} 代替湍流中心的浓度 c_{Af},如图 7-6 中的虚线所示。此时,可认为传质的全部阻力集中在壁面附近厚度为 δ_b 的膜层中,该膜层称为虚拟的传质膜层厚度。

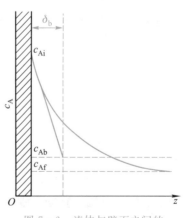

图 7-6 流体与壁面之间的浓度分布曲线

2. 对流传质速率方程

描述对流传质的基本方程,与描述对流传热的基本方程,即牛顿冷却定律相对应,可采用下式表述,即

$$N_A = k_L(c_{Ai} - c_{Ab}) \tag{7-45}$$

式中 N_A——对流传质通量,kmol/(m²·s);

     c_{Ai}——壁面(或界面)处流体的浓度,kmol/m³;

c_{Ab}——流体的主体平均浓度，$kmol/m^3$；

k_L——对流传质系数，$kmol/(m^2 \cdot s \cdot kmol \cdot m^{-3})$ 或 m/s。

式(7-45)称为对流传质速率方程，其中的对流传质系数 k_L 是以浓度差定义的。因浓度差还可以采用其他单位，故根据不同的浓度差表示法，可以定义出相应的多种形式的对流传质系数。

◆ 例7-8 有一厚度为 10 mm，长度为 300 mm 的萘板。在萘板的上层表面上有大量 20 ℃ 的常压空气沿水平方向吹过。在 20 ℃ 下，萘的饱和蒸气压为 29.5 Pa，固体萘的密度为 1152 kg/m^3，由有关公式计算得空气与萘板间的对流传质系数为 0.0152 m/s。试计算经过 8 h 后萘板减薄的厚度。

解：由式(7-45)计算萘的传质通量，即

$$N_A = k_L(c_{Ai} - c_{Ab})$$

式中，c_{Ab} 为空气主体中萘的浓度，因空气流量很大，故可认为 $c_{Ab} = 0$；c_{Ai} 为萘板表面处气相中萘的饱和浓度，可通过萘的饱和蒸气压计算，即

$$c_{Ai} = \frac{p_{Ai}}{RT} = \left(\frac{29.5}{8314 \times 293}\right) kmol/m^3 = 1.21 \times 10^{-5} \ kmol/m^3$$

$$N_A = k_L(c_{Ai} - c_{Ab}) = [0.0152 \times (1.21 \times 10^{-5} - 0)] \ kmol/(m^2 \cdot s)$$

$$= 1.839 \times 10^{-7} \ kmol/(m^2 \cdot s)$$

设萘板表面积为 S，由于扩散所减薄的厚度为 b，经物料衡算可得

$$Sb\rho_A = N_A M_A S\theta$$

$$b = \frac{N_A M_A \theta}{\rho_A} = \left(\frac{1.839 \times 10^{-7} \times 128 \times 8 \times 3600}{1152}\right) m = 5.885 \times 10^{-4} \ m$$

7.2.3　相际传质

一、相际对流传质过程

前已述及，对流传质按流体的作用方式可分两类，一类是流体作用于固体壁面，即流体与固体壁面间的传质，譬如水流过可溶性固体壁面，溶质自固体壁面向水中传递；另一类是一种流体作用于另一种流体，两流体通过相界面进行传质，即相际传质，譬如用水吸收混于空气中的氨气，氨向水中的传递。化工传质单元操作中的传质过程多为相际传质。

图 7-7 所示为相际传质过程示意图。组分 A 从气相传递到液相的过程，是由以下 3 步串联而成的：① 组分 A 从气相主体扩散到相界面；② 在相界面上组分 A 由气相转入液相；③ 组分 A 由相界面扩散到液相主体。一般来

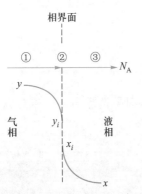

图 7-7　相际传质过程示意图

说,相界面上组分 A 从气相转入液相的过程很快,相界面的传质阻力可以忽略。因此,相际传质的阻力主要集中在气相和液相中。若其中一相的传质阻力较另一相的大得多,则另一相的传质阻力可以忽略,此种传质过程即称为该相控制。

二、相际对流传质模型

对于相际对流传质问题,其传质机理往往是非常复杂的。为使问题简化,通常对传质过程做一些假定,即所谓的传质模型。多年来,一些学者对传质机理做了大量的研究工作,提出了多种传质模型,其中最具代表性的有双膜模型、溶质渗透模型和表面更新模型。

1. 双膜模型

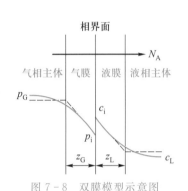

图 7-8 双膜模型示意图

动画
双膜模型

双膜模型又称为停滞膜模型,由怀特曼(Whiteman)于 1923 年提出,为最早提出的一种传质模型。该模型将两流体间的对流传质过程设想成图 7-8 所示的模式,其基本要点如下:

(1) 在相互接触的气液两相间存在一个稳定的相界面,界面的两侧各有一个很薄的停滞膜,即"气膜"和"液膜"。气液两相间的传质为通过两停滞膜层的分子扩散过程。

(2) 在气膜、液膜以外的气液两相主体中,由于流体的强烈湍动,各处浓度均匀一致,无传质阻力存在。

(3) 在气液相界面处,气液两相处于平衡状态,也无传质阻力存在。

由此可见,双膜模型把复杂的相际传质过程归结为两个流体停滞膜层内的分子扩散过程,依此模型,在相界面处及两相主体中均无传质阻力存在。这样,整个相际传质过程的阻力便全部集中在两个停滞膜层内。因此,双膜模型也称为双阻力模型。

依据双膜模型,组分 A 通过气膜和液膜的扩散通量方程可分别由式(7-35)式(7-37)写出,即

$$N_A = \frac{D_{AB}}{RTz_G} \frac{p_{总}}{p_{BM}} (p_{Ab} - p_{Ai})$$

$$N_A = \frac{D'_{AB}}{z_L} \frac{c_{总}}{c_{BM}} (c_{Ai} - c_{Ab})$$

对流传质速率方程可分别表示为

$$N_A = k_G (p_{Ab} - p_{Ai}) \tag{7-46}$$

$$N_A = k_L (c_{Ai} - c_{Ab}) \tag{7-47}$$

比较得

$$k_G = \frac{D_{AB} p_{总}}{RTz_G p_{BM}} \tag{7-48}$$

$$k_L = \frac{D'_{AB} c_{总}}{z_L c_{BM}} \tag{7-49}$$

式中　　k_G、k_L——分别为气膜层内和液膜层内的对流传质系数。

由此可见,对流传质系数 k_G、k_L 可通过分子扩散系数 D_{AB}(D'_{AB})和气膜、液膜厚度 z_G、z_L 来计算。气膜、液膜厚度 z_G、z_L 即为模型参数。

应予指出,双膜模型为传质模型奠定了初步的基础,用该模型描述具有固定相界面的系统及速率不高的两流体间的传质过程,与实际情况大体符合,按此模型所确定的传质速率关系,至今仍是传质设备设计的主要依据。但是,该模型对传质机理的假定过于简单,因此对于许多传质设备(如填料塔等),双膜模型并不能反映出传质的真实情况。

动画
溶质渗透
模型

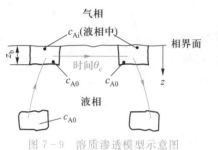

图 7-9　溶质渗透模型示意图

2. 溶质渗透模型

溶质渗透模型由希格比(Higbie)于 1935 年提出,该模型将两流体间的对流传质描述成图 7-9 所示的模式,其基本要点如下:

(1) 液面是由无数微小的流体单元所构成的,当气液两相处于湍流状态相互接触时,液相主体中的某些流体单元运动至相界面便停滞下来。在气液未接触前($\theta \leqslant 0$),流体单元中溶质的浓度和液相主体的浓度相等($c_A = c_{A0}$);接触开始后($\theta > 0$),相界面处($z=0$)立即达到与气相的平衡状态($c_A = c_{Ai}$)。

(2) 随着接触时间的延长,溶质 A 以不定态扩散方式不断地向流体单元中渗透,时间越长,渗透越深。

(3) 流体单元在相界面处暴露的时间是有限的,经过 θ_c 时间后,旧的流体单元即被新的流体单元所置换而回到液相主体中去。流体单元不断进行交换,每批流体单元在界面暴露的时间 θ_c 都是一样的。

根据溶质渗透模型,可导出组分 A 的传质通量为

$$N_A = \sqrt{\frac{4D'_{AB}}{\pi\theta_c}}(c_{Ai} - c_{A0}) \tag{7-50}$$

对流传质速率方程可表示为

$$N_A = k_L(c_{Ai} - c_{A0}) \tag{7-51}$$

比较可得

$$k_L = \sqrt{\frac{4D'_{AB}}{\pi\theta_c}} \tag{7-52}$$

式(7-52)即为用溶质渗透模型导出的对流传质系数计算式。由该式可看出,对流传质系数 k_L 可通过分子扩散系数 D'_{AB} 和暴露时间 θ_c 计算,暴露时间 θ_c 即为模型参数。

应予指出,溶质渗透模型更能准确地描述气、液间的对流传质过程,但该模型的模型参数 θ_c 很难确定,使其应用受到一定的限制。

3. 表面更新模型

表面更新模型由丹克沃茨(Danckwerts)于 1951 年提出,该模型对溶质渗透模型进行了修正,故又称为渗透－表面更新模型。

该模型同样认为溶质向液相内部的传质为非定态分子扩散过程,但它否定表面上的流体单元有相同的暴露时间,而认为液体表面是由具有不同暴露时间(或称"年龄")的液面单元所构成的。为此,丹克沃茨提出了年龄分布的概念,即相界面上各种不同年龄的液面单元都存在,只是年龄越大者,占据的比例越小。同时,丹克沃茨还假定,不论相界面上液面单元暴露时间多长,被置换的概率都是均等的。单位时间内表面被置换的分数称为表面更新率,用符号 S 表示。

根据表面更新模型,可导出组分 A 的传质通量为

$$N_A = \sqrt{D'_{AB}S}\,(c_{Ai} - c_{A0}) \qquad (7-53)$$

与式(7-51)比较得

$$k_L = \sqrt{D'_{AB}S} \qquad (7-54)$$

式(7-54)即为用表面更新模型导出的对流传质系数计算式。由该式可见,对流传质系数 k_L 可通过分子扩散系数 D'_{AB} 和表面更新率 S 计算,表面更新率 S 即为模型参数。显然,由表面更新模型得出的传质系数与扩散系数之间的关系与溶质渗透模型是一致的,即 $k_L \propto (D'_{AB})^{1/2}$。

应予指出,表面更新模型比溶质渗透模型前进了一步,首先是没有规定固定不变的停留时间,另外溶质渗透模型中的模型参数 θ_c 难以测定,而表面更新模型的模型参数 S 可通过一定的方法测得,它与流体动力学条件及系统的几何形状有关。

◆ 例 7-9 在填料塔中用水吸收 NH_3,操作压力为 101.3 kPa,操作温度为 298 K。假设填料表面处液体暴露于气体的有效暴露时间为 0.01 s,试应用溶质渗透模型求对流传质系数。若在填料塔的某截面处,液相主体中氨的浓度为 0.75 $kmol/m^3$,气液相界面的液相一侧氨的浓度为 1.56 $kmol/m^3$,计算该截面处氨的传质通量。已知操作条件下氨在水中的扩散系数为 $1.77×10^{-9}$ m^2/s。

解:依溶质渗透模型,有

$$k_L = \sqrt{\frac{4D'_{AB}}{\pi\theta_c}} = \sqrt{\frac{4×1.77×10^{-9}}{\pi×0.01}}\ \text{m/s} = 4.75×10^{-4}\ \text{m/s}$$

$$N_A = k_L(c_{Ai} - c_{A0})$$
$$= [4.75×10^{-4}×(1.56-0.75)]\ kmol/(m^2·s) = 3.85×10^{-4}\ kmol/(m^2·s)$$

演示文稿

7.3 传质设备简介

7.3.1 传质设备的分类与性能要求

一、传质设备的分类

应用于传质单元操作过程的设备统称为传质设备。因传质单元操作有不同的类型，对设备的要求亦不尽相同，故传质设备种类繁多，而且不断有新型设备问世。传质设备通常按以下方法分类。

(1) 按所处理物系的相态分类 可分为气(汽)液传质设备(用于蒸馏、吸收等)、液液传质设备(用于萃取等)、气固传质设备(用于干燥、吸附等)、液固传质设备(用于吸附、浸取、离子交换等)。

(2) 按两相的接触方式分类 可分为逐级接触式设备(如各种板式塔、多级混合-澄清槽等)和微分(或连续)接触式设备(如填料塔、膜式塔、喷淋塔等)。在逐级接触式设备中，两相组成呈阶梯式变化；而在微分接触式设备中，两相组成呈连续式变化。

(3) 按促使两相混合与接触的动力分类 可分为无外加能量式设备和有外加能量式设备两类。前者是依靠一相流体自身所具有的能量分散到另一相中去的设备(如大多数的板式塔、填料塔、流化床等)；后者是依靠外加能量促使两相密切接触的设备(如搅拌式混合-澄清槽、转盘塔、脉冲填料塔等)。

此外，对于气固传质设备和液固传质设备，还可按固体的运动状态分为固定床、移动床、流化床和搅拌槽等。其中流化床传质设备采用流态化技术，将固体颗粒悬浮在流体中，使两相均匀接触，以实现强化传热、传质和化学反应的目的。

二、传质设备的性能要求

对于各类传质设备，其主要功能是提供两相密切接触的条件，有利于相际传质的进行，从而达到组分分离的目的。性能优良的传质设备，一般应满足以下要求：

(1) 单位体积中，两相的接触面积应尽可能大；

(2) 两相分布均匀，避免或抑制沟流、短路及返混等现象发生；

(3) 流体的通量大，单位设备体积的处理量大；

(4) 流动阻力小，运转时动力消耗低；

(5) 操作弹性大，对物料的适应性强；

(6) 结构简单，造价低廉，操作调节方便，运行安全可靠。

应予指出，传质设备在化工、石油、轻工、冶金、食品、医药、环保等工业部门的整个生产设备中占很大比例，因此，合理选择设备，完善设备设计，优化设备操作，对于节省投资、减少能耗、降低成本、提高经济效益有着十分重要的意义。

7.3.2 典型的传质设备

如上所述,传质设备的形式多样,但其中用得最多的为塔设备。通常在塔设备内液相靠重力作用自上而下流动,气相则靠压差作用自下而上,与液相呈逆流流动。两相之间要有良好的接触界面,这种界面由塔内装填的塔板或填料所提供,前者称为板式塔,后者称为填料塔。本节分别对板式塔和填料塔进行简要的介绍。

一、板式塔

板式塔结构示意图如图7-10所示。它是由圆柱形壳体、塔板、溢流堰、受液盘及降液管等部件组成的,其中塔板是最主要的部件,它提供了气液两相接触的场所。塔板具有不同的类型,如图7-11所示为筛孔塔板示意图。操作时,塔内液体依靠重力作用,由上层塔板的降液管流到下层塔板的受液盘,然后横向流过塔板,从另一侧的降液管流至下一层塔板。溢流堰的作用是使塔板上保持一定厚度的流动液层。气体则在压力差的推动下,自下而上穿过各层塔板的升气道(泡罩、筛孔或浮阀等),分散成小股气流,鼓泡通过各层塔板的液层。在塔板上,气液两相密切接触,进行热量和质量的交换。在板式塔中,气液两相逐级接触,两相的组成沿塔高呈阶梯式变化,在正常操作下,液相为连续相,气相为分散相。

动画
板式塔

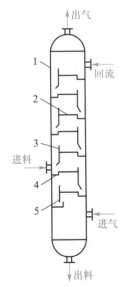

1—壳体;2—塔板;3—溢流堰;4—受液盘;5—降液管

图7-10 板式塔结构示意图

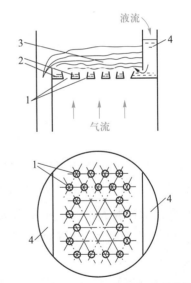

1—筛孔;2—鼓泡层;3—泡沫层;4—降液管

图7-11 筛孔塔板示意图

一般而论,板式塔的空塔气速较高,因而生产能力较大,塔板效率稳定,操作弹性大,且造价低,检修、清洗方便,故工业上应用较为广泛。

二、填料塔

填料塔是以塔内的填料作为气液两相接触构件的传质设备,其结构示意图如

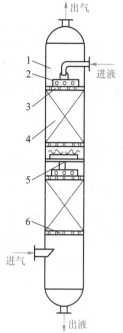

1—壳体；2—液体分布器；
3—填料压板；4—填料；
5—液体再分布装置；
6—填料支承板

图 7-12　填料塔结构
示意图

图 7-12 所示。填料塔的塔身是一直立式圆柱形壳体，底部装有填料支承板，填料以乱堆（或整砌）的方式放置在填料支承板上。填料的上方安装填料压板，以防填料层被上升的气流吹动。液体从塔顶经液体分布器喷淋到填料上，在填料表面形成均匀的液膜，并沿填料表面流下。气体从塔底送入，与液体呈逆流连续通过填料层的空隙。在填料表面，气液两相密切接触进行传质。填料塔属于连续接触式气液传质设备，两相组成沿塔高呈连续式变化，在正常操作状态下，气相为连续相，液相为分散相。

当液体沿填料层向下流动时，有逐渐向塔壁集中的趋势，这种现象称为壁流。壁流效应会造成气液两相在填料层中分布不均匀，从而使传质效率下降。因此，当填料层较高时，需要进行分段，中间设置液体再分布装置。液体再分布装置包括液体收集器和液体分布器两部分，上层填料流下的液体经液体收集器收集后，送到液体分布器，经重新分布后喷淋到下层填料上。

与板式塔相比，填料塔具有生产能力大、分离效率高、压降小、持液量小、操作弹性大等优点。填料塔也有一些不足之处，如填料造价高；当液体负荷较小时不能有效地润湿填料表面，使传质效率降低；不能直接用于有悬浮物或容易聚合的物系的分离等。

7.4　分离过程的研究重点

自 20 世纪 50 年代以来，随着化工领域的拓展和生产规模的日益大型化，分离技术和设备得到飞速发展，分离设备的处理能力大幅度提高，大规模分离工艺操作得到很大改善，而且能耗大为降低。目前，分离过程研究的重点内容如下。

（1）现代分离科学理论（如质量迁移动力学、平衡分离的分子学、分离过程中的计量置换理论等）的研究。

（2）基于新原理、新设计理念的分离设备（如高效率、低压降、大通量的板式塔及填料塔等）的研究与开发。

（3）绿色分离技术（如高性能新型绿色分离剂、分离过程的节能与减排等）的研究与开发。

（4）分离过程强化技术（如采取措施提高物系的分离因子、采用"外场"及加强化学作用对分离过程进行强化等）的研究与开发。

（5）计算传质学、分离过程的模拟和优化。

习题

基础习题

1. 在吸收塔中用水吸收混于空气中的氨。已知入塔混合气中氨含量为 5.5%(质量分数,下同),吸收后出塔气体中氨含量为 0.2%,试计算进、出塔气体中氨的摩尔比 Y_1、Y_2。

2. 试证明由组分 A 和 B 组成的两组分混合物系统,下列关系式成立:

(1) $dw_A = \dfrac{M_A M_B dx_A}{(x_A M_A + x_B M_B)^2}$

(2) $dx_A = \dfrac{dw_A}{M_A M_B \left(\dfrac{w_A}{M_A} + \dfrac{w_B}{M_B} \right)^2}$

3. 在直径为 0.012 m,长度为 0.35 m 的圆管中 CO 气体通过 N_2 进行定态分子扩散。管内 N_2 的温度为 373 K,总压为 101.3 kPa,管两端 CO 的分压分别为 70.0 kPa 和 7.0 kPa,试计算 CO 的扩散通量。

4. 在温度为 278 K 的条件下,令某有机溶剂与氨水接触,该有机溶剂与水不互溶。氨自水相向有机相扩散。在两相界面处,水相中的氨维持平衡组成,其值为 0.022(摩尔分数,下同),该处溶液的密度为 998.2 kg/m³;在离相界面 5 mm 的水相中,氨的组成为 0.085,该处溶液的密度为 997.0 kg/m³。278 K 时氨在水中的扩散系数为 1.24×10^{-9} m²/s,试计算定态扩散下氨的传质通量。

5. 试采用式(7-41)估算在 105.5 kPa、288 K 下氢气(A)在甲烷(B)中的扩散系数 D_{AB}。

6. 试采用式(7-43)估算在 293 K 下二氧化硫(A)在水(B)中的扩散系数 D'_{AB}。

7. 有一厚度为 8 mm,长度为 800 mm 的萘板,在萘板的上层表面上有大量 45 ℃的常压空气沿水平方向吹过。在 45 ℃下,萘的饱和蒸气压为 73.9 Pa,固体萘的密度为 1152 kg/m³,由有关公式计算得空气与萘板间的对流传质系数为 0.0165 m/s。试计算萘板厚度减薄 5% 所需要的时间。

综合习题

8. 在总压为 101.3 kPa,温度为 273 K 的条件下,组分 A 自气相主体通过厚度为 0.015 m 的气膜扩散到催化剂表面,发生瞬态化学反应 A $\longrightarrow$ 3B。生成的气体 B 离开催化剂表面通过气膜向气相主体扩散。已知气膜的气相主体一侧组分 A 的分压为 22.5 kPa,组分 A 在组分 B 中的扩散系数为 1.85×10^{-5} m²/s。计算组分 A 和组分 B 的传质通量 N_A 和 N_B。

9. 在压力为 250 kPa、温度为 298 K 的条件下,甲烷通过停滞组分 N_2 进行定态分子扩散。测得在扩散场中相距 0.2 m 的两个平面处,甲烷的分压分别为 120 kPa 和 20 kPa。试计算(1)甲烷在 N_2 中的扩散系数;(2)甲烷的扩散通量;(3)扩散温度升高到 398 K,其他条件维持不变,此时甲烷的扩散通量。

思考题

1. 平衡分离与速率分离各有哪些主要类型,它们的区别是什么?

2. 质量比与质量分数、摩尔比与摩尔分数有何不同,它们之间的关系如何?

3. 分子传质(扩散)与分子传热(导热)有何异同?

4. 在进行分子传质时,总体流动是如何形成的,总体流动对分子传质通量有何影响?

5. 气体中的扩散系数与哪些因素有关?

6. 提出相际对流传质模型的意义是什么?

7. 双膜模型、溶质渗透模型和表面更新模型的要点是什么,其模型参数是什么?

8. 对传质与分离设备有哪些性能要求?

 本章主要符号说明

英文字母

b——厚度,m;

c——组分的物质的量浓度,$kmol/m^3$;

D_{AB}——气体中的扩散系数,m^2/s;

D'_{AB}——液体中的扩散系数,m^2/s;

J——扩散通量,$kmol/(m^2 \cdot s)$;

k_G——对流传质系数,$kmol/(m^2 \cdot s \cdot kPa)$;

k_L——对流传质系数,$kmol/(m^2 \cdot s \cdot kmol \cdot m^{-3})$ 或 m/s;

K——相平衡常数(或分配系数);

m——质量,kg;

M——摩尔质量,kg/kmol;

$\overline{M}$——平均摩尔质量,kg/kmol;

n——物质的量,kmol;

N——组分数;

——传质通量,$kmol/(m^2 \cdot s)$;

p——组分的分压,kPa;

——系统的压力或外压,kPa;

R——摩尔气体常数,$kJ/(kmol \cdot K)$;

S——面积,m^2;

——表面更新率;

T——热力学温度,K;

$\sum v_A$——组分 A 的分子扩散体积,cm^3/mol;

$\sum v_B$——组分 B 的分子扩散体积,cm^3/mol;

V——体积,m^3;

V_{bA}——溶质在正常沸点下的分子体积,cm^3/mol;

w——组分的质量分数;

x——组分在液相中的摩尔分数;

X——组分在液相中的摩尔比;

$\overline{X}$——组分的质量比;

y——组分在气相中的摩尔分数;

Y——组分在气相中的摩尔比;

z——扩散距离,m;

z_G——气膜厚度,m;

z_L——液膜厚度,m

希腊字母

α——分离因子;

ε_M——涡流扩散系数,m^2/s;

θ——时间,s;

θ_e——暴露时间,s;

μ——黏度,Pa•s;

ρ——质量浓度(或密度),kg/m³;

Φ——溶剂的缔合因子

下标

A——组分 A 的;

B——组分 B 的;

BM——对数平均的;

i——组分 i 的;

j——组分 j 的;

总——总的

第八章 气体吸收

 学习指导

一、学习目的

通过本章学习,掌握气体吸收的基本概念(包括气体吸收的原理与流程、气体吸收过程的平衡关系与速率关系等)、低组成气体吸收过程的计算方法及填料塔的基本知识(包括填料的类型与性能评价、填料塔的流体力学性能与操作特性等)。

二、学习要点

1. 应重点掌握的内容

气体吸收过程的平衡关系,气体吸收过程的速率关系,低组成气体吸收过程的计算,填料塔的流体力学性能与操作特性。

2. 应掌握的内容

吸收系数,解吸,填料的类型与性能评价。

3. 一般了解的内容

高组成气体吸收与化学吸收。

4. 应注意的问题

(1) 表示吸收过程平衡关系的为亨利定律,亨利定律有不同的表达形式,应注意把握它们之间的联系;

(2) 表示吸收过程速率关系的为吸收速率方程,吸收速率方程有不同的表达形式,应注意把握它们之间的联系;

(3) 学习低组成气体吸收过程的计算时,应注意各种计算方法的应用条件及背景。

8.1 气体吸收过程概述

8.1.1 气体吸收过程与流程

一、气体吸收过程

在化工生产中,常常会遇到以液体溶剂为媒介,从气体混合物中分离其中一种或几种组分的单元操作过程,该过程即为气体吸收。气体吸收的原理是,根据气体混合物中各组分在某液体溶剂中的溶解度不同而将气体混合物进行分离。图8-1为吸收操作的示意图。吸收操作所用的液体溶剂称为吸收剂,以S表示;气体混合物中,能够显著溶解于吸收剂的组分称为溶质,以A表示;而几乎不被溶解的组分统称为惰性组分或载体,以B表示;所得到的溶液称为吸收液(或溶液),它是溶质A在吸收剂S中的溶液;被吸收后排出的气体称为吸收尾气,其主要成分为惰性气体B,但仍含有微量未被吸收的溶质A。

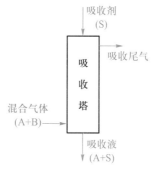

图8-1 吸收操作的示意图

气体吸收在化工生产中应用非常广泛,大致有以下几种。

(1)制取某种气体的液态产品 如用水吸收氯化氢气体制取盐酸,用水吸收三氧化硫气体制取硫酸等。

(2)回收混合气体中所需的某种组分 如用洗油处理焦炉气以回收其中的芳烃,用液态烃处理石油裂解气以回收其中的乙烯和丙烯等。

(3)净化或精制气体 如合成氨生产工艺中,采用碳酸丙烯酯脱除合成气中的二氧化碳,采用碳酸钾脱除合成气中的硫化氢等。

(4)工业废气的治理 在工业生产所排放的废气中常含有少量的 SO_2、NO、NO_2、HF 等有害气体成分,若直接排入大气,则对环境造成污染。因此,在排放之前必须加以治理,工业生产中通常选用碱性吸收剂,经过吸收过程除去这些有害的酸性气体。

二、吸收操作流程

吸收过程通常在吸收塔中进行。根据气液两相的流动方向,分为逆流操作和并流操作两类,工业生产中以逆流操作为主。

在吸收过程中,混合气体中的溶质溶解于吸收剂中而得到一种溶液,但就溶质的存在形态而言,仍然是一种混合物,并没有得到纯度较高的气体溶质。在工业生产中,除以制取溶液产品为目的的吸收外,大都要将吸收液进行解吸(或称脱吸),以使溶质从吸收液中释放出来,得到纯净的溶质或使吸收剂再生后循环使用。因此,工业上的吸收操作流程通常包括吸收和解吸两部分。图8-2所示为回收二氯乙烷的流程示意图。图中蓝

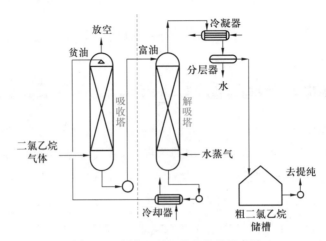

图 8 - 2　回收二氯乙烷的流程示意图

色虚线左侧为吸收部分,在吸收塔中,二氯乙烷溶解于煤油中,吸收了二氯乙烷的洗油(富油)由吸收塔塔底排出,被吸收后的气体由吸收塔塔顶排出。图中蓝色虚线右侧为解吸部分,在解吸塔中,二氯乙烷由液相释放出来,并为水蒸气带出,经冷凝分层将水除去,即可获得粗二氯乙烷液体,经进一步提纯可获得二氯乙烷产品,解吸出二氯乙烷的煤油(贫油)经冷却后再送回吸收塔循环使用。

8.1.2　气体吸收的分类

通常工业上所遇到的气体混合物分离的情况比较复杂,所用的吸收剂也多种多样,与之相适应的吸收和解吸过程也不尽相同,故吸收过程具有不同的类别,工业上常按以下方法分类。

一、物理吸收与化学吸收

吸收过程按溶质与吸收剂之间是否存在化学反应可分为物理吸收和化学吸收。若在吸收过程中,气体溶质与液体溶剂之间不发生显著的化学反应,可以把吸收过程看成气体溶质单纯地溶解于液体溶剂的物理过程,则称为物理吸收;相反,如果在吸收过程中气体溶质与液体溶剂之间(或其中的活泼组分)发生显著的化学反应,则称为化学吸收。

二、单组分吸收与多组分吸收

吸收过程按被吸收组分数目的不同,可分为单组分吸收和多组分吸收。若混合气体中只有一个组分进入液相,其余组分不溶(或微溶)于吸收剂,这种吸收过程称为单组分吸收;反之,若在吸收过程中,混合气体中进入液相的气体溶质不止一种,这样的吸收过程称为多组分吸收。

三、低组成吸收与高组成吸收

在吸收过程中,若溶质在气液两相中的摩尔分数均较低(通常不超过 0.1),这种吸收称为低组成吸收;反之,则称为高组成吸收。

四、等温吸收与非等温吸收

气体溶质溶解于液体时,常由于溶解热或化学反应热而产生热效应,热效应使液相的温度逐渐升高,这种吸收称为非等温吸收;若吸收过程的热效应很小,或虽然热效应较大,但吸收设备的散热效果很好,能及时移出吸收过程所产生的热量,此时液相的温度变化并不显著,这种吸收称为等温吸收。

五、常规吸收与膜基吸收

在常规吸收中,吸收液以滴状或膜状与气体接触,在操作过程中,气液两相流速应受到一定的限制,否则将会发生液泛、雾沫夹带等现象。若在气液两相间置以疏水膜,膜不易被水溶液所润湿,当液相侧压力略大于气相侧,但液、气两侧压差不大于某临界压力时,则液相不可能透过疏水膜膜孔,气液相界面固定在疏水膜孔的液相侧,气体中的溶质组分通过该相界面进入液相,只要气相侧的压力不大于液相侧,气体就不可能鼓泡进入液相侧,该过程称为膜基吸收。显然,膜基吸收不易引起液泛、雾沫夹带等现象。

工业生产中的吸收过程以低组成吸收为主,本章重点讨论单组分低组成的常规等温物理吸收过程。

8.1.3 吸收剂的选择

通常同一种溶质可溶解于不同的吸收剂中,吸收剂性能的优劣往往是决定吸收效果的关键。选择吸收剂应注意以下几点。

(1)溶解度 吸收剂对溶质组分的溶解度越大,则传质推动力越大,吸收速率越快,且吸收剂的耗用量越少。

(2)选择性 吸收剂对溶质组分要有良好的吸收能力,而对混合气体中的其他组分不吸收或吸收甚微,否则不能实现有效的分离。

(3)挥发度 在吸收过程中,吸收尾气往往为吸收剂蒸气所饱和,故在操作温度下,吸收剂的蒸气压要低,即挥发度要小,以减少吸收剂的损失量。

(4)黏度 吸收剂在操作温度下的黏度越低,其在塔内的流动阻力越小,扩散系数越大,这有助于传质速率的提高。

(5)其他 所选用的吸收剂应尽可能满足无毒性、无腐蚀性、不易燃易爆、不发泡、凝固点低、价廉易得及化学性质稳定等要求。

8.2 吸收过程的相平衡关系

气体吸收是一种典型的相际传质过程,气液相平衡关系是研究气体吸收过程的基础,该关系通常用气体在液体中的溶解度及亨利定律表示。

演示文稿

8.2.1　气体在液体中的溶解度

一、溶解度曲线

在一定的温度和压力下,使一定量的吸收剂与混合气体接触,气体中的溶质便向液体溶剂中转移,直至液体中溶质组成达到饱和为止。此时并非没有溶质分子进入液体,只是在任何时刻进入液体的溶质分子数与从液体逸出的溶质分子数恰好相等,这种状态称为相际动平衡,简称相平衡或平衡。平衡状态下气相中的溶质分压称为平衡分压或饱和分压,液相中的溶质组成称为平衡组成或饱和组成。气体在液体中的溶解度,就是指气体在液体中的饱和组成。

气体在液体中的溶解度可通过实验测定,由实验结果绘成的曲线称为溶解度曲线。图8-3、图8-4和图8-5分别为总压不很高时 NH_3、SO_2 和 O_2 在水中的溶解度曲线。由图中可看出,不同气体在同一溶剂中的溶解度有很大差异。当温度为20 ℃,溶质分压为 20 kPa 时,1000 kg 水中所能溶解的 NH_3、SO_2 和 O_2 的质量分别为 170 kg、22 kg 和 0.009 kg,这表明 NH_3 易溶于水,O_2 难溶于水,而 SO_2 则介于两者之间。从图中还可看出,在 20 ℃时,若分别有 100 kg 的 NH_3 和 100 kg 的 SO_2 各溶于 1000 kg 的水中,则 NH_3 在其溶液上方的分压仅为 9.3 kPa,而 SO_2 在其溶液上方的分压为 93.0 kPa。至于 O_2,即使在 1000 kg 水中溶解 0.1 kg 时,其溶液上方 O_2 的分压也已超过 220 kPa。显然,对于同样组成的溶液,易溶气体在溶液上方的分压小,而难溶气体在溶液上方的分压大。

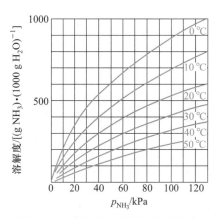

图 8-3　NH_3 在水中的溶解度曲线

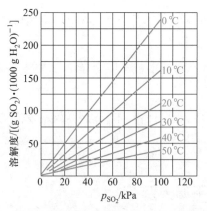

图 8-4　SO_2 在水中的溶解度曲线

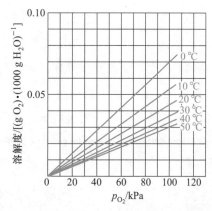

图 8-5　O_2 在水中的溶解度曲线

二、温度和压力对溶解度的影响

由溶解度曲线分析可以看出：

（1）对同一溶质，在相同的气相分压下，溶解度随温度的升高而减小；

（2）对同一溶质，在相同的温度下，溶解度随气相分压的升高而增大。

由上述规律性可知，加压和降温有利于吸收操作，因为加压和降温可提高气体溶质的溶解度。反之，减压和升温则有利于解吸操作。

8.2.2 亨利定律

课程思政

一、亨利定律表达式

亨利（Henry）定律于 1803 年提出，用来描述稀溶液（或难溶气体）在一定温度下，当总压不高（通常不超过 500 kPa）时，互成平衡的气液两相组成间的关系。因气液两相组成的表示方法不同，故亨利定律也有不同的表达形式。

1. p 与 x 的关系

若溶质在气相中的组成以分压 p 表示，在液相中的组成以摩尔分数 x 表示，则亨利定律可写成如下形式，即

$$p^* = Ex \tag{8-1}$$

式中 p^*——溶质在气相中的平衡分压，kPa；

         x——溶质在液相中的摩尔分数；

         E——亨利系数，kPa。

对于一定的气体溶质和溶剂，亨利系数随温度而变化。一般说来，温度升高则 E 值增大，这体现了气体的溶解度随温度升高而减小的变化趋势。在同一溶剂中，难溶气体的 E 值很大，而易溶气体的 E 值则很小。

亨利系数可由实验测定，也可从有关手册中查得。表 8-1 列出某些气体水溶液的亨利系数，可供参考。

表 8-1   某些气体水溶液的亨利系数

气体种类	温度/℃																
	0	5	10	15	20	25	30	35	40	45	50	60	70	80	90	100
	$E/(10^6\,kPa)$															
H_2	5.87	6.16	6.44	6.70	6.92	7.16	7.39	7.52	7.61	7.70	7.75	7.75	7.71	7.65	7.61	7.55
N_2	5.35	6.05	6.77	7.48	8.15	8.76	9.36	9.98	10.5	11.0	11.4	12.2	12.7	12.8	12.8	12.8
空气	4.38	4.94	5.56	6.15	6.73	7.30	7.81	8.34	8.82	9.23	9.59	10.2	10.6	10.8	10.9	10.8
CO	3.57	4.01	4.48	4.95	5.43	5.88	6.28	6.68	7.05	7.39	7.71	8.32	8.57	8.57	8.57	8.57
O_2	2.58	2.95	3.31	3.69	4.06	4.44	4.81	5.14	5.42	5.70	5.96	6.37	6.72	6.96	7.08	7.10
CH_4	2.27	2.62	3.01	3.41	3.81	4.18	4.55	4.92	5.27	5.58	5.85	6.34	6.75	6.91	7.01	7.10
NO	1.71	1.96	2.21	2.45	2.67	2.91	3.14	3.35	3.57	3.77	3.95	4.24	4.44	4.45	4.58	4.60
C_2H_6	1.28	1.57	1.92	2.90	2.66	3.06	3.47	3.88	4.29	4.69	5.07	5.72	6.31	6.70	6.96	7.01

续表

气体	温度/℃														
种类	0	5	10	15	20	25	30	35	40	45	50	60	70	80	90	100
	$E/(10^5\,\text{kPa})$														
C_2H_4	5.59	6.62	7.78	9.07	10.3	11.6	12.9	—	—	—	—	—	—	—	—
N_2O	—	1.19	1.43	1.68	2.01	2.28	2.62	3.06	—	—	—	—	—	—	—
CO_2	0.378	0.8	1.05	1.24	1.44	1.66	1.88	2.12	2.36	2.60	2.87	3.46	—	—	—
C_2H_2	0.73	0.85	0.97	1.09	1.23	1.35	1.48	—	—	—	—	—	—	—	—
Cl_2	0.272	0.334	0.399	0.461	0.537	0.604	0.669	0.74	0.80	0.86	0.90	0.97	0.99	0.97	0.96	—
H_2S	0.272	0.319	0.372	0.418	0.489	0.552	0.617	0.686	0.755	0.825	0.689	1.04	1.21	1.37	1.46	1.50
	$E/(10^4\,\text{kPa})$														
SO_2	0.167	0.203	0.245	0.294	0.355	0.413	0.485	0.567	0.661	0.763	0.871	1.11	1.39	1.70	2.01	—

2. p 与 c 的关系

若溶质在气相中的组成以分压 p 表示,在液相中的组成以物质的量浓度 c 表示,则亨利定律可写成如下形式,即

$$p^* = \frac{c}{H} \tag{8-2}$$

式中　　c——溶液中溶质的物质的量浓度,kmol/m^3;

　　　　p^*——气相中溶质的平衡分压,kPa;

　　　　H——溶解度系数,$\text{kmol/(m}^3 \cdot \text{kPa)}$。

溶解度系数 H 也是温度的函数。对于一定的溶质和溶剂,H 值随温度升高而减小。易溶气体的 H 值很大,而难溶气体的 H 值很小。

3. y 与 x 的关系

若溶质在气相中的组成以摩尔分数 y 表示,在液相中的组成以摩尔分数 x 表示,则亨利定律可写成如下形式,即

$$y^* = mx \tag{8-3}$$

式中　　x——液相中溶质的摩尔分数;

　　　　y^*——与液相成平衡的气相中溶质的摩尔分数;

　　　　m——相平衡常数,或称为分配系数。

对于一定的物系,相平衡常数 m 是温度和压力的函数,其数值可由实验测得。由 m 值同样可以比较不同气体溶解度的大小。m 值越大,表明该气体的溶解度越小;反之,则溶解度越大。

4. Y 与 X 的关系

在吸收过程中,气相及液相的总物质的量均是变化的,此时,若用摩尔分数表示气液两相的组成,计算很不方便,通常采用以惰性组分为基准的摩尔比来表示气液两相的组成。气液两相的摩尔分数与摩尔比的关系为

$$y = \frac{Y}{1+Y}$$

及
$$x = \frac{X}{1+X}$$

将以上两式代入式(8-3),可得

$$\frac{Y^*}{1+Y^*} = m\frac{X}{1+X}$$

整理得

$$Y^* = \frac{mX}{1+(1-m)X} \qquad (8-4)$$

对于稀溶液,$(1-m)X \ll 1$,则式(8-4)可简化为

$$Y^* = mX \qquad (8-5)$$

由式(8-5)可知,对于稀溶液,其相平衡关系在 $Y-X$ 图中为一条通过原点的直线,直线的斜率为 m。

应予指出,亨利定律的各种表达式所描述的都是互成平衡的气液两相组成之间的关系,它们既可用来根据液相组成计算与之平衡的气相组成,也可用来根据气相组成计算与之平衡的液相组成。因此,上述亨利定律表达形式可改写为

$$x^* = \frac{p}{E} \qquad (8-1a)$$

$$c^* = Hp \qquad (8-2a)$$

$$x^* = \frac{y}{m} \qquad (8-3a)$$

$$X^* = \frac{Y}{m} \qquad (8-5a)$$

二、各系数的换算关系

1. H 与 E 的关系

溶解度系数 H 与亨利系数 E 的关系可推导如下:设溶液的体积为 V(单位为 m³),溶质 A 的物质的量浓度为 c(单位为 kmol/m³),溶液的密度为 ρ(单位为 kg/m³),则溶质 A 的总物质的量为 cV(单位为 kmol),溶剂 S 的总物质的量为 $(\rho V - cVM_A)/M_S$(单位为 kmol)(M_A 及 M_S 分别为溶质 A 和溶剂 S 的摩尔质量),于是溶质 A 在液相中的摩尔分数为

$$x = \frac{cV}{cV + \dfrac{\rho V - cVM_A}{M_S}} = \frac{cM_S}{\rho + c(M_S - M_A)} \qquad (8-6)$$

将式(8-6)代入式(8-1)可得

$$p^* = E\frac{cM_S}{\rho + c(M_S - M_A)}$$

将此式与式(8-2)比较可得

$$\frac{1}{H} = E\frac{M_S}{\rho + c(M_S - M_A)}$$

对稀溶液，c 值很小，则 $c(M_S-M_A)\ll\rho$，故上式可简化为

$$H=\frac{\rho}{EM_S} \tag{8-7}$$

2. m 与 E 的关系

若系统总压为 $p_总$，由道尔顿分压定律可知

$$p=p_总 y$$

同理，得

$$p^*=p_总 y^*$$

将上式代入式(8-1)可得

$$p_总 y^*=Ex$$

$$y^*=\frac{E}{p_总}x$$

将上式与式(8-3)比较，可得

$$m=\frac{E}{p_总} \tag{8-8}$$

3. m 与 H 的关系

将式(8-8)代入式(8-7)，即可得 H 与 m 的关系为

$$H=\frac{\rho}{p_总 M_S}\frac{1}{m} \tag{8-9}$$

◆ **例 8-1**　含有 8%(体积分数)C_2H_2 的某种混合气体与水充分接触，系统温度为 20 ℃，总压为 101.3 kPa。试求达平衡时液相中 C_2H_2 的物质的量浓度。

解：混合气体按理想气体处理，则 C_2H_2 在气相中的分压为

$$p=p_总 y=(101.3\times0.08)\text{ kPa}=8.104\text{ kPa}$$

C_2H_2 为难溶于水的气体，故气液相平衡关系符合亨利定律，并且溶液的密度可按纯水的密度计算。

查得 20 ℃水的密度为 $\rho=998.2$ kg/m³。由

$$c^*=Hp,\qquad H=\frac{\rho}{EM_S}$$

得

$$c^*=\frac{\rho p}{EM_S}$$

查表 8-1 可知，20 ℃时 C_2H_2 在水中的亨利系数 $E=1.23\times10^5$ kPa，故

$$c^*=\left(\frac{998.2\times8.104}{1.23\times10^5\times18}\right)\text{ kmol/m}^3=3.654\times10^{-3}\text{ kmol/m}^3$$

8.2.3　相平衡关系在吸收过程中的应用

应予指出，相平衡关系描述的是在吸收过程中气液两相接触传质的极限状态，而实

际上,由于在吸收塔中的接触时间有限,气液两相很难达到平衡状态。因此,根据气液两相的实际组成与相应条件下平衡组成的比较,可以判断传质进行的方向,确定传质推动力的大小,并可指明传质过程所能达到的极限。

一、判断传质进行的方向

如图 8-6(a)所示,设在吸收塔内某横截面 $A-A'$ 处,气液两相的实际组成分别为 y 和 x,由气液相平衡关系可分别计算出与之平衡的液、气相组成 x^* 和 y^*。若 $y>y^*$(或 $x<x^*$),则溶液尚未达到饱和状态,此时气相中的溶质必然要继续溶解,传质的方向由气相到液相,即进行吸收过程;反之,若 $y<y^*$(或 $x>x^*$),则传质的方向由液相到气相,即进行解吸过程。

二、确定传质的推动力

传质过程的推动力是指气相(或液相)的实际组成与其平衡组成的偏离程度。实际组成偏离平衡组成的程度越大,过程的推动力就越大,其传质速率也越大。

吸收过程的推动力如图 8-6(b)所示。图中 A 点为操作点,OE 线为平衡线,从图中可看出:

以气相组成表示的推动力为

$$\Delta y = y - y^*$$

或

$$\Delta Y = Y - Y^*$$

以液相组成表示的推动力为

$$\Delta x = x^* - x$$

或

$$\Delta X = X^* - X$$

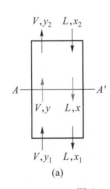
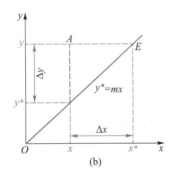

图 8-6 吸收推动力示意图

三、指明传质进行的极限

平衡状态是传质过程进行的极限。设在逆流吸收塔中,气相进、出吸收塔的组成分别为 y_1 和 y_2,液相进、出吸收塔的组成分别为 x_2 和 x_1,若气液相平衡关系为

$$y^* = mx$$

则出塔气相的最低组成为

$$y_{2,min} \geqslant y_2^* = mx_2$$

出塔液相的最高组成为

$$x_{1,\max} \leqslant x_1^* = \frac{y_1}{m}$$

◆ 例8-2　在总压为101.3 kPa,温度为30 ℃的条件下,某含 SO_2 为0.105(摩尔分数,下同)的混合空气与含 SO_2 为0.002的水溶液接触,试判断 SO_2 的传递方向。已知操作条件下气液相平衡关系为 $y^* = 46.5x$。

解:从气相分析

$$y^* = 46.5x = 46.5 \times 0.002 = 0.093 < y = 0.105$$

故 SO_2 必由气相传递到液相,进行吸收。

从液相分析

$$x^* = \frac{y}{46.5} = \frac{0.105}{46.5} = 0.0023 > x = 0.002$$

结论同上。

◆ 例8-3　在一吸收塔内,用含苯为0.45%(摩尔分数,下同)的再生循环洗油逆流吸收煤气中的苯。进塔煤气中含苯2.5%,要求出塔煤气中含苯不超过0.1%,已知气液相平衡关系为 $y^* = 0.065x$。试计算(1)塔顶处的推动力 Δy_2 和 Δx_2;(2)塔顶排出煤气中苯的含量最低可降到多少;(3)塔底排出洗油中苯的含量最高可达到多少。

解:(1) $\Delta y_2 = y_2 - y_2^* = y_2 - mx_2 = 0.001 - 0.065 \times 0.0045 = 0.000708$

$$\Delta x_2 = x_2^* - x_2 = \frac{y_2}{m} - x_2 = \frac{0.001}{0.065} - 0.0045 = 0.0109$$

(2) $y_{2,\min} = y_2^* = mx_2 = 0.065 \times 0.0045 = 0.000292$

(3) $x_{1,\max} = x_1^* = \frac{y_1}{m} = \frac{0.025}{0.065} = 0.385$

8.3　吸收过程的速率关系

演示文稿

与吸收过程的平衡关系一样,吸收过程的速率关系也是研究气体吸收过程的基础。所谓吸收速率是指在单位相际传质面积上、在单位时间内所吸收溶质的量。描述吸收速率与吸收推动力之间关系的数学表达式称为吸收速率方程。与传热等其他传递过程一样,吸收过程的速率关系也遵循"过程速率＝过程推动力/过程阻力"的一般关系式,其中的推动力是指组成差,吸收阻力的倒数称为吸收系数。因此,吸收速率关系又可表示成"吸收速率＝推动力×吸收系数"的形式。

8.3.1 膜吸收速率方程

根据双膜模型,吸收过程为溶质通过相界面两侧的气膜和液膜的定态传质过程,在吸收设备内的任一部位上,气膜和液膜中的传质速率应是相等的。因此,其中任何一侧停滞膜中的传质速率都能代表该部位上的吸收速率。单独根据气膜或液膜的推动力及阻力写出的速率关系式称为膜吸收速率方程,相应的吸收系数称为膜系数或分系数。

一、气膜吸收速率方程

气相滞流膜层内的吸收速率方程可参照式(7-46)写出,即

$$N_A = k_G(p - p_i) \tag{8-10}$$

式中　k_G——气膜吸收系数,$kmol/(m^2 \cdot s \cdot kPa)$;

　$p - p_i$——溶质 A 在气相主体中的分压与在相界面处的分压之差,kPa。

式(8-10)也可写成如下的形式:

$$N_A = \frac{p - p_i}{\dfrac{1}{k_G}}$$

气膜吸收系数的倒数 $1/k_G$ 称为气膜阻力,其表达形式与气膜推动力($p - p_i$)相对应。

当气相组成以摩尔分数表示时,相应的气膜吸收速率方程为

$$N_A = k_y(y - y_i) \tag{8-11}$$

式中　k_y——气膜吸收系数,$kmol/(m^2 \cdot s)$;

　$y - y_i$——溶质 A 在气相主体中的摩尔分数与在相界面处的摩尔分数之差。

同理,气膜吸收系数的倒数 $1/k_y$ 也称为气膜阻力,其表达形式与气膜推动力($y - y_i$)相对应。

当气相总压不很高时,由道尔顿分压定律可知

$$p = p_总 y$$

及

$$p_i = p_总 y_i$$

将以上两式代入式(8-10),并与式(8-11)比较可得

$$k_y = p_总 k_G \tag{8-12}$$

二、液膜吸收速率方程

液相滞流膜层内的吸收速率方程可参照式(7-47)写出,即

$$N_A = k_L(c_i - c) \tag{8-13}$$

式中　k_L——液膜吸收系数,$kmol/(m^2 \cdot s \cdot kmol \cdot m^{-3})$ 或 m/s;

　$c_i - c$——溶质 A 在相界面处的物质的量浓度与在液相主体中的物质的量浓度之差,$kmol/m^3$。

式(8-13)也可写成如下的形式：

$$N_A = \dfrac{c_i - c}{\dfrac{1}{k_L}}$$

液膜吸收系数的倒数 $1/k_L$ 称为液膜阻力，其表达形式与液膜推动力 $(c_i - c)$ 相对应。

当液相组成以摩尔分数表示时，相应的液膜吸收速率方程为

$$N_A = k_x(x_i - x) \tag{8-14}$$

式中　　k_x——液膜吸收系数，$\text{kmol/(m}^2 \cdot \text{s)}$；

$x_i - x$——溶质 A 在相界面处的摩尔分数与在液相主体中的摩尔分数之差。

同理，液膜吸收系数的倒数 $1/k_x$ 也称为液膜阻力，其表达形式与液膜推动力 $(x_i - x)$ 相对应。

因为　　　　　　　　　　　　$c = c_{总} x$

及　　　　　　　　　　　　　$c_i = c_{总} x_i$

将以上两式代入式(8-13)，并与式(8-14)比较可得

$$k_x = c_{总} k_L \tag{8-15}$$

三、界面组成的确定

上述的各膜吸收速率方程均与界面组成有关。因此，使用膜吸收速率方程计算吸收速率，必须先确定界面组成。

根据双膜模型，界面处的气液组成符合相平衡关系，且在定态下，气液两膜中的传质速率相等。因此有

$$N_A = k_G(p - p_i) = k_L(c_i - c)$$

所以

$$\dfrac{p - p_i}{c - c_i} = -\dfrac{k_L}{k_G} \tag{8-16}$$

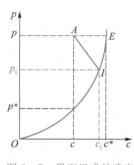

图 8-7　界面组成的确定

式(8-16)表明，在直角坐标系中，$p_i - c_i$ 关系是一条通过定点 $A(c, p)$ 而斜率为 $(-k_L/k_G)$ 的直线，该直线与平衡线 OE 交点的横、纵坐标便分别是界面上液相物质的量浓度 c_i 和气相分压 p_i，如图 8-7 所示。

8.3.2　总吸收速率方程

前已述及，采用图解法可确定界面组成，但通常难度较大。为避开这一难题，可采用两相主体组成的某种差值来表示总推动力，从而写出相应的总吸收速率方程。吸收过程之所以能自发地进行，就是因为两相主体组成尚未达到平衡，一旦任何一相主体组成与另一相主体组成达到了平衡，推动力便等于零。因此，吸收过程的总推动力应该用任何一相的主体组成与其平衡组成的差值来表示。

一、以（$p-p^*$）表示总推动力的吸收速率方程

若吸收系统服从亨利定律或相平衡关系在吸收过程所涉及的组成范围内为直线,则

$$p^* = \frac{c}{H}$$

根据双膜模型,相界面上两相互成平衡,则

$$p_i = \frac{c_i}{H}$$

将以上两式代入式(8-13),并整理得

$$\frac{N_A}{Hk_L} = p_i - p^*$$

由式(8-10)可得

$$\frac{N_A}{k_G} = p - p_i$$

以上两式相加,可得

$$N_A \left(\frac{1}{Hk_L} + \frac{1}{k_G} \right) = p - p^*$$

令

$$\frac{1}{K_G} = \frac{1}{Hk_L} + \frac{1}{k_G} \qquad (8-17)$$

则

$$N_A = K_G(p - p^*) \qquad (8-18)$$

式中　　K_G——气相总吸收系数,$kmol/(m^2 \cdot s \cdot kPa)$;

　　　　p^*——与液相主体物质的量浓度 c 成平衡的气相分压,kPa。

式(8-18)即为以($p-p^*$)表示总推动力的吸收速率方程,也称为气相总吸收速率方程。总吸收系数的倒数 $1/K_G$ 为两膜总阻力。由式(8-17)可以看出,此总阻力是由气膜阻力 $1/k_G$ 和液膜阻力 $1/Hk_L$ 两部分组成的。

对于易溶气体,H 值很大,在 k_G 与 k_L 数量级相同或接近的情况下存在如下的关系,即

$$\frac{1}{Hk_L} \ll \frac{1}{k_G}$$

此时传质总阻力的绝大部分存在于气膜之中,液膜阻力可以忽略,式(8-17)可简化为

$$\frac{1}{K_G} \approx \frac{1}{k_G} \quad 或 \quad K_G \approx k_G$$

该式表明气膜阻力控制着整个吸收过程的速率,吸收的总推动力主要用来克服气膜阻力,这种情况称为气膜控制。用水吸收氨、氯化氢等过程,通常都被视为气膜控制的吸收过程。

气膜控制如图8-8所示。由图8-8可以看出,对于气膜控制过程,以下关系成立,即

$$p - p^* \approx p - p_i$$

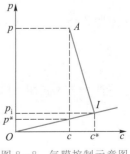

图8-8　气膜控制示意图

二、以(c^*-c)表示总推动力的吸收速率方程

同理,可导出以(c^*-c)表示总推动力的吸收速率方程为

$$N_A = K_L(c^*-c) \tag{8-19}$$

其中

$$\frac{1}{K_L} = \frac{1}{k_L} + \frac{H}{k_G} \tag{8-20}$$

式中　　K_L——液相总吸收系数,$kmol/(m^2 \cdot s \cdot kmol \cdot m^{-3})$或$m/s$;

　　　　c^*——与气相主体分压p成平衡的液相物质的量浓度,$kmol/m^3$。

总吸收系数的倒数$1/K_L$为两膜总阻力。由式(8-20)可以看出,此总阻力是由气膜阻力H/k_G和液膜阻力$1/k_L$两部分组成的。

对于难溶气体,H值很小,在k_G与k_L数量级相同或接近的情况下存在如下的关系:

$$\frac{H}{k_G} \ll \frac{1}{k_L}$$

此时传质阻力的绝大部分存在于液膜之中,气膜阻力可以忽略,式(8-20)可简化为

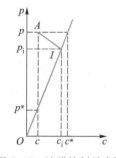

图 8-9　液膜控制示意图

$$\frac{1}{K_L} \approx \frac{1}{k_L} \quad 或 \quad K_L \approx k_L$$

该式表明液膜阻力控制着整个吸收过程的速率,吸收总推动力的绝大部分用于克服液膜阻力,这种情况称为液膜控制。用水吸收氧、二氧化碳等过程,通常都被视为液膜控制的吸收过程。

液膜控制如图 8-9 所示。由图 8-9 可以看出,对于液膜控制过程,以下关系成立,即

$$c^*-c \approx c_i-c$$

一般情况下,对于具有中等溶解度的气体吸收过程,气膜和液膜共同控制着整个吸收过程的速率,气膜阻力和液膜阻力均不可忽略,该过程称为双膜控制,用水吸收二氧化硫等过程即属于双膜控制的吸收过程。

三、以($y-y^*$)、(x^*-x)表示总推动力的吸收速率方程

若气液相平衡关系符合亨利定律,则有

$$x = \frac{y^*}{m}$$

根据双膜模型,可得

$$x_i = \frac{y_i}{m}$$

将上述两式代入式(8-14),并整理得

$$N_A \frac{m}{k_x} = y_i - y^*$$

由式(8-11)可得

$$\frac{N_A}{k_y} = y - y_i$$

将以上两式相加得

$$N_A\left(\frac{m}{k_x} + \frac{1}{k_y}\right) = y - y^*$$

令

$$\frac{1}{K_y} = \frac{m}{k_x} + \frac{1}{k_y} \qquad (8-21)$$

则

$$N_A = K_y(y - y^*) \qquad (8-22)$$

式中　　K_y——气相总吸收系数，$kmol/(m^2 \cdot s)$；

　　　　y^*——与液相主体摩尔分数 x 成平衡的气相摩尔分数。

式(8-22)即为以$(y - y^*)$表示总推动力的吸收速率方程，它是气相吸收速率方程的另一种表示形式。式中总吸收系数的倒数 $1/K_y$ 为吸收总阻力，即两膜阻力之和。

同理，可导出以$(x^* - x)$表示总推动力的吸收速率方程为

$$N_A = K_x(x^* - x) \qquad (8-23)$$

其中

$$\frac{1}{K_x} = \frac{1}{k_x} + \frac{1}{mk_y} \qquad (8-24)$$

式中　　K_x——液相总吸收系数，$kmol/(m^2 \cdot s)$；

　　　　x^*——与气相主体摩尔分数 y 成平衡的液相摩尔分数。

将式(8-24)与式(8-21)比较可得

$$K_x = mK_y \qquad (8-25)$$

四、以 $(Y-Y^*)$、(X^*-X) 表示总推动力的吸收速率方程

在吸收计算中，当溶质含量较低时，通常采用摩尔比表示组成较为方便，故常用到以$(Y-Y^*)$或(X^*-X)表示总推动力的吸收速率方程。

若操作总压力为 $p_{总}$，根据道尔顿分压定律可知：

$$p = p_{总}\, y$$

又

$$y = \frac{Y}{1+Y}$$

故

$$p = p_{总}\frac{Y}{1+Y}$$

同理

$$p^* = p_{总}\frac{Y^*}{1+Y^*}$$

将上述两式代入式(8-18)得

$$N_A = K_G\left(p_{总}\frac{Y}{1+Y} - p_{总}\frac{Y^*}{1+Y^*}\right)$$

整理得

$$N_A = \frac{K_G p_{总}}{(1+Y)(1+Y^*)}(Y - Y^*)$$

令
$$K_Y = \frac{K_G p_总}{(1+Y)(1+Y^*)} \qquad (8-26)$$

则
$$N_A = K_Y(Y-Y^*) \qquad (8-27)$$

式中　K_Y——气相总吸收系数，$\text{kmol}/(\text{m}^2 \cdot \text{s})$；

　　　Y^*——与液相主体组成 X 成平衡的气相组成。

式(8-27)即为以 $(Y-Y^*)$ 表示总推动力的吸收速率方程，式中气相总吸收系数的倒数 $1/K_Y$ 为两膜总阻力。

当溶质在气相中的组成很低时，Y 和 Y^* 都很小，式(8-26)右端的分母接近于 1，于是有

$$K_Y \approx K_G p_总 \qquad (8-28)$$

同理，可导出以 (X^*-X) 表示总推动力的吸收速率方程为

$$N_A = K_X(X^*-X) \qquad (8-29)$$

其中
$$K_X = \frac{K_L c_总}{(1+X^*)(1+X)} \qquad (8-30)$$

式中　K_X——液相总吸收系数，$\text{kmol}/(\text{m}^2 \cdot \text{s})$；

　　　X^*——与气相主体组成 Y 成平衡的液相组成。

式(8-29)即为以 (X^*-X) 表示总推动力的吸收速率方程，式中液相总吸收系数的倒数 $1/K_X$ 为两膜总阻力。

当溶质在液相中的组成很低时，X^* 和 X 都很小，式(8-30)右端的分母接近于 1，于是有

$$K_X \approx K_L c_总 \qquad (8-31)$$

8.3.3　吸收速率方程小结

前面讨论了各种形式的吸收速率方程，为便于比较，将它们列于表 8-2 中。使用吸收速率方程应注意以下几点：

(1) 各种形式的吸收速率方程是等效的，采用任何吸收速率方程均可计算吸收过程的速率。

(2) 各种形式的吸收速率方程，都是以气液组成保持不变为前提的，因此只适合于描述定态操作的吸收塔内任一横截面上的速率关系，而不能直接用来描述全塔的吸收速率。

(3) 任何吸收系数的单位都是 $\text{kmol}/(\text{m}^2 \cdot \text{s} \cdot \text{单位推动力})$。当推动力以量纲为 1 的摩尔分数或摩尔比表示时，吸收系数的单位简化为 $\text{kmol}/(\text{m}^2 \cdot \text{s})$，即与吸收速率的单位相同。

(4) 必须注意各吸收速率方程中的吸收系数与吸收推动力的正确搭配及其单位的一致性。吸收系数的倒数即表示吸收过程的阻力，阻力的表达形式也必须与推动力的表达

形式相对应。

（5）在使用与总吸收系数相对应的吸收速率方程时，在整个过程所涉及的组成范围内，相平衡关系须为直线。

表 8-2 吸收速率方程一览表

吸收速率方程	推动力		吸收系数	
	表达式	单位	符号	单位
$N_A = k_G(p - p_i)$	$p - p_i$	kPa	k_G	$kmol/(m^2 \cdot s \cdot kPa)$
$N_A = k_L(c_i - c)$	$c_i - c$	$kmol/m^3$	k_L	$kmol/(m^2 \cdot s \cdot kmol \cdot m^{-3})$ 或 m/s
$N_A = k_x(x_i - x)$	$x_i - x$		k_x	$kmol/(m^2 \cdot s)$
$N_A = k_y(y - y_i)$	$y - y_i$		k_y	$kmol/(m^2 \cdot s)$
$N_A = K_L(c^* - c)$	$c^* - c$	$kmol/m^3$	K_L	$kmol/(m^2 \cdot s \cdot kmol \cdot m^{-3})$ 或 m/s
$N_A = K_G(p - p^*)$	$p - p^*$	kPa	K_G	$kmol/(m^2 \cdot s \cdot kPa)$
$N_A = K_x(x^* - x)$	$x^* - x$		K_x	$kmol/(m^2 \cdot s)$
$N_A = K_y(y - y^*)$	$y - y^*$		K_y	$kmol/(m^2 \cdot s)$
$N_A = K_X(X^* - X)$	$X^* - X$		K_X	$kmol/(m^2 \cdot s)$
$N_A = K_Y(Y - Y^*)$	$Y - Y^*$		K_Y	$kmol/(m^2 \cdot s)$

应予指出，总吸收系数与液膜和气膜吸收系数是有机联系在一起的。总吸收系数的表达式及各吸收系数间的换算式列于表 8-3 中。

表 8-3 总吸收系数的表达式及各吸收系数间的换算式

总吸收系数的表达式	$\dfrac{1}{K_G} = \dfrac{1}{Hk_L} + \dfrac{1}{k_G}, \dfrac{1}{K_y} = \dfrac{m}{k_x} + \dfrac{1}{k_y}, \dfrac{1}{K_L} = \dfrac{1}{k_L} + \dfrac{H}{k_G}, \dfrac{1}{K_x} = \dfrac{1}{k_x} + \dfrac{1}{mk_y}$
膜吸收系数的换算式	$k_x = c_\text{总} k_L, k_y = p_\text{总} k_G$
总吸收系数的换算式	$K_Y \approx K_y = p_\text{总} K_G, K_x = mK_y, K_X \approx K_x = c_\text{总} K_L, K_G = HK_L$

◆ 例 8-4 在总压为 101.3 kPa，温度为 10 ℃的条件下，用清水在填料塔内吸收混于空气中的二氧化硫。测得在塔的某一横截面上，气相中二氧化硫的摩尔分数为 0.035，液相中二氧化硫的摩尔分数为 0.00065。若气膜吸收系数为 1.05×10^{-6} kmol/($m^2 \cdot s \cdot kPa$)，液膜吸收系数为 8.1×10^{-6} m/s，10 ℃时二氧化硫水溶液的亨利系数为 2.45×10^3 kPa。（1）试计算以 Δp、Δc 表示的吸收总推动力及相应的总吸收系数；（2）计算该横截面处的吸收速率；（3）分析该吸收过程的控制因素。

解：（1）吸收总推动力与总吸收系数　以气相分压差表示的总推动力为

$$\Delta p = p - p^* = p_\text{总} y - Ex = (101.3 \times 0.035 - 2.45 \times 10^3 \times 0.00065) \text{ kPa} = 1.953 \text{ kPa}$$

10 ℃下水的密度为

$$\rho = 999.7 \text{ kg/m}^3$$

$$H = \frac{\rho}{EM_s} = \left(\frac{999.7}{2.45 \times 10^3 \times 18} \right) \text{ kmol/(m}^3 \cdot \text{kPa)} = 2.267 \times 10^{-2} \text{ kmol/(m}^3 \cdot \text{kPa)}$$

其相应的总吸收系数为

$$\frac{1}{K_G}=\frac{1}{Hk_L}+\frac{1}{k_G}=\left(\frac{1}{2.267\times10^{-2}\times8.1\times10^{-6}}+\frac{1}{1.05\times10^{-6}}\right)\mathrm{m^2\cdot s\cdot kPa/kmol}$$

$$=6.398\times10^6\ \mathrm{m^2\cdot s\cdot kPa/kmol}$$

$$K_G=1.563\times10^{-7}\ \mathrm{kmol/(m^2\cdot s\cdot kPa)}$$

以液相物质的量浓度差表示的总推动力为

$$\Delta c=c^*-c=pH-c_{\text{总}}x=\left(101.3\times0.035\times2.267\times10^{-2}-\frac{999.7}{18}\times0.00065\right)\mathrm{kmol/m^3}$$

$$=4.428\times10^{-2}\ \mathrm{kmol/m^3}$$

其相应的总吸收系数为

$$K_L=\frac{K_G}{H}=\left(\frac{1.563\times10^{-7}}{2.267\times10^{-2}}\right)\mathrm{m/s}=6.895\times10^{-6}\ \mathrm{m/s}$$

（2）该横截面处的吸收速率

$$N_A=K_G(p-p^*)=(1.563\times10^{-7}\times1.953)\mathrm{kmol/(m^2\cdot s)}$$

$$=3.053\times10^{-7}\ \mathrm{kmol/(m^2\cdot s)}$$

或 $$N_A=K_L(c^*-c)=(6.895\times10^{-6}\times4.428\times10^{-2})\mathrm{kmol/(m^2\cdot s)}$$

$$=3.053\times10^{-7}\ \mathrm{kmol/(m^2\cdot s)}$$

（3）吸收过程的控制因素

气膜阻力占总阻力的百分数为

$$\frac{1/k_G}{1/K_G}\times100\%=\frac{K_G}{k_G}\times100\%=\frac{1.563\times10^{-7}}{1.05\times10^{-6}}\times100\%=14.89\%$$

气膜阻力占总阻力的 10% 以上,气膜阻力不能忽略,故该吸收过程为双膜控制。

8.4　低组成气体吸收的计算

演示文稿

　　吸收操作多采用塔式设备,既可采用气液两相在塔内逐级接触的板式塔,也可采用气液两相在塔内连续接触的填料塔。在工业生产中,以采用填料塔为主,故本节对于吸收过程计算的讨论结合填料塔进行。

　　吸收计算按给定条件、任务和要求的不同,可分为设计型计算和操作型(校核型)计算两类。前者是按给定的生产任务和工艺条件,来设计计算满足任务要求的吸收塔;后者则是根据已知的设备参数和工艺条件来求算所能完成的任务。两种计算所遵循的基本原理及所用关系式都是相同的,只是具体的计算方法和步骤有些不同而已。本节将以低组成气体吸收过程为对象,讨论吸收塔的设计型计算问题。

8.4.1 物料衡算与操作线方程

一、全塔物料衡算

图 8-10 所示为逆流连续接触式吸收塔物料衡算。图中符号以下标"1"表示塔底截面，下标"2"表示塔顶截面。

在定态条件下，单位时间进、出吸收塔的溶质的物质的量，可通过全塔物料衡算确定，即

$$VY_1 + LX_2 = VY_2 + LX_1$$

或

$$V(Y_1 - Y_2) = L(X_1 - X_2) \qquad (8-32)$$

式中　　V——单位时间通过吸收塔的惰性气体的物质的量，kmol(B)/s；

　　　　L——单位时间通过吸收塔的溶剂的物质的量，kmol(S)/s；

　　　　Y_1、Y_2——进塔、出塔气体中溶质组分的摩尔比，kmol(A)/kmol(B)；

　　　　X_1、X_2——出塔、进塔液体中溶质组分的摩尔比，kmol(A)/kmol(S)。

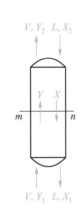

图 8-10　逆流连续接触式吸收塔的物料衡算

在设计型计算中，进塔混合气体的组成与流量是由吸收任务规定的，而吸收剂的初始组成和流量往往根据生产工艺要求确定。如果吸收任务又规定了溶质回收率 φ_A，则气体出塔时的组成 Y_2 为

$$Y_2 = Y_1(1 - \varphi_A) \qquad (8-33)$$

式中　　φ_A——溶质 A 的吸收率或回收率。

由此，V、Y_1、L、X_2 及 Y_2 均为已知，再通过全塔物料衡算式(8-32)便可求得塔底排出吸收液的组成 X_1。

二、操作线方程与操作线

在逆流操作的吸收塔内，气液两相组成沿塔高呈连续变化。气体自下而上，其组成由 Y_1 逐渐降至 Y_2，液体自上而下，其组成由 X_2 逐渐增至 X_1。在吸收塔内取任一横截面 $m-n$，其气、液两相组成分别为 Y、X，它们之间的关系称为操作关系，描述该关系的方程即为操作线方程，操作线方程可通过对组分 A 进行物料衡算获得。

如图 8-10 所示，在 $m-n$ 截面与塔底截面之间对组分 A 进行物料衡算，可得

$$VY + LX_1 = VY_1 + LX$$

或

$$Y = \frac{L}{V}X + \left(Y_1 - \frac{L}{V}X_1 \right) \qquad (8-34)$$

同理，在 $m-n$ 截面与塔顶截面之间进行组分 A 的物料衡算，得

$$Y = \frac{L}{V}X + \left(Y_2 - \frac{L}{V}X_2 \right) \qquad (8-35)$$

式(8-34)与式(8-35)是等效的,皆称为逆流连续接触式吸收塔的操作线方程。

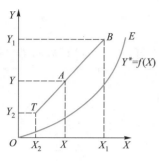

图 8-11　逆流连续接触式
吸收塔的操作线

由操作线方程可知,塔内任一横截面上的气相组成 Y 与液相组成 X 呈线性关系,直线的斜率为 L/V,通常称为"液气比"。该直线通过填料层底部(塔底)端点 $B(X_1,Y_1)$ 及填料层顶部(塔顶)端点 $T(X_2,Y_2)$。在端点 B 处,气、液两相组成具有最大值,故称为"浓端";在端点 T 处,气、液两相组成具有最小值,故称为"稀端"。两端点的连线 BT 即为逆流连续接触式吸收塔的操作线,如图 8-11 所示。操作线 BT 上任一点 A 的坐标 (X,Y) 代表塔内相应横截面上的液、气两相组成 X、Y。

图 8-11 中的曲线 OE 为平衡线 $Y^* = f(X)$。当进行吸收操作时,在塔内任一横截面上,溶质在气相中的实际组成 Y 总是高于与其相接触的液相平衡组成 Y^*,所以吸收操作线 BT 总是位于平衡线 OE 的上方。反之,如果吸收操作线位于平衡线的下方,则应进行解吸过程。

应予指出,以上的讨论都是针对逆流操作而言的。对于气液并流操作的情况,吸收塔的操作线方程及操作线可采用同样的办法求得。无论是逆流操作的吸收塔还是并流操作的吸收塔,其操作线方程及操作线都是由物料衡算求得的,与吸收系统的平衡关系、操作条件及设备的结构型式等均无任何关系。

8.4.2　吸收剂用量的确定

确定合适的吸收剂用量是吸收塔设计型计算的首要任务。在气量 V 一定的情况下,确定吸收剂的用量也即确定液气比 L/V。通常液气比的确定方法是,先求出吸收过程的最小液气比,然后再根据工程经验,确定适宜(操作)液气比。

一、最小液气比

1. 最小液气比的概念

如图 8-12(a)所示,在 Y_1、Y_2 及 X_2 已知的情况下,操作线的端点 T 已固定,另一端点 B 则可在 $Y=Y_1$ 的水平线上移动,点 B 的横坐标将取决于操作线的斜率 L/V。在 V 值一定的情况下,随着吸收剂用量 L 减小,操作线斜率也将变小,点 B 便沿水平线 $Y=Y_1$ 向右移动,其结果是使出塔吸收液的组成 X_1 增大,但此时吸收推动力也相应减小。当吸收剂用量减小到恰使点 B 移至水平线 $Y=Y_1$ 与平衡线 OE 的交点 B^* 时,$X_1=X_1^*$,即塔底流出液组成与刚进塔的混合气体组成达到平衡。这是理论上吸收液所能达到的最高组成,但此时吸收过程的推动力已变为零,因而需要无限大的相际接触面积,即吸收塔需要无限高的填料层,这在工程上是不能实现的,只能用来表示一种极限的情况。此种情况下吸收操作线 TB^* 的斜率称为最小液气比,以 $(L/V)_{min}$ 表示;相应的吸收剂用量即为最小吸收剂用量,以 L_{min} 表示。

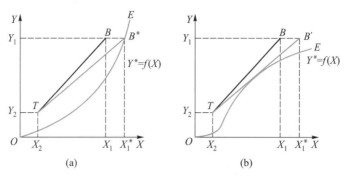

图 8-12 吸收塔的最小液气比

2. 最小液气比的求法

最小液气比可由图 8-12(a)求得,即

$$\left(\frac{L}{V}\right)_{\min} = \frac{Y_1 - Y_2}{X_1^* - X_2} \tag{8-36}$$

或

$$L_{\min} = \frac{Y_1 - Y_2}{X_1^* - X_2} V \tag{8-36a}$$

设气液相平衡方程为 $Y^* = mX$,代入式(8-36)可得

$$\left(\frac{L}{V}\right)_{\min} = \frac{Y_1 - Y_2}{Y_1/m - X_2} \tag{8-37}$$

或

$$L_{\min} = \frac{Y_1 - Y_2}{Y_1/m - X_2} V \tag{8-37a}$$

如果相平衡曲线呈现如图 8-12(b)所示的形状,则应过点 T 作平衡曲线的切线,找到水平线 $Y = Y_1$ 与此切线的交点 B',从而读出点 B' 的横坐标 X_1' 的数值,然后按式(8-38)计算最小液气比,即

$$\left(\frac{L}{V}\right)_{\min} = \frac{Y_1 - Y_2}{X_1' - X_2} \tag{8-38}$$

或

$$L_{\min} = \frac{Y_1 - Y_2}{X_1' - X_2} V \tag{8-38a}$$

二、适宜的液气比

在吸收任务一定的情况下,增大吸收剂用量,吸收过程的推动力增大,所需的填料层高度及塔高降低,设备费减少,但溶剂的消耗、输送及回收等操作费用增加。因此,吸收剂用量的大小应从设备费用与操作费用两方面综合考虑,选择适宜的液气比,使两种费用之和最小。根据生产实践经验,适宜的液气比范围为

$$\frac{L}{V} = (1.1 \sim 2.0)\left(\frac{L}{V}\right)_{\min} \tag{8-39}$$

或

$$L = (1.1 \sim 2.0) L_{\min} \tag{8-39a}$$

应予指出,在填料吸收塔中,填料表面必须被液体润湿,才能起到传质作用。为了保证填料表面能被液体充分地润湿,液体量不得小于某一最低允许值。如果按式(8-39)算

出的吸收剂用量不能满足充分润湿填料的起码要求,则应采用较大的液气比。

◆ 例 8-5　在总压为 101.3 kPa,温度为 28 ℃的条件下,在一逆流操作的填料塔中,用洗油吸收焦炉气中的芳烃。已知焦炉气的流量为 800 m³/h,其中所含芳烃的摩尔分数为 0.026,要求芳烃的吸收率不低于 96%,进入吸收塔顶的洗油中所含芳烃的摩尔分数为 0.004。若取吸收剂用量为最小用量的 1.85 倍,求洗油流量 L' 及塔底流出吸收液的组成 X_1。设操作条件下的相平衡关系为 $Y = 0.128X$。

解:进入吸收塔惰性气体的摩尔流量为

$$V = \left[\frac{800}{22.4} \times \frac{273}{273+28} \times \frac{101.3}{101.3} \times (1-0.026) \right] \text{kmol/h} = 31.55 \text{ kmol/h}$$

进塔气体中芳烃的摩尔比为

$$Y_1 = \frac{y_1}{1-y_1} = \frac{0.026}{1-0.026} = 0.0267$$

出塔气体中芳烃的摩尔比为

$$Y_2 = Y_1(1-\varphi_A) = 0.0267 \times (1-0.96) = 0.0011$$

进塔洗油中芳烃的摩尔比为

$$X_2 = \frac{x_2}{1-x_2} = \frac{0.004}{1-0.004} \approx 0.004$$

纯溶剂的最小流量为

$$L_{min} = \frac{Y_1-Y_2}{\dfrac{Y_1}{m}-X_2} V = \left[\frac{0.0267-0.0011}{\dfrac{0.0267}{0.128}-0.004} \times 31.55 \right] \text{kmol/h} = 3.948 \text{ kmol/h}$$

纯溶剂的流量为

$$L = 1.85 L_{min} = (1.85 \times 3.948) \text{kmol/h} = 7.304 \text{ kmol/h}$$

洗油流量 L' 为

$$L' = \left(7.304 \times \frac{1}{1-0.004} \right) \text{kmol/h} = 7.333 \text{ kmol/h}$$

吸收液组成可根据全塔物料衡算式求出,即

$$X_1 = X_2 + \frac{V(Y_1-Y_2)}{L} = 0.004 + \frac{31.55 \times (0.0267-0.0011)}{7.304} = 0.1146$$

8.4.3　塔径的计算

工业上的吸收塔通常为圆柱形,故吸收塔的直径可根据圆形管道内的流量公式导出,即

$$D = \sqrt{\frac{4V_s}{\pi u}}$$

(8-40)

式中　　D——吸收塔的直径，m；

　　　　V_s——吸收操作条件下混合气体的体积流量，m^3/s；

　　　　u——空塔气速，即按空塔横截面计算的混合气体的线速度，m/s。

在计算塔径时应注意以下两点：

（1）在吸收过程中，由于溶质不断进入液相，故混合气体流量由塔底至塔顶逐渐减小。在计算塔径时，应以塔底的混合气体流量为依据。

（2）由式（8-40）计算出塔径后还应进行圆整，工业上常用的塔径有 400 mm、500 mm、600 mm、700 mm、800 mm、1000 mm、1200 mm、1400 mm、1600 mm、2000 mm等。

由式（8-40）可知，计算塔径的关键在于确定适宜的空塔气速 u。适宜空塔气速 u 的确定方法将在后面讨论。

8.4.4　吸收塔有效高度的计算

演示文稿

在填料吸收塔中，气液两相的传质过程是在填料层内进行的，故吸收塔的有效高度是指填料层的高度。填料层高度的计算通常采用传质单元数法和等板高度法，现分别予以介绍。

一、传质单元数法

传质单元数法又称为传质速率模型法，该方法是依据传质速率方程来计算填料层高度。

1. 基本计算公式

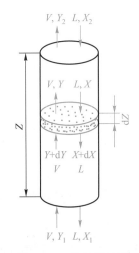

采用传质单元数法计算填料层高度，将涉及物料衡算、传质速率与相平衡这三种关系式的应用。现以连续逆流操作的填料吸收塔为例，推导填料层高度的基本计算公式。

填料塔是一种连续接触式设备，随着吸收的进行，沿填料层高度气液两相的组成均不断变化，传质推动力也相应地改变，塔内各横截面上的吸收速率并不相同。因此，前面所讲的吸收速率方程式，都只适用于塔内任一横截面，而不能直接应用于全塔。为解决填料层高度的计算问题，需要对微元填料层进行物料衡算。

图 8-13　微元填料层的物料衡算

如图 8-13 所示，在填料吸收塔内任意位置上选取微元填料层高度 dZ，在此微元填料层内对组分 A 进行物料衡算，可得

$$dG_A = -VdY = -LdX \qquad (8-41)$$

式中　　dG_A——单位时间内由气相转入液相的溶质 A 的物质的量，kmol/s。

在微元填料层内，因气液两相组成变化很小，故可认为吸收速率 N_A 为定值，则

$$dG_A = N_A dA = N_A(a\Omega dZ) \qquad (8-42)$$

式中　　dA——微元填料层内的传质面积，m^2；

　　　　a——填料的有效比表面积（单位体积填料层所提供的有效传质面积），m^2/m^3；

　　　　Ω——吸收塔截面积，m^2。

将吸收速率方程

$$N_A = K_Y(Y - Y^*) = K_X(X^* - X)$$

代入式（8-42），可得

$$dG_A = K_Y(Y - Y^*)(a\Omega dZ)$$

及

$$dG_A = K_X(X^* - X)(a\Omega dZ)$$

再将式（8-41）代入以上两式，可得

$$-V dY = K_Y(Y - Y^*)(a\Omega dZ)$$

及

$$-L dX = K_X(X^* - X)(a\Omega dZ)$$

整理得

$$\frac{-dY}{Y - Y^*} = \frac{K_Y a\Omega}{V} dZ \tag{8-43}$$

及

$$\frac{-dX}{X^* - X} = \frac{K_X a\Omega}{L} dZ \tag{8-44}$$

对于低组成吸收过程，在定态操作条件下，L、V、a 及 Ω 均不随时间和位置而变化，且 K_Y 及 K_X 也可视为常数。于是，对式（8-43）和式（8-44）在全塔范围内积分：

$$\int_{Y_1}^{Y_2} \frac{-dY}{Y - Y^*} = \frac{K_Y a\Omega}{V} \int_0^Z dZ$$

$$\int_{X_1}^{X_2} \frac{-dX}{X^* - X} = \frac{K_X a\Omega}{L} \int_0^Z dZ$$

可得

$$Z = \frac{V}{K_Y a\Omega} \int_{Y_2}^{Y_1} \frac{dY}{Y - Y^*} \tag{8-45}$$

$$Z = \frac{L}{K_X a\Omega} \int_{X_2}^{X_1} \frac{dX}{X^* - X} \tag{8-46}$$

式（8-45）、式（8-46）即为填料层高度的基本计算公式。式中的 a 是指那些被液体膜层所覆盖的，能提供气液接触的有效比表面积，它小于填料的比表面积 a_t（单位体积填料层中填料的总面积）。a 值不仅与填料的类型与规格有关，而且受流体物性及流动状况的影响。一般 a 的数值很难直接测定，为此将其与吸收系数的乘积视为一体，作为一个完整的物理量来看待，称为"体积吸收系数"。式（8-45）、式（8-46）中的 $K_Y a$ 及 $K_X a$ 分别称为气相总体积吸收系数及液相总体积吸收系数，其单位均为 $kmol/(m^3 \cdot s)$。体积吸收系数的物理意义为：在推动力为一个单位的情况下，单位时间单位体积填料层内所吸收溶质的量。

2. 传质单元高度与传质单元数

（1）传质单元高度与传质单元数的定义 类似于传热计算中的传热单元长度和传热单元数，在吸收计算中引入传质单元高度与传质单元数的概念。

现以式(8-45)为例分析如下。式(8-45)等号右端的因式 $\dfrac{V}{K_Y a\Omega}$ 是由过程条件所决定的，具有高度的单位，定义为"气相总传质单元高度"，以 H_{OG} 表示，即

$$H_{OG}=\frac{V}{K_Y a\Omega} \tag{8-47}$$

式(8-45)等号右端的积分项 $\displaystyle\int_{Y_2}^{Y_1}\frac{\mathrm{d}Y}{Y-Y^*}$ 的量纲为1，它代表所需填料层总高度 Z 相当于气相总传质单元高度 H_{OG} 的倍数，定义为"气相总传质单元数"，以 N_{OG} 表示，即

$$N_{OG}=\int_{Y_2}^{Y_1}\frac{\mathrm{d}Y}{Y-Y^*} \tag{8-48}$$

于是，式(8-45)可改写为

$$Z=H_{OG}N_{OG} \tag{8-49}$$

同理，式(8-46)可改写成如下的形式：

$$Z=H_{OL}N_{OL} \tag{8-50}$$

式中　　H_{OL}——液相总传质单元高度，$H_{OL}=\dfrac{L}{K_X a\Omega}$，m；

N_{OL}——液相总传质单元数，$N_{OL}=\displaystyle\int_{X_2}^{X_1}\frac{\mathrm{d}X}{X^*-X}$，量纲为1。

应予指出，若式(8-42)中的吸收速率 N_A 以膜吸收速率方程代入时，则可推导出相应的填料层高度的计算公式为

$$Z=H_G N_G \tag{8-49a}$$

及　　　　　　　　　　　$$Z=H_L N_L \tag{8-50a}$$

式中　　H_G——气相传质单元高度，m；

N_G——气相传质单元数，量纲为1；

H_L——液相传质单元高度，m；

N_L——液相传质单元数，量纲为1。

由此，可写出填料层高度计算的通式为

填料层高度＝传质单元高度×传质单元数

（2）传质单元高度与传质单元数的物理意义 下面以气相总传质单元高度 H_{OG} 和气相总传质单元数 N_{OG} 为例，来分析传质单元高度与传质单元数的物理意义。

如图8-14(a)所示，假定某吸收过程所需的填料层高度恰等于一个气相总传质单元高度，即

$$Z=H_{OG}$$

由式(8-49)可知

$$N_{OG} = \int_{Y_2}^{Y_1} \frac{dY}{Y-Y^*} = 1$$

式中的$(Y-Y^*)$为吸收过程的推动力。在整个填料层内,该推动力虽是变化的,但总可以找到某一个平均值$(Y-Y^*)_m$来代替$(Y-Y^*)$,并使积分值保持不变,即

$$\int_{Y_2}^{Y_1} \frac{dY}{Y-Y^*} = \int_{Y_2}^{Y_1} \frac{dY}{(Y-Y^*)_m} = 1$$

于是得

$$N_{OG} = \frac{1}{(Y-Y^*)_m} \int_{Y_2}^{Y_1} dY = \frac{Y_1-Y_2}{(Y-Y^*)_m} = 1$$

即

$$(Y-Y^*)_m = Y_1 - Y_2$$

由此可见,如果气体流经一段填料层前后的组成变化(Y_1-Y_2)恰好等于此段填料层内以气相组成差表示的总推动力的平均值$(Y-Y^*)_m$,如图8-14(b)所示,则这段填料层的高度就是一个气相总传质单元高度。

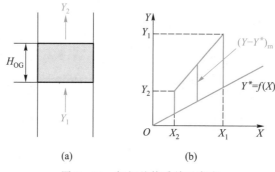

图8-14 气相总传质单元高度

传质单元高度反映了传质阻力的大小、填料性能的优劣及润湿情况的好坏。吸收过程的传质阻力越大,填料层有效比表面积越小,则每个传质单元所相当的填料层高度就越高。

由式(8-49)可知,传质单元数代表所需填料层总高度Z相当于气相总传质单元高度H_{OG}的倍数,它反映了吸收过程进行的难易程度。生产任务所要求的气体组成变化越大,吸收过程的平均推动力越小,则意味着过程的难度越大,此时所需的传质单元数也就越大。

3. 传质单元数的确定

传质单元数的确定可采用不同的方法,现介绍几种常用的方法。

(1)解析法 若在吸收过程所涉及的组成范围内相平衡关系为直线,可采用解析法计算传质单元数。

① 脱吸因数法 设相平衡关系为

$$Y^* = mX + b$$

代入式(8-48)得

$$N_{OG} = \int_{Y_2}^{Y_1} \frac{dY}{Y-Y^*} = \int_{Y_2}^{Y_1} \frac{dY}{Y-(mX+b)}$$

由操作线方程式(8-35),可得

$$X = \frac{V}{L}(Y-Y_2) + X_2$$

代入上式得

$$N_{OG} = \int_{Y_2}^{Y_1} \frac{dY}{Y-m\left[\dfrac{V}{L}(Y-Y_2)+X_2\right]-b}$$

$$= \int_{Y_2}^{Y_1} \frac{dY}{\left(1-\dfrac{mV}{L}\right)Y+\left[\dfrac{mV}{L}Y_2-(mX_2+b)\right]}$$

令

$$S = \frac{mV}{L}$$

则

$$N_{OG} = \int_{Y_2}^{Y_1} \frac{dY}{(1-S)Y+(SY_2-Y_2^*)}$$

积分上式并整理,可得

$$N_{OG} = \frac{1}{1-S}\ln\left[(1-S)\frac{Y_1-Y_2^*}{Y_2-Y_2^*}+S\right] \tag{8-51}$$

式中 S 为平衡线斜率与操作线斜率的比值,称为脱吸因数,量纲为1。为方便计算,在半对数坐标上以 S 为参数,按式(8-51)标绘出 $N_{OG}-\dfrac{Y_1-Y_2^*}{Y_2-Y_2^*}$ 的关系,得到如图8-15所示的一组曲线。

同理,可导出液相总传质单元数 N_{OL} 的计算式如下,即

$$N_{OL} = \frac{1}{1-A}\ln\left[(1-A)\frac{Y_1-Y_2^*}{Y_1-Y_1^*}+A\right] \tag{8-52}$$

式中, $A = \dfrac{L}{mV}$,即为脱吸因数 S 的倒数,它是操作线斜率与平衡线斜率的比值,称为吸收因数,量纲为1。式(8-52)多用于解吸操作的计算。

比较可知,式(8-51)与式(8-52)具有同样的函数形式,只是式(8-51)中的 N_{OG}、$\dfrac{Y_1-Y_2^*}{Y_2-Y_2^*}$ 及 S 在式(8-52)中分别换成了 N_{OL}、$\dfrac{Y_1-Y_2^*}{Y_1-Y_1^*}$ 及 A。由此可知,若将图8-15用来表示 $N_{OL}-\dfrac{Y_1-Y_2^*}{Y_1-Y_1^*}$ 的关系(以 A 为参数)将完全适用。

应予指出,图8-15用于 N_{OG}(或 N_{OL})的求取及其他有关吸收过程的分析估算虽十分方便,但只有在 $\dfrac{Y_1-Y_2^*}{Y_2-Y_2^*}\left(或\dfrac{Y_1-Y_2^*}{Y_1-Y_1^*}\right)>20$ 及 S(或 A)$\leqslant 0.75$ 的范围内使用该图时,读

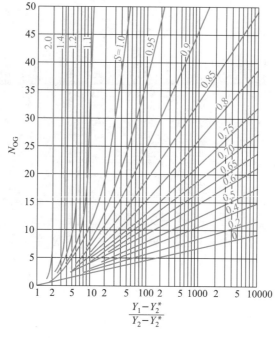

图 $8-15$ 　N_{OG}-$\dfrac{Y_1-Y_2^*}{Y_2-Y_2^*}$ 关系图

数才较准确,否则误差较大。

将式(8-51)与式(8-52)进一步整理,可分别得

$$N_{OG}=\frac{1}{1-S}\ln\frac{Y_1-Y_1^*}{Y_2-Y_2^*}=\frac{1}{1-S}\ln\frac{\Delta Y_1}{\Delta Y_2} \tag{8-53}$$

及

$$N_{OL}=\frac{1}{1-A}\ln\frac{Y_2-Y_2^*}{Y_1-Y_1^*}=\frac{1}{1-A}\ln\frac{\Delta Y_2}{\Delta Y_1} \tag{8-54}$$

式中 ΔY_1、ΔY_2 分别为塔底与塔顶两截面上吸收过程的推动力。比较式(8-53)与式(8-54)可得

$$N_{OG}=AN_{OL} \tag{8-55}$$

② 对数平均推动力法　对数平均推动力法是用塔顶与塔底两截面上吸收过程推动力的对数平均值来计算总传质单元数。因为

$$S=m\left(\frac{V}{L}\right)=\frac{Y_1^*-Y_2^*}{X_1-X_2}\left(\frac{X_1-X_2}{Y_1-Y_2}\right)=\frac{Y_1^*-Y_2^*}{Y_1-Y_2}$$

所以

$$1-S=\frac{(Y_1-Y_1^*)-(Y_2-Y_2^*)}{Y_1-Y_2}=\frac{\Delta Y_1-\Delta Y_2}{Y_1-Y_2}$$

将此式代入式(8-53)得

$$N_{OG}=\frac{Y_1-Y_2}{\Delta Y_1-\Delta Y_2}\ln\frac{\Delta Y_1}{\Delta Y_2}$$

因此有

$$N_{OG} = \frac{Y_1 - Y_2}{\Delta Y_m} \qquad\qquad (8-56)$$

式中

$$\Delta Y_m = \frac{\Delta Y_1 - \Delta Y_2}{\ln \dfrac{\Delta Y_1}{\Delta Y_2}} = \frac{(Y_1 - Y_1^*) - (Y_2 - Y_2^*)}{\ln \dfrac{Y_1 - Y_1^*}{Y_2 - Y_2^*}} \qquad\qquad (8-57)$$

ΔY_m 是塔顶与塔底两截面上吸收过程推动力的对数平均值,称为对数平均推动力。同理,可导出液相总传质单元数 N_{OL} 的计算式

$$N_{OL} = \frac{X_1 - X_2}{\Delta X_m} \qquad\qquad (8-58)$$

式中

$$\Delta X_m = \frac{\Delta X_1 - \Delta X_2}{\ln \dfrac{\Delta X_1}{\Delta X_2}} = \frac{(X_1^* - X_1) - (X_2^* - X_2)}{\ln \dfrac{X_1^* - X_1}{X_2^* - X_2}} \qquad\qquad (8-59)$$

应予指出,对数平均推动力法也适用于在吸收过程所涉及的组成范围内相平衡关系为直线的情况。当 $\dfrac{1}{2} < \dfrac{\Delta Y_1}{\Delta Y_2} < 2 \left(\text{或} \dfrac{1}{2} < \dfrac{\Delta X_1}{\Delta X_2} < 2 \right)$ 时,可用算术平均推动力来代替相应的对数平均推动力,使计算得以简化。

(2) 数值积分法 若在吸收过程所涉及的组成范围内相平衡关系为曲线时,则应采用数值积分法求传质单元数。数值积分有不同的方法,其中常用的有辛普森(Simpson)数值积分法,即

$$N_{OG} = \int_{Y_0}^{Y_n} f(Y) \mathrm{d}Y$$

$$\approx \frac{\Delta Y}{3} \{ f(Y_0) + f(Y_n) + 4[f(Y_1) + f(Y_3) + \cdots + f(Y_{n-1})] +$$

$$2[f(Y_2) + f(Y_4) + \cdots + f(Y_{n-2})] \} \qquad\qquad (8-60)$$

其中

$$\Delta Y = \frac{Y_n - Y_0}{n}, \qquad f(Y) = \frac{1}{Y - Y^*}$$

式中 Y_0、Y_n——出、入塔气相组成;

   n——在 Y_0 与 Y_n 间划分的区间数目,可取为任意偶数;

   ΔY——把 (Y_0, Y_n) 分成 n 个相等的小区间,每一个小区间的步长。

◆ 例 8-6 在直径为 0.8 m 的填料吸收塔中,用纯溶剂吸收混合气体中的溶质组分 A。已知进塔混合气体的摩尔流量为 50 kmol/h,组成为 5%(体积分数),吸收率为 95%,操作条件下的相平衡关系为 $Y = 2.2X (Y、X$ 均为摩尔比),溶剂用量为最小用量的 1.5 倍,气相总体积吸收系数为 0.0485 kmol/(m³·s)。试求所需填料层的高度。

解:进入吸收塔惰性气体的摩尔流量为

$$V = [50 \times (1 - 0.05)] \text{ kmol/h} = 47.5 \text{ kmol/h}$$

进塔气体中溶质 A 的摩尔比为

$$Y_1 = \frac{y_1}{1 - y_1} = \frac{0.05}{1 - 0.05} = 0.0526$$

出塔气体中溶质 A 的摩尔比为

$$Y_2 = Y_1(1 - \varphi_A) = 0.0526 \times (1 - 0.95) = 0.00263$$

溶剂的最小摩尔流量为

$$L_{\min} = \frac{Y_1 - Y_2}{\dfrac{Y_1}{m} - X_2} V = \left(\frac{0.0526 - 0.00263}{\dfrac{0.0526}{2.2} - 0} \times 47.5 \right) \text{kmol/h} = 99.28 \text{ kmol/h}$$

溶剂的摩尔流量为

$$L = 1.5 L_{\min} = (1.5 \times 99.28) \text{kmol/h} = 148.92 \text{ kmol/h}$$

由全塔物料衡算得

$$X_1 = X_2 + \frac{V(Y_1 - Y_2)}{L} = 0 + \frac{47.5 \times (0.0526 - 0.00263)}{148.92} = 0.0159$$

$$\Delta Y_1 = Y_1 - Y_1^* = Y_1 - mX_1 = 0.0526 - 2.2 \times 0.0159 = 0.0176$$

$$\Delta Y_2 = Y_2 - Y_2^* = Y_2 - mX_2 = 0.00263 - 2.2 \times 0 = 0.00263$$

对数平均推动力为

$$\Delta Y_m = \frac{\Delta Y_1 - \Delta Y_2}{\ln \dfrac{\Delta Y_1}{\Delta Y_2}} = \frac{0.0176 - 0.00263}{\ln \dfrac{0.0176}{0.00263}} = 0.007875$$

气相总传质单元数为

$$N_{OG} = \frac{Y_1 - Y_2}{\Delta Y_m} = \frac{0.0526 - 0.00263}{0.007875} = 6.345$$

若用脱吸因数法计算 N_{OG}，可得到相近的结果。

气相总传质单元高度为

$$H_{OG} = \frac{V}{K_Y a \Omega} = \left(\frac{47.5/3600}{0.0485 \times 0.785 \times 0.8^2} \right) \text{m} = 0.542 \text{ m}$$

填料层高度为

$$Z = H_{OG} N_{OG} = (0.542 \times 6.345) \text{m} = 3.439 \text{ m}$$

◆ 例 8-7 某化工厂现有一填料吸收塔，在该塔中用清水吸收焦炉气中的氨。已知操作压力为 101.3 kPa、操作温度为 30 ℃，焦炉气的处理量为 5500 m^3(标准)/h，氨的组成为 0.016(摩尔比)，氨的吸收率为 97%，吸收剂用量为最小用量的 1.6 倍，操作的空塔气速为 1.25 m/s。在 101.3 kPa,30 ℃下的气液相平衡关系为 $Y = 1.2X$；在 101.3 kPa,10 ℃下的气液相平衡关系为 $Y = 0.5X$。(1) 计算填料塔的直径；(2) 若操作温度降为 10 ℃，而其他条件不变，试求此时的吸收率。

解：(1) 由
$$D = \sqrt{\frac{4V_s}{\pi u}}$$

其中
$$V_s = \left(\frac{5500}{3600} \times \frac{273+30}{273}\right) \text{m}^3/\text{s} = 1.696 \text{ m}^3/\text{s}$$

$$D = \sqrt{\frac{4 \times 1.696}{\pi \times 1.25}} \text{ m} = 1.314 \text{ m}$$

(2) 原工作状态 $Y_2 = (1-\varphi_A)Y_1 = (1-0.97) \times 0.016 = 0.00048$

$$V = \left[\frac{5500}{3600} \times \frac{1}{22.4} \times (1-0.016)\right] \text{kmol/s} = 0.067 \text{ kmol/s}$$

对于纯溶剂吸收

$$\left(\frac{L}{V}\right)_{min} = m\varphi_A = 1.2 \times 97\% = 1.164$$

$$\frac{L}{V} = 1.6 \times 1.164 = 1.862$$

$$S = \frac{mV}{L} = \frac{1.2}{1.862} = 0.644$$

$$N_{OG} = \frac{1}{1-S} \ln\left[(1-S)\frac{Y_1-Y_2^*}{Y_2-Y_2^*} + S\right]$$

$$= \frac{1}{1-0.644} \ln\left[(1-0.644)\frac{0.016}{0.00048} + 0.644\right] = 7.097$$

新工作状态

因水吸收氨属于气膜控制，温度 t 对 $K_Y a$ 的影响可忽略，温度降低时 H_{OG} 可视为不变，又因填料层高度一定，故 N_{OG} 也可视为不变。

$$S' = \frac{m'V}{L} = \frac{0.5}{1.862} = 0.269$$

由
$$N_{OG} = \frac{1}{1-S'} \ln\left[(1-S')\frac{Y_1-Y_2^*}{Y_2'-Y_2^*} + S'\right]$$

$$\frac{1}{1-0.269} \ln\left[(1-0.269)\frac{0.016}{Y_2'} + 0.269\right] = 7.097$$

解出
$$Y_2' = 0.0000654$$

则
$$\varphi_A' = \frac{Y_1-Y_2'}{Y_1} = \frac{0.016-0.0000654}{0.016} = 0.996 = 99.6\%$$

从本例计算可看出，对于一定高度的填料塔，在其他条件不变的情况下，操作温度降低，相平衡常数 m 减小，平衡线位置下移，平均推动力加大，故溶质的吸收率提高。

◆ 例 8-8　在一填料层高度为 6 m(分为 2 段,每段高度各为 3 m)的填料塔中,用纯溶剂吸收某混合气体中的溶质组分。已知进塔混合气体的流量为 45 kmol/h,溶质含量为 0.07(摩尔分数,下同),出塔尾气中溶质含量为 0.007,操作液气比为 2.5,操作条件下的气液相平衡关系为 $Y=2.5X$,气相总体积吸收系数为 0.0166 kmol/($m^3 \cdot s$)。(1) 核算填料塔的直径;(2) 核算气体进入第 2 段填料层时的溶质含量。

解: (1) 填料塔直径的计算

$$Y_1 = \frac{y_1}{1-y_1} = \frac{0.07}{1-0.07} = 0.0753$$

$$Y_2 = \frac{y_2}{1-y_2} = \frac{0.007}{1-0.007} = 0.00705$$

依题意,$\dfrac{L}{V}=2.5$,$m=2.5$,即操作线与平衡线平行,则有

$$\Delta Y_m = \Delta Y_1 = \Delta Y_2$$

对于纯溶剂吸收,$X_2=0$,则有

$$\Delta Y_m = \Delta Y_2 = Y_2 = 0.00705$$

气相总传质单元数为

$$N_{OG} = \frac{Y_1 - Y_2}{\Delta Y_m} = \frac{0.0753 - 0.00705}{0.00705} = 9.681$$

由

$$Z = H_{OG} N_{OG}$$

得

$$H_{OG} = \frac{Z}{N_{OG}} = \left(\frac{6}{9.681}\right) \text{ m} = 0.620 \text{ m}$$

由

$$H_{OG} = \frac{V}{K_Y a \Omega}$$

得

$$\Omega = \frac{V}{K_Y a H_{OG}} = \left[\frac{45 \times (1-0.07)/3600}{0.0166 \times 0.620}\right] \text{ m}^2 = 1.13 \text{ m}^2$$

填料塔的直径为

$$D = \sqrt{4\Omega/\pi} = \sqrt{4 \times 1.13/\pi} \text{ m} = 1.2 \text{ m}$$

(2) 气体进入第 2 段填料层时的溶质含量　设气体进入第 2 段填料层时的摩尔比为 Y_2'。依题意,

$$Z' = 3 \text{ m}$$

$$H_{OG}' = H_{OG} = 0.620 \text{ m}$$

$$N_{OG}' = \frac{Z'}{H_{OG}'} = \frac{3}{0.620} = 4.839$$

由

$$N_{OG}' = \frac{Y_1 - Y_2'}{\Delta Y_m}$$

得

$$Y_2' = Y_1 - N_{OG}' \Delta Y_m = 0.0753 - 4.839 \times 0.00705 = 0.0412$$

气体进入第 2 段填料层时溶质含量为

$$y_2' = \frac{Y_2'}{1+Y_2'} = \frac{0.0412}{1+0.0412} = 0.0396$$

二、等板高度法

等板高度法又称为理论级模型法,该方法依据理论级的概念来计算填料层高度。

1. 基本计算公式

图 8-16 为逆流吸收理论级模型示意图。如图 8-16(a)所示,将填料层高度分为 N 级,吸收剂从塔顶进入第 I 级,逐级向下流动,最后从塔底第 N 级流出;原料气则从塔底进入第 N 级,逐级向上流动,最后从塔顶第 I 级排出。在每一级上,气液两相密切接触,溶质组分由气相向液相转移。若离开某一级时,气液两相的组成达到平衡,则称该级为一个理论级。

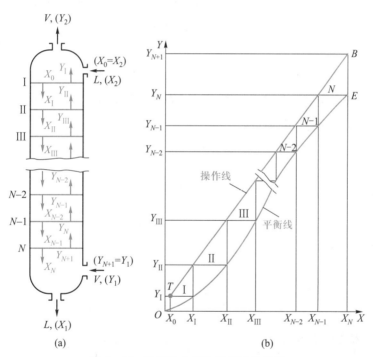

图 8-16 逆流吸收理论级模型示意图

设完成指定的分离任务所需的理论级数为 N_T,则所需的填料层高度可按式(8-61)计算,即

$$Z = N_T \cdot HETP \qquad (8-61)$$

式中　　N_T——理论级数;

$HETP$——等板高度,m。

所谓等板高度($HETP$)是指分离效果与一个理论级的作用相当的填料层高度,又称当量高度。等板高度是填料的重要应用性能,一般由实验测定或由经验公式计算,详细

内容可参考有关书籍。

2. 理论级数的确定

由式(8-61)可知,采用等板高度法计算填料层高度的关键是确定完成指定的分离任务所需的理论级数。理论级数的确定通常采用梯级图解法和解析法,现分别予以介绍。

(1) 梯级图解法　用梯级图解法求理论级数的具体步骤如下:

① 在直角坐标系中分别标绘出操作线及平衡线,图8-16(b)所示的 BT 线为操作线,OE 线为平衡线。

② 在操作线与平衡线之间,从塔顶开始逐次画由水平线和铅垂线构成的阶梯,直至与塔底的组成相等或超过此组成为止。

③ 图中所绘的阶梯数,即为吸收塔所需的理论级数。

应予指出,梯级图解法用于求理论级数不受任何限制,气液相组成可采用任一种表示方法,此法既可用于低组成气体吸收过程的计算,也可用于高组成气体吸收或解吸过程的计算。

(2) 解析法　若在吸收过程所涉及的组成范围内相平衡关系为直线时,可采用克伦舍尔(Kremser)方程求理论级数。该方程是根据相平衡关系与操作关系进行逐级迭代运算,经整理而得的。推导过程如下:

参见图8-16(a),在Ⅰ~Ⅱ级间的任一横截面和塔顶之间进行组分A的物料衡算,得

$$Y_{\mathrm{II}}=\frac{L}{V}(X_{\mathrm{I}}-X_0)+Y_{\mathrm{I}}$$

设相平衡关系为

$$Y^*=mX+b$$

则

$$X_{\mathrm{I}}=\frac{Y_{\mathrm{I}}-b}{m}\qquad X_0=\frac{Y_0^*-b}{m}$$

将以上两式代入物料衡算式,得

$$Y_{\mathrm{II}}=\frac{L}{V}\left(\frac{Y_{\mathrm{I}}-Y_0^*}{m}\right)+Y_{\mathrm{I}}$$

式中,$Y_0^*=mX_0+b$,即与刚进塔的液相(X_0)成平衡的气相组成。

由

$$A=\frac{L}{mV}$$

则上式可改写为

$$Y_{\mathrm{II}}=A(Y_{\mathrm{I}}-Y_0^*)+Y_{\mathrm{I}}$$

即

$$Y_{\mathrm{II}}=(A+1)Y_{\mathrm{I}}-AY_0^* \tag{8-62}$$

在Ⅱ~Ⅲ级间的任一横截面和塔顶之间进行组分A的物料衡算,得

$$Y_{\text{Ⅲ}} = \frac{L}{V}(X_{\text{Ⅱ}} - X_0) + Y_{\text{Ⅰ}} = \frac{L}{V}\left(\frac{Y_{\text{Ⅱ}} - Y_0^*}{m}\right) + Y_{\text{Ⅰ}} = A(Y_{\text{Ⅱ}} - Y_0^*) + Y_{\text{Ⅰ}}$$

代入式(8-62)并整理,得

$$Y_{\text{Ⅲ}} = (A^2 + A + 1)Y_{\text{Ⅰ}} - (A^2 + A)Y_0^*$$

同理,可推得

$$Y_{N+1} = (A^N + A^{N-1} + \cdots + A + 1)Y_{\text{Ⅰ}} - (A^N + A^{N-1} + \cdots + A^2 + A)Y_0^*$$

等式两端同减去 Y_0^* 可得

$$Y_{N+1} - Y_0^* = (A^N + A^{N-1} + \cdots + A + 1)(Y_{\text{Ⅰ}} - Y_0^*) = \frac{A^{N+1} - 1}{A - 1}(Y_{\text{Ⅰ}} - Y_0^*)$$

所以

$$\frac{Y_{\text{Ⅰ}} - Y_0^*}{Y_{N+1} - Y_0^*} = \frac{A - 1}{A^{N+1} - 1}$$

等式两端同减去 1,并整理得

$$\frac{Y_{N+1} - Y_{\text{Ⅰ}}}{Y_{N+1} - Y_0^*} = \frac{A^{N+1} - A}{A^{N+1} - 1} \tag{8-63}$$

式(8-63)即为克伦舍尔方程。参见图 8-16(a)可知:$Y_{N+1} = Y_1$ 及 $Y_{\text{Ⅰ}} = Y_2$,又知 $Y_0^* = mX_2 + b = Y_2^*$,所以,式(8-63)可写成如下的形式,即

$$\frac{Y_1 - Y_2}{Y_1 - Y_2^*} = \frac{A^{N_T+1} - A}{A^{N_T+1} - 1} \tag{8-63a}$$

由式(8-33)可得溶质的吸收率为

$$\varphi_A = \frac{Y_1 - Y_2}{Y_1}$$

溶质的理论吸收率(即在塔顶达到气液相平衡时的吸收率)为

$$\varphi_{A,\max} = \frac{Y_1 - Y_2^*}{Y_1}$$

溶质的相对吸收率定义为

$$\varphi = \frac{\varphi_A}{\varphi_{A,\max}} = \frac{Y_1 - Y_2}{Y_1 - Y_2^*}$$

于是,式(8-63a)又可写成如下的形式:

$$\varphi = \frac{A^{N_T+1} - A}{A^{N_T+1} - 1} \tag{8-63b}$$

及

$$N_T = \frac{\ln\dfrac{A - \varphi}{1 - \varphi}}{\ln A} - 1 \tag{8-63c}$$

为便于计算,可将式(8-63b)中的 φ、N_T 与 A 三者之间的函数关系绘成如图 8-17 所示的一组曲线(以 N_T 为参数),此图称为克伦舍尔图。

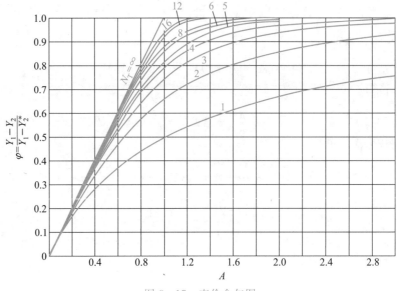

图 8-17 克伦舍尔图

由式(8-63c)可进一步整理得

$$N_T = \frac{1}{\ln A} \ln \left[\left(1 - \frac{1}{A} \right) \frac{Y_1 - Y_2^*}{Y_2 - Y_2^*} + \frac{1}{A} \right] \qquad (8-63d)$$

式(8-63d)为克伦舍尔方程的另一形式。依此式可在半对数坐标纸上标绘理论级数 N_T 与 $\dfrac{Y_1 - Y_2^*}{Y_2 - Y_2^*}$ 的关系(以脱吸因数 S 为参数),得到一组曲线,如图 8-18 所示,此线图形状 与解析法求 N_{OG} 的线图形状相仿。

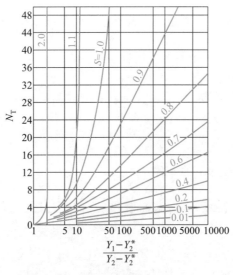

图 8-18 $N_T - \dfrac{Y_1 - Y_2^*}{Y_2 - Y_2^*}$ 关系图

◆ 例 8-9　在例 8-6 中,其他条件维持不变,将已知气相总体积吸收系数改为已知所用填料的等板高度为 0.655 m,试求所需的填料层高度。

解:本例已知填料的等板高度,故应采用等板高度法计算填料层高度。

溶质的相对吸收率为

$$\varphi = \frac{Y_1 - Y_2}{Y_1 - Y_2^*} = \frac{0.0526 - 0.00263}{0.0526 - 2.2 \times 0} = 0.95$$

吸收因数为

$$A = \frac{L}{mV} = \frac{148.92}{2.2 \times 47.5} = 1.425$$

所需理论级数可用式(8-63c)或式(8-63d)计算,现用前者,即

$$N_T = \frac{\ln \dfrac{A - \varphi}{1 - \varphi}}{\ln A} - 1 = \frac{\ln \dfrac{1.425 - 0.95}{1 - 0.95}}{\ln 1.425} - 1 = 5.356$$

则所需的填料层高度为

$$Z = N_T \cdot HETP = (5.356 \times 0.655) \text{ m} = 3.508 \text{ m}$$

从计算结果可知,采用等板高度法计算得出的填料层高度与采用传质单元数法计算得出的填料层高度相差不大。

◆ 例 8-10　某制药厂现有一直径为 1.2 m,填料层高度为 6.5 m 的吸收塔,用来吸收某气体混合物中的溶质组分。已知操作压力为 300 kPa,温度为 30 ℃;入塔混合气中溶质的含量为 6%(体积分数),要求吸收率不低于 98%;吸收剂为纯溶剂,测得出塔液相的组成为 0.0185(摩尔分数);操作条件下的相平衡关系为 $Y = 2.16X$,气相总体积吸收系数为 65.5 kmol/(m³·h)。试核算(1) 吸收剂用量为最小用量的多少倍; (2) 该填料塔的年处理量[m³ 混合气/年(注:按 7200h/年计)]。

案例解析

解:本例为吸收塔的操作型(校核型)计算问题。

(1) 吸收剂用量为最小用量的倍数　进塔气体中溶质的摩尔比为

$$Y_1 = \frac{y_1}{1 - y_1} = \frac{0.06}{1 - 0.06} = 0.0638$$

出塔气体中溶质的摩尔比为

$$Y_2 = Y_1(1 - \varphi_A) = 0.0638 \times (1 - 0.98) = 0.00128$$

由式(8-32)得

$$L = \frac{V(Y_1 - Y_2)}{X_1 - X_2}$$

由式(8-37a)得

$$L_{\min} = \frac{V(Y_1 - Y_2)}{Y_1/m - X_2}$$

因此有

$$\frac{L}{L_{min}}=\frac{Y_1/m-X_2}{X_1-X_2}$$

出塔液体中溶质的组成为

$$X_1=\frac{x_1}{1-x_1}=\frac{0.0185}{1-0.0185}=0.0188$$

$$\frac{L}{L_{min}}=\frac{Y_1/m-X_2}{X_1-X_2}=\frac{0.0638/2.16-0}{0.0188-0}=1.571$$

即

$$L=1.571\,L_{min}$$

（2）填料塔的年处理量　求该填料塔的年处理量，首先需计算惰性气体的流量 V。

$$\Delta Y_1=Y_1-Y_1^*=Y_1-mX_1=0.0638-2.16\times0.0188=0.0232$$

$$\Delta Y_2=Y_2-Y_2^*=Y_2-mX_2=0.00128-2.16\times0=0.00128$$

对数平均推动力为

$$\Delta Y_m=\frac{\Delta Y_1-\Delta Y_2}{\ln\dfrac{\Delta Y_1}{\Delta Y_2}}=\frac{0.0232-0.00128}{\ln\dfrac{0.0232}{0.00128}}=0.00757$$

气相总传质单元数为

$$N_{OG}=\frac{Y_1-Y_2}{\Delta Y_m}=\frac{0.0638-0.00128}{0.00757}=8.259$$

气相总传质单元高度为

$$H_{OG}=\frac{Z}{N_{OG}}=\left(\frac{6.5}{8.259}\right)\text{m}=0.787\text{ m}$$

由

$$H_{OG}=\frac{V}{K_Ya\Omega}$$

则

$$V=H_{OG}K_Ya\Omega=(0.787\times65.5\times0.785\times1.2^2)\text{kmol/h}=58.27\text{ kmol/h}$$

填料塔的年处理量为

$$V'=\left(58.27\times22.4\times\frac{101.3}{300}\times\frac{273+30}{273}\times\frac{1}{1-0.06}\times7200\right)\text{m}^3\text{ 混合气/年}$$

$$=3.747\times10^6\text{ m}^3\text{ 混合气/年}$$

8.5　吸　收　系　数

演示文稿

　　吸收系数是计算吸收速率的关键，若没有准确可靠的吸收系数数据，则上述所有涉及吸收速率的计算公式与方法都将失去其实际价值。

　　一般来说，传质过程的影响因素较传热过程的复杂得多，吸收系数不仅与物性、设备类型、填料的形状和规格等有关，而且还与塔内流体的流动状况、操作条件等密切相关。

因此,迄今尚无通用的计算公式和方法。一般都是针对具体的物系,在一定的操作条件和设备条件下,通过实验测定的,也可根据需要,再将实验数据整理成经验公式或量纲为1数群关联式。

8.5.1 吸收系数的测定

吸收系数的测定一般在已知内径和填料层高度的中间实验设备上或生产装置上进行,用实际操作的物系,选定一定的操作条件进行实验。在定态操作状况下,测得进、出口处气体和液体的流量及组成,根据物料衡算及相平衡关系算出吸收负荷 G_A 及平均推动力 ΔY_m。再依具体设备的尺寸算出填料层体积 V_P 后,便可按下式计算总体积吸收系数 $K_Y a$,即

$$K_Y a = \frac{V(Y_1 - Y_2)}{\Omega Z \Delta Y_m} = \frac{G_A}{V_P \Delta Y_m} \tag{8-64}$$

式中　　G_A——塔的吸收负荷,即单位时间在塔内吸收的溶质物质的量,kmol/s;

　　　　V_P——填料层体积,m^3;

　　　　ΔY_m——塔内平均气相总推动力,量纲为1。

测定可针对全塔进行,也可针对任一塔段进行,测定值代表所测范围内的总吸收系数的平均值。

测定气膜或液膜吸收系数时,总是设法在另一相的阻力可被忽略或可以推算的条件下进行实验。如可采用如下的方法求得用水吸收低含量氨气时的气膜体积吸收系数 $k_G a$:

首先测定总体积吸收系数 $K_G a$,然后依下式计算气膜体积吸收系数 $k_G a$ 的数值,即

$$\frac{1}{k_G a} = \frac{1}{K_G a} - \frac{1}{H k_L a} \tag{8-65}$$

式中的液膜体积吸收系数 $k_L a$,可根据相同条件下用水吸收氧气时的液膜体积吸收系数来推算,即

$$(k_L a)_{NH_3} = (k_L a)_{O_2} \left(\frac{D'_{NH_3}}{D'_{O_2}} \right)^{0.5} \tag{8-66}$$

因为氧气在水中的溶解度甚微,故当用水吸收氧气时,气膜阻力可以忽略,所测得的 $K_L a$ 即等于 $k_L a$。

8.5.2 吸收系数的经验公式

吸收系数的经验公式是由特定系统及特定条件下的实验数据关联得出的,由于受实验条件的限制,其适用范围通常较窄,只有在规定条件下使用才能得到可靠的计算结果。计算吸收系数的经验公式较多,现介绍几个计算体积吸收系数的经验公式。

一、用水吸收氨

用水吸收氨属于易溶气体的吸收,吸收阻力主要在气膜中,液膜阻力约占10%。根

据实验数据得出的计算气膜体积吸收系数的经验公式为

$$k_G a = 6.07 \times 10^{-4} G^{0.9} W^{0.39} \tag{8-67}$$

式中　$k_G a$——气膜体积吸收系数，$\mathrm{kmol/(m^3 \cdot h \cdot kPa)}$；

G——气相的空塔质量流速，$\mathrm{kg/(m^2 \cdot h)}$；

W——液相的空塔质量流速，$\mathrm{kg/(m^2 \cdot h)}$。

式(8-67)的适用条件如下：

(1) 物系为用水吸收氨；

(2) 填料为直径 12.5 mm 的陶瓷环形填料。

二、用水吸收二氧化碳

用水吸收二氧化碳属于难溶气体的吸收，吸收阻力主要集中在液膜中。根据实验数据得出的计算液膜体积吸收系数的经验公式为

$$k_L a = 2.57 U^{0.96} \tag{8-68}$$

式中　$k_L a$——液膜体积吸收系数，$\mathrm{kmol/(m^3 \cdot h \cdot kmol \cdot m^{-3})}$；

U——液体喷淋密度，即单位时间、单位塔截面上喷淋的液体体积，$\mathrm{m^3/(m^2 \cdot h)}$。

式(8-68)的适用条件如下：

(1) 物系为用水吸收二氧化碳；

(2) 填料为直径 10～32 mm 的陶瓷环形填料；

(3) 液体喷淋密度为 3～20 $\mathrm{m^3/(m^2 \cdot h)}$；

(4) 气相的空塔质量流速为 130～580 $\mathrm{kg/(m^2 \cdot h)}$；

(5) 操作压力为常压，操作温度为 21～27 ℃。

三、用水吸收二氧化硫

用水吸收二氧化硫属于中等溶解度气体的吸收，气膜阻力和液膜阻力在总阻力中都占有相当的比例。根据实验数据得出的计算体积吸收系数的经验公式为

$$k_G a = 9.81 \times 10^{-4} G^{0.7} W^{0.25} \tag{8-69}$$

$$k_L a = \alpha W^{0.82} \tag{8-70}$$

式中各符号的意义与单位同前。

式(8-70)中的 α 为常数，其数值列于表 8-4。

表 8-4　式(8-70)中 α 的数值

温度/℃	10	15	20	25	30
α	0.0093	0.0102	0.0116	0.0128	0.0143

式(8-69)及式(8-70)的适用条件如下：

(1) 物系为用水吸收二氧化硫；

(2) 气相的空塔质量流速为 320～4150 $\mathrm{kg/(m^2 \cdot h)}$；

(3) 液相的空塔质量流速为 4400～58500 $\mathrm{kg/(m^2 \cdot h)}$；

（4）填料为直径 25 mm 的环形填料。

8.5.3　吸收系数的量纲为 1 数群关联式

将在较为广泛的物系、设备及操作条件下所取得的实验数据，整理出若干个量纲为 1 的数群之间的关联式，以此来描述各种影响因素与吸收系数之间的关系，这种关联式即为吸收系数的量纲为 1 数群关联式。与吸收系数的经验公式相比，量纲为 1 数群关联式具有较好的概括性，其适用范围广，但计算精度通常较差。

一、吸收系数的量纲为 1 数群关联式中常用的量纲为 1 数群

1. 舍伍德（Sherwood）数

舍伍德数是量纲为 1 的吸收系数，以 Sh 表示。气相和液相的舍伍德数表达式分别为

$$Sh_G = k_G \frac{RTp_{BM}}{p_{总}} \frac{l}{D_{AB}} \tag{8-71}$$

$$Sh_L = k_L \frac{c_{SM}}{c_{总}} \frac{l}{D'_{AB}} \tag{8-72}$$

式中　　l——特征尺寸，m；

D_{AB}——溶质在气相中的分子扩散系数，m^2/s；

D'_{AB}——溶质在液相中的分子扩散系数，m^2/s；

k_G——气膜吸收系数，$kmol/(m^2 \cdot s \cdot kPa)$；

k_L——液膜吸收系数，m/s；

R——摩尔气体常数，$kJ/(kmol \cdot K)$；

T——热力学温度，K；

p_{BM}——相界面处与气相主体的惰性组分分压的对数平均值，kPa；

c_{SM}——相界面处与液相主体中溶剂物质的量浓度的对数平均值，$kmol/m^3$；

$p_{总}$——总压力，kPa；

$c_{总}$——溶液的总物质的量浓度，$kmol/m^3$。

2. 施密特（Schmidt）数

反映物性对吸收过程影响的量纲为 1 数群为施密特数，以 Sc 表示。气相和液相的施密特数表达式分别为

$$Sc_G = \frac{\mu_G}{\rho_G D_{AB}} \tag{8-73}$$

$$Sc_L = \frac{\mu_L}{\rho_L D'_{AB}} \tag{8-74}$$

式中　　μ_G——气体的黏度，$Pa \cdot s$；

μ_L——液体的黏度，$Pa \cdot s$；

ρ_G——气体的密度，kg/m^3；

ρ_{L}——液体的密度，$\mathrm{kg/m^3}$。

其他符号的意义与单位同前。

3. 雷诺(Reynolds)数

反映流动状况对吸收过程影响的量纲为 1 数群为雷诺数，以 Re 表示。气相和液相通过填料层时的雷诺数表达式分别为

$$Re_{\mathrm{G}}=\frac{d_e u_0 \rho_{\mathrm{G}}}{\mu_{\mathrm{G}}} \tag{8-75}$$

$$Re_{\mathrm{L}}=\frac{d_e u_0 \rho_{\mathrm{L}}}{\mu_{\mathrm{L}}} \tag{8-76}$$

式中　　d_e——填料层的当量直径，即填料层中流体通道的当量直径，m；

　　　　u_0——流体通过填料层的实际流速，m/s。

其他符号的意义与单位同前。

填料层的当量直径为

$$d_e=4\frac{\varepsilon}{a_t} \tag{8-77}$$

式中　　ε——填料层的空隙率，即单位体积填料层内的空隙体积，$\mathrm{m^3/m^3}$；

　　　　a_t——填料的比表面积，即单位体积填料层内的填料表面积，$\mathrm{m^2/m^3}$。

将式(8-77)代入式(8-75)中，可得

$$Re_{\mathrm{G}}=\frac{4\varepsilon u_0 \rho_{\mathrm{G}}}{a_t \mu_{\mathrm{G}}}=\frac{4\varepsilon \left(\dfrac{u}{\varepsilon}\right)\rho_{\mathrm{G}}}{a_t \mu_{\mathrm{G}}}=\frac{4u\rho_{\mathrm{G}}}{a_t \mu_{\mathrm{G}}}=\frac{4G}{a_t \mu_{\mathrm{G}}} \tag{8-78}$$

同理，可得

$$Re_{\mathrm{L}}=\frac{4W}{a_t \mu_{\mathrm{L}}} \tag{8-79}$$

式中　　u——空塔气速，m/s；

　　　　G——气相的空塔质量流速，$\mathrm{kg/(m^2 \cdot s)}$；

　　　　W——液相的空塔质量流速，$\mathrm{kg/(m^2 \cdot s)}$。

其他符号的意义与单位同前。

4. 伽利略(Galileo)数

反映液体所受重力对吸收过程影响的量纲为 1 数群为伽利略数，以 Ga 表示，其表达式为

$$Ga=\frac{gl^3 \rho_{\mathrm{L}}^2}{\mu_{\mathrm{L}}^2} \tag{8-80}$$

式中　　g——重力加速度，$\mathrm{m/s^2}$。

其他符号的意义与单位同前。

二、吸收系数的量纲为 1 数群关联式

1. 计算气膜吸收系数的量纲为 1 数群关联式

计算填料塔内气膜吸收系数的量纲为 1 数群关联式为

$$Sh_G = \alpha(Re_G)^\beta(Sc_G)^\gamma \tag{8-81}$$

或

$$k_G = \alpha\frac{p_总 D_{AB}}{RT p_{BM} l}(Re_G)^\beta(Sc_G)^\gamma \tag{8-81a}$$

式中　Sh_G——气相的舍伍德数,量纲为 1;

　　　Re_G——气相的雷诺数,量纲为 1;

　　　Sc_G——气相的施密特数,量纲为 1。

式(8-81)和式(8-81a)是在湿壁塔中实验得到的,既可用于湿壁塔(l 为湿壁塔塔径),也可用于采用拉西环的填料塔(l 为拉西环填料的外径)。式(8-81)和式(8-81a)中的常数值列于表 8-5 中,其适用条件如下:

(1) $Re_G = 2\times10^3 \sim 3.5\times10^4$;

(2) $Sc_G = 0.6 \sim 2.5$;

(3) $p_总 = 10.1 \sim 303$ kPa(绝对压力)。

表 8-5　式(8-81)和式(8-81a)中的常数值

应用场合	α	β	γ
湿壁塔	0.023	0.83	0.44
填料塔(采用拉西环)	0.066	0.80	0.33

2. 计算液膜吸收系数的量纲为 1 数群关联式

计算填料塔内液膜吸收系数的量纲为 1 数群关联式为

$$Sh_L = 0.00595(Re_L)^{\frac{2}{3}}(Sc_L)^{\frac{1}{3}}(Ga)^{\frac{1}{3}} \tag{8-82}$$

或

$$k_L = 0.00595\frac{c_总 D'_{AB}}{c_{SM} l}(Re_L)^{\frac{2}{3}}(Sc_L)^{\frac{1}{3}}(Ga)^{\frac{1}{3}} \tag{8-82a}$$

式中　Sh_L——液相的舍伍德数,量纲为 1;

　　　Re_L——液相的雷诺数,量纲为 1;

　　　Sc_L——液相的施密特数,量纲为 1;

　　　Ga——伽利略数,量纲为 1;

　　　l——特征尺寸,在此为填料的直径,m。

3. 计算气相及液相传质单元高度的关联式

在溶质含量较低的情况下,计算气相传质单元高度可采用如下的关联式,即

$$H_G = \alpha G^\beta W^\gamma(Sc_G)^{0.5} \tag{8-83}$$

式中　H_G——气相的传质单元高度,m;

　　　G——气相的空塔质量流速,kg/(m²·s);

　　　W——液相的空塔质量流速,kg/(m²·s);

　　　Sc_G——气相的施密特数,量纲为 1;

　　　α、β、γ——与填料的类型和尺寸有关的常数,其值列于表 8-6 中。

表 8 - 6　式（8 - 83）中的常数值

填料		常数			空塔质量流速范围	
类型	尺寸 mm	α	β	γ	$\dfrac{气相\ G}{kg/(m^2 \cdot s)}$	$\dfrac{液相\ W}{kg/(m^2 \cdot s)}$
弧鞍	13	0.541	0.30	−0.47	0.271～0.950	0.678～2.034
	13	0.367	0.30	−0.24	0.271～0.950	2.034～6.10
	25	0.461	0.36	−0.40	0.271～1.085	0.542～6.10
	38	0.652	0.32	−0.45	0.271～1.356	0.542～6.10
拉西环	9.5	0.620	0.45	−0.47	0.271～0.678	0.678～2.034
	25	0.557	0.32	−0.51	0.271～0.814	0.678～6.10
	38	0.830	0.38	−0.66	0.271～0.950	0.678～2.034
	38	0.689	0.38	−0.40	0.271～0.950	2.034～6.10
	50	0.894	0.41	−0.45	0.271～1.085	0.678～6.10

当溶质含量及气速均较低时，计算液相传质单元高度可采用如下的关联式，即

$$H_L = \alpha \left(\frac{W}{\mu_L} \right)^{\beta} (Sc_L)^{0.5} \tag{8-84}$$

式中　　H_L——液相的传质单元高度，m；

　　　　W——液相的空塔质量流速，$kg/(m^2 \cdot s)$；

　　　　μ_L——液相的黏度，Pa·s；

　　　　Sc_L——液相的施密特数，量纲为 1；

　　　　α、β——与填料的类型及尺寸有关的常数，其值列于表 8 - 7 中。

表 8 - 7　式（8 - 84）中的常数值

填料		常数		液相空塔质量流速范围 $kg/(m^2 \cdot s)$
类型	尺寸 mm	$\alpha \times 10^4$	β	
拉西环	9.5	3.21	0.46	0.542～20.34
	13	7.18	0.35	0.542～20.34
	25	23.6	0.22	0.542～20.34
	38	26.1	0.22	0.542～20.34
	50	29.3	0.22	0.542～20.34
弧　鞍	13	14.56	0.28	0.542～20.34
	25	12.85	0.28	0.542～20.34
	38	13.66	0.28	0.542～20.34

由式（8 - 83）及式（8 - 84）可以看出，在填料类型及尺寸和气、液相空塔质量流速相同的情况下，对于两种溶质 A 与 A′ 的吸收过程，其传质单元高度与施密特数的 0.5 次方成

正比。因此有

$$\frac{(H_L)_{A'}}{(H_L)_A} = \left[\frac{(Sc_L)_{A'}}{(Sc_L)_A}\right]^{0.5} \tag{8-85}$$

依式(8-85),可由一已知溶质 A 的液相传质单元高度 H_L(或液膜体积吸收系数 $k_L a$),推算相同条件下另一溶质 A′ 的液相传质单元高度 H_L(或液膜体积吸收系数 $k_L a$)。

◆ 例 8-11　某填料塔中装有直径为 40 mm 的乱堆瓷拉西环填料,该填料的比表面积为 126 m^2/m^3。在温度为 20 ℃,压力为 101.3 kPa 的条件下,用水吸收混于空气中的氨气。已知混合气中氨气的平均分压为 7.5 kPa,气体的空塔质量流速为 8.5 $kg/(m^2 \cdot s)$;操作条件下氨气在空气中的扩散系数为 2.21×10^{-5} m^2/s,气体的黏度为 1.81×10^{-5} $Pa \cdot s$,密度为 1.205 kg/m^3。试计算气膜吸收系数 k_G。

解:根据题中所给条件,可选用式(8-81a)计算气膜吸收系数,即

$$k_G = \alpha \frac{p_{\text{总}}}{RTp_{BM}} \frac{D_{AB}}{l} (Re_G)^\beta (Sc_G)^\gamma$$

查表 8-5,得

$$\alpha = 0.066, \qquad \beta = 0.80, \qquad \gamma = 0.33$$

氨气为易溶气体,故可认为相界面处氨气的分压近似为零。因此有

$$p_{BM} \approx \frac{1}{2}[p_{\text{总}} + (p_{\text{总}} - p_A)]$$

$$= \frac{1}{2}[101.3 + (101.3 - 7.5)]kPa = 97.55 \text{ kPa}$$

$$Re_G = \frac{4G}{a_t \mu} = \frac{4 \times 8.5}{126 \times 1.81 \times 10^{-5}} = 14908$$

$$Sc_G = \frac{\mu}{\rho D_{AB}} = \frac{1.81 \times 10^{-5}}{1.205 \times 2.21 \times 10^{-5}} = 0.680$$

则

$$k_G = \left(0.066 \times \frac{101.3 \times 2.21 \times 10^{-5}}{8.314 \times 293 \times 97.55 \times 0.04} \times 14908^{0.80} \times 0.680^{0.33}\right) kmol/(m^2 \cdot s \cdot kPa)$$

$$= 2.986 \times 10^{-5} \text{ kmol}/(m^2 \cdot s \cdot kPa)$$

8.6　其他吸收与解吸

演示文稿

上述关于吸收计算的讨论是针对单组分低组成的等温物理吸收过程进行的,在工业上,往往会遇到一些其他的吸收过程,包括高组成气体吸收、化学吸收、非等温吸收,以及多组分吸收等,这些吸收过程的计算通常较为复杂。本节仅对高组成气体吸收、化学吸收的计算原理及解吸过程做简要的介绍,详细内容可参考有关书籍。

8.6.1 高组成气体吸收

在工业吸收过程中,有时所处理的气体中溶质的组成高于 10%,此种吸收即所谓的高组成气体吸收。高组成气体吸收中,气液两相溶质的含量均较高,并且溶质从气相向液相的转移量也较大,因此,前述的有关低组成的计算方法需做某些修改。

一、高组成气体吸收的特点

一般来说,高组成气体吸收具有以下特点:

(1) 气液两相的摩尔流量沿塔高有较大的变化   在高组成气体吸收过程中,气相摩尔流量和液相摩尔流量沿塔高都有显著的变化,不能再视为常数。但是,惰性气体摩尔流量沿塔高基本不变;若不考虑吸收剂的汽化,纯吸收剂的摩尔流量也为常数。

(2) 吸收过程有显著的热效应   在吸收过程中,由于有相变热和混合热,因此必然伴有热效应。对于高组成气体吸收,由于溶质被吸收的量较大,产生的总热量也较多。若吸收过程的液气比较小或者吸收塔的散热效果不好,将会使吸收液温度明显地升高,这时气体吸收为非等温吸收。但若溶质的溶解热不大,吸收的液气比较大或吸收塔的散热效果较好,此时气体吸收仍可视为等温吸收。

(3) 吸收系数沿塔高不再为常数   通常吸收系数受气速和漂流因子的影响。在高组成气体吸收过程中,因气相中溶质组成不断降低,致使漂流因子值也在减小。因此,高组成气体吸收过程中气膜吸收系数 k_y(或 k_G)由塔底至塔顶是逐渐减小的。同理,液膜吸收系数也随液相摩尔流量和组成的变化而变化,但其变化甚小,一般可将 k_x(或 k_L)视为常数处理。至于总吸收系数 K_y(或 K_x)不但不为常数,且比 k_y(或 k_x)的变化更为复杂。因此,在高组成气体吸收计算时,往往以气膜或液膜计算吸收速率。

二、高组成气体吸收的计算

若将高组成气体吸收视为等温过程,在吸收塔的计算时则不必进行热量衡算。但由于混合气中溶质组成较高,吸收过程中溶质的转移量较大,致使在塔的不同横截面上气相总流量、液相总流量及总吸收系数都有较大的变化,并且对吸收速率、相平衡关系等都有显著的影响。因此,在计算等温高组成气体吸收时,这些因素必须加以考虑,以确定相平衡关系、操作线方程及吸收速率方程等。

1. 相平衡关系

对高组成气体吸收过程,其相平衡关系通常以溶质在气、液两相中的摩尔分数 y 及 x 表示,此时,其平衡线 $y^* = f(x)$ 一般不再为直线,而是曲线。

2. 操作线方程

高组成气体吸收过程的操作线方程可由低组成气体吸收过程的操作线方程转变而得。

将 $Y = \dfrac{y}{1-y}$ 及 $X = \dfrac{x}{1-x}$ 代入式(8-34),可得

$$\frac{y}{1-y}=\frac{L}{V}\frac{x}{1-x}+\left(\frac{y_1}{1-y_1}-\frac{L}{V}\frac{x_1}{1-x_1}\right) \tag{8-86}$$

式(8-86)即为高组成气体吸收过程的操作线方程,其在 $y-x$ 直角坐标系中不再为直线。

3. 填料层高度的计算

取塔内任一微分填料层高度 $\mathrm{d}Z$ 进行组分 A 的物料衡算,单位时间在此微分段内由气相传递到液相的组分 A 的物质的量为

$$\mathrm{d}G_A=-\mathrm{d}(V'y)=-\mathrm{d}(L'x)$$

式中　　V'——气相总摩尔流量,kmol/s;

　　　　L'——液相总摩尔流量,kmol/s。

因为 $$V'=\frac{V}{1-y}$$

所以 $$\mathrm{d}G_A=-\mathrm{d}(V'y)=-V\mathrm{d}\left(\frac{y}{1-y}\right)=V\frac{-\mathrm{d}y}{(1-y)^2}=V'\frac{-\mathrm{d}y}{1-y} \tag{8-87}$$

同理 $$\mathrm{d}G_A=L'\frac{-\mathrm{d}x}{1-x} \tag{8-88}$$

由膜吸收速率方程可知

$$N_A=k_y(y-y_i)=k_x(x_i-x)$$

所以 $$\mathrm{d}G_A=N_A\mathrm{d}A=k_y(y-y_i)a\Omega\mathrm{d}Z=k_x(x_i-x)a\Omega\mathrm{d}Z \tag{8-89}$$

将式(8-87)及式(8-88)分别代入式(8-89)可得

$$V'\frac{-\mathrm{d}y}{1-y}=k_y(y-y_i)a\Omega\mathrm{d}Z \tag{8-90}$$

及 $$L'\frac{-\mathrm{d}x}{1-x}=k_x(x_i-x)a\Omega\mathrm{d}Z \tag{8-91}$$

将式(8-90)及式(8-91)分别分离变量,并积分得

$$Z=\int_0^Z\mathrm{d}Z=\int_{y_1}^{y_2}\frac{-V'\mathrm{d}y}{k_ya\Omega(1-y)(y-y_i)}=\int_{y_2}^{y_1}\frac{V'\mathrm{d}y}{k_ya\Omega(1-y)(y-y_i)} \tag{8-92}$$

及 $$Z=\int_0^Z\mathrm{d}Z=\int_{x_1}^{x_2}\frac{-L'\mathrm{d}x}{k_xa\Omega(1-x)(x_i-x)}=\int_{x_2}^{x_1}\frac{L'\mathrm{d}x}{k_xa\Omega(1-x)(x_i-x)} \tag{8-93}$$

同理可得

$$Z=\int_{y_2}^{y_1}\frac{V'\mathrm{d}y}{K_ya\Omega(1-y)(y-y^*)} \tag{8-94}$$

$$Z=\int_{x_2}^{x_1}\frac{L'\mathrm{d}x}{K_xa\Omega(1-x)(x^*-x)} \tag{8-95}$$

式(8-92)~式(8-95)即为计算高组成气体吸收的填料层高度的通用公式。根据吸收过程的具体条件,选用其中之一即可求得所需填料层高度。

8.6.2　化学吸收

伴有显著化学反应的吸收过程称为化学吸收。如用碳酸钾水溶液吸收二氧化碳的过程。二氧化碳进入液相后,与溶液中的碳酸钾反应生成碳酸氢钾,从而大大地增加了溶质的吸收量。化学吸收过程由于具有较大的吸收容量和较快的吸收速率,因而在工业中得到广泛的应用。

一、化学吸收的特点

与物理吸收过程一样,化学吸收过程也是溶质组分由气相向液相传递的过程。其中溶质从气相主体到气液相界面的传质机理与物理吸收完全相同,其复杂之处在于液相内的传质。溶质在由气液相界面向液相主体扩散的过程中,将与吸收剂或液相中的其他活泼组分发生化学反应。因此,溶质的组成沿扩散途径的变化不仅与其自身的扩散速率有关,而且与液相中活泼组分的反向扩散速率、化学反应速率,以及反应产物的扩散速率等因素有关。由于溶质在液相内发生化学反应,溶质在液相中以物理溶解态和化合态两种方式存在,而溶质的平衡分压仅与液相中物理溶解态的溶质有关。因此,化学反应将使溶质气体的有效溶解度显著地增加,从而增大了吸收过程的推动力。同时,由于部分溶质在液膜内扩散的途中即被化学反应所消耗,从而使传质阻力减小,吸收系数增大。所以,发生化学反应总会使吸收速率得到不同程度的提高。

当液相中活泼组分的组成足够大,而且发生的是快速不可逆反应时,若溶质组分进入液相后立即发生反应而被消耗掉,则相界面上的溶质分压为零,此时吸收过程为气膜中的扩散阻力所控制,可按气膜控制的物理吸收计算。如硫酸吸收氨的过程即属此种情况。当反应速率较低,致使化学反应主要在液相主体中进行时,吸收过程中气液两膜的扩散阻力均未有变化,仅在液相主体中因化学反应而使溶质组成降低,过程的总推动力较单纯物理吸收大。如用碳酸钠水溶液吸收二氧化碳的过程即属此种情况。当介于上述两种情况之间时,目前还没有可靠的计算方法,设计时往往依靠实测的数据。

二、化学吸收的计算

在吸收计算中,化学吸收与物理吸收的本质区别在于二者的吸收速率不同。化学吸收速率的计算可以采用与物理吸收相同的方程,即

$$N_A = k_y(y - y_i) = k'_x(x_i - x) \tag{8-96}$$

式中　　k'_x——化学吸收的液膜传质系数,$\text{kmol}/(\text{m}^2 \cdot \text{s} \cdot \text{kmol} \cdot \text{m}^{-3})$ 或 m/s。

由以上的分析可知,化学吸收较物理吸收的液膜传质系数增加。通常将化学吸收的液膜传质系数 k'_x 与物理吸收的液膜传质系数 k_x 的比值称为增强因子,其定义式为

$$\beta = \frac{k'_x}{k_x} \tag{8-97}$$

式中　　β——化学吸收的增强因子。

由于化学反应的存在,增大了吸收速率,一般情况下 $\beta > 1$,且随着化学反应速率的增

大而增大;对于极慢的化学反应,$\beta \approx 1$。

应予指出,增强因子 β 的大小与组分间的扩散系数、化学反应速率常数,以及相界面组成等诸多因素有关,难以确定,通常采用实验直接测出 k'_x 的数据。

由式(8-97)可知,若获得增强因子 β,则可由 k_x 求得 k'_x,继而可以利用与物理吸收同样的方法进行化学吸收的计算。由此可见,进行化学吸收计算的关键在于求取增强因子 β,其值与具体的化学反应类型有关,详细内容可参见有关书籍。

8.6.3 解吸

在工业过程中,为了吸收剂的循环使用或得到纯净的溶质,大都要将吸收液进行解吸,因此,解吸操作与吸收操作同样重要。

一、解吸方法

工业上常用的解吸方法包括气提解吸、减压解吸、加热解吸及加热–减压联合解吸等,现分别予以介绍。

1. 气提解吸

气提解吸也称为载气解吸,如图 8-19 所示。吸收液(俗称富液)从解吸塔的塔顶喷淋而下,载气(俗称贫气)从解吸塔塔底通入,自下而上流动,气液两相逆流接触,溶质由液相转移到气相。解吸后的液体即解吸液(俗称贫液)从塔底排出,作为吸收剂循环使用;解吸后的气体即解吸气(俗称富气)从塔顶排出,经进一步分离后可获得溶质产品。对于气提解吸塔,仍用下标 1 表示塔底,下标 2 表示塔顶,与逆流吸收塔相比,解吸塔的塔顶为浓端,塔底为稀端。

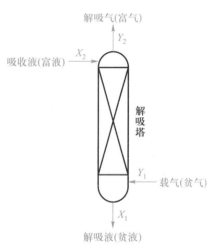

图 8-19 气提解吸过程示意图

气提解吸所用的载气一般为不含(或含微量)溶质的惰性气体或溶剂蒸气,其作用在于提供与吸收液不相平衡的气相。可根据分离工艺的特性和具体要求选用不同的载气,常用的载气有以下几种:

(1)以惰性气体(如空气、氮气、二氧化碳等)作为载气 此种方法通常称为惰性气体气提,该法适用于脱除少量溶质,以净化液体或使吸收剂再生为目的的解吸;有时也用于溶质为可凝性气体的情况,通过冷凝分离可得到较为纯净的溶质组分。

(2)以水蒸气作为载气 此种方法兼有加热和气提的双重作用,通常称为汽提。若溶质为不凝性气体,或溶质冷凝液不溶于水,则可通过蒸气冷凝的方法获得纯度较高的溶质组分;若溶质冷凝液与水互溶,要想得到较为纯净的溶质组分,还应采用其他的分离方法,如精馏等。

(3)以吸收剂蒸气作为载气 这种解吸法与精馏塔提馏段的操作相同,因此也称提馏。解吸后的贫液被解吸塔底部的再沸器加热产生溶剂蒸气(作为解吸载气),其在上升的过程中与沿塔而下的吸收液逆流接触,液相中的溶质将不断地被解吸出来。该法多用于以水为溶剂的解吸。

2. 减压解吸

对于在加压情况下进行的吸收过程,可采用一次或多次减压的方法,使溶质从吸收液中释放出来。溶质被解吸的程度取决于解吸操作的最终压力和温度。

3. 加热解吸

对于在较低温度下进行的吸收过程,可采用将吸收液的温度升高的方法,使溶质从吸收液中释放出来。该过程一般以水蒸气作为加热介质,加热方法可依据具体情况分别采用直接蒸汽加热或间接蒸汽加热。

4. 加热 - 减压联合解吸

将吸收液加热升温之后再减压,加热和减压相结合,能显著提高解吸推动力和溶质被解吸的程度。

应予指出,在工程上很少采用单一的解吸方法,往往采用先加热升温再减压至常压,最后再用气提法解吸的方法。

二、气提解吸的计算

从原理上讲,气提解吸与逆流吸收是相同的,只是在解吸中传质的方向与吸收相反,即两者的推动力互为负值。在 $Y-X$ 直角坐标系中,操作线在平衡线下方。因此,吸收过程的分析和计算方法均适用于解吸过程,只是在解吸计算时要在吸收计算式中表示推动力的项前面加上负号。

在气提解吸计算中,一般待解吸的吸收液流量 L 及其进、出塔组成 X_2、X_1 均由工艺规定,入塔载气组成 Y_1 也由工艺规定(通常为零),待求的量为载气流量 V 及填料层高度 Z 等。

1. 载气流量的确定

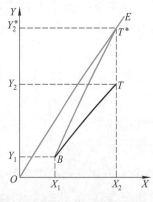

图 8 - 20　解吸操作线及
最小气液比的确定

由物料衡算可得解吸过程的操作线方程为

$$Y = \frac{L}{V}(X - X_2) + Y_2 \qquad (8-98)$$

或

$$Y = \frac{L}{V}(X - X_1) + Y_1 \qquad (8-99)$$

由式(8 - 98)及式(8 - 99)可知,解吸过程的操作线亦为直线,其斜率为 L/V,且通过塔底端点 $B(X_1,Y_1)$ 和塔顶端点 $T(X_2,Y_2)$,如图 8 - 20 中直线 BT 所示。图 8 - 20 中的直线 OE 为平衡线。解吸过程的最大液气比为直线 BT^* 的斜率,即

$$\left(\frac{L}{V}\right)_{\max} = \frac{Y_2^* - Y_1}{X_2 - X_1} = \frac{mX_2 - Y_1}{X_2 - X_1} \tag{8-100}$$

所以,最小气液比为

$$\left(\frac{V}{L}\right)_{\min} = \frac{1}{\left(\dfrac{L}{V}\right)_{\max}} = \frac{X_2 - X_1}{mX_2 - Y_1} \tag{8-101}$$

根据工程经验,通常取

$$\frac{V}{L} = (1.2 \sim 2.0)\left(\frac{V}{L}\right)_{\min} \tag{8-102}$$

或

$$V = (1.2 \sim 2.0)V_{\min} \tag{8-103}$$

2. 填料层高度的确定

解吸塔的填料层高度(解吸塔的有效高度)的计算公式为

$$Z = H_{OL}N_{OL} \tag{8-104}$$

式中　　Z——解吸塔的填料层高度,m;

　　　　H_{OL}——液相总传质单元高度,m;

　　　　N_{OL}——液相总传质单元数,量纲为1。

液相总传质单元高度的计算公式为

$$H_{OL} = \frac{L}{K_X a\Omega} \tag{8-105}$$

式中　　K_X——液相总吸收系数,kmol/(m^2·s)。

液相总传质单元数的计算公式为

$$N_{OL} = \frac{1}{1-A}\ln\left[(1-A)\frac{X_2 - X_1^*}{X_1 - X_1^*} + A\right] \tag{8-106}$$

或

$$N_{OL} = \frac{1}{1-A}\ln\left[(1-A)\frac{Y_1 - Y_2^*}{Y_1 - Y_1^*} + A\right] \tag{8-107}$$

应予指出,计算吸收过程的等板高度法及理论级数的梯级图解法等,对于气提解吸过程也同样适用。

◆ 例 8-12　用填料解吸塔解吸某含二氧化碳的碳酸丙烯酯吸收液。已知进、出解吸塔的液相组成分别为 0.010 和 0.002(均为摩尔比)。解吸所用载气为含二氧化碳 0.0005(摩尔分数)的空气,操作条件下的相平衡关系为 $Y = 106.03X$。操作气液比为最小气液比的 1.8 倍,试计算(1) 载气的出塔组成(摩尔分数);(2) 液相总传质单元数。

解:(1) 载气的出塔组成　进塔载气中二氧化碳的摩尔比为

$$Y_1 \approx y_1 = 0.0005$$

最小气液比为

$$\left(\frac{V}{L}\right)_{\min} = \frac{X_2 - X_1}{mX_2 - Y_1} = \frac{0.010 - 0.002}{106.03 \times 0.010 - 0.0005} = 0.00755$$

操作气液比为

$$\frac{V}{L} = 1.8 \times 0.00755 = 0.0136$$

由

$$V(Y_2 - Y_1) = L(X_2 - X_1)$$

得

$$Y_2 = \frac{L(X_2 - X_1)}{V} + Y_1 = \frac{0.010 - 0.002}{0.0136} + 0.0005 = 0.589$$

载气的出塔组成(摩尔分数)为

$$y_2 = \frac{Y_2}{1 + Y_2} = \frac{0.589}{1 + 0.589} = 0.371$$

(2) 液相总传质单元数　吸收因数为

$$A = \frac{L}{mV} = \frac{1}{106.03 \times 0.0136} = 0.693$$

液相总传质单元数为

$$N_{OL} = \frac{1}{1 - A} \ln\left[(1 - A)\frac{X_2 - X_1^*}{X_1 - X_1^*} + A\right]$$

$$= \frac{1}{1 - 0.693} \ln\left[(1 - 0.693) \times \frac{0.010 - \dfrac{0.0005}{106.03}}{0.002 - \dfrac{0.0005}{106.03}} + 0.693\right] = 2.614$$

演示文稿

8.7　填　料　塔

在工业过程中,吸收操作多在填料塔中进行。有关填料塔的结构与特点已在前一章做了简要介绍,本节将侧重对塔填料、填料塔的流体力学性能与操作特性,以及填料塔的内件等进行讨论。

8.7.1　塔填料

填料塔的基本构件为塔填料,简称为填料。填料的种类繁多、性能各异,目前应用于工业过程的填料已有近百种,并不断有新型填料被开发问世。

一、填料的类型

根据装填方式的不同,填料通常可分为散装填料(或乱堆填料)和规整填料(或整砌填料)两大类。

1. 散装填料

散装填料是一个个具有一定几何形状和尺寸的颗粒体,一般以随机的方式堆积在塔内。散装填料根据结构特点的不同,又可分为环形填料、鞍形填料、环鞍形填料及球形填料等。现介绍几种较为典型的散装填料。

（1）拉西环填料　拉西环填料是由拉西（F.Raschig）于1914年发明的，是使用最早的工业填料。该填料的结构为外径与高度相等的圆环，如图8－21(a)所示。拉西环填料的气液分布性能较差，传质效率低，阻力大，通量小，目前工业上已很少应用。

（2）鲍尔环填料　鲍尔环填料是在拉西环填料的基础上改进而成的，如图8－21(b)所示。在拉西环填料的侧壁上开出两排长方形的窗孔，被切开的环壁的一侧仍与壁面相连，另一侧向环内弯曲，形成内伸的舌叶，诸舌叶的侧边在环中心相搭，即形成鲍尔环填料。鲍尔环填料由于环壁开孔，大大提高了环内空间及环内表面的利用率，气流阻力小，液体分布均匀。与拉西环填料相比，鲍尔环填料的气体通量可增加50％以上，传质效率提高30％左右，鲍尔环填料是一种应用较广的填料。

图8－21　散装填料的主要类型

（3）阶梯环填料　阶梯环填料是在鲍尔环填料的基础上改进而成的。与鲍尔环填料相比，阶梯环填料的高度减少了一半并在一端增加了一个锥形翻边，如图8－21(c)所示。由于高径比减少，使得气体绕填料外壁的平均路径大为缩短，减小了气体通过填料层的阻力。锥形翻边不仅增大了填料的机械强度，而且使填料之间由以线接触为主变成以点接触为主，这样不但增大了填料间的空隙，而且成为液体沿填料表面流动的汇集分散点，可以促进液膜的表面更新，有利于传质效率的提高。阶梯环填料的综合性能优于鲍尔环填料，成为目前所使用的环形填料中性能最为优良的一种。

（4）弧鞍填料　弧鞍填料是最早开发的一种鞍形填料，其形状如同马鞍，如图8－21(d)所示。该填料的特点是表面全部敞开，不分内外，液体在表面两侧均匀流动，表面利用率高；流道呈弧形，流动阻力小。其缺点是装填时容易发生套叠，致使一部分填料表面套叠在一起,使传质效率降低。弧鞍填料一般采用瓷质材料制成,强度较差,易破碎,目前工业中已很少采用。

(5) 矩鞍填料　为克服弧鞍填料易发生套叠的缺点,将其两端的弧形面改为矩形面,且两面大小不等,即成为矩鞍填料,如图 8-21(e)所示。矩鞍填料堆积时不会套叠,液体分布较均匀。矩鞍填料一般采用瓷质材料制成,其性能优于拉西环填料。因此,过去绝大多数应用瓷拉西环填料的场合,现已被瓷矩鞍填料所取代。

(6) 金属环矩鞍填料　环矩鞍填料(国外称为 Intalox)是兼顾环形填料和鞍形填料结构特点而设计出的一种新型填料,该填料一般以金属材质制成,故又称为金属环矩鞍填料,如图 8-21(f)所示。金属环矩鞍填料将环形填料和鞍形填料两者的优点集于一体,其综合性能优于鲍尔环填料和阶梯环填料,在散装填料中应用较多。

(7) 球形填料　球形填料是散装填料的一类,其外形为球形,一般采用塑料注塑或陶瓷烧结而成,具有多种构型。图 8-21(g)所示为由许多板片构成的多面球填料;图 8-21(h)所示为由许多枝条的格栅组成的 TRI 球形填料。球形填料的特点是球体为空心,可以允许气体、液体从其内部通过。由于球体结构的对称性,填料装填密度均匀,不易产生空穴和架桥,所以气液分散性能好。球形填料一般只适用于某些特定的场合,工业上应用较少。

课程思政

除上述几种较典型的散装填料外,近年来随着化工技术的发展,不断有构型独特的新型散装填料被开发出来,如图 8-21(i)、(j)、(k)、(l)所示的共轭环填料、海尔环填料、纳特环填料、QH 型扁环填料等。据不完全统计,目前工业上应用的散装填料已有 50 余种。工业上常用散装填料的特性参数列于本书附录二中。

2. 规整填料

规整填料是按一定的几何构型排列,整齐堆砌的填料。规整填料种类很多,根据其结构特点可分为格栅填料、波纹填料、脉冲填料等。

(1) 格栅填料　工业上应用最早的规整填料为格栅填料,它是由条状单元体经一定规则组合而成的,具有多种构型,其中以图 8-22(a)所示的木格栅填料和图 8-22(b)所示的格里奇格栅填料最具代表性。

格栅填料的比表面积较小,主要用于要求压降小、负荷大及防堵等场合。

(2) 波纹填料　波纹填料是一类新型规整填料,目前工业上应用的规整填料绝大部分属于此类。波纹填料是由许多波纹薄板组成的圆盘状填料,波纹与塔轴的倾角有 30° 和 45°两种,组装时相邻两波纹薄板反向靠叠。各盘填料垂直装于塔内,相邻的两盘填料间交错 90°排列。波纹填料按结构可分为网波纹填料和板波纹填料两大类,其材质又有金属、塑料和陶瓷等之分。

金属丝网波纹填料是网波纹填料的主要形式,它是由金属丝网制成的,如图 8-22(c)所示。金属丝网波纹填料具有压降低、分离效率高等特点,特别适用于精密精馏及真空精馏装置,为难分离物系、热敏性物系的精馏提供了有效的手段。尽管其造价高,但因其

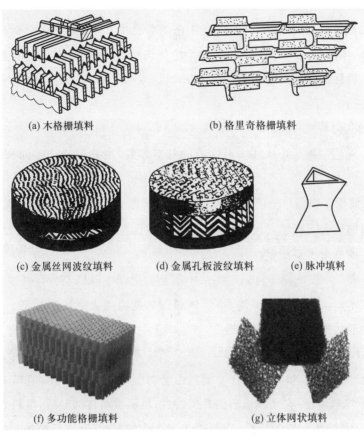

(a) 木格栅填料　　　　　　　　　(b) 格里奇格栅填料

(c) 金属丝网波纹填料　　(d) 金属孔板波纹填料　　(e) 脉冲填料

(f) 多功能格栅填料　　　　　　　(g) 立体网状填料

图 8 - 22　规整填料的主要类型

性能优良仍得到了广泛的应用。

金属孔板波纹填料是板波纹填料的主要形式,如图 8 - 22(d)所示。在金属板波纹填料的波纹板片上冲压有许多直径 5 mm 左右的小孔,可起到粗分配板片上的液体,加强横向混合的作用。波纹板片上轧出的细小沟纹,可起到细分配板片上的液体,增强表面润湿性能的作用。金属孔板波纹填料具有强度高、压降低、分离效率较高等特点,特别适用于大直径塔及气液负荷较大的场合。

一般而论,波纹填料的优点是结构紧凑、阻力小、传质效率高、处理能力大、比表面积大。其缺点是不适于处理黏度大、易聚合或有悬浮物的物料,且装卸、清理困难,造价较高。

(3) 脉冲填料　脉冲填料是一种新型规整填料,它是由如图 8 - 22(e)所示的带缩颈的中空棱柱形个体按一定方式拼装而成的。脉冲填料组装后,会形成带缩颈的多孔菱形通道,其纵面流道交替收缩和扩大,气液两相通过时产生强烈的湍动。在收缩段,气速最高,湍动剧烈,从而强化传质;在扩大段,气速减到最小,实现两相的分离。流道收缩、扩大的交替重复,实现了"脉冲"传质过程。

脉冲填料的特点是处理量大、压降小,是真空精馏的理想填料。但脉冲填料制作较为烦琐,造价高,故工业上很少应用。

除上述几种较典型的规整填料外,近年来随着化工技术的发展,不断有新型规整填料被开发出来,如图 8-22(f)、(g)所示的多功能格栅填料、立体网状填料等。工业上常用规整填料的特性参数列于本书附录二中。

二、填料的性能评价

1. 填料的几何特性

填料的几何特性数据是评价填料性能的基本参数,主要包括比表面积、空隙率及填料因子等。

(1)比表面积　单位体积填料层的填料表面积称为比表面积,以 a_t 表示,其单位为 m^2/m^3。填料的比表面积越大,所提供的气液传质面积就越大。因此,比表面积是评价填料性能优劣的一个重要指标。

(2)空隙率　单位体积填料层的空隙体积称为空隙率,以 ε 表示,其单位为 m^3/m^3,或以百分数表示。填料的空隙率越大,气体通过的能力越大且压降越低。因此,空隙率是评价填料性能优劣的又一重要指标。

(3)填料因子　填料的比表面积与空隙率三次方的比值,即 a_t/ε^3,称为填料因子,以 Φ 表示,其单位为 $1/m$。填料因子有干填料因子与湿填料因子之分,填料未被液体润湿时的 Φ 称为干填料因子,它反映填料的几何特性;填料被液体润湿后,填料表面覆盖了一层液膜,a_t 和 ε 均发生相应的变化,此时的 Φ 称为湿填料因子,它反映填料的流体力学性能,Φ 值越小,表明流动阻力越小。

2. 填料的性能评价

填料是填料塔最重要的构件,其性能的优劣直接影响填料塔的分离效果。填料性能的优劣通常根据效率、通量及压降三要素衡量。国内学者采用模糊数学方法对 9 种常用填料的综合性能进行了评价,得出如表 8-8 所示的结论。评价结果表明,丝网波纹填料的综合性能最好,瓷拉西环填料的综合性能最差。

表 8-8　9 种常用填料综合性能评价

填料名称	评估值	语言值	排序
丝网波纹填料	0.86	很好	1
孔板波纹填料	0.61	相当好	2
金属环矩鞍填料	0.59	相当好	3
金属鞍形环填料	0.57	相当好	4
金属阶梯环填料	0.53	一般好	5
金属鲍尔环填料	0.51	一般好	6
瓷环矩鞍填料	0.41	较好	7
瓷鞍形环填料	0.38	略好	8
瓷拉西环填料	0.36	略好	9

三、填料的选择

填料的选择主要包括填料种类的选择和填料规格的选择。选择填料的基本原则是，既要满足生产工艺的要求，又要使设备投资和操作费用最低。

1. 填料种类的选择

填料种类的选择要考虑分离工艺的要求，通常考虑以下几个方面：

（1）传质效率要高　一般而言，规整填料的传质效率高于散装填料。

（2）通量要大　在保证具有较高传质效率的前提下，应选择具有较高气体通量的填料。

（3）填料层的压降要低　填料层压降越低，塔的动力消耗越低，操作费用越低。

（4）填料抗污堵性能强，拆装、检修方便。

2. 填料规格的选择

（1）散装填料规格的选择　散装填料的规格通常是指填料的公称直径，工业上常用的散装填料主要有 $DN16$、$DN25$、$DN38$、$DN50$、$DN76$ 等几种规格。同类填料，尺寸越小，分离效率越高，但阻力增加，通量减少，填料费用也增加很多；而大尺寸的填料应用于小直径塔中，又会产生液体分布不良及严重的壁流，使塔的分离效率降低。因此，对塔径与填料尺寸的比值要有一规定，一般塔径与填料公称直径的比值（D/d）应大于 8。

（2）规整填料规格的选择　规整填料的规格通常是指填料的比表面积，工业上常用的规整填料主要有 125、150、250、350、500、700 等几种规格。同种类型的规整填料，其比表面积越大，传质效率越高，但阻力增加，通量减少，填料费用也明显增加。选用时应从分离要求、通量要求、场地条件、物料性质、设备投资、操作费用等方面综合考虑，使所选填料既能满足技术要求，又具有经济合理性。

应予指出，一座填料塔可以选用同种类型、同一规格的填料，也可选用同种类型、不同规格的填料；可以选用同种类型的填料，也可以选用不同类型的填料，如有的塔段可选用规整填料，而有的塔段可选用散装填料。设计时应灵活掌握，根据技术经济统一的原则来选择填料的规格。

除此之外，选择填料时还应考虑被分离物系对填料材质的要求。工业上，填料采用金属、塑料和陶瓷三种材质制成，各种材质的填料应用于不同的场合。有关填料材质的选择可参考有关书籍。

8.7.2　填料塔的流体力学性能与操作特性

演示文稿

一、填料塔的流体力学性能

填料塔的流体力学性能主要包括填料层的持液量、填料层的压降等。

1. 填料层的持液量

填料层的持液量是指在一定操作条件下，在单位体积填料层内所积存的液体体积，通常以 m³ 液体/m³ 填料表示，有时也采用百分数表示。持液量可分为动持液量 H、静

持液量 H_s 和总持液量 H_t。动持液量是指填料塔停止气液两相进料时流出的液体量,它与填料、液体特性及气液负荷有关。静持液量是指当停止气液两相进料,并经排液至无滴液流出时存留于填料层中的液体量,其取决于填料和流体的特性,与气液负荷无关。总持液量是指在一定操作条件下存留于填料层中的液体总量。显然,总持液量为动持液量和静持液量之和,即

$$H_t = H_o + H_s \tag{8-108}$$

填料层的持液量可由实验测出,也可由经验公式计算。一般来说,适当的持液量对填料塔操作的稳定性和传质是有益的,但持液量过大,将减少填料层的空隙和气相流通截面,使压降增大,处理能力下降。

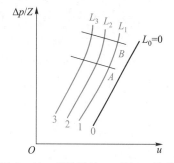

图 8-23　填料层的 $\Delta p/Z - u$ 关系

2. 填料层的压降

在逆流操作的填料塔内,液体依靠重力作用沿填料表面呈膜状流下,液膜与填料表面的摩擦,以及液膜与上升气体的摩擦构成了流动阻力,形成了填料层的压降。显然,填料层压降与液体喷淋量及气速有关,在一定的气速下,液体喷淋量越大,压降越大;在一定的液体喷淋量下,气速越大,压降也越大。将不同液体喷淋量下的单位填料层高度的压降 $\Delta p/Z$ 与空塔气速 u 的关系标绘在对数坐标纸上,可得到如图 8-23 所示的曲线簇。图中,直线 0 表示无液体喷淋时干填料的 $\Delta p/Z - u$ 关系,称为干填料压降线;曲线 1、2 和 3 表示不同液体喷淋量下填料层的 $\Delta p/Z - u$ 关系,称为填料操作压降线。

从图 8-23 中可看出,在一定的喷淋量下,压降随空塔气速的变化曲线大致可分为三段:当气速低于 A 点时,上升气流对液膜的曳力很小,液体流动不受气流的影响。此时,填料表面上覆盖的液膜厚度基本不变,因而填料层的持液量不变,该区域称为恒持液量区。当气速超过 A 点时,上升气流对液膜的曳力较大,对液体流动产生阻滞作用,致使液膜增厚,填料层的持液量随气速的增加而增大,此现象称为拦液。开始发生拦液现象时的空塔气速称为载点气速,曲线上的转折点 A 称为载点。若气速继续增大,到达图中 B 点时,由于液体不能顺利向下流动,使填料层的持液量不断增大,填料层内几乎充满液体。气速增加很小便会引起压降的剧增,此现象称为液泛。开始发生液泛现象时的气速称为泛点气速,以 u_F 表示,曲线上的点 B 称为泛点。从载点到泛点的区域称为载液区,泛点以上的区域称为液泛区。

应予指出,填料层压降是填料塔设计中的重要参数,它决定了填料塔的动力消耗。填料层压降可通过实验测得,也可由经验公式计算,详细内容可参见有关书籍。对于散装填料,其填料层压降还可采用埃克特(Eckert)通用关联图计算,详细内容将在后面讨论。

二、填料塔的操作特性

1. 填料塔内的气液分布

在填料塔内,气液两相的传质是依靠在填料表面展开的液膜与气体的充分接触而实现的。若气液两相分布不均,将使传质的平均推动力减小,传质效率下降。因此,气液两相的均匀分布是填料塔设计与操作中十分重要的问题。

气液两相的分布通常分为初始分布和动态分布。初始分布是指进塔的气液两相通过分布装置所进行的强制分布;动态分布是指在一定的操作条件下,气液两相在填料层内,依靠自身性质与流动状态所进行的随机分布。通常初始分布主要取决于分布装置的设计,而动态分布则与操作条件、填料的类型与规格、填料充填的均匀程度、塔安装的垂直度、塔的直径等密切相关。研究表明,气液两相的初始分布较动态分布更为重要,往往是决定填料塔分离效果的关键。

2. 液体喷淋密度与填料表面的润湿

(1) 液体喷淋密度　液体喷淋密度是指单位塔截面积上,单位时间内喷淋的液体体积,以 U 表示,其定义式为

$$U = \frac{3600 L_s}{\Omega} \tag{8-109}$$

式中　　U——液体喷淋密度,$m^3/(m^2 \cdot h)$;

　　　　L_s——液体的体积流量,m^3/s;

　　　　Ω——填料塔的截面积,m^2。

(2) 填料表面的润湿　填料塔中气液两相间的传质主要是在填料表面流动的液膜上进行的。要形成液膜,填料表面必须被液体充分润湿,而填料表面的润湿状况取决于塔内的液体喷淋密度及填料材质的表面润湿性能。

为保证填料层的充分润湿,必须保证液体喷淋密度大于某一极限值,该极限值称为最小喷淋密度,以 U_{min} 表示。最小喷淋密度通常采用下式计算:

$$U_{min} = (L_W)_{min} a_t \tag{8-110}$$

式中　　U_{min}——最小喷淋密度,$m^3/(m^2 \cdot h)$;

　　　　$(L_W)_{min}$——最小润湿速率,$m^3/(m \cdot h)$;

　　　　a_t——填料的比表面积,m^2/m^3。

最小润湿速率是指在塔的截面上,单位长度的填料周边的最小液体体积流量,其值可由经验公式计算,也可采用经验值。通常对于直径不超过 75 mm 的散装填料,最小润湿速率可取为 0.08 $m^3/(m \cdot h)$;对于直径大于 75 mm 的散装填料,最小润湿速率可取为 0.12 $m^3/(m \cdot h)$。

应予指出,实际操作时采用的液体喷淋密度应大于最小喷淋密度。若液体喷淋密度过小,可采用液体再循环的方法加大液体流量,以保证填料表面的充分润湿;也可采用减小塔径的方法予以补偿;对于金属、塑料材质的填料,还可采用表面处理方法,改善其表

面的润湿性能。

3. 填料塔的液泛

（1）填料塔的液泛现象 如上所述,当空塔气速超过泛点气速时将发生液泛现象。此时,液相充满塔内,液相由分散相变为连续相;气体则呈气泡形式通过液层,由连续相变为分散相。在液泛状态下,气流出现脉动,液体被大量带出塔顶,塔的操作极不稳定,甚至会被破坏。填料塔在操作中,应避免液泛现象的发生。

（2）影响液泛的因素 影响液泛的因素很多,主要有以下几点:

① 填料的特性 填料特性的影响集中体现在填料因子上。填料的比表面积越小,空隙率越大,则填料因子 Φ 值越小,故泛点气速越大,越不易发生液泛现象。

② 流体的物理性质 流体的物理性质的影响体现在气体的密度 ρ_V、液体的密度 ρ_L 和黏度 μ_L 上。气体的密度 ρ_V 越小,液体的密度 ρ_L 越大、黏度 μ_L 越小,则泛点气速越大,越不易发生液泛现象。

③ 液气比 液气比越大,则在一定气速下液体喷淋量越大,填料层的持液量增加而空隙率减小,故泛点气速越小,越易发生液泛现象。

（3）泛点率 为保证填料塔的正常操作,其空塔气速应低于泛点气速,空塔气速与泛点气速的比值称为泛点率,其定义式为

$$\phi = \frac{u}{u_F} \times 100\% \tag{8-111}$$

式中　　ϕ——泛点率,%;

　　　　u——空塔气速,m/s;

　　　　u_F——泛点气速,m/s。

根据工程经验,填料塔的泛点率选择范围如下:

对于散装填料　　　　$\phi = 50\% \sim 85\%$

对于规整填料　　　　$\phi = 60\% \sim 95\%$

应予指出,泛点率的选择应考虑以下两方面的因素,一是物系的发泡情况,对易起泡沫的物系,泛点率应取低限值,而对无泡沫的物系,可取较高的泛点率;二是填料塔的操作压力,对于加压操作的塔,应取较高的泛点率,而对于减压操作的塔,应取较低的泛点率。

（4）泛点气速的计算 泛点气速是确定填料塔的操作气速及计算填料塔塔径的关键,泛点气速通常采用以下方法计算。

① 贝恩(Bain)-霍根(Hougen)关联式 填料塔的泛点气速可由贝恩-霍根关联式计算,即

$$\lg\left[\frac{u_F^2}{g}\left(\frac{a_t}{\varepsilon^3}\right)\left(\frac{\rho_V}{\rho_L}\right)\mu_L^{0.2}\right] = A - K\left(\frac{w_L}{w_V}\right)^{\frac{1}{4}}\left(\frac{\rho_V}{\rho_L}\right)^{\frac{1}{8}} \tag{8-112}$$

式中　　u_F——泛点气速,m/s;

g——重力加速度，m/s^2；

a_t——填料的比表面积，m^2/m^3；

ε——填料层的空隙率，m^3/m^3；

ρ_V、ρ_L——气相、液相的密度，kg/m^3；

μ_L——液相的黏度，$mPa \cdot s$；

w_L、w_V——液相、气相的质量流量，kg/h；

A、K——关联常数。

式(8-112)中，关联常数 A 和 K 与填料的形状及材质有关，式(8-112)中不同类型填料的 A、K 值列于表 8-9 中。由式(8-112)计算泛点气速，误差在 $\pm 15\%$ 以内。

表8-9　式（8-112）中不同类型填料的 A、K 值

填料类型	A	K	填料类型	A	K
塑料鲍尔环填料	0.0942	1.75	金属丝网波纹填料	0.30	1.75
金属鲍尔环填料	0.1	1.75	塑料丝网波纹填料	0.4201	1.75
塑料阶梯环填料	0.204	1.75	金属网孔波纹填料	0.155	1.47
金属阶梯环填料	0.106	1.75	金属孔板波纹填料	0.291	1.75
瓷矩鞍填料	0.176	1.75	塑料孔板波纹填料	0.291	1.563
金属环矩鞍填料	0.06225	1.75			

② 埃克特(Eckert)通用关联图　散装填料的泛点气速还可用埃克特通用关联图计算，如图 8-24 所示。

图 8-24 中，最上方的三条线分别为弦栅填料、整砌拉西环填料及散装填料的泛点线，泛点线下方的线簇为散装填料的等压线。计算泛点气速时，先由气液负荷及有关物性数据，求出横坐标 $\dfrac{w_L}{w_V}\left(\dfrac{\rho_V}{\rho_L}\right)^{0.5}$ 的值，然后作垂线与相应的泛点线相交，再通过交点作水平线与纵坐标相交，求出纵坐标 $\dfrac{u^2 \Phi \Psi}{g}\left(\dfrac{\rho_V}{\rho_L}\right)\mu_L^{0.2}$ 的值。此时所对应的 u 即为泛点气速 u_F。该计算方法方便、实用，而且物理概念清晰，计算精度能够满足工程设计要求。

应予指出，利用埃克特通用关联图，除了可以计算散装填料的泛点气速外，还可以计算散装填料的压降值。计算时，先根据气液负荷及有关物性数据，求出横坐标 $\dfrac{w_L}{w_V}\left(\dfrac{\rho_V}{\rho_L}\right)^{0.5}$ 的值，再根据操作空塔气速 u 及有关数据，求出纵坐标 $\dfrac{u^2 \Phi \Psi}{g}\left(\dfrac{\rho_V}{\rho_L}\right)\mu_L^{0.2}$ 的值。通过作图得出交点，读出过交点的等压线数值，即得出每米填料层的压降值。

还应指出，用埃克特通用关联图计算泛点气速和填料层压降时，所需的填料因子应采用湿填料因子，湿填料因子又有泛点填料因子 Φ_F 和压降填料因子 Φ_P 之分，前者用于计算泛点气速，后者用于计算填料层压降。Φ_F 和 Φ_P 可分别由以下公式计算，即

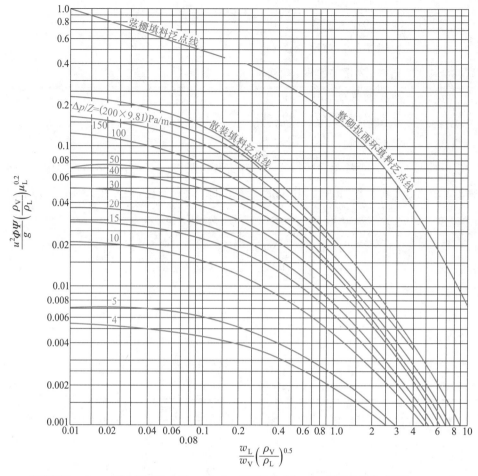

u—空塔气速,m/s;g—重力加速度,9.81 m/s²;Φ—填料因子,1/m;Ψ—液相密度校正系数,$\Psi=\rho_{水}/\rho_L$;
ρ_L、ρ_V—液相、气相的密度,kg/m³;μ_L—液相的黏度,mPa·s;w_L、w_V—液相、气相的质量流量,kg/s

图 8-24 埃克特通用关联图

$$\lg \Phi_F = a + b\lg U \qquad\qquad (8-113)$$

$$\lg \Phi_P = c + d\lg U \qquad\qquad (8-114)$$

式中 Φ_F——泛点填料因子,1/m;

Φ_P——压降填料因子,1/m;

U——液体喷淋密度,m³/(m²·h);

a、b、c、d——关联式常数。

常用散装填料的关联式常数值可由填料手册中查得。利用上述公式计算 Φ_F 和
Φ_P 虽较精确,但因需要试差,计算较烦琐。为了工程计算的方便,将 Φ_F 和
Φ_P 进行归纳整理,得到与液体喷淋密度无关的平均值。部分散装填料的 Φ_F 和 Φ_P 平均值分别列
于表 8-10 和表 8-11 中。

表 8 – 10　部分散装填料泛点填料因子平均值　　　　　　　单位:m^{-1}

填料类型	填料规格				
	DN16	DN25	DN38	DN50	DN76
金属鲍尔环填料	410	—	117	160	—
金属环矩鞍填料	—	170	150	135	120
金属阶梯环填料	—	—	160	140	—
塑料鲍尔环填料	550	280	184	140	92
塑料阶梯环填料	—	260	170	127	—
瓷矩鞍填料	1100	550	200	226	—
瓷拉西环填料	1300	832	600	410	—

表 8 – 11　部分散装填料压降填料因子平均值　　　　　　　单位:m^{-1}

填料类型	填料规格				
	DN16	DN25	DN38	DN50	DN76
金属鲍尔环填料	306	—	114	98	—
金属环矩鞍填料	—	138	93	71	36
金属阶梯环填料	—	—	118	82	—
塑料鲍尔环填料	343	232	114	125	62
塑料阶梯环填料	—	176	116	89	—
瓷矩鞍填料	700	215	140	160	—
瓷拉西环填料	1050	576	450	288	—

4. 填料塔的返混

在填料塔内,气液两相的流动并不是理想的活塞流状态,而是存在着不同程度的返混现象。填料塔内流体的返混使得传质平均推动力变小,传质效率降低。在填料塔的工艺设计中,通常采用活塞流模型,因此,填料塔内的返混会给设计带来不安全因素,这是一个值得注意的问题。造成返混现象的原因很多,如填料层内的气液分布不均,气体和液体在填料层内的沟流,液体喷淋密度过大时所造成的气体局部向下运动,塔内气液的湍流脉动使气液微团的停留时间不一致等。

◆ 例 8 – 13　在一填料层高度为 6 m 的填料塔中用洗油吸收尾气中的芳烃。已知操作温度为25 ℃,压力为110.5 kPa;尾气体积流量为1000 m³/h,其平均摩尔质量为46.0 kg/kmol;洗油用量为6200 kg/h,其密度为950 kg/m³,黏度为2.5 mPa·s。填料采用 DN38 塑料阶梯环,泛点率取60%。试计算(1)该填料塔的泛点气速和塔径;(2)填料层的压降。

　　解:(1)填料塔的泛点气速和塔径　尾气的密度为

$$\rho_{\mathrm{V}}=\frac{p_{总}\overline{M}}{RT}=\left[\frac{110.5\times46.0}{8.314\times(273+25)}\right] \mathrm{kg/m^3}=2.052 \ \mathrm{kg/m^3}$$

尾气的质量流量为

$$w_V = (1000 \times 2.052) \, \text{kg/h} = 2052 \, \text{kg/h}$$

采用埃克特通用关联图计算泛点气速,横坐标为

$$\frac{w_L}{w_V} \left(\frac{\rho_V}{\rho_L} \right)^{0.5} = \frac{6200}{2052} \left(\frac{2.052}{950} \right)^{0.5} = 0.140$$

查图 8-24,得纵坐标为

$$\frac{u_F^2 \Phi_F \Psi}{g} \left(\frac{\rho_V}{\rho_L} \right) \mu_L^{0.2} = 0.128$$

25 ℃下水的密度为

$$\rho_水 = 997.5 \, \text{kg/m}^3$$

$$\Psi = \frac{\rho_水}{\rho_L} = \frac{997.5}{950} = 1.05$$

对于 $DN38$ 塑料阶梯环,由表 8-10 和附录二分别查得

$$\Phi_F = 170 \, \text{m}^{-1}$$

$$a_t = 132.5 \, \text{m}^2/\text{m}^3$$

故

$$\frac{u_F^2 \times 170 \times 1.05}{9.81} \times \frac{2.052}{950} \times 2.5^{0.2} = 0.128$$

解出

$$u_F = 1.647 \, \text{m/s}$$

操作空塔气速为

$$u = 0.60 u_F = (0.60 \times 1.647) \, \text{m/s} = 0.988 \, \text{m/s}$$

由

$$D = \sqrt{\frac{4V_s}{\pi u}} = \sqrt{\frac{4 \times 1000/3600}{\pi \times 0.988}} \, \text{m} = 0.598 \, \text{m}$$

圆整塔径,取 $D = 0.6 \, \text{m}$,校核

$$\frac{D}{d} = \frac{600}{38} = 15.79 > 8$$

故所选填料规格适宜。

取

$$(L_W)_{min} = 0.08 \, \text{m}^3/(\text{m} \cdot \text{h})$$

则最小喷淋密度为

$$U_{min} = (L_W)_{min} a_t = (0.08 \times 132.5) \, \text{m}^3/(\text{m}^2 \cdot \text{h}) = 10.6 \, \text{m}^3/(\text{m}^2 \cdot \text{h})$$

操作喷淋密度为

$$U = \left[\frac{6200/950}{\frac{\pi}{4} \times 0.6^2} \right] \, \text{m}^3/(\text{m}^2 \cdot \text{h}) = 23.08 \, \text{m}^3/(\text{m}^2 \cdot \text{h}) > U_{min}$$

操作空塔气速为

$$u = \left[\frac{1000/3600}{\frac{\pi}{4} \times 0.6^2} \right] \text{ m/s} = 0.982 \text{ m/s}$$

泛点率为

$$\frac{u}{u_F} \times 100\% = \frac{0.982}{1.647} \times 100\% = 59.62\%$$

经校核,选用 $D = 0.6$ m 合理。

(2) 填料层的压降　横坐标为

$$\frac{w_L}{w_V} \left(\frac{\rho_V}{\rho_L} \right)^{0.5} = 0.140$$

由表 8-11 查得 $\Phi_P = 116$ m^{-1}。

纵坐标为

$$\frac{u^2 \Phi_P}{g} \frac{\Psi}{g} \left(\frac{\rho_V}{\rho_L} \right) \mu_L^{0.2} = \frac{0.982^2 \times 116 \times 1.05}{9.81} \times \frac{2.052}{950} \times 2.5^{0.2} = 0.0311$$

查图 8-24,得

$$\Delta p / Z = (28 \times 9.81) \text{ Pa/m} = 274.68 \text{ Pa/m}$$

填料层的压降为

$$\Delta p = (274.68 \times 6) \text{ Pa} = 1648.08 \text{ Pa}$$

8.7.3　填料塔的内件

填料塔的内件包括填料支承装置、填料压紧装置、液体分布装置、液体收集及再分布装置等。合理地选择和设计塔内件,对保证填料塔的正常操作及优良的传质性能十分重要。

1. 填料支承装置

填料支承装置的作用是支撑塔内的填料床层。填料支承装置有多种类型,常用的有栅板型、孔管型、驼峰型等,如图 8-25 所示。填料支承装置要有足够的机械强度,能够承受填料及其所持有的液体质量,同时要有较大的开孔率(通常大于 80%),以防止在此处首先发生液泛,进而导致整个填料层的液泛。

2. 填料压紧装置

填料压紧装置的作用是防止在气流的作用下填料床层发生松动和跳动。填料压紧装置分为填料压板和床层限制板两大类。填料压板自由放置于填料层上端,靠自身重量将填料压紧,它适用于陶瓷、石墨等制成的易破碎的散装填料;床层限制板用于金属、塑料等制成的不易破碎的散装填料及所有规整填料,床层限制板通常由螺栓(或支耳)固定于塔壁。图 8-26 所示为工业中常用的几种填料压紧装置。

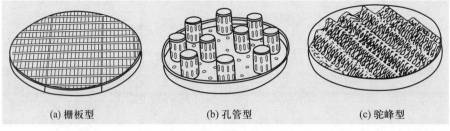

(a) 栅板型　　　　(b) 孔管型　　　　(c) 驼峰型

图 8-25　填料支承装置

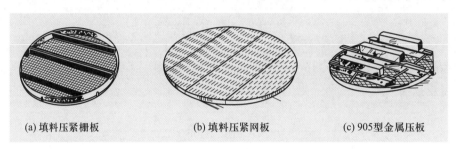

(a) 填料压紧栅板　　　(b) 填料压紧网板　　　(c) 905型金属压板

图 8-26　工业中常用的几种填料压紧装置

3. 液体分布装置

前已述及,液体的初始分布十分重要。为使液体的初始分布均匀,需要设置液体分布装置。液体分布装置的种类多样,工业上应用较多的有管式、槽式及槽盘式等。

管式液体分布器是由不同结构型式的开孔管制成的,有排管式、环管式等不同形状,如图8-27(a)、(b)所示。其突出的特点是结构简单,供气体流过的自由截面大,阻力小。但小孔易堵塞,弹性一般较小。管式液体分布器使用十分广泛,多用于中等以下液体负荷的填料塔中。在减压精馏及丝网波纹填料塔中,由于液体负荷较小故常用之。管式液体分布器根据液体负荷情况,可做成单排或双排。

槽式液体分布器通常是由分流槽(又称主槽或一级槽)和分布槽(又称副槽或二级槽)构成的,如图 8-27(c)所示。分流槽通过槽底开孔将液体初分成若干流股,分别加入其下方的液体分布槽。分布槽的槽底(或槽壁)上设有孔道(或导管),将液体均匀分布于填料层上。槽式液体分布器具有较大的操作弹性和极好的抗污堵性,特别适合于气液负荷大及含有固体悬浮物、黏度大的液体的分离场合。由于槽式液体分布器具有优良的分布性能和抗污堵性能,应用范围非常广泛。

槽盘式液体分布器是近年来开发的新型液体分布器,如图 8-27(d)所示。该液体分布器兼有集液、分液及分气三种功能,结构紧凑,操作弹性高达 10∶1。气液分布均匀,阻力较小,特别适用于易发生夹带、堵塞的场合。

4. 液体收集及再分布装置

液体沿填料层向下流动时,有偏向塔壁流动的现象,这种现象称为壁流。壁流将导致填料层内气液分布不均,使传质效率下降。为减少壁流现象,可间隔一定高度在填料层内设置液体再分布装置。

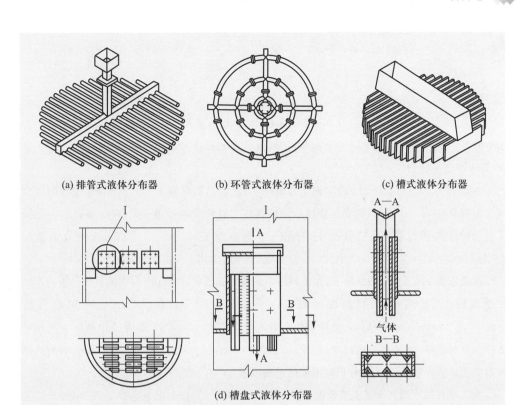

(a) 排管式液体分布器　　(b) 环管式液体分布器　　(c) 槽式液体分布器

(d) 槽盘式液体分布器

图 8-27　液体分布装置

最简单的液体再分布装置为截锥式再分布器,如图 8-28(a)所示。截锥式再分布器结构简单,安装方便,但它只起到将壁流向中心汇集的作用,无液体再分布的功能,一般用于直径小于 0.6 m 的塔中。

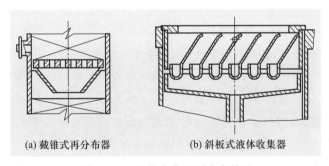

(a) 截锥式再分布器　　　(b) 斜板式液体收集器

图 8-28　液体收集及再分布装置

在通常情况下,一般将液体收集器及液体分布器同时使用,构成液体收集及再分布装置。液体收集器的作用是将上层填料流下的液体收集起来,然后送至液体分布器进行液体再分布。常用的液体收集器为斜板式液体收集器,如图 8-28(b)所示。

前已述及,槽盘式液体分布器兼有集液和分液的功能,故槽盘式液体分布器是优良的液体收集及再分布装置。

习题

基础习题

1. 在温度为 40 ℃,压力为 101.3 kPa 的条件下,测得溶液上方氨的平衡分压为15.0 kPa时,氨在水中的溶解度为76.6 g(NH_3)/1000 g(H_2O)。试求在此温度和压力下的亨利系数 E、相平衡常数 m 及溶解度系数 H。

2. 在温度为 25 ℃,总压为101.3 kPa 的条件下,使含二氧化碳为 3.0%(体积分数)的混合空气与含二氧化碳为 350 g/m^3 的水溶液接触。试判断二氧化碳的传递方向,并计算以二氧化碳的分压表示的总传质推动力。已知操作条件下,亨利系数 $E = 1.66 \times 10^5$ kPa,水溶液的密度为997.8 kg/m^3。

3. 在总压为 110.5 kPa 的条件下,在填料塔中用清水逆流吸收混于空气中的氨气。测得在塔的某一横截面上,氨的气、液相组成分别为 $y = 0.032$、$c = 1.06$ kmol/m^3。气膜吸收系数 $k_G = 5.2 \times 10^{-6}$ kmol/($m^2 \cdot s \cdot$kPa),液膜吸收系数 $k_L = 1.55 \times 10^{-4}$ m/s。假设操作条件下的相平衡关系符合亨利定律,溶解度系数 $H = 0.725$ kmol/($m^3 \cdot$kPa)。(1) 试计算以 Δp、Δc 表示的总推动力和相应的总吸收系数;(2) 试分析该过程的控制因素。

4. 在某填料塔中用清水逆流吸收混于空气中的甲醇蒸气。操作压力为 105.0 kPa,操作温度为 25 ℃。在操作条件下的相平衡关系符合亨利定律,甲醇在水中的溶解度系数为 2.126 kmol/($m^3 \cdot$kPa)。测得塔内某横截面处甲醇的气相分压为 7.5 kPa,液相组成为 2.85 kmol/m^3,液膜吸收系数 $k_L = 2.12 \times 10^{-5}$ m/s,气相总吸收系数 $K_G = 1.206 \times 10^{-5}$ kmol/($m^2 \cdot s \cdot$kPa)。求该横截面处的(1) 膜吸收系数 k_G、k_x 及 k_y;(2) 总吸收系数 K_L、K_X 及 K_Y;(3) 吸收速率。

5. 在 101.3 kPa 及 25 ℃ 的条件下,在填料塔中用清水逆流吸收某混合气中的二氧化硫。已知混合气进塔和出塔的组成分别为 $y_1 = 0.04$、$y_2 = 0.002$。假设操作条件下的相平衡关系符合亨利定律,亨利系数为 4.13×10^3 kPa,吸收剂用量为最小用量的 1.45 倍。(1) 试计算吸收液的组成;(2) 若操作压力提高到1013 kPa而其他条件不变,再求吸收液的组成。

6. 在一直径为 0.8 m 的填料塔内,用清水吸收某工业废气中所含的二氧化硫气体。已知混合气的流量为45 kmol/h,二氧化硫的体积分数为 0.032。操作条件下气液相平衡关系为 $Y = 34.5X$,气相总体积吸收系数为 0.0562 kmol/($m^3 \cdot s$)。若吸收液中二氧化硫的摩尔比为饱和摩尔比的 76%,要求吸收率为 98%。求水的用量(单位为 kg/h)及所需的填料层高度。

7. 某填料塔内装有 5 m 高,比表面积为 221 m^2/m^3 的金属阶梯环填料,在该填料塔中,用清水逆流吸收某混合气中的溶质组分。已知混合气的流量为 50 kmol/h,溶质的含量为5%(体积分数);进塔清水流量为200 kmol/h,其用量为最小用量的 1.6 倍;操作条件下的气液相平衡关系为 $Y = 2.75X$;气相总吸收系数为3×10^{-4} kmol/($m^2 \cdot s$);填料的有效比表面积近似取为填料比表面积的90%。试计算(1) 填料塔的吸收率;(2) 填料塔的直径。

8. 某制药厂现有一直径为 1.2 m,填料层高度为 3 m 的填料塔,用纯溶剂吸收某气体混合物中的溶质组分。入塔混合气的流量为 40 kmol/h,溶质的含量为 0.06(摩尔分数);要求溶质的吸收率不低于 95%;操作条件下的气液相平衡关系为 $Y = 2.2X$;溶剂用量为最小用量的 1.5 倍;气相总吸收系数为0.35 kmol/(m²·h)。填料的有效比表面积近似取为填料比表面积的90%。试计算(1)出塔的液相组成;(2)所用填料的总比表面积和等板高度。

9. 用清水在填料塔中逆流吸收混于空气中的二氧化硫。已知混合气中二氧化硫的体积分数为0.085,操作条件下物系的相平衡常数为26.7,载气的流量为250 kmol/h。若吸收剂用量为最小用量的1.55倍,要求二氧化硫的吸收率为92%,试求水的用量(单位为 kg/h)及所需理论级数。

10. 某制药厂现有一直径为0.6 m,填料层高度为6 m的填料塔,用纯溶剂吸收某混合气中的有害组分。现场测得的数据如下:$V_s=500$ m³/h,$Y_1=0.02$,$Y_2=0.004$,$X_1=0.004$。已知操作条件下的气液相平衡关系为$Y=1.5X$。现因环保要求的提高,要求出塔气体组成低于0.002(摩尔比)。该制药厂拟采用以下改造方案:维持液气比不变,在原塔的基础上将填料塔加高,试计算填料层增加的高度。

11. 若吸收过程为低组成气体吸收,试推导 $H_{OG}=H_G+\dfrac{1}{A}H_L$。

12. 在装填有25 mm拉西环的填料塔中,用清水吸收空气中低含量的氨。操作条件为20 ℃及101.3 kPa,气相的质量流速为0.525 kg/(m²·s),液相的质量流速为2.850 kg/(m²·s)。已知20 ℃及101.3 kPa时氨在空气中的扩散系数为$1.89×10^{-5}$ m²/s,20 ℃时氨在水中的扩散系数为$1.76×10^{-9}$ m²/s。试估算传质单元高度 H_G、H_L。

13. 用填料塔解吸某含二氧化碳的碳酸丙烯酯吸收液,已知进、出解吸塔的液相组成分别为0.0085和0.0016(均为摩尔比)。解吸所用载气为含二氧化碳0.0005(摩尔分数)的空气,解吸的操作条件为35 ℃、101.3 kPa,此时相平衡关系为$Y=106.03X$。操作气液比为最小气液比的1.45倍。若取 $H_{OL}=0.82$ m,求所需填料层的高度。

14. 某操作中的填料塔,其直径为0.8 m,液相负荷为8.2 m³/h,操作液气比(质量比)为6.25。塔内装有 DN50 金属阶梯环填料,其比表面积为109 m²/m³。操作条件下,液相的平均密度为995.6 kg/m³,气相的平均密度为1.562 kg/m³。

(1) 计算该填料塔的操作空塔气速;

(2) 计算该填料塔的液体喷淋密度,并判断是否达到最小喷淋密度的要求。

15. 矿石焙烧炉送出的气体冷却后送入填料塔中,用清水洗涤以除去其中的二氧化硫。已知入塔的炉气流量为2400 m³/h,其平均密度为1.315 kg/m³;洗涤水的消耗量为50000 kg/h。吸收塔为常压操作,吸收温度为20 ℃。采用 DN50 塑料阶梯环填料,泛点率取为60%。试计算该填料塔的塔径。

综合习题

16. 在101.3 kPa 及20 ℃的条件下,用清水在填料塔内逆流吸收混于空气中的氨气。已知混合气的质量流速G 为600 kg/(m²·h),气相进、出塔的摩尔分数分别为0.05、0.000526,水的质量流速W 为800 kg/(m²·h),填料层高度为3 m。已知操作条件下平衡关系为$Y=0.9X$,K_Ga 正比于$G^{0.8}$而与W 无关。若(1)操作压力提高一倍,(2)气体流速增加一倍,(3)液体流速增加一倍,试分别计算填料层高度应如何变化,才能保持尾气组成不变。

17. 某制药厂有一闲置的填料塔,其直径为0.5 m,填料层高度为4.2 m。该制药厂现有一吸收任务,需要在常压和 20 ℃下,用清水吸收某混合气中的溶质组分,要求混合气的处理量为 1150 m³/h,出塔尾气中溶质的含量为 0.065%(体积分数,下同)。已知混合气中溶质的含量为 7.5%,操作液气比为 2.86,操作条件下物系的相平衡常数为 1.75。制药厂拟将该闲置填料塔用于此吸收任务,试通过核算对该方案的可行性进行分析。

　　注:所用填料的等板高度为 0.485 m,比表面积为 132 m²/m³,最小润湿速率为 0.08 m³/(m·h),允许的泛点气速为 2.285 m/s,泛点率可取为 75%。

　　18. 在常温常压下,用清水在一填料塔内逆流吸收某混合气中的溶质 A。已知混合气中溶质 A 的摩尔分数为 0.06,当操作液气比为 1.25 时吸收液的组成为 0.0465(摩尔比),操作条件下物系的相平衡常数为 1.25。若保持混合气的入塔组成和吸收剂用量不变,将进塔的混合气流量提高 20%,试核算溶质 A 的吸收率。

　　假设:气相总体积吸收系数 $K_y a$ 正比于气体流量的 0.8 次方,而与吸收剂流量无关;混合气流量的变化在填料塔的正常操作范围之内。

　　19. 在一填料层高度为 4.2 m 的吸收塔内用清水吸收某工业尾气中的有害组分 A。已知进塔气体中溶质 A 的摩尔分数为 0.036,要求吸收率达到 96.5%,吸收剂用量为最小用量的 1.58 倍,操作条件下物系的相平衡常数为 0.86。吸收过程的气膜和液膜体积吸收系数分别为 $k_y a = 0.065$ kmol/(m³·s) 和 $k_x a = 0.043$ kmol/(m³·s)。

　　(1) 试核算单位塔横截面积上的吸收剂用量[单位 kmol/(m²·s)];

　　(2) 生产中发现夏季有时尾气的组成不达标,经分析认为是夏季气温高造成的,重新测定得出夏季最高气温下物系的相平衡常数为 1.15。若按照夏季最高气温计,且气体处理量和入塔组成不变,为使吸收率仍然能够达到 96.5%,考虑将吸收剂用量增加 30%,试核算该塔能否完成此吸收任务。

　　注:忽略流量变化对气膜和液膜体积吸收系数的影响。

 思考题

　　1. 温度和压力对吸收过程的相平衡关系有何影响?

　　2. 亨利定律为何具有不同的表达形式?

　　3. 试分析气体或液体的流动情况如何影响吸收速率。

　　4. 吸收速率方程为何具有不同的表达形式? 膜吸收速率方程与总吸收速率方程有何异同?

　　5. 传质单元高度和传质单元数有何物理意义?

　　6. 试写出吸收塔并流操作时的操作线方程,并在 $Y-X$ 坐标图上示意地画出相应的操作线。

　　7. 何为等板高度? 等板高度的提出有何意义?

　　8. 气提解吸与逆流吸收有何异同?

　　9. 根据附图所示双塔吸收的三种流程,示意地画出与各流程相对应的平衡线和操作线,并用附图中表示组成的符号标明各操作线的端点坐标。

　　10. 填料塔的流体力学性能包括哪些方面? 对填料塔的传质过程有何影响?

　　11. 何为填料塔的泛点率? 泛点率的提出有何实际意义?

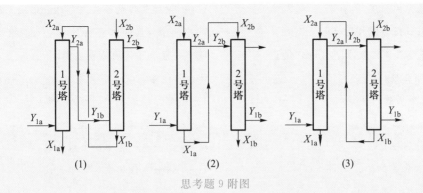

思考题 9 附图

 本章主要符号说明

英文字母

a——填料的有效比表面积，m^2/m^3；

a_t——填料的比表面积，m^2/m^3；

A——吸收因数；

A——溶质；

B——惰性组分或载体；

c——溶质的物质的量浓度，$kmol/m^3$；

——总物质的量浓度，$kmol/m^3$；

d——直径，m；

d_e——填料层的当量直径，m；

D——气体中的分子扩散系数，m^2/s；

——塔径，m；

D'——液体中的分子扩散系数，m^2/s；

E——亨利系数，kPa；

g——重力加速度，m/s^2；

G——气相的空塔质量流速，$kg/(m^2 \cdot h)$；

G_A——吸收负荷，kmol/s；

Ga——伽利略数；

H——溶解度系数，$kmol/(m^3 \cdot kPa)$；

H_G——气相传质单元高度，m；

H_L——液相传质单元高度，m；

H_o——动持液量，m^3 液体$/m^3$ 填料；

H_{OG}——气相总传质单元高度，m；

H_{OL}——液相总传质单元高度，m；

H_s——静持液量，m^3 液体$/m^3$ 填料；

H_t——总持液量，m^3 液体$/m^3$ 填料；

k_G——气膜吸收系数，$kmol/(m^2 \cdot s \cdot kPa)$；

k_L——液膜吸收系数，$kmol/(m^2 \cdot s \cdot kmol \cdot m^{-3})$ 或 m/s；

k_x——液膜吸收系数，$kmol/(m^2 \cdot s)$；

k_y——气膜吸收系数，$kmol/(m^2 \cdot s)$；

K_G——气相总吸收系数，$kmol/(m^2 \cdot s \cdot kPa)$；

K_L——液相总吸收系数，$kmol/(m^2 \cdot s \cdot kmol \cdot m^{-3})$ 或 m/s；

K_X——液相总吸收系数，$kmol/(m^2 \cdot s)$；

K_Y——气相总吸收系数，$kmol/(m^2 \cdot s)$；

l——特征尺寸，m；

L——吸收剂用量，kmol/s；

L_s——液体的体积流量，m^3/s；

L_W——润湿速率，$m^3/(m \cdot h)$；

m——相平衡常数；

M——摩尔质量，kg/kmol；

N——传质通量，$kmol/(m^2 \cdot s)$；

N_G——气相传质单元数；

N_L——液相传质单元数；

N_{OG}——气相总传质单元数；

N_{OL}——液相总传质单元数；

N_T——理论级数；

p——组分的分压,Pa;

　　——系统压力或外压,Pa;

R——摩尔气体常数,kJ/(kmol·K);

Re——雷诺数;

S——脱吸因数;

S——吸收剂;

Sc——施密特数;

Sh——舍伍德数;

T——热力学温度,K;

u——空塔气速,m/s;

u_0——气体通过填料空隙的平均流速,m/s;

U——液体喷淋密度,m³/(m²·h);

V——惰性气体的摩尔流量,kmol/s;

V_P——填料层的体积,m³;

V_s——混合气体的体积流量,m³/s;

W——液相的空塔质量流速,kg/(m²·h);

x——组分在液相中的摩尔分数;

X——组分在液相中的摩尔比;

y——组分在气相中的摩尔分数;

Y——组分在气相中的摩尔比;

z——扩散距离,m;

z_G——气膜厚度,m;

z_L——液膜厚度,m;

Z——填料层高度,m

希腊字母

α——常数;

β——常数;

γ——常数;

ε——填料层的空隙率,m³/m³;

ϕ——泛点率,%;

Φ——填料因子,1/m;

μ——黏度,Pa·s;

ρ——密度,kg/m³;

φ——相对吸收率;

φ_A——吸收率或回收率;

Ω——填料塔的截面积,m²

上标

$*$——纯态;

　——平衡态

下标

A——组分 A 的;

B——组分 B 的;

e——当量的;

F——泛点的;

G——气相的;

i——组分 i 的;

i——相界面处的;

L——液相的;

max——最大的;

min——最小的;

M——对数平均的;

p——压降的;

t——总的;

1——塔底(或截面 1)的;

2——塔顶(或截面 2)的

第九章 蒸 馏

学习指导

一、学习目的

通过本章学习,应掌握蒸馏的原理,精馏过程的计算和优化,板式塔的基本结构、特性、操作和调节。

二、学习要点

学习本章,应重点掌握如下内容:

(1) 气(汽)液相平衡关系的表达与应用。

(2) 两组分连续精馏过程的计算和优化,包括物料衡算和操作关系、进料热状况的影响、理论板层数的计算、适宜回流比的确定、板效率的计算等。

(3) 板式塔的基本结构、流体力学和传质特性、负荷性能图等。

(4) 影响精馏过程主要因素的分析。

对于其他蒸馏类型,如单级蒸馏(平衡蒸馏与简单蒸馏)、其他几种特殊情况两组分精馏、间歇精馏、特殊精馏等,通过和两组分连续精馏相比较,掌握其特点与适用场合。

精馏操作可在板式塔中,又可在填料塔中进行,本章以板式塔为重点。对于特定的分离任务,确定塔板层数是本章的核心。由于影响因素的复杂性,引入"理论板"的概念和"恒摩尔流"的假定,以简化计算。确定理论板层数后,由总板效率便可求得实际塔板层数。要理解简化的意义和条件,同时,应在掌握影响精馏过程因素分析的基础上,预测精馏操作及调节中可能出现的问题,提出解决问题的对策。

精馏与吸收均属传质过程,应注意两者之间的共性与个性。

课程思政

9.1 蒸馏过程概述

蒸馏是分离液体混合物最常用、最早实现工业化的典型单元操作。它是通过加热液体混合物造成气液两相体系,利用混合物中各组分挥发度的差异而实现组分的分离与提

演示文稿

纯的操作过程。蒸馏广泛应用于化工、石油、生物、医药、食品、环保等领域。随着生产的发展,蒸馏技术、设备和理论也有很大发展。

一、蒸馏过程的分类

工业上,蒸馏过程可按如下方法分类:

(1) 按蒸馏操作方式分类 可分为单级蒸馏(平衡蒸馏、简单蒸馏等)和多级蒸馏(精馏和特殊精馏)。

对于含高沸点杂质的液体混合物,若它与水不互溶,可采用水蒸气蒸馏,从而降低操作温度。对于热敏性物料,则可采用高真空下操作的分子蒸馏。

若蒸馏过程中液体混合物组分间发生化学反应,称为反应精馏,这是化学反应与分离操作相耦合的新型操作过程。

(2) 按操作压力分类 可分为加压蒸馏、常压蒸馏和真空蒸馏。

常压下为气体(如空气、石油气等)或常压下泡点为室温的混合物,常采用加压蒸馏;常压下泡点为室温至 150 ℃的混合物,一般采用常压蒸馏;常压下泡点较高或为热敏性的混合物,宜采用真空蒸馏,以降低操作温度。从理论上讲,降低压力对蒸馏分离有利。

(3) 按混合物中组分数目分类 可分为两组分蒸馏和多组分蒸馏。

工业生产中,绝大多数为多组分蒸馏。两组分蒸馏(精馏)的原理和计算原则同样适用于多组分蒸馏,只是在处理多组分物系时更复杂些。

(4) 按操作流程分类 可分为连续蒸馏和间歇蒸馏。

连续蒸馏具有生产能力大、产品质量稳定、操作方便等优点,工业中以连续蒸馏为主。间歇蒸馏主要应用于小规模、多品种或有某些特殊要求的场合。连续蒸馏为定态操作,间歇蒸馏为非定态操作。

二、蒸馏分离的特点

(1) 流程简单 通过蒸馏可直接获得所需要的产品,而吸收、萃取等分离方法,由于有外加的吸收剂或萃取剂,需进一步使所提取的组分与外加吸收剂或萃取剂分离,因此蒸馏操作流程通常较为简单。

(2) 适用范围广 蒸馏不仅可以分离液体混合物,而且可用于分离气体或固体混合物。例如,将空气加压液化,再用精馏方法获得氧、氮等产品;再如,脂肪酸混合物(固态),通过加热使其熔化,在减压下建立气液两相体系,再用精馏方法进行分离。蒸馏可用于各种组成混合物的分离,而吸收、萃取等操作,只有当被提取组分含量较低时才比较经济。

对于挥发度相等或接近的混合物,可采用特殊精馏的方法进行分离。

(3) 蒸馏中的节能 蒸馏是通过对液体混合物加热建立两相体系的,产生的气相还需再冷凝液化,因此需消耗大量的能量(包括加热介质和冷却介质)。蒸馏过程中的节能是值得重视的问题。

三、蒸馏过程的研究重点

直接利用传质动力学的方法计算蒸馏过程、设计蒸馏设备是该单元操作的研究热点。蒸馏过程的研究重点有以下几个方面：

（1）蒸馏过程的节能技术　降低蒸馏过程的能耗具有重大的技术和经济意义。节能最有效的方法是提高分离因子。选择适宜的操作压力，向混合液中加入盐类、萃取剂、夹带剂、螯合剂等，增加化学作用对分离过程的影响，可以有效地改变组分间的相对挥发度；采用热泵技术、精馏过程的优化与集成技术等使蒸馏过程的能耗大为降低；开发新的膜分离技术（膜蒸馏）和动态分离过程（如釜式蒸馏）也可取得显著的节能效果。

（2）研发新型的大通量、高效率、低压降分离设备　20 世纪 50 年代以来，几十种新型塔板和各种高效填料相继问世并应用于工业生产中。研究进展表现为处理能力增加，分离效率提高，压降和能耗显著降低等。发展基于新原理的分离设备，更是取得了神奇效果。有文献报道，英国 ICI 公司研发的在离心力场中进行蒸馏的 Higee 设备，完成同样的处理量，其设备体积仅为传统塔设备体积的 1/1000。

（3）蒸馏过程的模拟和优化　主要涉及对于多组分蒸馏过程，特别是动态过程的计算机模拟优化和控制。

本章重点讨论两组分连续精馏的原理及计算方法。

9.2　两组分溶液的气液相平衡

演示文稿

溶液的气液相平衡是蒸馏过程的热力学基础，是精馏操作分析和过程计算的重要依据。气液相平衡可用气液相平衡方程或相图表示。

9.2.1　两组分理想物系的气液相平衡

根据溶液中同分子和异分子间作用力的差异，可将溶液分为理想物系与非理想物系。

所谓理想物系应符合如下条件：

（1）液相为理想溶液，平衡分压遵循拉乌尔定律。

（2）气相为理想气体，遵循道尔顿分压定律。一般当总压不高于 10^4 kPa 时，气相可视为理想气体。

对于由化学结构相似、性质相近的组分所组成的物系，如苯－甲苯、甲醇－乙醇、常压及 150 ℃下的各种轻烃混合物，可近似按理想物系处理。

一、相律

气液相平衡体系中的自由度数 f、相数 Φ 及独立组分数 C 遵循相律所示的基本关系，即

$$f = C - \Phi + 2 \tag{9-1}$$

式中的数字 2 表示影响物系平衡状态的外界因素只有压力和温度这两个条件。

对于两组分的气液相平衡,$\Phi=2$,$C=2$,则 $f=2$。在气液相平衡体系中,可变化的参数有 4 个,即压力 p、温度 t、一组分在液相及气相中的组成 x 和 y(另一组分的组成由归一方程求得),任意规定其中两个变量,此平衡体系的状态即被唯一确定了。假若再固定另一个变量(如压力 p),则该物系只有一个变量,其他变量都是其函数。例如,在一定压力下,指定液相组成 x,其泡点 t 及气相组成 y 均可被确定。因此,两组分的气液相平衡常用一定压力下的 $t\text{-}x(y)$ 及 $y\text{-}x$ 函数关系或相图来表示。

二、气液相平衡的函数关系

1. 用饱和蒸气压表示的气液相平衡关系

对于 A、B 两组分的理想溶液,平衡时的气相分压由拉乌尔定律计算,即

$$p_A=p_A^*x_A \tag{9-2}$$

$$p_B=p_B^*x_B=p_B^*(1-x_A) \tag{9-2a}$$

式中　　x_A、x_B——分别为组分 A、B 在液相中的摩尔分数;

　　　　p_A^*、p_B^*——分别为在溶液温度下组分 A、B 的饱和蒸气压,Pa。

下标 A 表示易挥发组分,B 表示难挥发组分。p_A^*、p_B^* 均为温度的函数。

在指定压力下,溶液沸腾的条件是

$$p_总=p_A+p_B \tag{9-3}$$

或

$$p_总=p_A^*x_A+p_B^*(1-x_A) \tag{9-3a}$$

整理式(9-3a),便可得到泡点方程,即

$$x_A=\frac{p_总-p_B^*}{p_A^*-p_B^*} \tag{9-4}$$

式(9-4)表示气液相平衡时液相组成与泡点之间的关系。

平衡的气相组成遵循道尔顿分压定律,即

$$y_A=\frac{p_A}{p_总} \tag{9-5}$$

或

$$y_A=\frac{p_A^*}{p_总}x_A=\frac{p_A^*}{p_总}\cdot\frac{p_总-p_B^*}{p_A^*-p_B^*} \tag{9-5a}$$

式(9-5a)表示平衡时气相组成与平衡温度之间的关系,称为露点方程。

为了简便起见,常略去表示相组成的下标,习惯上以 x,y 分别表示易挥发组分在液相和气相中的摩尔分数,以 $(1-x)$ 和 $(1-y)$ 分别表示难挥发组分在液相和气相中的摩尔分数。

2. 用相对挥发度表示的气液相平衡关系

前已指出,蒸馏分离的基本依据是混合液中各组分挥发度的差异。通常纯组分的挥发度是指在一定温度下的饱和蒸气压,而溶液中各组分的挥发度可表示为

$$\nu_A=\frac{p_A}{x_A} \tag{9-6}$$

及
$$\nu_B = \frac{p_B}{x_B}$$ (9-6a)

式中 ν_A、ν_B——分别为溶液中 A、B 组分的挥发度,Pa。

对于理想溶液,因符合拉乌尔定律,则应有

$$\nu_A = p_A^*$$

$$\nu_B = p_B^*$$

显然,溶液中组分的挥发度随温度而变,为方便起见,引出相对挥发度的概念。习惯上,用易挥发组分的挥发度与难挥发组分的挥发度之比来表示相对挥发度,以 α 表示,即

$$\alpha = \frac{\nu_A}{\nu_B} = \frac{p_A/x_A}{p_B/x_B}$$ (9-7)

当气相遵循道尔顿分压定律时,式(9-7)可改写为

$$\alpha = \frac{p_总 y_A/x_A}{p_总 y_B/x_B} = \frac{y_A x_B}{y_B x_A}$$ (9-8)

式(9-8)为相对挥发度的定义式。对理想溶液,则有

$$\alpha = \frac{p_A^*}{p_B^*}$$ (9-9)

由于 p_A^* 与 p_B^* 随温度沿着相同方向变化,因而 α 随温度变化不大,计算时一般可将 α 视作常数或取操作温度范围内的平均值。

将 $y_B = 1 - y_A$ 及 $x_B = 1 - x_A$ 代入式(9-8),略去下标,并整理得到

$$y = \frac{\alpha x}{1+(\alpha-1)x}$$ (9-10)

式(9-10)称为气液相平衡方程。若 α 为已知,利用式(9-10)可由一系列 x 值求得相应的 y 值,在蒸馏的分析和计算中,应用简便。

若 α 值与 y 值为已知,则可求得平衡的液相组成 x,即

$$x = \frac{y}{y+\alpha(1-y)}$$ (9-10a)

根据 α 的数值大小可判断该混合物是否能用一般蒸馏方法分离及分离的难易程度:

若 $\alpha > 1$,表示组分 A 较组分 B 易挥发,α 值偏离 1 的程度越大,越容易分离。

若 $\alpha = 1$,由式(9-10)可知 $y = x$,即气相组成与液相组成相同(恒沸物系),此时不能用普通蒸馏方法加以分离,需要采用特殊精馏或其他分离方法(萃取、结晶或膜分离)加以分离。

◆ 例9-1 苯(A)与甲苯(B)的饱和蒸气压与温度的关系可用安托万方程表达,即

$$\lg p_A^* = 6.032 - \frac{1206.35}{t+220.24}$$

$$\lg p_B^* = 6.078 - \frac{1343.94}{t + 219.58}$$

式中 p^* 的单位为 kPa，t 的单位为℃。

苯和甲苯物系可视作理想物系。现测得某精馏塔的塔顶压力 $p_1 = 103.3$ kPa，塔顶的液相温度 $t_1 = 81.5$ ℃；塔釜压力 $p_2 = 109.3$ kPa，塔釜的液相温度 $t_2 = 112$ ℃。试求塔顶、塔釜平衡的液相和气相组成。

解：本例可用饱和蒸气压或相对挥发度表示的相平衡关系来计算，关键是确定塔顶、塔釜温度下组分的饱和蒸气压。

(1) 塔顶的液相和气相组成　塔顶温度下，用安托万方程计算苯和甲苯的饱和蒸气压，即

$$\lg p_A^* = 6.032 - \frac{1206.35}{81.5 + 220.24} = 2.034$$

$$p_A^* = 108.1 \text{ kPa}$$

$$\lg p_B^* = 6.078 - \frac{1343.94}{81.5 + 219.58} = 1.614$$

$$p_B^* = 41.11 \text{ kPa}$$

则

$$x_A = \frac{p_总 - p_B^*}{p_A^* - p_B^*} = \frac{103.3 - 41.11}{108.1 - 41.11} = 0.9283$$

$$y_A = \frac{p_A^*}{p_总} x_A = \frac{108.1}{103.3} \times 0.9283 = 0.9714$$

再由相对挥发度计算气相组成。由于苯和甲苯物系可视作理想物系，于是

$$\alpha_1 = \frac{p_A^*}{p_B^*} = \frac{108.1}{41.11} = 2.630$$

则

$$y = \frac{\alpha_1 x}{1 + (\alpha_1 - 1)x} = \frac{2.630 \times 0.9283}{1 + (2.630 - 1) \times 0.9283} = 0.9715$$

两种方法求得的 y 值基本相同。

(2) 塔釜的液相和气相组成　用和塔顶相同的方法求得各有关参数为

$$p_A^* = 251.8 \text{ kPa} \qquad p_B^* = 105.9 \text{ kPa}$$

$$x_A = \frac{109.3 - 105.9}{251.8 - 105.9} = 0.0233$$

$$y_A = \frac{251.8}{109.3} \times 0.0233 = 0.0537$$

$$\alpha_2 = \frac{251.8}{105.9} = 2.378$$

$$y_A = \frac{2.378 \times 0.0233}{1 + (2.378 - 1) \times 0.0233} = 0.0537$$

比较 α_1、α_2 的数值可看出，随着温度升高，相对挥发度的值变小，即 $\alpha_2 < \alpha_1$。

◆ 例 9-2　计算含苯 0.5(摩尔分数)的苯-甲苯理想溶液在总压 101.3 kPa 下的泡点。苯和甲苯的饱和蒸气压用例 9-1 的安托万方程计算。

解：求算指定压力下溶液的泡点需采用试差法。

设泡点 $t=93\ ℃$，则

$$\lg p_A^* = 6.032 - \frac{1206.35}{93+220.24} = 2.181$$

$$p_A^* = 151.7\ kPa$$

$$\lg p_B^* = 6.078 - \frac{1343.94}{93+219.58} = 1.778$$

$$p_B^* = 60.0\ kPa$$

将有关数据代入泡点方程，即

$$x_A = \frac{p_{总} - p_B^*}{p_A^* - p_B^*} = \frac{101.3-60}{151.7-60} = 0.450 < 0.5$$

计算结果表明，初设泡点 93 ℃ 稍稍偏高。再设泡点 $t=91.5\ ℃$，同样由安托万方程求得

$$p_A^* = 145.3\ kPa \qquad p_B^* = 57.28\ kPa$$

$$x_A = \frac{101.3-57.28}{145.3-57.28} = 0.5$$

91.5 ℃ 即为泡点。

三、气液相平衡相图

两组分溶液的气液相平衡关系用相图表达清晰直观，而且影响蒸馏分离的因素可在相图上直接反映出来。蒸馏中常用的相图为恒压下的温度-组成图及气相-液相组成图。

1. 温度-组成(t-x-y)图

在总压恒定条件下，两相组成与温度的关系可表示为图 9-1 所示的曲线，称为两组分溶液的温度-组成图或 t-x-y 图。图中的纵坐标为温度，横坐标为易挥发组分在液相(或气相)的摩尔分数 $x(y)$。图中有两条曲线，上方曲线(EHF)为 t-y 线，称为饱和蒸气线或露点线，表示混合物的平衡温度 t 与气相组成 y 之间的关系；下方曲线(EJF)为 t-x 线，称为饱和液体线或泡点线，表示混合物的平衡温度 t 与液相组成 x 之间的关系。上述的两条曲线将 t-x-y 图分为三个区域。饱和蒸气线上方的区域代表过热蒸气，称为过热蒸气区；饱和液体线

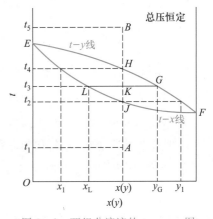

图 9-1　两组分溶液的 t-x-y 图

以下的区域代表未沸腾的液体,称为液相区;两曲线包围的区域气液两相同时存在,称为气液共存区。点 E 和点 F 分别代表难挥发组分和易挥发组分的沸点。

在恒定的总压下,组成为 x,温度为 t_1(图中的点 A)的混合液升温至 t_2 达到该溶液的泡点,产生的第一个气泡的组成为 y_1。继续升温至 t_3 时,气液两相共存,气相组成为 y_G,液相组成为 x_L,两相的量由杠杆规则确定。同样,组成为 y,温度为 t_5 的过热蒸气(图中的点 B)降温至 t_4 时达到混合物的露点,凝结出的第一个液滴的组成为 x_1。继续降温至 t_3 时,气液两相共存。

由图 9-1 可见,当气液两相达平衡状态时,两相具有相同的温度,但气相组成大于液相组成,即 $y>x$;当气液两相组成相同时,露点总是高于泡点,即 $t_d>t_b$。

在总压恒定条件下的 t-x-y 图是分析精馏原理的理论基础。

2. 气相-液相组成(y-x)图

在总压恒定条件下,两组分溶液的气液两相组成 y 与 x 的关系示于图 9-2 中,图中的对角线 $y=x$ 供查图时参考用。对于理想物系,气相组成 y 恒大于液相组成 x,因而平衡线位于对角线上方。

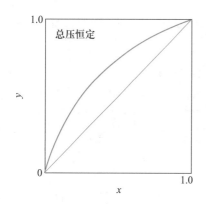

图 9-2　两组分溶液的 y-x 图

y-x 图是在恒压下测得的,但在总压变化范围为 20%～30% 条件下,y-x 曲线变动不超过 2%。因此,在总压变化不大时,可忽略外压对 y-x 曲线的影响。应注意,y-x 曲线上各点对应着不同的温度。

y-x 图可通过 t-x-y 图作出,也可由已知的 α 值用气液相平衡方程求得。α 值越大,同一液相组成 x 对应的 y 值越大,即 y-x 曲线越远离对角线,可获得的增浓程度越大。常见两组分物系常压下的气液相平衡数据,可从物理化学或化工手册中查得。

在恒压下的 y-x 图上进行两组分混合液蒸馏的计算非常方便快捷。

9.2.2　两组分非理想物系的气液相平衡

工业生产中所遇到的大多数物系为非理想物系。非理想物系可能有如下三种情况:

(1)液相为非理想溶液,气相为理想气体;

(2)液相为理想溶液,气相为非理想气体;

(3)液相为非理想溶液,气相为非理想气体。

实际生产中,第一种情况遇到得较多,在此做简要介绍。

一、气液相平衡方程

溶液的非理想性在于异分子之间作用力不同于同分子之间作用力,其表现是溶液中各组分的平衡分压偏离拉乌尔定律,此偏差可正可负,分别称为正偏差溶液和负偏差溶液,工业中以前者居多。

非理想溶液的平衡分压可用修正的拉乌尔定律表达,即

$$p_A = p_A^* x_A \gamma_A \tag{9-11}$$

$$p_B = p_B^* x_B \gamma_B \tag{9-11a}$$

式中的 γ 为组分的活度系数,各组分的 γ 值与其组成有关,通常由实验测取或用热力学公式计算得到。

当总压不太高,气相为理想气体时,平衡气相组成为

$$y_A = \frac{p_A^* x_A \gamma_A}{p_总} \tag{9-12}$$

令

$$K_A = \frac{p_A^* \gamma_A}{p_总}$$

则

$$y_A = K_A x_A \tag{9-13}$$

式中的 K_A 为相平衡常数。当总压恒定时,相平衡常数随温度和溶液的组成而变。

应予注意,用相平衡常数表示气液相平衡方程时,理想物系与非理想物系的表达式并无区别,但相平衡常数的表达式不同。对于理想物系,$K_A = p_A^* / p_总$。

二、气液相平衡相图

非理想物系的平衡相图如图 9-3~图 9-6 所示。各种实际溶液与理想溶液的偏差程度不同。乙醇-水、苯-乙醇等物系是具有很大正偏差的例子,表现为溶液在某一组成时两组分饱和蒸气压之和出现最高值,与此对应的溶液泡点比两纯组分的沸点都低,为具最低恒沸点的溶液。图 9-3 和图 9-4 分别为常压下乙醇-水溶液的 t-x-y 图和 y-x 图,图中的点 M 代表气液两相的组成相等。常压下的恒沸组成为 0.894,最低恒沸点为 78.15 ℃,在该点,$\alpha = 1$。图 9-5 和图 9-6 所示为具有最大负偏差的硝酸-水溶液的相图,图中点 N 对应的最高恒沸点为 121.9 ℃,恒沸组成为 0.383,此点对应 $\alpha = 1$。

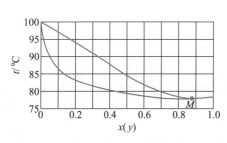

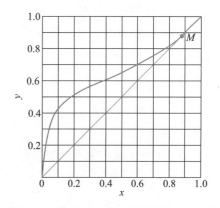

图 9-3 常压下乙醇-水溶液的 t-x-y 图　　图 9-4 常压下乙醇-水溶液的 y-x 图

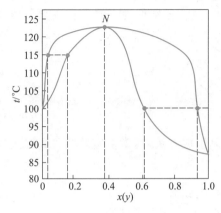

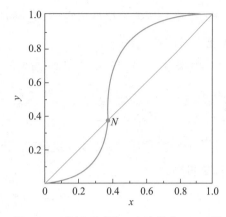

图 9-5　常压下硝酸-水溶液的 $t-x-y$ 图　　　图 9-6　常压下硝酸-水溶液的 $y-x$ 图

同一溶液的恒沸组成随总压而变化,理论上可通过改变总压的方法来分离恒沸液。但在实际应用时要做技术经济分析。

9.2.3　气液相平衡的应用

溶液的气液相平衡在蒸馏中有多方面的应用,诸如:

(1)计算液相泡点、气相露点、平衡时的气液相组成。

(2)选择蒸馏操作压力。物系的相对挥发度 α 随压力增高而减小,应根据物系特性和技术经济分析,选择适宜的操作压力。

(3)选择分离方法。依据物系的气液相平衡关系,对特定的分离任务,可确定或选择分离方法。例如,对相对挥发度接近 1 的物系,宜采用特殊精馏或萃取等分离操作。

(4)在相图($t-x-y$ 图)上说明精馏原理,即利用多次部分汽化和部分冷凝的操作,可使物系得到所需要的高纯度分离。相对挥发度越大,相图($y-x$ 图)中平衡曲线偏离对角线越远,越易分离。

(5)气液相平衡关系是精馏过程的特征方程,是计算理论板层数的基本方程之一。

(6)利用气液相平衡,可分析、判断精馏操作中的实际问题。例如,在精馏塔中恒压下操作,温度和组成间具有对应关系,因此可利用易于测量的温度来判断难以测量的组成。在实际生产中,通常在精馏塔的适当部位(通常称为灵敏板)上安装温度计,用它来控制、调节整个精馏过程。又如,在真空精馏中,如温度出现异常现象,则应考虑系统的气密问题等。

9.2.4　气液相平衡数据的获取途径

(1)从气液相平衡手册或其他资料中查取。实际应用中往往是给出物系的平均相对挥发度 α 值来求得 x 与 y 的对应关系。

(2)用热力学公式估算。对于理想物系,可用安托万方程计算纯组分在指定温度下的饱和蒸气压,进而用泡点方程和露点方程求得 x 及 y 值,如例 9-1 所示。

（3）实验测定气液相平衡数据。

9.3 单级蒸馏过程

对于组分挥发度相差较大、分离要求不高的场合（如混合液的初步分离），可采用单级蒸馏过程，其包括平衡蒸馏和简单蒸馏。

9.3.1 平衡蒸馏

一、平衡蒸馏装置

平衡蒸馏又称闪蒸蒸馏，是一种连续、定态的单级蒸馏过程，其装置如图 9-7 所示。被分离的混合液先经加热器 1 升温，使之温度高于分离器 3 压力下原料液的泡点，然后通过节流阀降低压力至规定值。过热的液体在分离器 3 中部分汽化。平衡的气相和液相分别从分离器的顶部和底部引出。通常分离器又称闪蒸塔（罐）。

二、平衡蒸馏过程的计算

平衡蒸馏过程计算所应用的基本关系是物料衡算、热量衡算及气液相平衡关系。

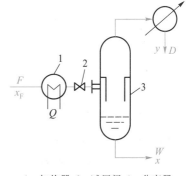

1—加热器；2—减压阀；3—分离器

图 9-7 平衡蒸馏装置

1. 物料衡算

对图 9-7 所示的平衡蒸馏装置进行物料衡算，得

总物料衡算

$$F = D + W \qquad (9-14)$$

易挥发组分物料衡算

$$Fx_F = Dy + Wx \qquad (9-15)$$

式中　　F、D、W——分别为原料液、气相和液相产品流量，kmol/h 或 kmol/s；

　　　　x_F、y、x——分别为原料液、气相和液相产品中易挥发组分的摩尔分数。

若各流股的组成已知，则气相产品的流量为

$$D = F\frac{x_F - x}{y - x} \qquad (9-16)$$

令

$$q = W/F$$

则

$$1 - q = D/F$$

式中，q 称为原料液的液化率，$(1-q)$ 则称为汽化率。将以上关系代入式（9-16）并整理，得

$$y = \frac{q}{q-1}x - \frac{x_F}{q-1} \qquad (9-17)$$

式(9-17)表示平衡蒸馏中气液两相组成的关系。当 q 为定值时,该式为直线方程。在 $y-x$ 图上,该式是通过点 (x_F, x_F),斜率为 $q/(q-1)$ 的直线。

2. 热量衡算

对图 9-7 所示的加热器进行热量衡算,忽略热损失,则

$$Q = Fc_p(t - t_F) \tag{9-18}$$

式中　　Q——加热器的热负荷,kJ/h 或 kW;

　　　　c_p——原料液的平均定压摩尔热容,kJ/(kmol·℃);

　　　　t_F、t——分别为原料液进入和离开加热器的温度,℃。

在分离器中,物料汽化所需要的潜热由原料液本身的显热提供。过程完成后分离器中的平衡温度为 t_e。对分离器进行热量衡算,忽略热损失,则

$$Fc_p(t - t_e) = (1 - q)rF \tag{9-19}$$

式中　　r——物料的平均摩尔汽化热,kJ/kmol。

原料液离开加热器的温度为

$$t = t_e + (1 - q)\frac{r}{c_p} \tag{9-20}$$

3. 气液相平衡关系

平衡蒸馏中,气液两相处于平衡状态,即两相温度相等,组成符合平衡关系。若物系的平均相对挥发度为 α,则有

$$y = \frac{\alpha x}{1 + (\alpha - 1)x} \tag{9-10}$$

利用上述三类基本关系,即可计算平衡蒸馏过程中气液两相的平衡组成和平衡温度。

9.3.2　简单蒸馏

一、简单蒸馏装置

简单蒸馏又称微分蒸馏,是一种分批操作的单级蒸馏过程,其装置如图 9-8 所示。原料液分批加到蒸馏釜 1 中,通过间接加热使之部分汽化。产生的蒸气在冷凝器 2 中冷凝后作为馏出液产品排入接收器 3 中。随着蒸馏过程的进行,釜液中易挥发组分的含量不断降低,与之平衡的馏出液组成也随之下降,釜中液体的泡点则逐渐升高。当馏出液的平均组成或釜液组成降低至规定值后,即停止操作。在一批操作中,馏出液通常分段收集,而釜残液则一次排放。

二、简单蒸馏过程的计算

简单蒸馏为非定态过程,虽然在每瞬间产生的蒸气与液相可视为互成平衡,但气相的总组成不与剩余的釜液组成成平衡。因此,简单蒸馏的计算应进行微分衡算。

假设在某瞬间 τ,釜液量为 n_L(单位为 kmol),组成为 x,经微分时间 $d\tau$ 后,釜液量变

动画
简单蒸馏

为 $(n_L - dn_L)$，组成变为 $(x - dx)$，蒸出的气相量为 dn_D，组成为 y。在 $d\tau$ 时间内进行物料衡算，得

总物料衡算

$$-dn_L = dn_D$$

易挥发组分物料衡算

$$n_L x = (n_L - dn_L)(x - dx) + y dn_D$$

联立上两式，并略去二阶无穷小量 $dn_L dx$，得

$$\frac{dn_L}{n_L} = \frac{dx}{y - x}$$

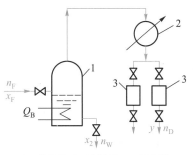

1—蒸馏釜；2—冷凝器；3—接收器

图 9-8 简单蒸馏装置

上式积分的上、下限分别为 $n_L = n_F$，$x = x_F$ 及 $n_L = n_W$，$x = x_2$。积分结果为

$$\ln \frac{n_F}{n_W} = \int_{x_2}^{x_F} \frac{dx}{y - x} \tag{9-21}$$

若气液相平衡关系可用式(9-10)表达，代入上式积分，得到

$$\ln \frac{n_F}{n_W} = \frac{1}{\alpha - 1}\left(\ln \frac{x_F}{x_2} + \alpha \ln \frac{1 - x_2}{1 - x_F}\right) \tag{9-22}$$

进行一批操作的物料衡算，便可得到馏出液的平均组成，即

$$n_D = n_F - n_W \tag{9-23}$$

$$\overline{y} = \frac{n_F x_F - n_W x_2}{n_F - n_W} = x_F + \frac{n_W}{n_D}(x_F - x_2) \tag{9-23a}$$

◆ 例 9-3 常压下将含易挥发组分 0.5(摩尔分数)的两组分混合液进行单级蒸馏分离。原料液处理量为 60 kmol，要求汽化率为 0.4，物系的平均相对挥发度为 2.2。试求 (1) 平衡蒸馏的气液两相组成；(2) 简单蒸馏的釜残液组成及馏出液的平均组成。

解：(1) 平衡蒸馏 由题给条件可知，液化率为

$$q = 1 - 0.4 = 0.6$$

物料衡算式为

$$y = \frac{q}{q - 1}x - \frac{x_F}{q - 1} = \frac{0.6}{0.6 - 1}x - \frac{0.5}{0.6 - 1} = 1.25 - 1.5x \tag{a}$$

相平衡方程为

$$y = \frac{\alpha x}{1 + (\alpha - 1)x} = \frac{2.2x}{1 + 1.2x} \tag{b}$$

联立式(a)及式(b)，得气液两相的平衡组成为

$$x = 0.422 \qquad y = 0.617$$

(2) 简单蒸馏 由题给条件可知，釜残液量为

$$n_W = q n_F = (0.6 \times 60) \text{ kmol} = 36 \text{ kmol}$$

由

$$\ln \frac{n_F}{n_W} = \frac{1}{\alpha - 1}\left(\ln \frac{x_F}{x_2} + \alpha \ln \frac{1 - x_2}{1 - x_F}\right)$$

即
$$\ln\frac{60}{36}=\frac{1}{2.2-1}\left(\ln\frac{0.5}{x_2}+2.2\ln\frac{1-x_2}{1-0.5}\right)$$

试差解得
$$x_2=0.402$$

则
$$\overline{y}=x_F+\frac{n_W}{n_D}(x_F-x_2)=0.5+\frac{36}{24}\times(0.5-0.402)=0.647$$

由上面计算结果可看出,在相同的汽化率条件下,简单蒸馏较平衡蒸馏可获得更好的分离效果,而平衡蒸馏的特点是连续操作。

9.4　精馏——多级蒸馏过程

演示文稿

课程思政

精馏是利用混合液中组分挥发度的差异,实现组分高纯度分离的多级蒸馏操作,即同时进行多次部分汽化和部分冷凝的过程。实现精馏操作的主体设备是精馏塔。

9.4.1　精馏原理

一、多次部分汽化和部分冷凝

精馏过程原理可用图9-9所示物系的$t-x-y$图来说明。将组成为x_F的混合液升

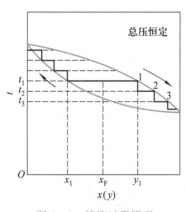

图9-9　精馏过程原理

温至泡点以上使其部分汽化,并将气液两相分开,两相的组成分别为y_1和x_1。由图看出,$y_1>x_F>x_1$。两相的量由杠杆规则确定。若将组成为x_1的液相继续进行部分汽化,则可得到组成为y_2'的气相和组成为x_2'的液相(图中未标出),如此将液体混合物进行多次部分汽化,在液相中可得到高纯度的难挥发组分产品。同时,将组成为y_1的气相进行多次部分冷凝,在气相中可获得高纯度的易挥发组分产品。

上述分别进行的液相部分汽化和气相部分冷凝过程,原理上可实现混合物高纯度的分离,但因过程中产生大量中间馏分而使所得产品量极少,收率极低。工业上的精馏过程是在精馏塔内将部分汽化过程和部分冷凝过程有机结合而进行操作的。现以板式塔为例,讨论塔内进行的精馏过程。

二、板式塔内进行的精馏过程

图9-10为连续操作的板式精馏塔操作流程示意图。原料液自塔中部的适当位置(加料口)加入塔内,塔顶冷凝器将上升的蒸气冷凝成液体,其中一部分作为塔顶产品(馏出液)采出,另一部分引入塔顶为"回流液",在塔板上建立液层。塔的底部装有再沸器(塔釜),加热液体产生蒸气回到塔底,再沿塔上升。加料口将精馏塔分成两段,上段为精馏段,加料口以下为提馏段。在精馏段的各层塔板上,气相与液相密切接触,在温度差和

组成差的存在下(传热、传质推动力),气相进行部分冷凝,使其中部分难挥发组分转入液相中;同时,气相冷凝时释放的潜热使液体部分汽化,部分易挥发组分转入气相中。经过每层塔板后,净的结果是气相中易挥发组分的含量增高,液相中难挥发组分增浓。只要精馏段有足够的塔板层数,在塔顶就可获得指定纯度的易挥发组分产品。同理,只要提馏段有足够的塔板层数,在塔底就可得到指定纯度的难挥发组分产品。

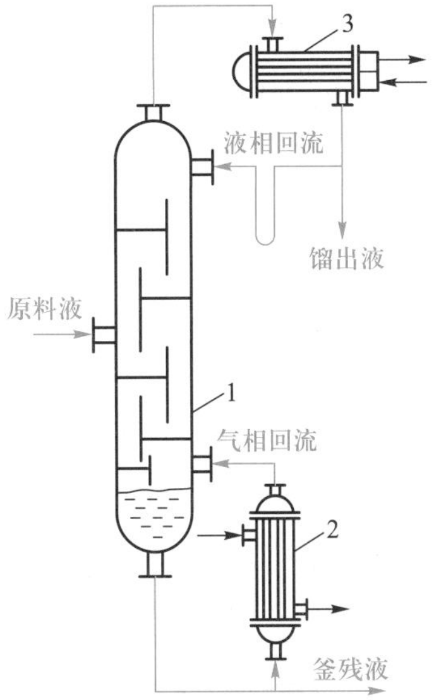

塔内的每层塔板为一个气液接触单元,若离开某层塔板的气相和液相在组成上达到平衡,则将这层塔板称为理论塔板。

从以上分析可知,为达到混合液的高纯度分离,除了精馏塔应具有足够层数塔板以外,还必须从塔顶引入"回流液"和从塔底产生上升蒸气流,以建立气液两相体系。因此,塔顶液相回流和塔底上升蒸气流是精馏过程连续进行的必要条件。

"回流"是精馏与普通蒸馏的本质区别。

图 9-10 示意图(精馏塔操作)

1—精馏塔;2—再沸器;3—冷凝器
图 9-10 连续操作的板式精馏塔操作流程示意图

9.4.2 精馏操作流程

精馏塔主体、塔顶冷凝器、塔底再沸器、回流泵及其他辅助设备安装组合,便构成了精馏操作流程。精馏过程有连续精馏和间歇精馏两种操作流程。

一、连续精馏操作流程

在 9.4.1 节中以连续操作的板式精馏塔为例分析了精馏原理,图 9-10 所示的流程即连续精馏操作流程。按惯例,加入原料液的那层塔板称为进料板。进料板以上的塔段,上升气相中的难挥发组分向液相转移,而易挥发组分的含量逐板增高,最终实现了上升气相中轻组分的精制,因而称为精馏段,塔顶产品称为馏出液。进料板以下的塔段(包括进料板)将下降液相中易挥发组分提出,从而提高塔顶易挥发组分的收率,同时获得高纯度的难挥发组分塔底产品,因而称为提馏段,从塔釜排出的液体称为塔底产品或釜残液。

二、间歇精馏操作流程

图 9-11 所示为间歇精馏操作流程。其与连续

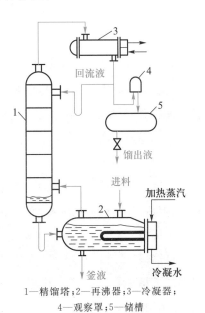

1—精馏塔;2—再沸器;3—冷凝器;
4—观察罩;5—储槽
图 9-11 间歇精馏操作流程

精馏的主要区别是：原料液一次加入塔釜中，因而间歇精馏塔只有精馏段而无提馏段；同时，随着操作进行，釜液组成不断变化，在塔底上升气量和塔顶回流液量恒定的条件下，馏出液的组成必随之下降。当釜液组成达到规定值后，即停止精馏操作，并排出釜残液。

应予指出，在实际生产中，有时在塔底安装蛇管代替再沸器，有时在塔顶用回流液泵提供回流。

演示文稿

9.5　两组分连续精馏过程的计算

精馏过程的计算包括设计型计算和操作型计算两类。本节重点讨论板式精馏塔的设计型计算。

两组分连续精馏塔的设计型计算，通常规定原料液的组成、流量及分离要求（产品组成及收率），需确定或计算的项目是：① 产品的流量及组成；② 操作压力和进料热状态；③ 精馏塔的理论板层数和适宜的进料口位置（包括确定适宜的回流比）；④ 塔板类型及主要工艺尺寸；⑤ 冷凝器、再沸器的热负荷及选型。

精馏过程计算的基本关系：物料衡算、相平衡关系、热量衡算和组成加和方程。由于精馏过程影响因素的复杂性，计算中需做一些简化假定。

9.5.1　理论板的概念和恒摩尔流假定

一、理论板的概念

所谓理论板应满足如下条件：离开这种板的气液两相组成互成平衡，温度相等；塔板上各处的液相组成均匀一致。其前提条件是气相和液相各自充分混合，组成均匀，塔板上不存在传热、传质阻力。理论板是对塔板上传质过程的简化，是作为衡量实际塔板分离效率的依据和标准。工程设计中，先求得理论板的层数，用板效率予以校正，便可求得实际塔板层数。引入理论板的概念，可用泡点方程和相平衡方程描述塔板上的传质过程，对精馏的分析和计算十分有用。

二、恒摩尔流假定

1. 恒摩尔气流

恒摩尔气流是指在精馏塔内，从精馏段或提馏段每层塔板上升的气相摩尔流量各自相等，但两段上升的气相摩尔流量不一定相等，即

精馏段　　　　　　　$V_1=V_2=V_3=\cdots=V=$ 常数

提馏段　　　　　　　$V_1'=V_2'=V_3'=\cdots=V'=$ 常数

式中的下标 $1,2,3,\cdots$ 表示塔板序号。

2. 恒摩尔液流

恒摩尔液流是指在精馏塔内，从精馏段或提馏段每层塔板下降的液相摩尔流量各自

相等,但两段下降的液相摩尔流量不一定相等,即

精馏段 $\qquad L_1 = L_2 = L_3 = \cdots = L = $ 常数

提馏段 $\qquad L_1' = L_2' = L_3' = \cdots = L' = $ 常数

在精馏塔内的塔板上,若有 n kmol 的蒸气冷凝,相应地有 n kmol 的液体汽化,恒摩尔流的假定才成立。这一简化假定成立的主要条件是混合物中各组分的摩尔汽化热相等,同时还应满足:① 气液接触时因温度不同交换的显热可忽略;② 塔身保温良好,可忽略热损失。

恒摩尔流虽然是一种简化假定,但有些物系却能基本上符合上述条件,以下介绍的精馏计算均是以恒摩尔流为前提的。

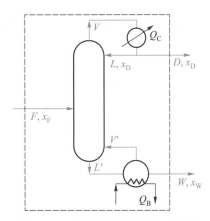

9.5.2　物料衡算与操作线方程

一、全塔物料衡算

通过全塔的物料衡算,可求得精馏塔各流股(包括原料液、馏出液及釜残液)之间流量、组成的定量关系。

以图 9 - 12 所示的连续精馏装置作物料衡算,并以单位时间为基准,可得

图 9 - 12　连续精馏装置的物料衡算

总物料衡算

$$F = D + W \qquad (9-24)$$

易挥发组分物料衡算

$$Fx_F = Dx_D + Wx_W \qquad (9-25)$$

式中　　F、D、W——分别为原料液、馏出液、釜残液的流量,kmol/h 或 kmol/s;

$\quad x_F$、x_D、x_W——分别为原料液、馏出液、釜残液中易挥发组分的摩尔分数。

联立式(9-24)及式(9-25),可求出馏出液的采出率,即

$$\frac{D}{F} = \frac{x_F - x_W}{x_D - x_W} \qquad (9-26)$$

塔顶易挥发组分的回收率为

$$\eta_A = \frac{Dx_D}{Fx_F} \times 100\% \qquad (9-27)$$

塔底难挥发组分的回收率为

$$\eta_B = \frac{W(1-x_W)}{F(1-x_F)} \times 100\% \qquad (9-27a)$$

需要指出,在给定原料液流量和组成条件下,规定分离要求时,应满足全塔总物料衡算的约束条件,即 $Dx_D \leqslant Fx_F$ 或 $D/F \leqslant x_F/x_D$。

◆ 例 9-4　在连续精馏塔中分离苯-甲苯混合液,原料液的处理量为 15000 kg/h,其中苯的质量分数为0.46,要求馏出液中苯的回收率为 98%,釜残液中甲苯的回收率不低于 97%。试求(1) 馏出液和釜残液的流量(摩尔流量)和组成(摩尔分数);(2) 欲获得馏出液流量为 92 kmol/h,而保持馏出液组成不变,是否可能?

解: (1) 两股产品的流量和组成　苯和甲苯的摩尔质量分别为 78 kg/kmol 和 92 kg/kmol,进料组成为

$$x_F = \frac{0.46/78}{0.46/78 + 0.54/92} = 0.5012$$

进料的平均摩尔质量为

$$M_F = M_A x_F + M_B(1-x_F) = [78 \times 0.5012 + 92 \times (1-0.5012)] \text{ kg/kmol}$$
$$= 84.98 \text{ kg/kmol}$$

则

$$F = \left(\frac{15000}{84.98}\right) \text{kmol/h} = 176.5 \text{ kmol/h}$$

由题意知

$$Dx_D = 0.98 Fx_F = (0.98 \times 176.5 \times 0.5012) \text{kmol/h} = 86.69 \text{ kmol/h} \tag{a}$$

$$W(1-x_W) = 0.97F(1-x_F) = [0.97 \times 176.5 \times (1-0.5012)] \text{kmol/h}$$
$$= 85.40 \text{ kmol/h} \tag{b}$$

又由全塔物料衡算得

$$D+W = F = 176.5 \text{ kmol/h} \tag{c}$$

及

$$Dx_D + Wx_W = Fx_F = (176.5 \times 0.5012) \text{kmol/h} = 88.46 \text{ kmol/h} \tag{d}$$

联立式(a)~式(d),得到

$$D = 89.33 \text{ kmol/h} \qquad W = 87.17 \text{ kmol/h}$$
$$x_D = 0.9704 \qquad x_W = 0.0203$$

(2) 欲获得馏出液流量 92 kmol/h 的分析　欲保持 $x_D = 0.9704$ 而获得馏出液流量 92 kmol/h 是不可能的,这是由于

$$D'x_D = (92 \times 0.9704) \text{kmol/h} = 89.28 \text{ kmol/h} > Fx_F = 88.46 \text{ kmol/h}$$

获得馏出液流量 92 kmol/h 时的最高组成为

$$x_D' = \frac{Fx_F}{D'} = \frac{176.5 \times 0.5012}{92} = 0.9615$$

由本例题可知,产品的流量和组成受全塔总物料平衡的限制。

二、操作线方程

在精馏塔中,由任意层(n 层)塔板下降的液相组成 x_n 与由其相邻下一层塔板($n+1$ 层)上升的气相组成 y_{n+1} 之间的关系称为操作关系。表述它们之间关系的方程称为操作线方程。因原料液从精馏塔的中部加入,致使精馏段和提馏段有不同的操作关系。操作

线方程可通过各段的物料衡算求得。

1. 精馏段操作线方程

对图 9-13 中虚线范围（包括精馏段的第
$n+1$ 层塔板以上塔段及冷凝器）进行物料衡算，
以单位时间为基准，可得

总物料衡算

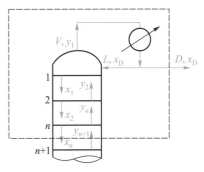

图 9-13　精馏段的物料衡算

$$V = L + D \qquad (9-28)$$

易挥发组分物料衡算

$$V y_{n+1} = L x_n + D x_D \qquad (9-28a)$$

式中　　x_n——精馏段中第 n 层塔板下降液相中易挥发组分的摩尔分数；

y_{n+1}——精馏段中第 $n+1$ 层塔板上升气相中易挥发组分的摩尔分数。

联立式(9-28)与式(9-28a)，并整理得

$$y_{n+1} = \frac{L}{V} x_n + \frac{D}{V} x_D \qquad (9-29)$$

或

$$y_{n+1} = \frac{L}{L+D} x_n + \frac{D}{L+D} x_D \qquad (9-29a)$$

令 $R = \dfrac{L}{D}$ 并代入式(9-29a)得

$$y_{n+1} = \frac{R}{R+1} x_n + \frac{x_D}{R+1} \qquad (9-30)$$

式中 R 称为回流比。

根据恒摩尔流假定，L 为定值，对于定态操作，D 及 x_D 也为定值，故 R 为常量，其值
一般由设计者选定。

式(9-29)[或式(9-29a)]与式(9-30)均称为精馏段操作线方程。该式在 $y-x$ 图
上为直线，其斜率为 $R/(R+1)$，截距为 $x_D/(R+1)$。

◆ 例 9-5　在一连续精馏塔的精馏段中，进入第 n 层理论板的气相组成 $y_{n+1} =$
0.75，从该板流出的液相组成 $x_n = 0.66$。操作气液比为 1.4，物系的平均相对挥发度为
2.47。试求(1) 操作回流比 R 及塔顶馏出液组成 x_D;(2) 离开第 n 层理论板的气相组
成 y_n。

解：(1) 操作回流比 R 及塔顶馏出液组成 x_D　在精馏段，操作气液比即 $(R+1)/$
R，由题给数据知

$$\frac{R+1}{R} = 1.4$$

解得
$$R = 2.5$$

精馏段操作线方程为

$$y_{n+1}=\frac{R}{R+1}x_n+\frac{x_D}{R+1}=0.7143\,x_n+0.2857\,x_D$$

将 $y_{n+1}=0.75$，$x_n=0.66$ 代入上式，解得

$$x_D=0.975$$

（2）离开第 n 层理论板的气相组成 y_n　根据理论板的概念，y_n 与 x_n 成平衡，于是

$$y_n=\frac{\alpha x_n}{1+(\alpha-1)x_n}=\frac{2.47\times0.66}{1+1.47\times0.66}=0.8274$$

本例题旨在熟悉精馏段操作线方程及气液相平衡方程的应用。

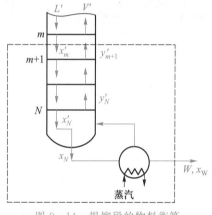

图 9-14　提馏段的物料衡算

2. 提馏段操作线方程

对图 9-14 中虚线范围（包括提馏段第 m 层塔板以下塔段及再沸器）进行物料衡算，以单位时间为基准，可得

总物料衡算

$$L'=V'+W \qquad (9-31)$$

易挥发组分物料衡算

$$L'x_m'=V'y_{m+1}'+Wx_W \qquad (9-32)$$

式中　　x_m'——提馏段第 m 层塔板下降液相中易挥发组分的摩尔分数；

y_{m+1}'——提馏段第 $m+1$ 层塔板上升气相中易挥发组分的摩尔分数。

联立式（9-31）与式（9-32），并整理得

$$y_{m+1}'=\frac{L'}{V'}x_m'-\frac{W}{V'}x_W \qquad (9-33)$$

或

$$y_{m+1}'=\frac{L'}{L'-W}x_m'-\frac{W}{L'-W}x_W \qquad (9-33a)$$

式（9-33）或式（9-33a）称为提馏段操作线方程。根据恒摩尔流假定和定态操作，式中的 L'、V'、W 及 x_W 均为定值，因而式（9-33）或式（9-33a）在 y-x 图上为直线，其斜率为 $L'/(L'-W)$，截距为 $-Wx_W/(L'-W)$。

精馏塔的进料热状况对提馏段的 L' 及 V' 有影响，进而影响提馏段操作线方程。

三、进料热状况对提馏段操作线方程的影响

1. 进料板的物料衡算及热量衡算

为便于分析进料的流量及其热状况对于精馏操作的影响，先对图 9-15 所示的进料板进行物料衡算及热量衡算，以单位时间为基准，则

物料衡算

$$F+V'+L=V+L' \qquad (9-34)$$

热量衡算

$$FH_F+V'H_{V'}+LH_L=VH_V+L'H_{L'} \qquad (9-35)$$

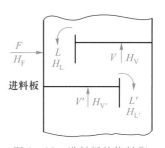

图 9-15　进料板的物料衡算及热量衡算

式中　H_F——原料液的焓,kJ/kmol;

　　H_V、$H_{V'}$——分别为进料板上、下处饱和蒸气的焓,kJ/kmol;

　　H_L、$H_{L'}$——分别为进料板上、下处饱和液体的焓,kJ/kmol。

根据恒摩尔流假定,如下关系成立,即

$$H_V=H_{V'} \qquad 及 \qquad H_L=H_{L'}$$

于是,式(9-35)可改写为

$$(V-V')H_V=FH_F-(L'-L)H_L$$

将式(9-34)代入上式,可得

$$\frac{H_V-H_F}{H_V-H_L}=\frac{L'-L}{F} \qquad (9-36)$$

令　　　$$q=\frac{H_V-H_F}{H_V-H_L}=\frac{将 1 \ mol 进料变为饱和蒸气所需热量}{原料液的摩尔汽化热} \qquad (9-37)$$

q 称为进料热状况参数,式(9-37)为其定义式,由该式可计算各种进料的热状况参数 q 值,并分析对提馏段操作状况的影响。

由式(9-36)可得

$$L'=L+qF \qquad (9-38)$$

将式(9-34)代入式(9-38),并整理得

$$V'=V-(1-q)F \qquad (9-39)$$

或　　　$$V'=L'-W=L+qF-W \qquad (9-39a)$$

将式(9-39a)代入式(9-33a),则提馏段操作线方程可写为

$$y'_{m+1}=\frac{L+qF}{L+qF-W}x'_m-\frac{W}{L+qF-W}x_W \qquad (9-40)$$

2. 进料热状况

根据 q 值大小将进料分为五种情况。

(1) $q>1$,冷液进料　原料液的温度低于泡点,入塔后由提馏段上升的蒸气有部分冷凝,放出的潜热将原料液加热至泡点。此种情况下,提馏段下降的液相由三部分组成,即精馏段下降液体 L、原料液 F 及进料板冷凝液。由于进料板蒸气的部分冷凝,致使有如下关系:

$$L'>L+F \qquad 及 \qquad V'>V$$

(2) $q=1$,泡点进料　此种情况下有如下关系:

$$L'=L+F \qquad 及 \qquad V'=V$$

（3）$0<q<1$，气液混合物进料   进料中的气相部分与提馏段上升蒸气合并进入精馏段，液相部分作为提馏段下降液相的一部分。此种情况下有如下关系：

$$L<L'<L+F \qquad 及 \qquad V'<V$$

（4）$q=0$，露点进料   此种情况下有如下关系：

$$L'=L \qquad 及 \qquad V=V'+F$$

（5）$q<0$，过热蒸气进料   过热蒸气进塔后首先放出显热而变为饱和蒸气，而此显热将使进料板上液体部分汽化，进入精馏段的气相由 V'、F 及部分汽化的气体三部分组成，此种情况下有如下关系：

$$L'<L \qquad 及 \qquad V>V'+F$$

实际生产中，以接近于泡点的冷液进料和泡点进料居多。

五种进料热状况对进料板上、下各流股的影响示于图 9-16 中。

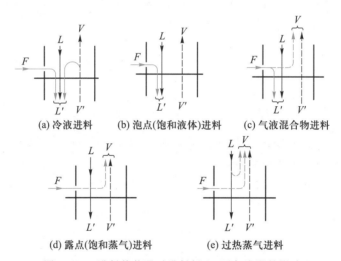

(a) 冷液进料   (b) 泡点(饱和液体)进料   (c) 气液混合物进料

(d) 露点(饱和蒸气)进料   (e) 过热蒸气进料

图 9-16   进料热状况对进料板上、下各流股的影响

从以上的分析可看出，式(9-38)从另一个方面说明了 q 值的意义，即以 1 kmol/h 进料为基准，q 值即提馏段中液相流量较精馏段中液相流量的增大值。对于泡点进料及气液混合物进料而言，q 值即表示进料中的液相分数。

◆ 例9-6   在常压连续精馏塔中分离苯-甲苯混合液，原料液的流量为100 kmol/h，其组成为 0.4(苯的摩尔分数，下同)，馏出液组成为 0.97，釜残液组成为 0.04，操作回流比为 2.5。试分别求以下三种进料热状况下的精馏段操作线方程和提馏段操作线方程。

（1）20 ℃下冷液进料；

（2）饱和液体进料；

（3）饱和蒸气进料。

假设操作条件下物系的平均相对挥发度为 2.47。原料液的泡点为 94 ℃，原料液的平均比热容为1.85 kJ/(kg·℃)，原料液的汽化热为 354 kJ/kg。

解：精馏段操作线方程由操作回流比 R 及馏出液组成 x_D 所决定，而不受加料热状况所影响。三种进料热状况下的精馏段操作线方程均相同，即

$$y_{n+1}=\frac{R}{R+1}x_n+\frac{x_D}{R+1}=\frac{2.5}{3.5}x_n+\frac{0.97}{3.5}=0.7143x_n+0.2771$$

提馏段操作线方程受进料热状况所影响，需分别计算。

由全塔物料衡算求馏出液和釜残液的流量，即

$$D=F\frac{x_F-x_W}{x_D-x_W}=\left(100\times\frac{0.4-0.04}{0.97-0.04}\right)\text{kmol/h}=38.71\text{ kmol/h}$$

$$W=F-D=(100-38.71)\text{ kmol/h}=61.29\text{ kmol/h}$$

则

$$L=RD=(2.5\times38.71)\text{kmol/h}=96.78\text{ kmol/h}$$

$$V=(R+1)D=(3.5\times38.71)\text{kmol/h}=135.5\text{ kmol/h}$$

(1) 20 ℃冷液进料 根据 q 的定义，20 ℃冷液进料时

$$q=\frac{r+c_p(t_b-t_F)}{r}=\frac{354+1.85\times(94-20)}{354}=1.387$$

则

$$L'=L+qF=(96.78+1.387\times100)\text{ kmol/h}=235.5\text{ kmol/h}$$

$$V'=L'-W=(235.5-61.29)\text{ kmol/h}=174.2\text{ kmol/h}$$

$$y'_{m+1}=\frac{L'}{V'}x'_m-\frac{W}{V'}x_W=\frac{235.5}{174.2}x'_m-\frac{61.29}{174.2}\times0.04=1.352x'_m-0.014$$

(2) 饱和液体进料($q=1$)

$$L'=L+F=(96.78+100)\text{ kmol/h}=196.8\text{ kmol/h}$$

$$V'=V=135.5\text{ kmol/h}$$

则

$$y'_{m+1}=\frac{196.8}{135.5}x'_m-\frac{61.29}{135.5}\times0.04=1.452x'_m-0.018$$

(3) 饱和蒸气进料($q=0$)

$$L'=L=96.78\text{ kmol/h}$$

$$V'=V-F=(135.5-100)\text{ kmol/h}=35.5\text{ kmol/h}$$

则

$$y'_{m+1}=\frac{96.78}{35.5}x'_m-\frac{61.29}{35.5}\times0.04=2.726x'_m-0.069$$

由上面计算结果可看出如下规律：

(1) 精馏段操作线方程的斜率小于或等于1，截距为正；提馏段操作线方程的斜率等于或大于1，截距为负。

(2) 进料的热状况明显影响着提馏段操作线方程，随着 q 值加大，提馏段操作线方程的斜率和截距的绝对值变小。

演示文稿

9.5.3　理论板层数的计算

理论板层数的计算是精馏塔设计型计算的主要内容,通过塔板效率便可确定塔的有效高度。计算理论板层数的基本步骤是:规定分离要求(如 D、x_D 或 η_A),确定操作条件(如操作压力 $p_总$、进料热状况 q 及回流比 R),利用相平衡关系和操作关系计算所需理论板层数。工程上,确定理论板层数可采取逐板计算法、图解法和简捷法。在此先介绍前两种方法。

一、逐板计算法

逐板计算法是求解理论板层数的基本方法,概念清晰、结果准确,可同时确定各层塔板上的平衡温度与气液两相组成。利用计算机逐板计算快捷明了。

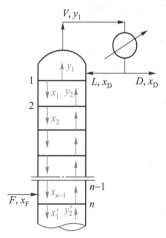

图 9-17　逐板计算法示意图

下面以图 9-17 所示的精馏塔为例,讨论逐板计算法的步骤。由于塔顶为全凝器,从塔顶最上一层塔板(序号为 1)上升的蒸气全部冷凝成饱和温度下的液体,故馏出液和回流液的组成均为离开第一层理论板的气相组成 y_1,即

$$y_1 = x_D$$

根据理论板的概念,自第一层塔板下降的液相组成 x_1 与 y_1 互成平衡,则

$$x_1 = \frac{y_1}{y_1 + \alpha(1-y_1)}$$

从第二层理论板上升的气相组成 y_2 与 x_1 符合精馏段操作关系,由 x_1 可求得 y_2,即

$$y_2 = \frac{R}{R+1}x_1 + \frac{x_D}{R+1}$$

同理,y_2 与 x_2 为相平衡关系,由 y_2 通过相平衡方程求 x_2,再利用精馏段操作线方程由 x_2 求 y_3,如此交替地利用相平衡方程及精馏段操作线方程进行逐板计算,直至求得的 $x_n \leqslant x_F$ 时,则第 n 层理论板为进料板。按惯例,进料板属于提馏段,因此,精馏段所需理论板层数即为 $(n-1)$。应予注意,对于其他进料热状况,应计算至 $x_n \leqslant x_q$ 为止(x_q 为两操作线交点在 x 轴上的坐标值)。

从进料板开始,改用提馏段操作线方程由 x_1'(即精馏段求得的 x_n)求 y_2',再根据相平衡方程由 y_2' 求 x_2',如此逐板计算,直至计算到 $x_m' \leqslant x_W$ 为止。对于间接蒸汽加热,再沸器内气液两相可视为平衡,再沸器相当于一层理论板,故提馏段所需理论板层数为 $(m-1)$。

在计算过程中,每使用一次相平衡关系,即对应一层理论板。

二、图解法

图解法又称麦凯布-蒂勒法(McCabe-Thiele method),简称 M-T 法。图解法以逐板计算法的基本原理为基础,在 y-x 图上,利用相平衡曲线和操作线代替相平衡方程和操作线方程,用简便的画阶梯方法求解理论板层数。图解法简明清晰,便于分析影响因素,因而在两组分精馏计算中得到广泛应用,但该法准确性较差。

图解法的具体步骤如下:

(1) 在 y-x 坐标上作出相平衡曲线与对角线;

(2) 在 y-x 图上作出操作线。

精馏段操作线方程和提馏段操作线方程在 y-x 图上均为直线。实际作图时,先找出两操作线与对角线的交点,然后根据已知条件求出操作线方程的截距或两操作线的交点,再分别作出两操作线。

1. 精馏段操作线的作法

若略去精馏段操作线方程中变量的下标$(n+1)$与 n,则该式变为

$$y=\frac{R}{R+1}x+\frac{x_{\mathrm{D}}}{R+1}$$

上式与对角线方程 $y=x$ 联立求解,可求出精馏段操作线与对角线交点的坐标为 $x=x_{\mathrm{D}}$

及 $y=x_{\mathrm{D}}$,如图 9-18 中的点 a 所示。精馏段操作线在 y 轴上的截距为 $x_{\mathrm{D}}/(R+1)$,如图 9-18 中的点 b 所示。连接 a、b 两点的直线即为精馏段操作线。

2. 提馏段操作线的作法

略去提馏段操作线方程中变量的上、下标,式(9-40)变为

$$y=\frac{L+qF}{L+qF-W}x-\frac{W}{L+qF-W}x_{\mathrm{W}}$$

上式与对角线方程 $y=x$ 联立求解,可求出提馏

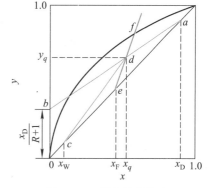

图 9-18 操作线的作法

段操作线与对角线交点的坐标为 $x=x_{\mathrm{W}}$ 及 $y=x_{\mathrm{W}}$,如图 9-18 中的点 c 所示。

在两操作线的交点处,精馏段操作线方程和提馏段操作线方程中的变量相同,故可略去有关变量的上、下标,由式(9-28a)和式(9-32)分别得到

$$Vy=Lx+Dx_{\mathrm{D}} \qquad 及 \qquad Vy=Lx-Wx_{\mathrm{W}}$$

将式(9-25)、式(9-38)及式(9-39)代入并整理,得

$$y=\frac{q}{q-1}x-\frac{x_{\mathrm{F}}}{q-1} \tag{9-41}$$

式(9-41)即代表两操作线交点轨迹的方程,又称 q 线方程或进料方程,该式也是直线方程。式(9-41)与对角线方程 $y=x$ 联立,解得交点坐标为 $x=x_{\mathrm{F}}$,$y=x_{\mathrm{F}}$,如图 9-18 中的点 e 所示。过点 e 作斜率为 $q/(q-1)$ 的直线与精馏段操作线交于点 d,连接 c、d 两点即得提馏段操作线。

3. 进料热状况对 q 线及操作线的影响

进料热状况参数 q 值不同，q 线斜率也就不同，q 线与精馏段操作线的交点随之而变，从而对提馏段操作线产生影响。当 x_F、x_D、x_W 及 R 一定时，五种不同进料热状况对 q 线及操作线的影响示于图 9-19 中。

4. 梯级图解法确定理论板层数

理论板层数的图解方法如图 9-20 所示。自对角线上的点 a 开始作水平线，与相平衡曲线交于点 1，该点即代表离开第一层理论板的气液相平衡组成 (x_1,y_1)，由此可确定 x_1。由点 1 作铅垂线与精馏段操作线的交点 $1'$ 可确定 y_2。再由点 $1'$ 作水平线，与相平衡曲线交于点 2 (y_2,x_2)，由此可定出点 x_2。如此，重复在相平衡曲线与精馏段操作线之间作阶梯。当阶梯跨过两操作线的交点 d 时，改在提馏段操作线与相平衡曲线之间作阶梯，直至阶梯的垂线达到或跨过点 $c(x_W,x_W)$ 为止。相平衡曲线上每个阶梯的顶点即代表一层理论板。跨过点 d 的阶梯为进料板，最后一个阶梯代表再沸器。总理论板层数为阶梯数减 1。图 9-20 中的图解结果为 7 个阶梯，除去再沸器，所需理论板层数为 6，第 4 层板为进料板。

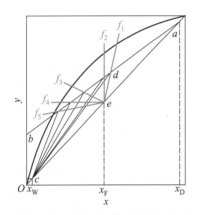

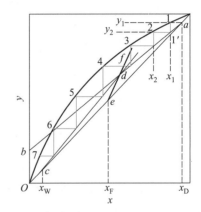

图 9-19　五种不同进料热状况对
q 线及操作线的影响

图 9-20　理论板层数的图解法

从点 c 开始在相平衡曲线与操作线之间作阶梯，将得到基本一致的结果。

三、理论板层数计算的讨论

(1) 适宜的进料位置。适宜的进料位置对应于两操作线的交点所在的阶梯。如果实际进料位置下移（阶梯已跨过两操作线交点 d，仍在相平衡曲线与精馏段操作线之间绘阶梯）或上移（未跨过点 d 而提前更换为提馏段操作线），均导致所绘阶梯数（即理论板层数）增加，如图 9-21 所示。

对于已有的精馏装置，适宜的进料位置能获得最佳分离效果。进料位置不当，将会使 x_D 和 x_W 均不能达到预定的组成。

(2) 有的精馏塔，在塔顶安装分凝器与全凝器，分凝器向塔顶提供泡点回流液，从全凝器获得合格塔顶产品。离开分凝器的气液两相组成互成平衡，即分凝器起到一层理论

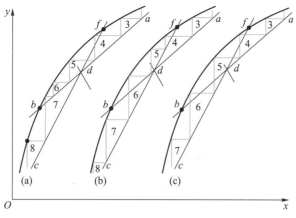

图 9-21 适宜的进料位置

板的作用,精馏段的理论板层数应为阶梯数减 1。

(3) 塔釜直接蒸汽加热,此时再沸器不能当作一层理论板看待。

(4) 上述求算理论板层数的方法都是以塔内恒摩尔流为前提的。对偏离这个条件较远的物系,需采用其他方法求解理论板层数。

(5) 对于指定的物系,影响理论板层数的直接因素有 α、x_F、q、R、x_D 及 x_W,而与进料量 F 的大小无关。

◆ 例 9-7 在常压连续精馏塔中分离苯-甲苯混合液,原料液流量为 100 kmol/h,组成为 0.44(苯的摩尔分数,下同),馏出液组成为 0.975,釜残液组成为 0.0235。操作回流比为 3.5,采用全凝器,泡点回流。物系的平均相对挥发度为 2.47。试分别求泡点进料和露点进料时的理论板层数和进料位置。

解: 依题给物系的相对挥发度 α,假设一系列 x 值,用相平衡方程计算对应的 y 值,如本例附表所示。

例 9-7 附表

x	0	0.05	0.10	0.20	0.30	0.40	0.50	0.60	0.70	0.80	0.90	1.0
$y = \dfrac{2.47x}{1+1.47x}$	0	0.115	0.215	0.382	0.514	0.622	0.712	0.787	0.852	0.908	0.957	1.0

在 y-x 坐标图上绘出相平衡曲线与对角线,如本例附图所示。

(1) 泡点进料 由 $x_D = 0.975$ 及 $x_W = 0.0235$ 在本例附图(a)中的对角线上分别定出点 a 及点 c。精馏段操作线的截距为

$$\frac{x_D}{R+1} = \frac{0.975}{3.5+1} = 0.217$$

在 y 轴上确定点 b,连接点 a 和点 b 即得精馏段操作线 ab。

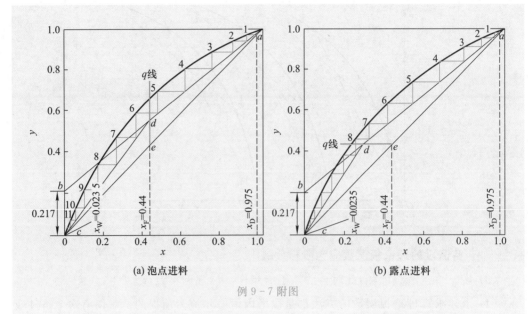

(a) 泡点进料　　　　　　　　(b) 露点进料

例 9 - 7 附图

因泡点进料, q 线为通过 $x_F=0.44$ 的垂直线 ed, 点 d 即为两操作线的交点。连接点 c 与点 d, 即得提馏段操作线 cd。按一般作图法从点 a 开始画阶梯, 图解得理论板层数为 11(不包括再沸器), 从第 6 层理论板进料。

(2) **露点进料**　图解的方法步骤与泡点进料完全相同, 不同之处在于露点进料时, q 线为通过 $x_F=0.44$ 的水平线 ed, 如本例附图(b)所示。图解结果为: 所需理论板层数为 14(不包括再沸器), 从第 8 层理论板进料。

由上面计算结果看出, q 值由大变小, 提馏段操作线的斜率变大, 使得两操作线靠近相平衡曲线, 传质推动力减小, 所需理论板层数增加。同时, 随 q 值减小, 进料口位置下移。

9.5.4　回流比的影响及选择

演示文稿

前已述及,"回流"是保证精馏塔连续操作的必要条件之一, 回流比是影响精馏分离装置投资费用和操作费用的重要因素, 同时, 显著影响现有设备分离效果。对于一定的物系和分离任务(F、x_F、q、x_D、D)而言, 选择适宜的回流比至关重要。

回流比有全回流及最小回流比两个极限, 操作回流比介于两极限之间。

一、全回流和最少理论板层数

上升至塔顶的气相冷凝后全部回到塔内的操作方式称为全回流。这种操作方式具有如下特点:

(1) 塔顶馏出液的流量为零, 一般既不向塔内进料, 也不从塔底排放釜液。

(2) 全塔没有精馏段和提馏段之分, 两段的操作线方程合二为一, 即

$$y_{n+1}=x_n \tag{9-42}$$

在 y-x 图上,操作线与对角线重合。

(3) 操作线与相平衡曲线的距离最远,传质推动力最大,达到指定分离程度所需的理论板层数为最少,以 $N_{\min}$ 表示。$N_{\min}$ 可通过在 y-x 图上的相平衡曲线与对角线之间绘阶梯图解,也可用相平衡方程与对角线方程逐板计算得到,或从逐板计算法推得的芬斯克(Fenske)方程求得。

全回流时,气液相平衡方程可表示为

$$\left(\frac{y_A}{y_B}\right)_n = \alpha_n \left(\frac{x_A}{x_B}\right)_n$$

操作线方程用式(9-42)表示,即

$$y_{n+1} = x_n$$

对于塔顶全凝器,则有

$$y_1 = x_D \qquad \text{或} \qquad \left(\frac{y_A}{y_B}\right)_1 = \left(\frac{x_A}{x_{B^*}}\right)_D$$

第 1 层理论板的气液相平衡关系为

$$\left(\frac{y_A}{y_B}\right)_1 = \alpha_1 \left(\frac{x_A}{x_B}\right)_1 = \left(\frac{x_A}{x_B}\right)_D$$

第 1 层与第 2 层理论板之间的操作关系为

$$\left(\frac{y_A}{y_B}\right)_2 = \left(\frac{x_A}{x_B}\right)_1$$

所以

$$\left(\frac{x_A}{x_B}\right)_D = \alpha_1 \left(\frac{y_A}{y_B}\right)_2$$

同理,第 2 层理论板的气液相平衡关系为

$$\left(\frac{y_A}{y_B}\right)_2 = \alpha_2 \left(\frac{x_A}{x_B}\right)_2$$

则

$$\left(\frac{x_A}{x_B}\right)_D = \alpha_1 \alpha_2 \left(\frac{x_A}{x_B}\right)_2$$

重复上述的计算过程,直至塔釜(塔釜视作第 $N+1$ 层理论板)为止,可得

$$\left(\frac{x_A}{x_B}\right)_D = \alpha_1 \alpha_2 \cdots \alpha_{N+1} \left(\frac{x_A}{x_B}\right)_W$$

若令 $\alpha_m = \sqrt[N+1]{\alpha_1 \alpha_2 \cdots \alpha_{N+1}}$,则上式可写作

$$\left(\frac{x_A}{x_B}\right)_D = \alpha_m^{N+1} \left(\frac{x_A}{x_B}\right)_W$$

对于全回流操作,以 $N_{\min}$ 代替上式中的 N,等式两边取对数,经整理得

$$N_{\min} = \frac{1}{\ln \alpha_m} \ln \left[\left(\frac{x_A}{x_B}\right)_D \left(\frac{x_B}{x_A}\right)_W\right] - 1 \tag{9-43}$$

对两组分物系,可略去式(9-43)中的下标 A、B 而写为

$$N_{\min}=\frac{1}{\ln\alpha_{\mathrm{m}}}\ln\left[\left(\frac{x_{\mathrm{D}}}{1-x_{\mathrm{D}}}\right)\left(\frac{1-x_{\mathrm{W}}}{x_{\mathrm{W}}}\right)\right]-1 \qquad (9-43\mathrm{a})$$

式中　　　$N_{\min}$——全回流时的最少理论板层数(不含再沸器);

α_{m}——全塔平均相对挥发度,当 α 变化不大时,可取塔顶的 α_{D} 和塔釜的 α_{W} 的几何平均值。

式(9-43)及式(9-43a)称为芬斯克(Fenske)方程,用以计算全回流下的 $N_{\min}$。其适用条件是:α 取全塔范围的平均值,塔顶全凝器,塔釜间接蒸汽加热。若将式(9-43a)中的 x_{W} 换为 x_{F},α 取精馏段的平均值,则可用该式计算精馏段的最少理论板层数。

应予指出,全回流操作时,装置的生产能力为零,对正常生产并无实际意义。但在精馏的开工阶段或实验研究时,采用全回流操作可缩短稳定时间且便于操作控制。

二、最小回流比和无穷多层理论板

对于一定的分离任务,若减小操作回流比,则精馏段操作线方程的斜率变小,截距变大,两段操作线向相平衡曲线靠近,气液两相间的传质推动力减小,达到指定分离程度所需的理论板层数增多。当回流比减小到某一数值时,两操作线的交点 d 落到相平衡曲线上,如图 9-22(a)所示。此情况下,若在相平衡曲线和操作线之间绘阶梯,将需要无穷多层阶梯才能到达点 d。相应的回流比即为最小回流比,以 $R_{\min}$ 表示。在点 d 附近(通常在进料板上下区域),各层塔板的气液两相组成基本上不发生变化,即没有增浓作用,故点 d 称为夹紧点,这个区域称为夹紧区或恒浓区。当回流比较 $R_{\min}$ 还要低时,两操作线的交点 d' 将落在相平衡曲线之外,精馏操作无法达到指定的分离程度。

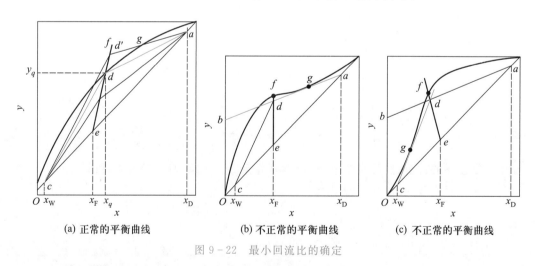

(a) 正常的平衡曲线　　　(b) 不正常的平衡曲线　　　(c) 不正常的平衡曲线

图 9-22　最小回流比的确定

最小回流比有作图法和解析法两种计算方法。

1. 作图法

根据相平衡曲线形状的不同,作图方法有所不同。

对于正常的相平衡曲线[如图 9-22(a)所示],精馏段操作线方程的斜率为

$$\frac{R_{\min}}{R_{\min}+1}=\frac{x_{\mathrm{D}}-y_q}{x_{\mathrm{D}}-x_q} \tag{9-44}$$

经整理,得

$$R_{\min}=\frac{x_{\mathrm{D}}-y_q}{y_q-x_q} \tag{9-45}$$

式中 x_q、y_q——q 线与相平衡曲线交点的横、纵坐标,由图读取。

对于图 9-22(b)、(c)所示的不正常的相平衡曲线,夹紧点可能在两操作线与相平衡曲线的交点前出现,如图 9-22(b)的夹紧点 g 先出现在精馏段操作线与相平衡曲线相切的位置,而图 9-22(c)的夹紧点 g 先出现在提馏段操作线与相平衡曲线相切的位置。这两种情况都应根据精馏段操作线的斜率求得 $R_{\min}$。

2. 解析法

对于相对挥发度 α 可视作常数的物系,y_q 与 x_q 符合相平衡方程表达的关系,并直接用式(9-45)计算 $R_{\min}$。

对于某些进料热状况,可直接推导出 $R_{\min}$ 的计算式。

泡点进料时,$x_q=x_{\mathrm{F}}$,则有

$$R_{\min}=\frac{1}{\alpha-1}\left[\frac{x_{\mathrm{D}}}{x_{\mathrm{F}}}-\frac{\alpha(1-x_{\mathrm{D}})}{1-x_{\mathrm{F}}}\right] \tag{9-46}$$

露点进料时,$y_q=y_{\mathrm{F}}$,则有

$$R_{\min}=\frac{1}{\alpha-1}\left(\frac{\alpha x_{\mathrm{D}}}{y_{\mathrm{F}}}-\frac{1-x_{\mathrm{D}}}{1-y_{\mathrm{F}}}\right)-1 \tag{9-47}$$

式中 y_{F}——露点进料中易挥发组分的摩尔分数。

应予指出,对于现有精馏装置来说,塔板数固定,不同回流比下操作将达到不同的分离程度,此时就不存在 $R_{\min}$ 的问题了。

三、适宜回流比的选择

操作费用和设备费用之和为最低时的回流比称为适宜回流比或最佳回流比,需通过经济衡算来确定。

精馏过程的操作费用主要取决于再沸器中加热介质消耗量、冷凝器中冷却介质消耗量及动力消耗等产生的费用。当 F、q、D 一定时,这些消耗随回流比而变。

$$V=(R+1)D \qquad 及 \qquad V'=(R+1)D+(q-1)F$$

显然,R 加大时,加热介质及冷却介质的用量均随之增加,即操作费用增加。操作费用和回流比的关系如图 9-23 中的曲线 1 所示。

设备费用主要指精馏塔、再沸器、冷凝器及其他辅助设备的购置费用。当设备类型及材质选定后,此项费用主要取决于设备尺寸。当 $R=R_{\min}$ 时,对应无穷多层理论板,故设备费用为无穷大。加大回流比,起初显著降低所需的塔板层数,设备费明显下降。回流比进一步增大,塔板层数下降得就非常缓慢了,如图 9-24 所示。与此同时,塔内上升

气量加大,致使塔径、塔板面积、再沸器、冷凝器等的尺寸相应加大,设备费用随之增加,如图9-23中的曲线2所示。

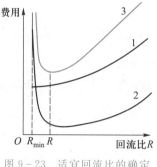

图9-23　适宜回流比的确定

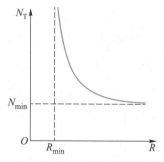

图9-24　N_T 和 R 的关系

总费用(操作费用和设备费用之和)和 R 的关系如图9-23中的曲线3所示。适宜回流比即对应总费用最低时的回流比。根据经验,适宜回流比的范围为

$$R = (1.1 \sim 2.0) R_{min}$$

在精馏塔设计中,选取适宜回流比还需考虑一些其他因素,如难分离物系,宜采用较大的回流比,而在能源紧张地区,宜采用较小回流比。现在的总趋势是减小回流比,以节约能耗。

◆ 例9-8　试求例9-7中的操作回流比为最小回流比的倍数(按泡点进料和露点进料分别计算),并求达到指定分离程度所需最少理论板层数。

解:例9-7的已知参数为

$$R = 3.5, \qquad x_D = 0.975, \qquad x_W = 0.0235, \qquad x_F = 0.44, \qquad \alpha = 2.47$$

(1) 操作回流比为最小回流比的倍数

对泡点进料与露点进料分别用式(9-46)与式(9-47)计算 R_{min}。

泡点进料　　　　　　　　　　　$x_F = 0.44$

$$R_{min} = \frac{1}{\alpha - 1}\left[\frac{x_D}{x_F} - \frac{\alpha(1 - x_D)}{1 - x_F}\right] = \frac{1}{2.47 - 1}\left[\frac{0.975}{0.44} - \frac{2.47 \times (1 - 0.975)}{1 - 0.44}\right] = 1.432$$

则　　　　　　　　　　　　　　$\dfrac{R}{R_{min}} = \dfrac{3.5}{1.432} = 2.444$

露点进料　　　　　　　　　　　$y_F = 0.44$

$$R_{min} = \frac{1}{\alpha - 1}\left(\frac{\alpha x_D}{y_F} - \frac{1 - x_D}{1 - y_F}\right) - 1 = \frac{1}{2.47 - 1}\left(\frac{2.47 \times 0.975}{0.44} - \frac{1 - 0.975}{1 - 0.44}\right) - 1 = 2.693$$

则　　　　　　　　　　　　　　$\dfrac{R}{R_{min}} = \dfrac{3.5}{2.693} = 1.297$

本题也可通过气液相平衡方程求得两种进料热状况下的 y_q 与 x_q 值,用式(9-45)计算对应的 R_{min},得到相同的结果。

（2）最少理论板层数

用芬斯克方程(9-43a)计算 N_{min}，即

$$N_{min} = \frac{1}{\ln\alpha_m}\ln\left[\left(\frac{x_D}{1-x_D}\right)\left(\frac{1-x_w}{x_w}\right)\right] - 1$$

$$= \frac{1}{\ln 2.47}\ln\left[\left(\frac{0.975}{1-0.975}\right)\left(\frac{1-0.0235}{0.0235}\right)\right] - 1 = 7.17$$

从上面计算结果看出，随着进料热状况参数 q 值的减小，在其他条件相同的情况下，R_{min} 值呈增大趋势。计算 N_{min} 时则不考虑 q 的影响。

9.5.5 简捷法求理论板层数

在精馏塔的设计型计算中，为进行技术经济分析，确定适宜回流比，可采用图 9-25 所示的吉利兰(Gilliland)关联图进行简捷计算。

一、吉利兰关联图

吉利兰关联图为双对数坐标图，它关联了 R_{min}、R、N_{min} 及 N 四个变量之间的关系。横坐标为 $(R-R_{min})/(R+1)$，纵坐标为 $(N-N_{min})/(N+2)$。其中，N_{min} 和 N 分别代表全塔的最少理论板层数及理论板层数（均不含再沸器）。图9-25 中曲线左端延长线表示在最小回流比下的操作情况，此时，$(R-R_{min})/(R+1)$ 接近于零，而 $(N-N_{min})/(N+2)$ 接近于1（即 $N=\infty$）；曲线右端延长线表示在全回流下的操作情况，此时，$(R-R_{min})/(R+1)$ 接近于1（即 $R=\infty$），而 $(N-N_{min})/(N+2)$ 接近于零（即 $N=N_{min}$）。

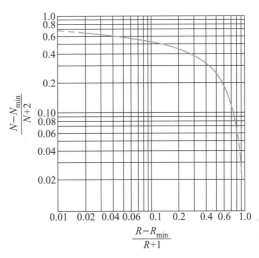

图 9-25 吉利兰关联图

吉利兰关联图是用 8 种物系在广泛精馏条件下，由逐板计算法得出的结果。这些条件是：组分数 2～11；五种进料热状况；$R_{min}=0.53～7.0$；$\alpha=1.26～4.05$；$N_T=2.4～43.1$。对甲醇-水等非理想物系也适用，同时，还可用于多组分精馏的计算。

为便于用计算机计算，图 9-25 中的曲线在横坐标 0.01～0.9 的范围内，可用下式表达，即

$$Y = 0.545827 - 0.591422X + 0.002743/X \tag{9-48}$$

式中 $\quad X = (R-R_{min})/(R+1) \quad\quad Y = (N-N_{min})/(N+2)$

二、求理论板层数的步骤

（1）先按题给条件求出最小回流比 R_{min} 及全回流下的最少理论板层数 N_{min}；

（2）选择操作回流比 R；

（3）计算 $(R-R_{min})/(R+1)$ 值，利用图 9-25 或式(9-48)求 N。

（4）用精馏段的 $N_{min,1}$，确定适宜的进料板位置。

◆ 例9-9　用简捷法计算例 9-7 中露点进料的 N_T 和进料板位置。已知精馏段的平均相对挥发度 $\alpha_1=2.51$。

解：由例 9-7 和例 9-8 可知：$x_F=0.44$，$x_D=0.975$，$R=3.5$，露点进料的 $R_{min}=2.693$，全回流的 $N_{min}=7.17$。

（1）理论板层数

$$X=\frac{R-R_{min}}{R+1}=\frac{3.5-2.693}{3.5+1}=0.1793$$

将 $X=0.1793$ 代入式(9-48)，得

$$Y=0.545827-0.591422\times0.1793+0.002743/0.1793=0.4551$$

即

$$\frac{N-7.17}{N+2}=0.4551$$

解得

$$N=14.8（图解法为 14）$$

（2）确定适宜的进料板位置

$$N_{min,1}=\frac{1}{\ln\alpha_1}\ln\left[\left(\frac{x_D}{1-x_D}\right)\left(\frac{1-x_F}{x_F}\right)\right]-1$$

$$=\frac{1}{\ln 2.51}\ln\left[\left(\frac{0.975}{1-0.975}\right)\left(\frac{1-0.44}{0.44}\right)\right]-1=3.243$$

则

$$\frac{N_1-3.243}{N_1+2}=0.4551$$

解得

$$N_1=7.62$$

即第 8 层理论板为进料板。

简捷法得到的结果和图解法的结果基本一致。

9.5.6　几种特殊情况理论板层数的计算

演示文稿

图 9-10 所示为典型的两组分连续精馏流程，实际生产中还有各种特殊类型的精馏流程，诸如：只有提馏段而没有精馏段的提馏塔或称回收塔（一般塔顶没回流），只有精馏段的间歇精馏塔或连续操作精馏塔，塔顶带分凝器和全凝器的精馏塔，塔釜直接蒸汽加热的精馏塔，多侧线的精馏塔等。下面简要讨论后两种情况下理论板层数的计算。

一、直接蒸汽加热的精馏塔

当待分离的物系为水溶液，且水为难挥发组分，釜残液接近于纯水时，宜采用直接蒸汽加热，以提高加热蒸汽利用程度并省去再沸器。

为便于计算,设加热介质为饱和蒸汽,塔内遵循恒摩尔流假定,塔底蒸发量等于通入的蒸汽量。

此情况下,精馏段的操作线与常规精馏塔没有区别,q 线的作法也相同。但由于塔底增加了一股蒸汽,总物料衡算应予考虑,提馏段操作线需予以修正。

对图 9-26 所示的虚线范围内作物料衡算,并以单位时间为基准,得

总物料衡算

$$L' + V_0 = V' + W$$

易挥发组分物料衡算

$$L'x_m' + V_0 y_0 = V' y_{m+1}' + W x_W$$

式中　　V_0——直接加热蒸汽的流量,kmol/h;

　　　　y_0——加热蒸汽中易挥发组分的摩尔分数,通常 $y_0 = 0$。

由于塔内恒摩尔流,即 $V' = V_0$,$L' = W$,则可得

$$y_{m+1}' = \frac{W}{V_0}(x_m' - x_W) \tag{9-49}$$

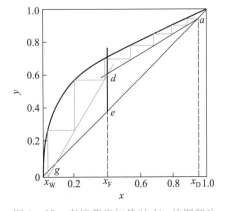

图 9-26　直接蒸汽加热时提馏段操作线方程的推导

式(9-49)即为直接蒸汽加热时的提馏段操作线方程。由该式看出,当 $y_{m+1}' = 0$ 时,$x_m' = x_W$。与间接蒸汽加热提馏段操作线的不同之处是,它与 $y-x$ 图上对角线的交点不在点 (x_W, x_W) 上,而是通过横轴上的 $x = x_W$ 点,如图 9-27 上的点 g 所示。此线与精馏段操作线的交点轨迹仍然是 q 线,如图 9-27 上的点 d。连接 gd 即为直接蒸汽加热的提馏段操作线。从点 a 开始绘阶梯求解理论板层数,直至 $x_m' \leqslant x_W$ 为止。直接蒸汽加热时,塔釜不能起到一层理论板的作用。

直接蒸汽加热时,由于冷凝水作为塔釜产品的一部分,在 x_F,x_D 及 x_W 相同的条件下,使

图 9-27　直接蒸汽加热时 N_T 的图解法

轻组分在馏出液中的收率降低。欲保持轻组分的收率不变,釜液组成 x_W 必定比间接蒸汽加热时低,从而使所需的理论板层数略有增加。

◆ 例 9-10　在常压提馏塔中回收含乙醇 0.04(摩尔分数)的水溶液中的乙醇。饱和液体进料,直接蒸汽加热。要求塔顶产品中乙醇回收率为 96%。试求(1) 在理论板层数为无穷多时,1 kmol 的进料所需的最少蒸汽用量;(2) 若加热蒸汽用量为最少

蒸汽用量的两倍时,两产品的组成及所需理论板层数。

常压下的气液相平衡数据列于本例附表中。

例 9－10 附表

x	0	0.0080	0.020	0.0296	0.033	0.036	0.04
y	0	0.0750	0.175	0.250	0.270	0.288	0.300

解:本例为直接蒸汽加热提馏塔的计算。由于泡点进料,根据恒摩尔流假定,则有

$$L'=F=W \qquad 及 \qquad D=V'=V_0$$

全塔总物料衡算

$$F+V_0=D+W \tag{a}$$

乙醇组分物料衡算

$$Fx_F=Dx_D+Wx_W \tag{b}$$

将 $\eta_D=\dfrac{Dx_D}{Fx_F}=0.96$ 代入式(b),得

$$Fx_F=0.96Fx_F+Wx_W$$

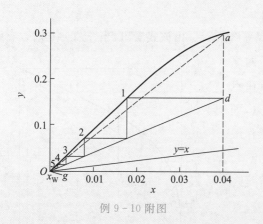

例 9－10 附图

以 1 kmol 进料为基准,则有

$$0.04=0.96\times0.04+x_W$$

得　　$x_W=0.0016$

(1) 1 kmol 进料所需的最少蒸汽用量

当理论板层数为无穷多时,操作线的上端在 $y_F=0.3$ 的相平衡曲线上(对应 $x=x_F=0.04$),如本例附图上的点 a 所示,操作线的斜率为

$$\frac{W}{V_{0,min}}=\frac{y_F}{x_F-x_W}=\frac{0.3}{0.04-0.0016}=7.812$$

则

$$V_{0,min}=\frac{W}{7.812}=\left(\frac{1}{7.812}\right) \text{kmol/kmol 进料}=0.128 \text{ kmol/kmol 进料}$$

(2) 加热蒸汽用量为最少蒸汽用量两倍时,两产品的组成及所需理论板层数

$$V_0=2V_{0,min}=(2\times0.128) \text{kmol/kmol 进料}=0.256 \text{ kmol/kmol 进料}$$

$$0.256x_D=0.96\times1\times0.04$$

解得　　$x_D=0.15$

$$x_{\mathrm{W}} = 0.0016$$

操作线的斜率为

$$\frac{F}{V_0} = \frac{1}{0.256} = 3.91$$

过点 $g(0.0016, 0)$ 作斜率为 3.91 的直线交 q 线于点 d，连接 gd，即为直接蒸汽加热的提馏塔操作线。自点 d 开始在操作线与相平衡曲线之间绘阶梯，直至跨过点 g 为止，所需理论板层数为 5。图解过程见本例附图。注意 g 点在 x 轴上而不在对角线上。

　　求解本题的关键是掌握直接蒸汽加热提馏段的物料衡算关系，注意"最少蒸汽用量"的概念。为清晰和准确起见，在图解理论板层数过程中，将 x 坐标进行了放大。

二、多侧线的精馏塔

　　包括多股进料或出料的塔称为多侧线精馏塔，又称复杂精馏塔。当组分相同但组成不同的原料液要在同一塔内分离时，为避免物料混合，节省分离所需能量（或为减少理论板层数），应使不同组成的原料液分别在不同的适宜位置加入塔内，即为多股进料。有时，为获得不同规格的精馏产品，则可在塔的不同位置上（精馏段或提馏段）开设侧线出料口，即为多股出料。若精馏塔上共有 i 个侧线（包括进料口），则全塔被分成 $(i+1)$ 段，每段都可写出相应的操作线方程。图解理论板的方法和常规精馏塔相同。

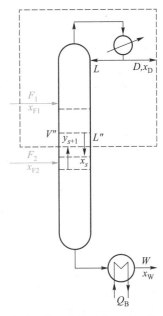

图 9-28　两股进料的精馏塔

1. 多股进料

　　如图 9-28 所示，两股不同组成的原料液分别进到塔的相应位置。此塔被分成三段：第 Ⅰ 段为精馏段，第 Ⅲ 段为提馏段，这两段的操作线方程与单股加料的常规塔相同。两股进料板之间的塔段为第 Ⅱ 段，其操作线方程可按在图中虚线范围内作物料衡算求得，即

　　总物料衡算

$$V'' + F_1 = L'' + D \tag{9-50}$$

　　易挥发组分物料衡算

$$V'' y_{s+1} + F_1 x_{\mathrm{F1}} = L'' x_s + D x_{\mathrm{D}} \tag{9-51}$$

式中　　V''——两股进料之间各层板上升蒸气流量，kmol/h；

　　　　L''——两股进料之间各层板下降液体流量，kmol/h。

下标 s、$s+1$ 为两股进料之间塔板的序号。

　　由式（9-51）可得

$$y_{s+1} = \frac{L''}{V''} x_s + \frac{D x_{\mathrm{D}} - F_1 x_{\mathrm{F1}}}{V''} \tag{9-52}$$

当进料为饱和液体时有

$$V''=V=(R+1)D, \qquad L''=L+F_1$$

则

$$y_{s+1}=\frac{L+F_1}{(R+1)D}x_s+\frac{Dx_D-F_1x_{F1}}{(R+1)D} \qquad (9-52a)$$

式(9-52)及式(9-52a)为两股进料之间塔段的操作线方程,也是直线方程,它在 y 轴上的截距为 $\dfrac{Dx_D-F_1x_{F1}}{(R+1)D}$。

各股进料的 q 线方程与单股进料时相同。

对于双进料口的精馏塔,夹紧点可能出现在Ⅰ、Ⅱ段操作线的交点处,也可能出现在Ⅱ、Ⅲ段操作线的交点处。求出两个最小回流比后,取其中较大者作为设计的依据。对于不正常的相平衡曲线,夹紧点可能出现在塔的某个中间位置。

◆ 例 9-11　有两股苯与甲苯的混合液,其组成分别为 0.5 及 0.3(苯的摩尔分数,下同),流量均为 60 kmol/h,在同一板式塔内进行分离。第一股物料泡点进料,第二股为饱和蒸气进料。要求馏出液组成为 0.95,釜液组成为 0.04,操作回流比为最小回流比的 1.6 倍,物系的平均相对挥发度为 2.47。试求(1) 两产品的流量;(2) 最小回流比;(3) 两进料板之间的操作线方程。

解:(1) 两产品的流量　由全塔的物料衡算求得。

总物料衡算

$$F_1+F_2=D+W=120 \text{ kmol/h} \qquad (a)$$

苯的物料衡算

$$F_1x_{F1}+F_2x_{F2}=Dx_D+Wx_W$$

即

$$60\times0.5+60\times0.3=0.95D+0.04W \qquad (b)$$

联立式(a)与式(b),解得

$$D=47.47 \text{ kmol/h} \qquad W=72.53 \text{ kmol/h}$$

(2) 最小回流比　对两个进料口分别求最小回流比,取其中较大者。

对于第一股泡点进料,则有

$$R_{\min,1}=\frac{1}{\alpha-1}\left[\frac{x_D}{x_F}-\frac{\alpha(1-x_D)}{1-x_F}\right]$$

$$=\frac{1}{2.47-1}\left[\frac{0.95}{0.5}-\frac{2.47\times(1-0.95)}{1-0.5}\right]=1.124$$

对于第二股饱和蒸气进料的 $R_{\min,2}$ 可由提馏段操作线的最大斜率计算。设第Ⅲ段操作线在第二进料口与相平衡曲线相交(如本例附图的点 k 所示),则 ck 线的斜率为

$$\frac{L'}{V'}=\frac{y_{F2}-x_W}{x_{q,2}-x_W} \qquad (c)$$

式中　$L' = R_{\min,2}D + F_1 = 47.47R_{\min,2} + 60$

$$V' = (R_{\min,2}+1)D - F_2$$
$$= 47.47(R_{\min,2}+1) - 60$$

$$x_{q,2} = \frac{y_{F2}}{y_{F2} + \alpha(1-y_{F2})} = \frac{0.3}{0.3 + 2.47 \times (1-0.3)}$$
$$= 0.1479$$

将有关数据代入式(c)

$$\frac{47.47R_{\min,2}+60}{47.47(R_{\min,2}+1)-60} = \frac{0.3-0.04}{0.1479-0.04} = 2.41$$

解得　　　　　$R_{\min,2} = 1.348$

全塔最小回流比取为 1.348。

（3）两进料板之间的操作线方程　操作回流比为

$$R = 1.6\,R_{\min,2} = 1.6 \times 1.348 = 2.157$$

则

$$y_{s+1} = \frac{RD+qF_1}{D(R+1)}x_s + \frac{Dx_D - F_1x_{F1}}{D(R+1)}$$
$$= \frac{47.47 \times 2.157 + 60}{47.47 \times (2.157+1)}x_s + \frac{47.47 \times 0.95 - 60 \times 0.5}{47.47 \times (2.157+1)} = 1.084x_s + 0.1007$$

本例的关键是双股进料的物料衡算和最小回流比的确定。取不同位置上求得的最小回流比中的较大者作为确定全塔操作回流比的依据。

2. 侧线出料

图 9 - 29(a) 所示为有一股侧线产品抽出的多侧线精馏装置。侧线产品可为泡点液相或饱和蒸气。

与两股进料的精馏塔相似，塔内的三段分别对应着精馏段操作线方程，第二取料板与进料板之间的侧口间的操作线方程和提馏段操作线方程。当侧线产品为饱和液体时，可通过物料衡算推得两侧口间的操作线方程为

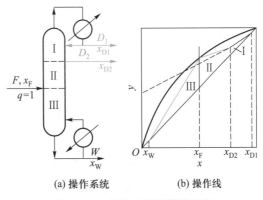

（a）操作系统　　　（b）操作线

图 9 - 29　侧线出料的精馏过程

$$y_{s+1} = \frac{D_1R - D_2}{D_1(R+1)}x_s + \frac{D_1x_{D1} + D_2x_{D2}}{D_1(R+1)} \tag{9-53}$$

式中　　D_1、D_2——分别为塔顶馏出液和侧线产品流量，kmol/h；

x_{D1}、x_{D2}——分别为塔顶馏出液和侧线产品中易挥发组分的摩尔分数。

泡点侧线产品抽出时三段操作线示于图 9 - 29(b)中，夹紧点一般出现在 Ⅱ、Ⅲ 段操作线的交点处。

◆ **例 9-12** 在连续精馏塔内分离某二元理想溶液,已知进料组成为 0.6(易挥发组分摩尔分数,下同),操作条件下物系的平均相对挥发度为 2.0。塔顶采用分凝器和全凝器,塔顶上升蒸气经分凝器部分冷凝后,冷凝液在饱和温度下返回塔内作为回流,未冷凝的气相再经全凝器冷凝,作为塔顶馏出产品。现场测得的一组数据如下:

塔顶馏出产品组成为 0.96;釜残液组成为 0.06;精馏段气相负荷与提馏段气相负荷相等;精馏段液相负荷比提馏段液相负荷小 50 kmol/h;离开第一层理论板的液相组成为 0.878。

试根据以上数据,(1) 计算最小回流比 R_{min}、操作回流比 R 和塔顶易挥发组分的回收率 η_D;(2) 绘出塔顶部分的流程示意图(包括分凝器和全凝器),要求标出第一层理论板、分凝器和全凝器的进、出各流股的组成,并在 $y-x$ 相图上示意出以上各流股。

解: 本例为带有分凝器的精馏塔的计算。由现场数据分析可知:

由于 $V=V'$,则 $q=1.0$ 且 $F=L'-L=50$ kmol/h

(1) 最小回流比 R_{min}、操作回流比 R 及塔顶易挥发组分回收率 η_D

最小回流比的计算式为

$$R_{min}=\frac{x_D-y_q}{y_q-x_q}$$

式中 $\qquad x_D=0.96 \qquad x_q=x_F=0.6$

$$y_q=\frac{2.0\times0.6}{1+0.6}=0.75$$

则 $\qquad R_{min}=\frac{0.96-0.75}{0.75-0.6}=1.4$

操作回流比 R 通过精馏段操作线方程求解。

$$y_1=\frac{R}{R+1}x_L+\frac{x_D}{R+1} \qquad\qquad (a)$$

本例塔顶分凝器相当于一层理论板,离开分凝器的气液两相组成上互成平衡,即 x_L 与 y_L(即 x_D)为相平衡关系(参见本例附图)。y_1 与 x_L 则为操作关系。

式中 $\qquad x_L=\frac{x_D}{x_D+\alpha(1-x_D)}=\frac{0.96}{0.96+2.0\times(1-0.96)}=0.9231$

$$y_1=\frac{\alpha x_1}{1+(\alpha-1)x_1}=\frac{2.0\times0.878}{1+0.878}=0.935$$

将 y_1、x_L 及 x_D 的数值代入式(a),解得

$$R=2.1$$

易挥发组分在馏出液中的回收率为

$$\eta_D = \frac{Dx_D}{Fx_F} \times 100\%$$

式中
$$D = \frac{F(x_F - x_W)}{(x_D - x_W)} = \left[\frac{50 \times (0.6 - 0.06)}{0.96 - 0.06}\right] \text{kmol/h} = 30 \text{ kmol/h}$$

于是
$$\eta_D = \frac{30 \times 0.96}{50 \times 0.6} \times 100\% = 96\%$$

(2) 塔顶部分的流程示意图及各流股的组成对应关系

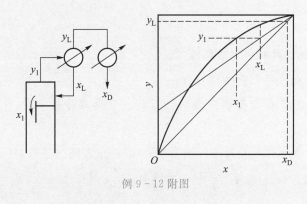

例 9-12 附图

求解本例题的关键是理解分凝器的功能,理清各流股组成的对应关系。

9.5.7 连续精馏装置的热量衡算与精馏过程的节能

演示文稿

一、连续精馏装置的热量衡算

连续精馏装置的热量衡算主要指塔底再沸器和塔顶冷凝器的热量衡算。通过热量衡算,可求得再沸器和冷凝器的热负荷、加热介质和冷却介质的消耗量,并为设计这些换热设备提供基本数据。

1. 再沸器热负荷及加热介质消耗量

精馏的加热方式有直接蒸汽加热与间接蒸汽加热之分。直接蒸汽加热时加热蒸汽消耗量已在本章9.5.6节进行了讨论,而间接蒸汽加热时加热介质的消耗量取决于再沸器的热负荷。

对图9-12中所示的再沸器作热量衡算,以单位时间为基准,则

$$Q_B = V'H_{VW} + WH_{LW} - LH_{Lm} + Q_L \tag{9-54}$$

式中　　Q_B——再沸器的热负荷,kJ/h;

Q_L——再沸器的热损失,kJ/h;

H_{VW}——再沸器中上升蒸气的焓,kJ/kmol;

H_{LW}——釜残液的焓,kJ/kmol;

H_{Lm}——提馏段底层塔板下降液体的焓,kJ/kmol。

若近似取 $H_{LW}=H_{Lm}$，且 $V'=L'-W$，则

$$Q_B=V'(H_{VW}-H_{LW})+Q_L \tag{9-54a}$$

加热介质消耗量可用下式计算：

$$w_h=\frac{Q_B}{h_{B1}-h_{B2}} \tag{9-55}$$

式中　　w_h——加热介质消耗量，kg/h；

h_{B1}、h_{B2}——分别为加热介质进、出再沸器的焓，kJ/kg。

若用饱和蒸汽加热，且冷凝液在饱和温度下排出，则

$$w_h=\frac{Q_B}{r} \tag{9-55a}$$

式中　　r——加热蒸汽的冷凝潜热，kJ/kg。

2. 冷凝器热负荷及冷却介质消耗量

精馏塔的冷凝方式有全凝器冷凝和分凝器－全凝器冷凝两种，工业上采用前者的较多。

对图 9-12 中所示的全凝器进行热量衡算，以单位时间为基准，并忽略热损失，则

$$Q_C=VH_{VD}-(LH_{LD}+DH_{LD}) \tag{9-56}$$

又因　　　　　　$V=(R+1)D=L+D$

于是　　　　　　$Q_C=(R+1)D(H_{VD}-H_{LD}) \tag{9-56a}$

式中　　Q_C——全凝器的热负荷，kJ/h；

H_{VD}——塔顶上升蒸气的焓，kJ/kmol；

H_{LD}——馏出液的焓，kJ/kmol。

冷却介质消耗量可按下式计算：

$$w_c=\frac{Q_C}{c_{p,c}(t_2-t_1)} \tag{9-57}$$

式中　　w_c——冷却介质消耗量，kg/h；

$c_{p,c}$——冷却介质的比定压热容，kJ/(kg·℃)；

t_1、t_2——分别为冷却介质进、出冷凝器的温度，℃。

3. 全塔的总热量衡算

通过全塔的总热量衡算可知，对于特定的分离任务，需要加入全塔的总热量为恒定值，即

$$\sum Q=Q_F+Q_B=定值$$

此热量可分别从原料液和再沸器加入。但从热力学角度考虑，泡点进料应为首选，再沸器加入的热量应在全塔发挥作用。

◆ 例 9-13　试对例 9-7 中泡点及露点两种进料热状况下的如下项目进行计算:

(1) 再沸器热负荷和加热蒸汽消耗量,设加热蒸汽绝对压力为 200 kPa;

(2) 全凝器热负荷和冷却水消耗量,设冷却水进、出口温度分别为 25 ℃和 35 ℃。

已知苯和甲苯的汽化热分别为 427 kJ/kg 及 410 kJ/kg,水的比定压热容为 4.17 kJ/(kg·℃),绝对压力为200 kPa的饱和蒸汽的汽化热为 2205 kJ/kg。再沸器及全凝器的热损失可忽略。

解:　由例 9-7 的题给数据可知

$$F=100 \text{ kmol/h}, \qquad x_F=0.44, \qquad x_D=0.975, \qquad x_W=0.0235, \qquad R=3.5$$

由全塔的物料衡算求 D 及 W,即

$$F=D+W$$

$$Fx_F=Dx_D+Wx_W$$

将有关数据代入上两式并联立求解,得

$$D=43.77 \text{ kmol/h} \qquad W=56.23 \text{ kmol/h}$$

(1) 再沸器热负荷及加热蒸汽消耗量

① 泡点进料　由于釜残液中苯的含量很少,为简化起见,其焓按纯甲苯的计算。泡点进料时,$q=1$,则

$$V'=V=D(R+1)=[43.77\times(3.5+1)]\text{kmol/h}=197 \text{ kmol/h}$$

再沸器热负荷为

$$Q_B=V'(H_{VW}-H_{LW})=V'M_B r_B=(197\times92\times410)\text{kJ/h}=7.43\times10^6 \text{ kJ/h}$$

加热蒸汽消耗量为

$$w_h=\frac{Q_B}{r}=\left(\frac{7.43\times10^6}{2205}\right)\text{kg/h}=3370 \text{ kg/h}$$

② 露点进料　此时 $q=0$,则

$$V'=V-F=(197-100) \text{ kmol/h}=97 \text{ kmol/h}$$

再沸器热负荷为

$$Q_B=(97\times92\times410) \text{ kJ/h}=3.66\times10^6 \text{ kJ/h}$$

加热蒸汽消耗量为

$$w_h=\left(\frac{3.66\times10^6}{2205}\right) \text{ kg/h}=1660 \text{ kg/h}$$

(2) 全凝器热负荷及冷却水消耗量　同理,馏出液中几乎为纯苯,其焓按纯苯的计算。在两种进料热状况下,全凝器热负荷相同,即

$$Q_C=VM_A r_A=(197\times78\times427)\text{kJ/h}=6.561\times10^6 \text{ kJ/h}$$

冷却水消耗量为

$$w_c=\frac{Q_C}{c_{p,c}(t_2-t_1)}=\left[\frac{6.561\times10^6}{4.17\times(35-25)}\right]\text{kg/h}=1.573\times10^5 \text{ kg/h}$$

由例9-13的计算结果看出,进料热状况不同,再沸器热负荷及加热蒸汽消耗量也就不同,随着 q 值减小,Q_B 及 w_h 均减小。全凝器热负荷及冷却水消耗量不受进料热状况的影响。

二、精馏过程的节能

精馏过程是能量消耗较大的单元操作之一。降低精馏过程能量消耗,具有重要的经济意义。由热力学分析可知,减少有效能损失是精馏过程节能的基本途径。

1. 提高分离因子

提高分离因子是精馏过程最有效的节能技术。向难分离的混合液中加入第二种分离剂(如适当的盐类、萃取剂、螯合剂、夹带剂等)或增加化学作用对于分离的影响(如反应精馏),采用外力场(如磁场)的作用,降低操作压力等,都可显著地改变组分间的相对挥发度,有利于精馏分离。

2. 降低向再沸器的供热量

(1)选择经济合理的回流比。精馏的核心在于"回流",选择适宜的回流比是精馏过程节能的首要因素。一些新型板式塔和高效填料塔的应用,都有可能使回流比大为降低。尽可能采用小的回流比是全世界的发展趋势。

(2)减小再沸器和冷凝器的温度差,可减少向再沸器提供的热量。如果塔底和塔顶的温度差较大时,可在精馏段中间设置冷凝器,在提馏段中间设置再沸器,这样可降低低温位冷却剂的用量和高温位加热剂的用量,从而达到降低操作费的目的。

采用低压降的塔设备,也有利于减小塔底和塔顶的温度差。

3. 热泵精馏

采用图9-30所示的热泵精馏流程,除开工阶段外,可基本上不需要向再沸器提供额外的热量。其基本过程是:将塔顶蒸气经压缩机2绝热压缩后升温,重新作为再沸器3的热源,使其中部分液体汽化,而压缩气体本身冷凝成液体。冷凝液经节流阀4后一部分作为塔顶馏出液抽出,另一部分返回塔顶作为回流液。此种装置节能效果十分显著。

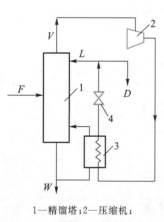

1—精馏塔;2—压缩机;
3—再沸器;4—节流阀

图9-30　热泵精馏流程

4. 多效精馏

多效精馏的原理和多效蒸发的原理相同,即采用压力依次降低的若干个精馏塔串联的操作流程,前一精馏塔的塔顶蒸气用作后一精馏塔再沸器的加热介质。这样,除两端精馏塔外,中间精馏装置不必从外界引入加热介质和冷却介质。

5. 热能的综合利用

回收精馏装置的余热,用于本系统或其他装置的加热热源,也是精馏过程节能的有效途径。例如,利用塔顶蒸气或塔底釜残液预热原料液等。

6. 其他节能措施

对精馏装置优化控制,使其在最佳工作状况下运行;采用动态分离过程(如釜式蒸馏过程);多组分精馏中选择合理的流程;完善设备的保温措施等都可达到精馏过程节能的目的。

9.5.8 精馏过程的操作型计算和调节

一、影响精馏操作的主要因素

对于特定的精馏装置和指定的物系,其基本要求是使设备具有尽可能大的生产能力,达到预期的分离效果(x_D、x_W 或 η_D),操作费用最低。

影响精馏操作的主要因素有:操作压力和物料特性、生产能力和产品质量、塔顶回流比和回流液的温度、进料热状况参数和进料口位置、全塔效率、再沸器和冷凝器的传热性能、加热介质和冷却介质的温位等。当某一因素(变量)发生变化时,操作状况随之改变,并调节至新的工作状况下运行。

尽管影响精馏操作的因素复杂且多变,但这些因素应受如下基本关系所制约:相平衡关系、物料平衡关系、理论板层数和塔板效率关系、热量衡算关系等。在分析具体过程时,应进行适当的简化假定,抓住主要因素,做出正确判断。

二、精馏过程的操作型计算

精馏过程的操作型计算在生产中可用来预测操作条件改变时产品质量和采出量的变化,以及为保证产品质量应采取什么措施等。

操作型计算和设计型计算遵循的基本关系完全相同,但操作型计算更为复杂,往往需借助试差求解。有些情况下,利用吉利兰关联图可避免试差计算。

◆ 例 9-14 在一具有 12 层理论板(不含再沸器)的常压连续精馏塔中分离例 9-7 的苯 - 甲苯混合液,试估算泡点进料时的操作回流比。

解:利用吉利兰关联图确定回流比。

由例 9-8 已求得全回流时所需的最少理论板层数为 7.17,泡点进料时的最小回流比为 1.432,则

$$Y = \frac{N - N_{\min}}{N + 2} = \frac{12 - 7.17}{12 + 2} = 0.345$$

将 Y 值代入吉利兰关联图回归方程,即

$$Y = 0.345 = 0.545827 - 0.591422X + 0.002743/X$$

化简上式,得

$$X^2 - 0.3396X - 0.00464 = 0$$

解得

$$X = 0.3528 = \frac{R - R_{\min}}{R + 1} = \frac{R - 1.432}{R + 1}$$

于是

$$R = 2.758$$

本例还可由 $Y=0.345$ 在吉利兰关联图上直接读取横坐标值约为 0.35，求得的 R 和回归方程解得的结果十分接近（$R=2.742$）。也可在 y-x 图上图解试差求解，试差步骤如下：由已知的 x_F、x_D、x_W 及 q 值，假设一回流比，图解得到的理论板层数与已给的理论板层数相近或相等，则所设的回流比即为所求，否则重设回流比，直至和题给理论板层数相符合为止。此法可同时求得适宜进料板位置。

三、精馏过程的控制和调节

正常操作的精馏装置，能够保证 x_D 和 x_W 维持规定值并在最经济的条件下达到更大的生产能力。生产中某一因素的波动（如 x_F、q 和传热量）将会影响产品的质量，因此应及时予以控制调节。

精馏装置的操作控制和调节应注意如下要点：

（1）保持精馏装置的进、出料平衡是保持精馏塔稳定操作的必要条件。当 F、x_F、x_D、x_W 给定后，D 和 W 就被唯一确定，不能随意增减了。当 F 或 x_F 变化时，要适时调节产品采出率。

（2）进料要在最适宜位置，这是保持塔内各横截面上气液相组成和温度稳定的基本条件。

（3）回流比是调节产品质量最灵活有效的手段，但要保持塔内气液相负荷在允许的适宜范围内。

（4）产品质量监控和灵敏板。

由相平衡关系可知，在一定的总压下，混合物系的泡点和露点均取决于混合物的组成，因此可以用容易测量的温度来预测塔内组成的变化。通常，可用塔顶、塔底温度分别反映馏出液和釜残液组成。但对于高纯度分离，在塔顶（或塔底）相当一段高度内，温度变化极小，典型的沿塔高的温度分布曲线如图 9-31 所示。因此，当塔顶（或塔底）温度出现可察觉的变化时，产品的组成可能已明显改变，再设法调节为时已晚。可见，对高纯度分离，一般不能用简单的测量塔顶温度的方法来控制馏出液组成。

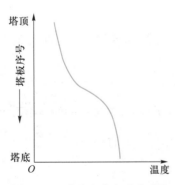

图 9-31　高纯度分离时典型的沿塔高的温度分布曲线

分析塔内的温度分布可看到，在塔内的某层塔板上温度变化最显著，也就是说，这层塔板的温度对于外界因素的干扰反映最为灵敏，通常称为灵敏板。工业生产中，常用测量和控制灵敏板的温度的方法来保证产品质量。灵敏板通常靠近进料口。

9.6　间　歇　精　馏

演示文稿

间歇精馏又称分批精馏,其流程如图 9-11 所示。间歇精馏的操作过程是将被处理物料一次加入精馏釜中,然后加热汽化,自塔顶引出的蒸气经冷凝后,一部分作为馏出液产品,另一部分作为回流液送回塔内,待釜液组成降到规定值后,停止精馏操作,将釜液一次排出,再进行下一批的精馏操作。与连续精馏相比,间歇精馏具有以下特点:

(1) 间歇精馏为非定态过程。由于釜中液相的组成随精馏过程的进行而不断降低,因此塔内操作参数(如温度、组成)不仅随位置而变,也随时间而变。

(2) 对间歇精馏操作来说,恒为塔底饱和蒸气进料,故间歇精馏塔只有精馏段而无提馏段。

(3) 塔内的持液量对精馏过程和产品的收率有显著的影响。为了尽量减少塔中的存液量,间歇精馏多采用填料塔。

间歇精馏有两个基本操作方式:其一是不断加大回流比来保持馏出液组成恒定;其二是回流比保持恒定,馏出液组成逐渐降低。实际生产中,往往采用联合操作方式,即某一阶段(如操作初期)采用恒馏出液组成操作,另一阶段(如操作后期)采用恒回流比下的操作。联合操作的方式可视具体情况而定。

间歇精馏的计算程序是:首先选取基准状态(一般选操作的始态或终态)作设计型计算,求出理论板层数后,进行操作型计算,求取有关参数,如馏出液组成、每批操作的汽化总量、操作时间等。

间歇精馏的特点是装置简单,易于操作,对原料液品种和组成的变化适应性强,机动灵活,所以它适用于小批量、多品种的生产场合。另外,它也适用于多组分混合液的初步分离,以获得不同馏分(组成范围)的产品。

9.6.1　回流比恒定时的间歇精馏

在回流比恒定时的间歇精馏过程中,釜液组成 x_W 和馏出液组成 x_D 同时降低,因此操作初期的馏出液组成必须高出平均组成,以保证馏出液的平均组成符合质量要求。通常当釜液组成降低到规定值后,即停止精馏操作。

恒回流比下的间歇精馏主要计算如下内容。

一、确定理论板层数

恒回流比间歇精馏时,任何瞬间的馏出液组成和釜液组成具有对应的关系,计算中以操作初态为基准,此时釜液组成为 x_F,最初的馏出液组成为 x_{D1}。根据最小回流比的定义,由 x_{D1}、x_F 及气液相平衡关系可求出 R_{min},即

$$R_{min} = \frac{x_{D1} - y_F}{y_F - x_F}$$

式中　　　y_F——与 x_F 成平衡的气相组成（摩尔分数）。

操作回流比可按 $R=(1.1\sim2)R_{min}$ 关系选取。间歇精馏理论板层数的确定原则与连续精馏完全相同。在 $y-x$ 图上，由 x_{D1}、x_F 和 R 即可图解求得理论板层数，如图9-32所示。图9-32中显示需要3层理论板。

二、确定操作参数

对具有一定理论板层数的精馏塔，应采用操作型计算确定有关操作参数。

1. 确定操作过程中各瞬间的 x_D 和 x_W 的关系

由于间歇精馏操作过程中回流比不变，因此各个操作瞬间的操作线斜率 $R/(R+1)$ 都相同，各操作线为彼此平行的直线。若在馏出液的初始和终了组成的范围内，任意选定若干 x_{Di} 值，通过各点 (x_{Di},x_{Di}) 作一系列斜率为 $R/(R+1)$ 的平行线，这些直线分别为对应于某 x_{Di} 的瞬时操作线。然后，在每条操作线和相平衡曲线间绘梯级，使其等于所规定的理论板层数，最后一个梯级所达到的液相组成，就是与 x_{Di} 相对应的 x_{Wi} 值，如图9-33所示。

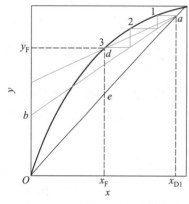

图9-32　恒回流比间歇精馏时理论板层数的确定

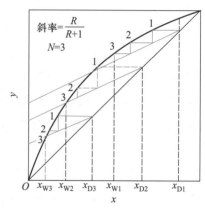

图9-33　恒回流比间歇精馏时 x_D 和 x_W 的关系

2. 确定操作过程中 x_D（或 x_W）与釜液量 n_W、馏出液量 n_D 的关系

恒回流比间歇精馏时，x_D（或 x_W）与 n_W、n_D 间的关系应通过微分物料衡算得到。这一衡算结果与简单蒸馏时导出的式(9-21)相似，此时需将式(9-21)中的 y 和 x 用瞬时的 x_D 和 x_W 来代替，即

$$\ln\frac{n_F}{n_{We}}=\int_{x_{We}}^{x_F}\frac{dx_W}{x_D-x_W} \tag{9-58}$$

式中　　　n_{We}——与釜液组成 x_{We} 相对应的釜液量，kmol。

式(9-58)等号右边积分项中 x_D 和 x_W 均为变量，它们间的关系可用作图法求出，积分值则可用图解积分法或数值积分法求得，从而由式(9-58)可求出与任一 x_W 相对应的釜液量 n_W。

3. 馏出液平均组成 x_{Dm} 的计算

对间歇精馏一批操作进行物料衡算,即

总物料衡算

$$n_D = n_F - n_W$$

易挥发组分物料衡算

$$n_D x_{Dm} = n_F x_F - n_W x_W$$

联立以上二式,解得

$$x_{Dm} = \frac{n_F x_F - n_W x_W}{n_F - n_W} \tag{9-59}$$

4. 每批精馏所需操作时间

由于间歇精馏过程中回流比恒定,故一批操作的汽化量 n_V 可按下式计算:

$$n_V = (R+1)n_D$$

则每批精馏所需操作时间为

$$\tau = \frac{n_V}{V} \tag{9-60}$$

式中　　V——汽化速率,kmol/h;

　　　　τ——每批精馏所需操作时间,h。

汽化速率可通过再沸器的传热速率及混合物的汽化热计算。

9.6.2　馏出液组成恒定时的间歇精馏

间歇精馏时,釜液组成不断下降,为保持恒定的馏出液组成,回流比必须不断地加大。在这种操作的计算中,通常已知原料液量 n_F 和组成 x_F、馏出液组成 x_D 及最终的釜液组成 x_{We},要求确定理论板层数、回流比范围和汽化量等。

一、确定理论板层数

对于馏出液组成恒定的间歇精馏,由于操作终了时釜液组成 x_{We} 最低,所要求的分离程度最高,因此需要的理论板层数应按精馏最终阶段进行计算。

由馏出液组成 x_D 和最终的釜液组成 x_{We},按下式求最小回流比,即

$$R_{min} = \frac{x_D - y_{We}}{y_{We} - x_{We}}$$

式中　　y_{We}——与 x_{We} 成平衡的气相组成(摩尔分数)。

由 $R = (1.1 \sim 2)R_{min}$ 的关系确定精馏最后阶段的操作回流比 R_e。在 $y-x$ 图上,由 x_D、x_{We} 和 R_e 即可图解求得理论板层数。图解方法如图 9-34 所示,图中表示需要 4 层理论板。

二、确定有关操作参数

1. 确定 x_W 和 R 的关系

若已知精馏过程某一时刻下釜液组成 x_{W1},对应的 R 可采用试差作图的方法求得,

即先假设一 R 值,然后在 $y-x$ 图上图解求理论板层数。若梯级数与给定的理论板层数相等,则 R 即为所求,否则重设 R 值,直至满足要求为止,如图 9-35 所示。操作开始时,釜液组成最高(原料液组成),可采用较小回流比,随过程进行逐渐加大。

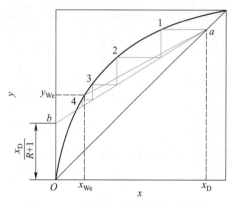

图 9-34　恒馏出液组成下间歇精馏
理论板层数的确定

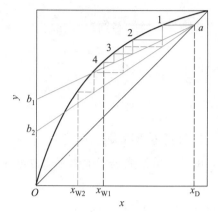

图 9-35　恒馏出液组成下间歇精馏的
R 和 x_W 的关系

2. 每批精馏所需时间

设在 $d\tau$ 时间内,溶液的汽化量为 dn_V,馏出液量为 dn_D,瞬间的回流比为 R,根据物料衡算可得

$$dn_V = (R+1)dn_D \tag{9-61}$$

一批操作中任一瞬间前馏出液量 n_D 可由物料衡算得到(忽略塔内持液量),即

$$n_D = n_F \frac{x_F - x_W}{x_D - x_W} \tag{9-62}$$

对式(9-62)进行微分得

$$dn_D = n_F \frac{x_F - x_W}{(x_D - x_W)^2} dx_W$$

将上式代入式(9-61)得

$$dn_V = n_F (x_D - x_F) \frac{R+1}{(x_D - x_W)^2} dx_W$$

积分上式得到对应釜液组成 x_W 时的汽化总量为

$$n_V = \int_0^V dn_V = n_F (x_D - x_F) \int_{x_{We}}^{x_F} \frac{R+1}{(x_D - x_W)^2} dx_W \tag{9-63}$$

每批精馏所需操作时间仍可用式(9-60)计算。

◆ 例 9-15　将二硫化碳和四氯化碳的混合液在常压操作的板式塔内进行间歇精馏分离。原料液的组成为 0.4(二硫化碳的摩尔分数,下同),每批处理量为 50 kmol。要求馏出液的组成恒定为 0.9,当釜液组成降至 0.092 时停止操作。塔釜的汽化速率为 16 kmol/h,试分别计算两种操作方式下每批精馏所需时间。

（1）恒馏出液组成的间歇精馏，设最终回流比为最小回流比的 1.534 倍；

（2）在本例（1）的精馏塔内进行恒回流比的间歇精馏。

操作条件下物系的相平衡数据列于本例附表 1 中。

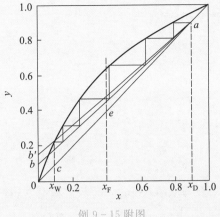

例 9-15 附图

解：（1）恒馏出液组成的间歇精馏

① 理论板层数　依本例附表 1 所列相平衡数据在 y-x 图上绘出相平衡曲线和对角线，如本例附图所示。

由附图上读得：$x_{We} = 0.092$ 时，$y_{We} = 0.222$，则

$$R_{min} = \frac{x_D - y_{We}}{y_{We} - x_{We}} = \frac{0.9 - 0.222}{0.222 - 0.092} = 5.215$$

$$R = 1.534 R_{min} = 1.534 \times 5.215 = 8.0$$

操作线在 y 轴上的截距为 $\dfrac{x_D}{R+1} = \dfrac{0.90}{8.0+1} = 0.10$，连接点 $a(x=0.9, y=0.9)$ 及点 $b(x=0, y=0.10)$ 便得操作线。从点 a 开始在操作线和相平衡曲线之间绘阶梯，6 层理论板（包括塔釜）便可满足要求。

② 汽化总量　由式（9-63）计算，即

$$n_V = n_F (x_D - x_F) \int_{x_{We}}^{x_F} \frac{R+1}{(x_D - x_W)^2} dx_W$$

以 $x_D/(R+1)$ 为截距在 y-x 图上作操作线，然后从点 a 开始绘 6 个阶梯，最后一级对应的液相组成为 x_W。取若干组的绘图结果及 $(R+1)/(x_D - x_W)^2$ 的计算值列于本例附表 2 中。

例 9-15 附表 1

液相中二硫化碳摩尔分数 x	气相中二硫化碳摩尔分数 y	液相中二硫化碳摩尔分数 x	气相中二硫化碳摩尔分数 y
0	0	0.3908	0.6340
0.0296	0.0823	0.5318	0.7470
0.0615	0.1555	0.6630	0.8290
0.1106	0.2660	0.7574	0.8790
0.1435	0.3325	0.8604	0.9320
0.2580	0.4950	1.0	1.0

例 9-15 附表 2

$\dfrac{x_D}{R+1}$	R	x_W	$\dfrac{R+1}{(x_D-x_W)^2}$	备注
0.10	8.0	0.092	13.8	$x_{W1}=0.40$,
0.15	5.0	0.120	9.86	$x_{W2}=0.092$,
0.20	3.5	0.165	8.33	$n=6$,
0.25	2.6	0.210	7.56	$\Delta x_W=0.0513$
0.30	2.0	0.27	7.56	
0.35	1.57	0.36	8.81	
0.40	1.25	0.40	9.0	

依辛普森(Simpson)数值积分法,得

$$\int_{0.092}^{0.40} \frac{R+1}{(x_D-x_W)^2}\mathrm{d}x = \frac{0.0513}{3}\times[13.8+9.0+4\times(9.86+7.56+8.81)+2\times$$

$$(8.33+7.56)]=2.73$$

则
$$n_V=[50\times(0.9-0.4)\times2.73]\ \mathrm{kmol}=68.25\ \mathrm{kmol}$$

③ 一批精馏操作所需时间 由式(9-60)计算,即

$$\tau=\frac{n_V}{q_{n,V}}=\left(\frac{68.25}{16}\right)\mathrm{h}=4.27\ \mathrm{h}$$

(2) 恒回流比的间歇精馏 在已知理论板层数为6(含塔釜)的塔内进行恒回流比的间歇精馏,计算方法是:先取一个大于平均馏出液组成的 x_{D1},试差确定操作回流比,然后再核算 x_{Dm} 并计算每批的操作时间。

① 确定 R 取最初馏出液组成 $x_{D1}=0.96$,并初选 $R=3$,在 $y-x$ 图上图解理论板,第6个阶梯对应的釜液组成恰好为 0.4,说明初选回流比正确,以后即按此回流比进行操作至终点。

② 核算 x_{Dm} 取一系列的 x_{Di},用作图法求出其各自对应的 x_{Wi}(图略),计算各组 $1/(x_{Di}-x_{Wi})$ 值,结果列于本例附表3中。

例 9-15 附表 3($N=6$, $R=3$)

馏出液组成 x_{Di}	釜液组成 x_{Wi}	$1/(x_{Di}-x_{Wi})$	备注
0.96	0.40($=x_F$)	1.79	$x_{W1}=0.40$,
0.92	0.26	1.52	$x_{W2}=0.092$,
0.90	0.20	1.43	$n=8$,
0.86	0.16	1.43	$\Delta x_W=0.0385$
0.82	0.14	1.47	
0.80	0.125	1.48	
0.76	0.11	1.54	
0.70	0.10	1.67	
0.60	0.092	1.97	

数值积分结果为

$$\ln\frac{n_F}{n_W}=\int_{0.092}^{0.40}\frac{\mathrm{d}x_W}{x_{Di}-x_{Wi}}=0.4753$$

解得　　　　　　　$n_W=31.1\ \mathrm{kmol}$,　　　$n_D=18.9\ \mathrm{kmol}$

$$x_{Dm}=\frac{n_F x_F-n_W x_W}{n_D}=\frac{50\times0.40-31.1\times0.092}{18.9}=0.9068$$

计算数据表明,初设的 x_{DI} 及初选的 R 正确。

③ 一批精馏操作所需时间　一批精馏操作的汽化总量为

$$n_V=(R+1)n_D=[(3+1)\times18.9]\ \mathrm{kmol}=75.6\ \mathrm{kmol}$$

则　　　　　　　　　　$\tau=\left(\frac{75.6}{16}\right)\mathrm{h}=4.72\ \mathrm{h}$

由计算结果可以看出,获得相同的分离效果,恒馏出液组成的间歇精馏比较经济省时。

9.7 特殊精馏

演示文稿

如前所述,一般的蒸馏或精馏操作是以液体混合物中各组分的挥发度差异为依据的。组分间挥发度差别越大越容易分离。但某些液体混合物,其组分间的相对挥发度接近于1或能够形成共沸物,以至于不宜或不能用一般精馏方法进行分离,此时需要采用特殊精馏方法。截至目前所开发出的特殊精馏方法有膜蒸馏、催化精馏、吸附精馏、反应精馏、共沸精馏、萃取精馏、盐效应精馏等。在外磁场作用下分离共沸物的工业装置也已问世。针对高沸点物质,特别是热敏性物料的分离与提纯,则采取措施来降低操作温度,如水蒸气蒸馏和分子蒸馏。

本节所介绍的共沸精馏、萃取精馏和盐效应精馏都是在被分离溶液中加入第三组分以加大原溶液中各组分间挥发度的差别,从而使其易于分离,同时降低设备投资和操作费用的。本节将介绍这三种特殊精馏的流程和特点。

9.7.1 共沸精馏

若在两组分共沸物中加入第三组分(称为夹带剂),该组分与原料液中的一个或两个组分形成新的共沸液,从而使原料液能用普通精馏方法予以分离,这种精馏操作称为共沸精馏。共沸精馏可分离具有最低共沸点的溶液、具有最高共沸点的溶液,以及挥发度相近的物系。共沸精馏的流程取决于夹带剂与原有组分所形成的共沸液的性质。

一、共沸精馏的流程举例

图 9-36 为分离乙醇-水混合物的共沸精馏流程示意图。原料液中加入适量的夹带

剂苯,苯与原料液形成新的三元非均相共沸液(相应的共沸点为 64.85 ℃,共沸摩尔组成为苯 0.539、乙醇 0.228、水 0.233)。只要苯的加入量适当,原料液中的水可全部转入三元共沸液中,从而使乙醇 - 水混合物得以分离。

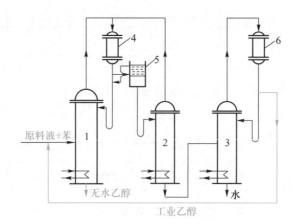

1—共沸精馏塔;2—苯回收塔;3—乙醇回收塔;
4、6—冷凝器;5—分层器

图 9 - 36　分离乙醇 - 水混合物的共沸精馏流程示意图

由于常压下此三元共沸液的共沸点为 64.85 ℃,故其由塔顶蒸出,塔底产品为近于纯态的乙醇。塔顶蒸气进入冷凝器 4 中冷凝后,部分液相回流到塔1,其余的进入分层器5,在器内分为轻、重两层液体。轻相返回塔 1 作为补充回流。重相送入苯回收塔 2,以回收其中的苯。苯回收塔 2 的蒸气由塔顶引出也进入冷凝器 4 中,苯回收塔 2 底部的产品为稀乙醇,被送到乙醇回收塔 3 中。乙醇回收塔 3 的塔顶产品为乙醇 - 水共沸液,送回共沸精馏塔 1 作为原料,塔底产品几乎为纯水。在操作中苯是循环使用的,但因有损耗,故隔一段时间后需补充一定量的苯。

二、共沸精馏中夹带剂的选择

在共沸精馏中,需选择适宜的夹带剂。对夹带剂的要求是:① 夹带剂应能与被分离组分形成新的共沸液,最好其共沸点比纯组分的沸点低,一般两者沸点差不小于 10 ℃;② 新共沸液所含夹带剂的量越少越好,以便减少夹带剂用量及汽化、回收时所需的能量;③ 新共沸液最好为非均相混合物,便于用分层法分离;④ 无毒性、无腐蚀性,热稳定性好;⑤ 来源容易,价格低廉。

9.7.2　萃取精馏

萃取精馏和共沸精馏相似,也是向原料液中加入第三组分(称为萃取剂或溶剂),以改变原有组分间的相对挥发度而达到分离要求的特殊精馏方法。但不同的是,要求萃取剂的沸点较原料液中各组分的沸点高得多,且不与组分形成共沸液,容易回收。萃取精馏常用于分离各组分挥发度差别很小的溶液。例如,在常压下苯的沸点为 80.1 ℃,环己烷的沸点为 80.73 ℃,若在苯 - 环己烷溶液中加入萃取剂糠醛,则溶液的相对挥发度 α 发生显著的变化,且相对挥发度随萃取剂量的加大而增高,如表9-1所示。

表9-1　苯-环己烷溶液加入糠醛后相对挥发度 α 的变化

溶液中糠醛的摩尔分数	0	0.2	0.4	0.5	0.6	0.7
相对挥发度 α	0.98	1.38	1.86	2.07	2.36	2.7

一、萃取精馏的流程举例

图9-37为分离苯-环己烷溶液的萃取精馏流程示意图。原料液进入萃取精馏塔1中,萃取剂(糠醛)由萃取精馏塔1顶部加入,以便在每层板上都发挥作用。塔顶蒸出的为环己烷蒸气。为回收微量的糠醛蒸气,在萃取精馏塔1上部设置萃取剂回收段2(若萃取剂沸点很高,也可以不设回收段)。塔底釜液为苯-糠醛混合液,再将其送入苯回收塔3中。由于常压下苯的沸点为80.1 ℃,糠醛的沸点为161.7 ℃,故两者很容易分离。苯回收塔3中的釜液为糠醛,可循环使用。

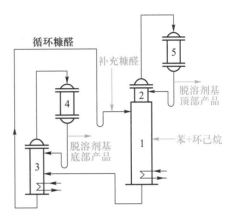

1—萃取精馏塔;2—萃取剂回收段;
3—苯回收塔;4、5—冷凝器

图9-37　分离苯-环己烷溶液的
萃取精馏流程示意图

二、萃取精馏中萃取剂的选择

选择萃取剂时,主要应考虑:① 萃取剂应使原组分间相对挥发度发生显著变化;② 萃取剂的挥发性应低些,即其沸点应较原混合液中纯组分的高,且不与原组分形成共沸液;③ 无毒性、无腐蚀性,热稳定性好;④ 来源方便,价格低廉。

萃取精馏中萃取剂的加入量一般较多,以保证各层塔板上足够的萃取剂浓度,而且萃取精馏往往采用饱和蒸气加料,以使精馏段和提馏段的萃取剂浓度基本相同。

三、萃取精馏与共沸精馏的比较

萃取精馏与共沸精馏的特点比较如下:① 萃取剂比夹带剂易于选择;② 萃取剂在精馏过程中基本上不汽化,也不与原料液形成共沸液,故萃取精馏的能量消耗较共沸精馏的少;③ 萃取精馏中,萃取剂加入量的变动范围较大,而在共沸精馏中,适宜的夹带剂量多为一定的,故萃取精馏的操作较灵活,易控制;④ 萃取精馏不宜采用间歇操作方式,而共沸精馏则可采用间歇操作方式;⑤ 共沸精馏的操作温度较萃取精馏的低,故共沸精馏较适用于分离热敏性溶液。

9.7.3　盐效应精馏

用可溶性盐代替萃取剂作为萃取精馏的分离剂,可得到比普通萃取精馏更好的分离效果,此种精馏方法称为盐效应精馏,又称溶盐萃取精馏。早在13世纪,此种精馏方法在硝酸工业及发酵液制备乙醇方面就得到了有效应用。

作为应用实例,在乙醇-水体系中加入氯化钙或氯化铜,均能使乙醇对水的相对挥发度提高。实测的乙醇-水-氯化铜气液相平衡关系示于图 9-38 中。

目前,用于工业生产的盐效应精馏流程之一如图 9-39 所示。与萃取精馏相似,将固体盐从塔顶加入(或将盐溶于回流液中),塔内每层塔板的液相都是含盐的三组分体系,因而都能起到盐效应精馏的效果。由于盐的不挥发性,塔顶可以得高纯度的产品,塔底则为盐溶液。盐的回收大多采用蒸发或干燥方法除去液体组分来完成。

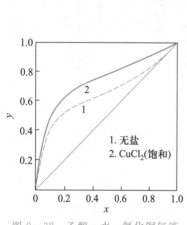

图 9-38　乙醇-水-氯化铜气液
相平衡关系图

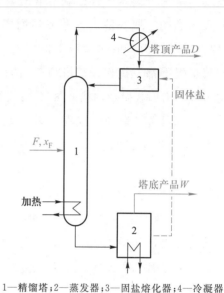

1—精馏塔;2—蒸发器;3—固盐熔化器;4—冷凝器

图 9-39　用于工业生产的盐效应精馏流程示意图

盐效应精馏的优点是加入少量盐即可大幅度提高相对挥发度,其缺点是固体盐的输送、加料和溶解比较麻烦,有时会发生堵塞现象,从而使得其应用受到限制。

近来,在萃取精馏的萃取剂中加入熔盐,既提高了萃取剂的选择性,也克服了固体盐循环、回收的困难,是一种新型、高效的萃取精馏方法。据报道,在乙二醇溶剂中加入氯化钙或乙酸钾等盐类形成混合萃取剂制备无水乙醇,取得了非常可喜的工业效果。

盐效应精馏和萃取精馏相结合的综合方法,是一种很值得重视的分离技术。

9.8　板　式　塔

演示文稿

实现蒸馏过程的设备称为气(汽)液传质设备。气液传质设备的形式多样,其中以塔设备(包括板式塔和填料塔)应用最广泛。本节重点介绍逐级接触的错流式(带降液管)板式塔。

9.8.1 塔板的类型及性能评价

一、塔板类型

按照塔内气液流动的方式,可将塔板分为错流式与逆流式。错流式塔板上带有降液管,在每层塔板上保持一定的液层厚度,气体垂直穿过液层,但对整个塔来说,两相为逆流流动。错流式塔板广泛应用于精馏、吸收等传质操作中。

逆流式塔板也称穿流板,板上不设降液管,气液两相同时由板上孔道逆向穿流而过。栅板、淋降筛板等都属于逆流式塔板。这种塔板的结构虽简单,板面利用率也高,但需要较高的气速才能维持板上液层,操作范围较小,分离效率也低,工业上应用较少。

塔板是板式塔的主要构件,在几种主要类型的错流式塔板中,应用最早的是泡罩塔板,目前使用最广泛的是筛孔塔板和浮阀塔板。同时,各种新型高效塔板不断问世。

1. 泡罩塔板

泡罩塔板是应用最早的气液传质设备之一,长期以来,人们对泡罩塔板的性能做了较充分的研究,在工业生产实践中积累了丰富的经验。

泡罩塔板结构如图9-40所示。每层塔板上开有若干个孔,孔上焊有短管作为上升气体的通道,称为升气管。升气管上覆以泡罩,泡罩下部周边开有许多齿缝。泡罩分圆

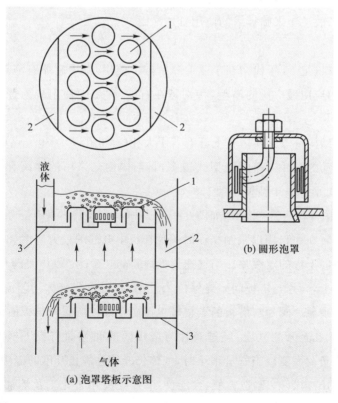

(a) 泡罩塔板示意图 (b) 圆形泡罩

动画
泡罩塔板

1—泡罩;2—降液管;3—塔板

图9-40 泡罩塔板结构

形和条形两种,以圆形应用居多。圆形泡罩尺寸分为 $\phi 80$ mm、$\phi 100$ mm、$\phi 150$ mm 三种,其主要结构参数已系列化。

操作时,上升气体通过齿缝进入液层时,被分散成许多细小的气泡或流股,在塔板上形成了鼓泡层和泡沫层,为气液两相提供了大量的传质界面。

泡罩塔板的优点是:因升气管高出液层,不易发生漏液现象,液气比范围大,有较大的操作弹性,即当气液流量有较大的波动时,仍能维持几乎恒定的板效率;塔板不易堵塞,适于处理各种物料。泡罩塔板的缺点是:塔板结构复杂,金属消耗量大,造价高;塔板压降大,生产能力及板效率均较低。泡罩塔板目前仍有采用。

2. 筛孔塔板(筛板)

筛孔塔板简称筛板,塔板上开有许多均匀分布的小孔。根据孔径大小,分为小孔径(孔径为 3~8 mm)筛板和大孔径(孔径为 10~25 mm)筛板两类。筛孔在塔板上通常呈正三角形排列。

在正常的操作气速下,通过筛孔上升的气流,应能阻止液体经筛孔向下泄漏。

筛孔塔板的优点是:结构简单,造价低廉,气体压降小,板上液面落差也较小,生产能力及板效率均较泡罩塔板高。其主要缺点是:操作弹性小,筛孔小时容易堵塞。采用大孔径筛板可避免堵塞,而且由于气速的提高,生产能力增大。

到 20 世纪 50 年代初,对筛板塔的结构、性能已作了较充分的研究,加之设计和控制水平的不断提高,故近年来筛板塔的应用日趋广泛。

3. 浮阀塔板

浮阀塔于 20 世纪 50 年代初在工业上开始推广使用,由于它兼有泡罩塔和筛板塔的优点,已成为国内应用最广泛的塔型,特别是在石油、化工中使用最为普遍,对其性能研究也较充分。

浮阀塔板的结构特点是在塔板上开有若干大孔(标准孔径为 39 mm),每个孔上装有一个可以上下浮动的阀片。浮阀的型式很多,目前国内已采用的浮阀有五种,但最常用的浮阀型式为 F1 型、V-4 型和 T 型。

F1 型浮阀(国外称为 V-1 型)如图 9-41(a)所示。阀片本身有三条“腿”,插入阀孔后将各腿底脚扳转 90°角,用以限制操作时阀片在板上升起的最大高度(8.5 mm);阀片周边又冲出三块略向下弯的定距片。当气速很低时,靠这三个定距片使阀片与塔板呈点接触而坐落在阀孔上,阀片与塔板间始终保持 2.5 mm 的开度供气体均匀流过,避免了阀片启闭不匀的脉动现象。阀片与塔板的点接触也可防止停工后阀片与板面黏结。

操作时,由阀孔上升的气流,经过阀片与塔板间的间隙而与板上横流的液体接触。浮阀开度随气体负荷而变。当气量很小时,气体仍能通过静止开度的缝隙而鼓泡。

F1 型浮阀的结构简单、制造方便、性能良好,广泛应用于化工及炼油生产中,现已列入行业标准(JB/T 1118—2001)内。F1 型浮阀又分重阀与轻阀两种:重阀采用厚度为 2 mm 的薄板冲制,每阀质量约为 33 g;轻阀采用厚度为 1.5 mm 的薄板冲制,每阀质量约

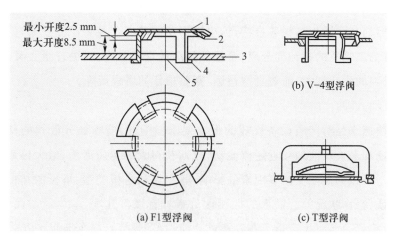

1—阀片；2—定距片；3—塔板；4—底脚；5—阀孔

图 9-41　几种浮阀型式

为 25 g。一般情况下都采用重阀，只有在处理量大并且要求压降很低的系统（如减压塔）中，才用轻阀。

V-4 型浮阀如图 9-41(b)所示，其特点是阀孔冲成向下弯曲的文丘里形，以减小气体通过塔板时的压降。阀片除腿部相应加长外，其余结构尺寸与 F1 型浮阀中轻阀的结构尺寸无异。V-4 型浮阀适用于减压系统。

T 型浮阀如图 9-41(c)所示，拱形阀片的活动范围由固定于塔板上的支架来限制。T 型浮阀的性能与 F1 型浮阀的相近，但结构较复杂，适于处理含颗粒或易聚合的物料。

为避免阀片生锈，浮阀多采用不锈钢制造。

与泡罩塔板和筛板相比较，浮阀塔板的综合性能更优越，具有如下特点：生产能力大（比泡罩塔板大 20%，与筛板相当），操作弹性大，塔板效率高，气体压降及液面落差小，构造简单，易于制造，塔的造价低（比泡罩塔板低 20%~40%）。

由于浮阀塔板的如上优点，故有关浮阀塔板的研究开发较其他类型塔板的更为广泛。近年来研究开发出的新型浮阀有船形浮阀、管形浮阀、梯形浮阀、双层浮阀、V-V 浮阀、混合浮阀等，其共同的特点是加强了流体的导向作用和气体的分散作用，使气、液两相的流动更趋于合理，操作弹性和塔板效率得到进一步的提高。但应指出，在工业应用中，目前还多采用 F1 型浮阀，其原因是 F1 型浮阀已有系列化标准，各种设计数据完善，便于设计和对比。

浮阀塔不宜处理易结焦或黏度大的系统，但对于黏度稍大及有一般聚合现象的系统，浮阀塔也能正常操作。

4. 喷射型塔板

上述塔板都不同程度地存在雾沫夹带现象。为了克服这一不利因素对生产的影响，设计了斜向喷射的舌形塔板、斜孔板、浮舌塔板、浮动喷射塔板、垂直筛板等不同的结构型式，有些塔板结构还能减少由水力梯度造成的气体分布不均匀现象。高效、大通量、低

课程思政

压降的新型垂直筛板和立体传质塔板近几年得到快速的推广应用。

层出不穷的新型塔板结构各具特点,应根据不同的工艺及生产需要来选择塔型。一般来说,对难分离物系的高纯度分离,希望得到高的塔板效率;对处理量大又易分离的物系,往往追求高的生产能力;而对真空精馏,则要求低的塔板压降。

二、塔板的性能评价

提高传质速率是对传质设备性能的根本要求。为此,应保证分散相的良好分散,两相的适当湍动和最大可能地接近逆流流动,以期获得大的传质面积、增大传质系数、提高传质推动力。塔板的性能受诸多因素的影响,其中包括塔板类型、塔板的结构尺寸、被处理物料的性质、操作状况等。塔板的性能评价指标有以下几项:单位塔截面上气液两相通量,塔板效率,压降,对生产负荷和物料的适应性(即弹性),制造难易和成本。

应予指出,现有的任何一种塔板均不可能达到上述评价指标的全面优化,它们各具特色。正是人们对于大通量、高效率、弹性大、低压降的追求,推动着新型塔板结构型式的不断开发和创新。

工业上常见的几种塔板的性能比较列于表 9-2。

表 9-2　工业上常见的几种塔板的性能比较

塔板类型	相对生产能力	相对塔板效率	操作弹性	压降	结构	相对成本
泡罩塔板	1.0	1.0	中	高	复杂	1.0
筛孔塔板	1.2～1.4	1.1	低	低	简单	0.4～0.5
浮阀塔板	1.2～1.3	1.1～1.2	大	中	一般	0.7～0.8
舌形塔板	1.3～1.5	1.1	小	低	简单	0.5～0.6
斜孔塔板	1.5～1.8	1.1	中	低	简单	0.5～0.6

演示文稿

9.8.2　塔高和塔径的计算

一、塔有效高度的计算

1. 塔有效高度计算

对于板式塔,通过塔板效率将理论板层数换算为实际板层数,再选择板间距(指相邻两层实际板之间的距离),由实际板层数和板间距可计算板式塔的有效高度,即

$$Z=(N_P-1)H_T \tag{9-64}$$

式中　　Z——板式塔的有效高度,m;

　　　　N_P——实际板层数;

　　　　H_T——板间距,m。

由式(9-64)算得的塔高为安装塔板部分的高度,不包括塔底精馏釜和塔顶空间等的高度。

2. 塔板效率

塔板效率反映了实际塔板的气液两相传质的完善程度。塔板效率有几种不同的表示方法,即总板效率、单板效率和点效率等。

(1)总板效率 E_T　总板效率又称全塔效率,它是指达到指定分离效果所需理论板层数与实际板层数的比值,即

$$E_T = \frac{N_T}{N_P} \times 100\% \qquad (9-65)$$

式中　E_T——总板效率,%。

通常板式塔内各层塔板的传质效率并不相同,总板效率简单地反映了全塔的平均传质效果,其值恒小于 100%。对一定结构的板式塔,若已知在某种操作条件下的总板效率,便可由式(9-65)求得实际板层数。

影响塔板效率的因素很多,概括起来有物系性质、塔板结构及操作条件三个方面。物系性质主要指物料的黏度、密度、表面张力、扩散系数及相对挥发度等。塔板结构主要包括塔板类型、塔径、板间距、堰高及开孔率等。操作条件是指温度、压力、气体上升速率及气液流量比等。影响塔板效率的因素多而复杂,很难找到各种因素之间的定量关系。设计中所用的塔板效率数据,一般是从条件相近的生产装置或中试装置中取得的经验数据。此外,人们在长期实践的基础上,积累了丰富的生产数据,加上理论研究的不断深入,逐渐总结出一些估算塔板效率的经验关联式。比较有代表性的是奥康奈尔(O'Connell)简化的经验计算方法,该法归纳了试验数据及工业数据,得出总板效率与少数主要影响因素的关系。奥康奈尔方法目前被认为是较好的简易方法。例如,对于精馏塔,奥康奈尔法将总板效率对液相黏度与相对挥发度的乘积进行关联,得到如图 9-42 所示曲线。该曲线也可用下式表达:

$$E_T = 0.49(\alpha \mu_L)^{-0.245} \qquad (9-66)$$

式中　α——塔顶与塔底平均温度下的相对挥发度,对多组分系统,应取关键组分间的相对挥发度;

　　　μ_L——塔顶与塔底平均温度下的液相黏度,mPa·s。

对于多组分系统的 μ_L 可按下式计算,即

$$\mu_L = \sum x_i \mu_{Li} \qquad (9-67)$$

式中　μ_{Li}——液相中任意组分 i 的黏度,mPa·s;

　　　x_i——液相中任意组分 i 的摩尔分数。

应指出,图 9-42 及式(9-66)是根据若干老式的工业塔及试验塔的总板效率关联的,因此,对于新型高效的精馏塔,总板效率要适当提高。

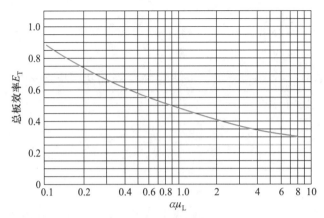

图 9-42　精馏塔总板效率关联曲线

◆ 例 9-16　某制药厂用板式精馏塔回收丙酮含量为 0.75(摩尔分数,下同)的废丙酮溶媒。该板式精馏塔共装有 28 层塔板,塔顶采用全凝器,泡点回流;塔底采用再沸器间接加热。因在常压下操作,该分离物系可视为二元理想物系,其平均相对挥发度为 1.8,液相的平均黏度为 0.308 mPa·s。现场测得的一组数据如下:

馏出液中丙酮的含量为 0.96;釜残液中丙酮的含量为 0.05;精馏段的液相负荷为 40 kmol/h;精馏段的气相负荷为 60 kmol/h;提馏段的液相负荷为 66 kmol/h;提馏段的气相负荷为 60 kmol/h。

试根据以上数据核算:(1) 丙酮的回收率;(2) 操作回流比与最小回流比的比值;(3) 精馏段和提馏段操作线方程;(4) 该板式塔的总板效率。

解: 由于 $V=V'=60$ kmol/h,则 $q=1.0$(泡点进料)。

(1) 丙酮回收率

$$\eta_D = \frac{Dx_D}{Fx_F} \times 100\%$$

式中　　　　　　$F = L' - L = (66-40) \text{ kmol/h} = 26 \text{ kmol/h}$

$$D = V - L = (60-40) \text{ kmol/h} = 20 \text{ kmol/h}$$

则　　　　　　$$\eta_D = \frac{20 \times 0.96}{26 \times 0.75} \times 100\% = 98.46\%$$

(2) 操作回流比与最小回流比的比值

$$R = \frac{L}{D} = \frac{40}{20} = 2$$

$$R_{min} = \frac{x_D - y_q}{y_q - x_q}$$

式中　　　　　　$x_q = x_F = 0.75$

$$y_q = \frac{1.8 \times 0.75}{1 + 0.8 \times 0.75} = 0.8438$$

所以
$$R_{\min}=\frac{0.96-0.8438}{0.8438-0.75}=1.239$$

则
$$R/R_{\min}=2/1.239=1.614$$

（3）精馏段和提馏段操作线方程

精馏段
$$y=\frac{L}{V}x+\frac{Dx_D}{V}=\frac{40}{60}x+\frac{20\times0.96}{60}=\frac{2}{3}x+0.32$$

提馏段
$$y=\frac{L'}{V'}x-\frac{Wx_w}{V'}=\frac{66}{60}x-\frac{(26-20)\times0.05}{60}=1.1x-0.005$$

（4）该板式塔的总板效率　用吉利兰简捷法求理论板层数。

$$X=\frac{R-R_{\min}}{R+1}=\frac{2-1.239}{2+1}=0.2537$$

$$N_{\min}=\frac{1}{\ln\alpha}\ln\left[\left(\frac{x_D}{1-x_D}\right)\left(\frac{1-x_w}{x_w}\right)\right]-1$$

$$=\frac{1}{\ln 1.8}\ln\left[\left(\frac{0.96}{1-0.96}\right)\left(\frac{1-0.05}{0.05}\right)\right]-1=9.416$$

$$Y=\frac{N-N_{\min}}{N+2}=0.545827-0.591422X+0.002743/X \tag{a}$$

将　　　　　$X=0.2537$ 及 $N_{\min}=9.416$ 代入式(a)，得

$$\frac{N-9.416}{N+2}=0.4066$$

$$N=17.24$$

则
$$E_T=\frac{N_T}{N_P}\times100\%=\frac{17.24}{28}\times100\%=61.57\%$$

精馏塔的总板效率也可用奥康奈尔方法估算，即

$$E_T=0.49(\alpha\mu_L)^{-0.245}$$

$$=0.49\times(1.8\times0.308)^{-0.245}=0.566(即 56.6\%)$$

相对来说，奥康奈尔方法得到的结果偏低。

（2）单板效率 E_M　单板效率又称默弗里（Murphree）效率，是指气相或液相经过一层塔板前后的实际组成变化与经过该层塔板前后的理论组成变化的比值，第 n 层塔板的单板效率有如下两种表达方式：

按气相组成变化表示的单板效率为

$$E_{MV}=\frac{y_n-y_{n+1}}{y_n^*-y_{n+1}} \tag{9-68}$$

按液相组成变化表示的单板效率为

$$E_{ML}=\frac{x_{n-1}-x_n}{x_{n-1}-x_n^*} \tag{9-69}$$

式中　　y_n^*——与 x_n 成平衡的气相组成；

　　　　x_n^*——与 y_n 成平衡的液相组成。

一般说来,同一层塔板的 E_{MV} 与 E_{ML} 的数值并不相同,只有当操作线与平衡线为互相平行的直线时二者才有相同的数值。

单板效率可直接反映该层塔板的传质效果,各层塔板的单板效率通常不相等。即使塔内各单板效率相等,总板效率在数值上也不等于单板效率。这是因为二者定义的基准不同,总板效率是基于所需理论板层数的概念,而单板效率是基于该板理论增浓程度的概念。

练习文稿

练习文稿

◆ **例 9-17**　在常压连续精馏塔内分离某理想二元混合物。已知进料量为 100 kmol/h,其组成为 0.4(易挥发组分的摩尔分数,下同);馏出液流量为 40 kmol/h,其组成为 0.95;泡点进料,操作回流比为最小回流比的 1.6 倍;每层塔板的液相单板效率 E_{ML} 为 0.5;在本题范围内气液相平衡方程为 $y = 0.6x + 0.35$;测得进入该塔某层塔板的液相组成为 0.35。试计算离开该层塔板的液相组成。

解:　由于进入该层塔板的液相组成小于进料组成,则该层塔板应在提馏段,需通过单板效率定义式、提馏段操作线方程和相平衡方程联立求解。

首先确定操作回流比。由于泡点进料,$q = 1$,$x_q = x_F = 0.4$。

$$R_{min} = \frac{x_D - y_q}{y_q - x_q} = \frac{0.95 - (0.6 \times 0.4 + 0.35)}{(0.6 \times 0.4 + 0.35) - 0.4} = 1.895$$

$$R = 1.6 R_{min} = 1.6 \times 1.895 = 3.032$$

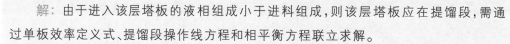

$$y = \frac{L'}{V'}x - \frac{W}{V'}x_W$$

式中有关参数计算如下:

$$W = F - D = (100 - 40)\ kmol/h = 60\ kmol/h$$

$$x_W = \frac{F x_F - D x_D}{W} = \frac{100 \times 0.4 - 40 \times 0.95}{60} = 0.0333$$

$$L' = DR + qF = (3.032 \times 40 + 1 \times 100)\ kmol/h = 221.3\ kmol/h$$

$$V' = V = D(R+1) = (40 \times 4.032)kmol/h = 161.3\ kmol/h$$

则

$$y = \frac{221.3}{161.3}x - \frac{60}{161.3} \times 0.0333 = 1.372x - 0.0124$$

单板效率的定义式为

$$E_{ML} = \frac{x_{m-1} - x_m}{x_{m-1} - x_m^*} = \frac{0.35 - x_m}{0.35 - x_m^*} = 0.5$$

式中

$$y_m = 1.372 x_{m-1} - 0.0124 = 1.372 \times 0.35 - 0.0124 = 0.4678$$

$$x_m^* = \frac{y_m - 0.35}{0.6} = \frac{0.4678 - 0.35}{0.6} = 0.1963$$

将 x_m^* 值代入 E_{ML} 定义式,解得

$$x_m = 0.2732$$

求解本例题的关键在于掌握单板效率定义式、操作线方程和相平衡方程的联合运用。

（3）点效率 E_0 点效率是指塔板上各点的局部效率。以气相点效率 E_{OV} 为例,其表达式为

$$E_{OV} = \frac{y - y_{n+1}}{y^* - y_{n+1}} \qquad (9-70)$$

式中 y——与流经塔板某点的液相组成 x 相接触后而离去的气相组成;

y_{n+1}——由下层塔板进入该塔板某点的气相组成;

y^*——与液相组成 x 成平衡的气相组成。

点效率与单板效率的区别在于:点效率中的 y 为离开塔板某点的气相组成,y^* 为与塔板上某点液相组成 x 成平衡的气相组成;而单板效率中的 y_n 是离开塔板气相的平均组成,y_n^* 为与离开塔板液相平均组成 x_n 相平衡的气相组成。只有当板上液体完全混合时,点效率 E_{OV} 与单板效率 E_{MV} 才具有相同的数值。

3. 塔板间距的确定

塔板间距 H_T 的选取与塔高、塔径、物系性质、分离效率、操作弹性,以及塔的安装、检修等因素有关。设计时塔板间距通常根据塔径的大小,由表 9-3 列出的塔板间距与塔径关系的经验数值选取。

表 9-3 塔板间距与塔径关系的经验数值

塔径 D/m	0.3~0.5	0.5~0.8	0.8~1.6	1.6~2.0	2.0~2.4	>2.4
塔板间距 H_T/mm	200~300	300~350	350~450	450~600	500~800	≥800

选取塔板间距时,还要考虑实际情况。例如,塔板层数很多时,宜选用较小的塔板间距,适当加大塔径以降低塔的高度;塔内各段负荷差别较大时,也可采用不同的塔板间距以保持塔径的一致;对易发泡的物系,塔板间距应取大些,以保证塔的分离效果;对生产负荷波动较大的场合,也需加大塔板间距以提高操作弹性。在设计中,有时需反复调整,选定适宜的塔板间距。

塔板间距的数值应按系列标准选取,常用的标准塔板间距有 300 mm、350 mm、400 mm、450 mm、500 mm、600 mm、800 mm 等几种。应予指出,塔板间距的确定除考虑上述因素外,还应考虑安装、检修的需要。例如,在塔体的人孔处,应采用较大的塔板间距,一般不低于 600 mm。

另外,塔体的实际高度还应考虑为塔顶及塔底留有较大的空间。

二、塔径的计算

1. 塔径的计算

精馏塔的直径,可由塔内上升蒸气的体积流量及其通过塔横截面的空塔气速求得,即

$$V_s = \frac{\pi}{4} D^2 u \qquad (9-71)$$

或
$$D = \sqrt{\frac{4V_s}{\pi u}}$$

式中　　D——精馏塔内径,m;

　　　　u——空塔气速,m/s;

　　　　V_s——塔内上升蒸气的体积流量,m^3/s。

2. 空塔气速的确定

由式(9-71)可知,计算塔径的关键在于确定适宜的空塔气速 u。空塔气速是影响精馏操作的重要因素,空塔气速的上限由严重的雾沫夹带或液泛决定,下限由漏液决定,适宜的空塔气速应介于二者之间,一般依据最大允许气速(称为极限空塔气速)来确定。在设计中确定空塔气速的方法是,先求得最大空塔气速 u_{max},然后根据设计经验,乘以一定的安全系数,即

$$u = (0.6 \sim 0.8) u_{max} \qquad (9-72)$$

对直径较大、塔板间距较大、加压或常压操作的塔,以及不易起泡的物系,可取较高的安全系数;对直径较小、减压操作的塔,以及严重起泡的物系,应取较低的安全系数。

最大空塔速度 u_{max} 可依据悬浮液滴沉降原理导出,其结果为

$$u_{max} = C \sqrt{\frac{\rho_L - \rho_V}{\rho_V}} \qquad (9-73)$$

式中　　ρ_L、ρ_V——分别为液相与气相的密度,kg/m^3;

　　　　C——负荷因子,m/s。

负荷因子 C 与气液相负荷、物性及塔板结构有关。史密斯(Smith)汇集了大量的实验测定数据整理成如图 9-43 所示的史密斯关联图。

图 9-43 中横坐标称为液气动能参数,它反映了液气两相负荷的影响;纵坐标 C_{20} 为物系表面张力为 20 mN/m 的负荷系数;参数 $H_T - h_L$ 反映了液滴沉降空间高度对 C_{20} 的影响。

塔板上液层高度 h_L 由设计者选定。对常压塔一般取 $0.05 \sim 0.08$ m;对减压塔通常取 $0.025 \sim 0.03$ m。

当所处理物系的表面张力为其他数值时,对 C_{20} 应按下式进行校正,即

$$C = C_{20} \left(\frac{\sigma_L}{20} \right)^{0.2} \qquad (9-74)$$

式中　　C——操作物系的负荷因子,m/s;

　　　　σ_L——操作物系的表面张力,mN/m。

3. 气相体积流量的计算

由于精馏段和提馏段内的上升蒸气体积流量 V_s 可能不同,因此两段的 V_s 及直径应

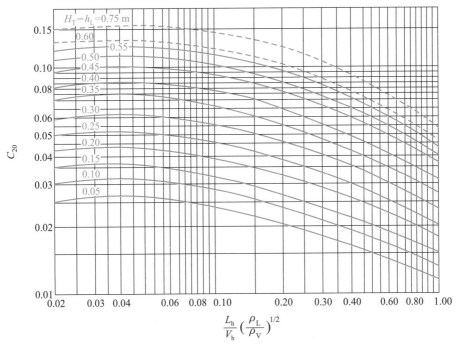

V_h、L_h—分别为塔内气、液相的体积流量,m^3/h;

ρ_V、ρ_L—分别为塔内气、液相的密度,kg/m^3;H_T—塔板间距,m;h_L—塔板上液层高度,m

图 9-43　史密斯关联图

分别计算。

（1）精馏段 V_s 的计算　若已知精馏段的摩尔流量 V,则可按下式换算为体积流量,即

$$V_s=\frac{VM_m}{3600\,\rho_V} \tag{9-75}$$

式中　V_s——气相的体积流量,m^3/s;

　　　V——精馏段摩尔流量,kmol/h;

　　　ρ_V——在精馏段平均操作压力和温度下气相的密度,kg/m^3;

　　　M_m——精馏段气相平均摩尔质量,kg/kmol。

当气相可视为理想气体混合物时,则有

$$V_s=\frac{22.4V}{3600}\cdot\frac{Tp_0}{T_0p} \tag{9-76}$$

式中　T、T_0——分别为精馏段的平均温度和标准状况下的热力学温度,K;

　　　p、p_0——分别为精馏段的平均压力和标准状况下的压力,Pa。

（2）提馏段 V_s 的计算　若已知提馏段的摩尔流量 V、平均温度 T 及平均压力 p,可按式(9-75)或式(9-76)来计算提馏段的 V_s。

将求得的空塔气速 u 和气相体积流量 V_s 代入式(9-71)算出塔径后,还需根据塔径系列标准予以圆整。最常用的标准塔径为 600 mm、700 mm、800 mm、1000 mm、

1200 mm、1400 mm、1600 mm、1800 mm、2000 mm、2200 mm、…、4200 mm。

应当指出,如此算出的塔径只是初估值,以后还要根据流体力学原则进行核算。另外,由于进料热状况及操作条件的不同,两段塔径相差较大时,可设计成变径塔。但若两段塔径相差不大时,为使塔的结构简化,两段宜取相等的塔径,取二者中较大者为精馏塔的塔径。

案例解析

案例解析

案例解析

◆ 例 9-18　用常压操作的板式精馏塔分离两组分理想溶液,物系不发泡。经方案论证和工艺计算,确定精馏段如下工艺条件:

进料热状况	泡点	空塔气速	0.82 m/s
气相平均摩尔质量	81.13 kg/kmol	塔顶压力	104 kPa
塔顶温度	80 ℃	液相平均摩尔质量	83.10 kg/kmol
进料板压力	116 kPa	进料板温度	88 ℃
液相密度	803.0 kg/m³	气相负荷	50 kmol/h
液相平均黏度	0.66 mPa·s	液相负荷	37 kmol/h
理论板层数	8	平均相对挥发度	2.32
平均表面张力	20.41 mN/m	塔板间距	0.45 m

试计算精馏段塔径和塔的有效高度,并核算空塔气速的安全系数。

解:(1) 精馏段塔径　依题给条件,可知

$$V = 50 \text{ kmol/h}$$

平均温度

$$t_m = \left[\frac{1}{2}(80+88) \right] ℃ = 84 ℃$$

平均压力

$$p_m = \left[\frac{1}{2} \times (104+116) \right] \text{ kPa} = 110 \text{ kPa}$$

则

$$V_s = \left(\frac{22.4 \times 50}{3600} \times \frac{273+84}{273} \times \frac{101.3}{110} \right) \text{ m}^3/\text{s} = 0.375 \text{ m}^3/\text{s}$$

$$D = \sqrt{\frac{4V_s}{\pi u}} = \sqrt{\frac{4 \times 0.375}{0.82\pi}} \text{ m} = 0.763 \text{ m}$$

根据系列标准,选取塔径为 0.8 m。此时,实际空塔气速为

$$u = \frac{V_s}{\frac{\pi}{4}D^2} = \left(\frac{4 \times 0.375}{0.8^2 \pi} \right) \text{ m/s} = 0.746 \text{ m/s}$$

(2) 精馏段的有效高度　有效高度计算式为

$$Z = \left(\frac{N_T}{E_T} - 1 \right) H_T$$

用奥康奈尔关联式计算总板效率,即

$$E_T = 0.49(\alpha \mu_L)^{-0.245} = 0.49 \times (2.32 \times 0.66)^{-0.245} = 0.441$$

于是 $\quad Z=\left[\left(\dfrac{8}{0.441}-1\right)\times 0.45\right]\text{m}=7.71\text{ m}(\text{或取 }N_{\text{P}}=19,Z=8.1\text{ m})$

实际塔高尚需考虑人孔、塔顶及塔底的高度。

(3) 安全系数   安全系数为 $u/u_{\max}$，关键是通过图 9-43 所示的史密斯关联图确定最大空塔气速 $u_{\max}$。有关参数计算如下：

$$L_{\text{s}}=\frac{LM_{\text{mL}}}{\rho_{\text{L}}}=\left(\frac{37\times 83.10}{803.0}\right)\text{m}^3/\text{h}=3.829\text{ m}^3/\text{h}=1.064\times 10^{-3}\text{ m}^3/\text{s}$$

$$\rho_{\text{V}}=\frac{VM_{\text{mV}}}{3600V_{\text{s}}}=\left(\frac{50\times 81.13}{3600\times 0.375}\right)\text{kg/m}^3=3.005\text{ kg/m}^3$$

液气动能参数 $=\dfrac{L_{\text{s}}}{V_{\text{s}}}\left(\dfrac{\rho_{\text{L}}}{\rho_{\text{V}}}\right)^{1/2}=\dfrac{1.064\times 10^{-3}}{0.375}\left(\dfrac{803.0}{3.005}\right)^{1/2}=0.0464$

取塔板上液层高度 $h_{\text{L}}=0.06\text{ m}$，则

$$H_{\text{T}}-h_{\text{L}}=(0.45-0.06)\text{m}=0.39\text{ m}$$

查图 9-43 得 $C_{20}=0.084\text{ m/s}$

操作条件下的负荷因子 $C=C_{20}\left(\dfrac{\sigma_{\text{L}}}{20}\right)^{0.2}=\left[0.084\times\left(\dfrac{20.41}{20}\right)^{0.2}\right]\text{m/s}=0.0843\text{ m/s}$

则 $\quad u_{\max}=C\sqrt{\dfrac{\rho_{\text{L}}-\rho_{\text{V}}}{\rho_{\text{V}}}}=\left(0.0843\sqrt{\dfrac{803.0-3.005}{3.005}}\right)\text{m/s}=1.375\text{ m/s}$

$$\text{安全系数}=\frac{0.746}{1.375}=0.5425$$

9.8.3 塔板的结构

演示文稿

塔板有整块式与分块式两种。直径较小($D\leqslant 800\text{ mm}$)的塔板多采用整块式；直径较大($D\geqslant 1200\text{ mm}$)的塔板宜采用分块式，以便于通过人孔装、拆塔板；塔径介于 $800\sim 1200\text{ mm}$ 的塔板可根据具体情况做出选择。

一、塔板的结构参数

不同类型塔板的塔板布置大同小异。以浮阀塔板为例，根据所起作用的不同，塔板板面分为四个区域，如图 9-44 所示。

1. 鼓泡区

图 9-44 中虚线以内的区域为鼓泡区，也称开孔区，是塔板上气液两相接触的有效传质区域。开孔区面积以 A_{a} 表示。

2. 溢流区

溢流区为降液管及受液盘所占的区域，其中降液管所占面积以 A_{f} 表示，受液盘所占面积以 A'_{f} 表示。

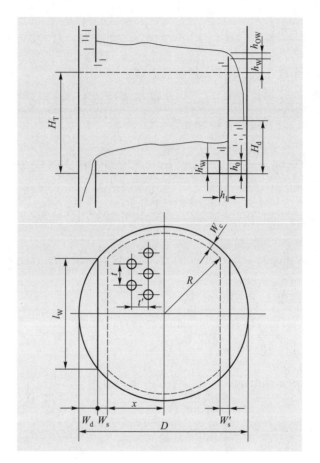

h_w—出口堰高,m;h_{OW}—堰上液层高度,m;h_0—降液管底隙高度,m;h_1—进口堰与降液管间的水平距离,m;h'_w—进口堰高,m;H_d—降液管中清液层高度,m;H_T—塔板间距,m;l_w—堰长,m;W_d—弓形降液管宽度,m;W_c—无效区宽度,m;W_s—安定区宽度,m;D—塔径,m;R—鼓泡区半径,m;x—鼓泡区宽度的1/2,m;t—同一横排的阀孔中心距,m

图 9-44　浮阀塔板结构参数

3. 安定区

鼓泡区与溢流区之间的不开孔区域称为安定区,也称为破沫区。溢流堰前的安定区宽度为 W_s,其作用是在液体进入降液管之前,有一段不鼓泡的安定地带,以免液体大量夹带气泡进入降液管;进口堰后的安全区宽度为 W'_s,在液体入口处,由于板上液面落差,液层较厚,有一定不开孔的安全地带,可减少漏液量。安定区的宽度可按下述范围选取,即

溢流堰前的安定区宽度　　　$W_s = 70 \sim 100$ mm

进口堰后的安全区宽度　　　$W'_s = 50 \sim 100$ mm

对小直径的塔($D < 1000$ mm),因塔板面积小,安定区要相应减少。

4. 无效区

在靠近塔壁的一圈边缘区域,供支持塔板的边梁之用,称为无效区,也称边缘区。其宽度 W_c 视塔板的支承需要而定,小直径塔一般为 $30 \sim 50$ mm,大直径塔一般为 $50 \sim$

70 mm。为防止液体经无效区流过而产生短路现象,可在塔板上沿塔壁设置挡板。

应予指出,为便于设计及加工,塔板的结构参数已逐渐系列化。本书附录三中列出了塔板结构参数的系列化标准,可供设计时参考。

二、塔板的溢流装置

板式塔的溢流装置包括降液管、溢流堰和受液盘等几部分,其结构和尺寸对塔的性能有重要影响。

1. 降液管的类型及溢流方式

(1)降液管的类型 降液管是塔板间流体流动的通道,也是使溢流液中所夹带气体得以分离的场所。降液管有圆形与弓形两类。通常圆形降液管一般只用于小直径塔,对于直径较大的塔,常用弓形降液管。

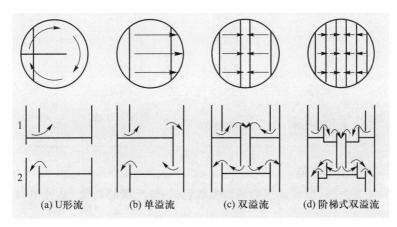

图 9 - 45 塔板溢流类型

(2)降液管的溢流方式 降液管的布置,规定了板上液体流动的途径。一般常用的有如图9-45所示的几种类型,即 U 形流(a)、单溢流(b)、双溢流(c)、阶梯式双溢流(d)。

U 形流也称回转流,降液和受液装置都安排在塔的同一侧。弓形的一半作为受液盘,另一半作为降液管,沿直径以挡板将板面隔成 U 形通道。图 9 - 45(a)中正视图 1 表示板上液体进口侧,2 表示液体出口侧。U 形流的液体流径最长,板面利用率也最高,但液面落差大,仅用于小直径塔及液体流量小的情况。

单溢流又称直径流,液体自受液盘流向溢流堰。液体流径长,塔板效率高,塔板结构简单,广泛应用于直径 2.2 m 以下的塔中。

双溢流又称半径流,来自上层塔板的液体分别从左、右两侧的降液管进入塔板,横过半个塔板进入中间的降液管,在下层塔板上液体则分别流向两侧的降液管。这种溢流形式可减小液面落差,但塔板结构复杂,且降液管占塔板面积较多,一般用于直径 2 m 以上的大直径塔中。

阶梯式双溢流的塔板做成阶梯形,目的在于减少液面落差而不缩短液体流径。每一阶梯均有溢流堰。这种塔板结构最复杂,只适用于塔径很大或液流量很大的特殊场合。

目前,凡直径在 2.2 m 以下的浮阀塔,一般采用单溢流,直径大于 2.2 m 的塔可采用双溢流及阶梯式双溢流。

选择何种降液方式要根据液体流量、塔径大小等条件综合考虑。表 9-4 列出溢流类型与液体负荷及塔径的经验关系,可供设计时参考。

表 9-4　溢流类型与液体负荷及塔径的经验关系

塔径 D/mm	液体流量 L_h/(m³·h⁻¹)			
	U 形流	单溢流	双溢流	阶梯式双溢流
1000	<7	<45		
1400	<9	<70		
2000	<11	<90	90~160	
3000	<11	<110	110~200	200~300
4000	<11	<110	110~230	230~350
5000	<11	<110	110~250	250~400
6000	<11	<110	110~250	250~450
适用场合	较低液气比	一般场合	高液气比或大型塔板	极高液气比或大型塔板

2. 溢流装置的结构参数

以弓形降液管为例,溢流装置的结构参数包括:溢流堰的长度 l_w 及出口堰高 h_w;弓形降液管的宽度 W_d 及其截面积 A_f;降液管底隙高度 h_0;进口堰高 h'_w 及其与降液管间的水平距离 h_1 等。溢流装置的各部件尺寸可参阅图 9-44,其设计计算方法可参见化工设计方面的资料。

9.8.4　板式塔的流体力学性能和操作特性

一、板式塔的流体力学性能

塔的操作能否正常进行,与塔内气液两相的流体力学状况有关。板式塔的流体力学性能包括:塔板上气液两相的接触状态,塔板压降,液泛,雾沫夹带,漏液及液面落差等。

1. 塔板上气液两相的接触状态

塔板上气液两相的接触状态是决定两相流体力学、传热及传质特性的主要因素。研究发现,当液相流量一定时,随着气速的提高,塔板上可能出现四种不同的接触状态,即鼓泡状态、蜂窝状态、泡沫状态及喷射状态,如图 9-46 所示。其中,泡沫状态和喷射状态均是优良的塔板工作状态。从减小雾沫夹带的角度考虑,大多数塔都应控制在泡沫接触状态下操作。

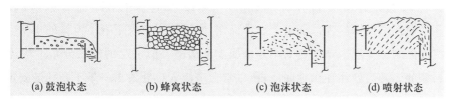

(a) 鼓泡状态　　　(b) 蜂窝状态　　　(c) 泡沫状态　　　(d) 喷射状态

图 9-46　塔板上的气液两相的接触状态

2. 塔板压降

上升的气流通过塔板时需要克服以下几种阻力:塔板本身的干板阻力(即板上各部件所造成的局部阻力)、板上充气液层的静压力和液体的表面张力。气体通过塔板时克服这三部分阻力就形成了该板的总压降。

气体通过塔板时的压降是影响板式塔操作特性的重要因素,因为气体通过各层塔板的压降直接影响到塔底的操作压力。特别是对真空精馏,塔板压降成为主要性能指标,因塔板压降增大,导致釜压升高,便失去了真空操作的特点。

然而从另一方面分析,对精馏过程,若使干板压降增大,一般可使塔板效率提高;若使板上液层适当增厚,则气液传质时间增长,显然效率也会提高。因此,进行塔板设计时,应全面考虑各种影响塔板效率的因素,在保证较高塔板效率的前提下,力求减小塔板压降,以降低能耗及改善塔的操作性能。

3. 液面落差

当液体横向流过板面时,为克服板面的摩擦阻力和板上部件(如泡罩、浮阀等)的局部阻力,需要一定的液位差,在板上形成由液体进入板面到离开板面的液面落差。液面落差也是影响板式塔操作特性的重要因素,液面落差将导致气流分布不均,从而造成漏液现象,使塔板的效率下降。因此,在塔板设计中应尽量减小液面落差。

液面落差的大小与塔板结构有关。泡罩塔板结构复杂,液体在板上流动阻力大,故液面落差较大;筛板板面结构简单,液面落差较小。液面落差还与塔径和液体流量有关,当塔径或液体流量很大时,也会造成较大的液面落差。为此,对于直径较大的塔,设计中常采用双溢流或阶梯式双溢流等溢流形式来减小液面落差。

二、板式塔的操作特性

设计完善的板式塔,尚需良好操作,才能取得预期的分离效果,否则,将会影响塔的操作特性。

1. 塔板上的异常操作现象

塔板上的异常操作现象包括漏液、液泛和雾沫夹带等,是使塔板效率降低甚至使操作无法进行的重要因素,因此,应尽量避免这些异常操作现象的出现。

(1) 漏液　错流型的塔板在正常操作时,液体应沿塔板流动,在塔板上与垂直向上流动的气体进行错流接触后由降液管流下。当上升气体流速减小,气体通过升气孔道的动压不足以阻止塔板上的液体经孔道流下时,便会出现漏液现象。漏液发生时,液体经升气孔道流下,必然影响气、液在塔板上的充分接触,使塔板效率下降,严重的漏液会使塔板不能积液而无法操作。为保证塔的正常操作,漏液量不应大于液体流量的 10%。

造成漏液的主要原因是气速太小和板面上液面落差所引起的气流分布不均,液体在塔板入口侧的厚液层处往往出现漏液,所以常在塔板入口处留出一条不开孔的安定区。

漏液量达 10% 的气流速度为漏液速度,这是板式塔操作的下限气速。

(2)液泛 塔内若气液两相之一的流量增大,使降液管内液体不能顺利流下,管内液体必然积累,当管内液体提高到越过溢流堰顶部时,两塔板间液体相连,并依次上升,这种现象称为液泛,也称淹塔。此时,塔板压降上升,全塔操作被破坏。操作时应避免液泛发生。

根据形成的原因不同,液泛可分为夹带液泛和降液管液泛。

对一定的液体流量,气速过大时,雾沫夹带量过大,同时,气体穿过塔板上液层时造成两塔板间压降增大,使降液管内液体不能流下而造成液泛。液泛时的气速为塔操作的极限气速。从传质角度考虑,气速增高,气液间形成湍动的泡沫层使传质效率提高,但应控制在液泛速度以下。

当液体流量过大时,降液管的截面不足以使液体通过,管内液面升高,也会发生液泛现象。为防止此类液泛发生,液体在降液管内停留时间应大于 3~5 s。

影响液泛速度的因素除气、液流量和流体物性外,塔板结构,特别是塔板间距也是重要参数,设计中采用较大的塔板间距可提高液泛速度。

(3)雾沫夹带 上升气流穿过塔板上的液层时,将板上液体带入上层塔板的现象称为雾沫夹带。雾沫的生成固然可增大气液两相的传质面积,但过量的雾沫夹带会造成液相在塔板间的返混,严重时会造成雾沫夹带液泛,从而导致塔板效率严重下降。所谓返混是指雾沫夹带的液滴与液体主流作相反方向流动的现象。为了保证板式塔能维持正常的操作效果,规定 1 kg 上升气体夹带到上层塔板的液体量不超过 0.1 kg,即控制雾沫夹带量 $e_V < 0.1$ kg 液/kg 气。

影响雾沫夹带量的因素很多,最主要的是空塔气速和塔板间距。空塔气速增高,雾沫夹带量增大;塔板间距增大,雾沫夹带量减小。

2. 塔板的负荷性能图

影响板式塔操作状况和分离效果的主要因素为物料性质、塔板结构及气液负荷。对一定的分离物系,当设计选定塔板类型后,其操作状况和分离效果便只与气液负荷有关。要维持塔板正常操作和塔板效率的基本稳定,必须将塔内的气液负荷限制在一定的范围内,该范围即为塔板的负荷性能。将此范围在直角坐标系中,以液相负荷 L_h 为横坐标,气相负荷 V_h 为纵坐标进行绘制,所得图形称为塔板的负荷性能图,如图 9-47 所示。

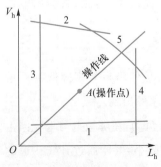

图 9-47 塔板的负荷性能图

负荷性能图由以下五条线组成：

（1）漏液线　图中线 1 为漏液线，又称气相负荷下限线。当操作的气相负荷低于此线时，将发生严重的漏液现象（漏液量大于液体流量的 10%），气液不能充分接触，使塔板效率下降。

（2）雾沫夹带线　图中线 2 为雾沫夹带线，又称气相负荷上限线。如操作的气相负荷超过此线时，表明雾沫夹带现象严重（$e_V > 0.1$ kg 液/kg 气），使塔板效率急剧下降。

（3）液相负荷下限线　图中线 3 为液相负荷下限线，若操作的液相负荷低于此线时，表明液体流量过小，板上液流不能均匀分布，气液接触不良，易产生干吹、偏流等现象，导致塔板效率的下降。

（4）液相负荷上限线　图中线 4 为液相负荷上限线，若操作的液相负荷高于此线时，表明液体流量过大，此时液体在降液管内停留时间过短（小于 3～5 s），进入降液管内的气泡来不及与液相分离而被带入下层塔板，造成气相返混，使塔板效率下降。

（5）液泛线　图中线 5 为液泛线，若操作的气液负荷超过此线时，塔内将发生液泛现象，使塔不能正常操作。

3. 板式塔的操作分析

在塔板的负荷性能图中，由五条线所包围的区域称为塔板的适宜操作区。操作时的气相负荷 V_h 与液相负荷 L_h 在负荷性能图上的坐标点称为操作点。在连续精馏塔中，回流比为定值，故操作的气液比 V_h/L_h 也为定值。因此，每层塔板上的操作点沿通过原点，斜率为 V_h/L_h 的直线而变化，该直线称为操作线。操作线与负荷性能图上曲线的两个交点分别表示塔的上、下操作极限，两极限的气体流量之比称为塔板的操作弹性。设计时，应使操作点尽可能位于适宜操作区的中央，若操作点紧靠某一条边界线，则负荷稍有波动时，塔的正常操作即被破坏。

应予指出，当分离物系和分离任务确定后，操作点的位置即固定，但负荷性能图中各条线的相应位置随着塔板的结构尺寸而变。因此在设计塔板时，根据操作点在负荷性能图中的位置，适当调整塔板结构参数，可改进负荷性能图，以满足所需的操作弹性。例如，加大塔板间距可使液泛线上移，减小塔板开孔率可使漏液线下移，增加降液管面积可使液相负荷上限线右移等。

还应指出，图 9-47 中所示为塔板负荷性能图的一般形式。实际上，塔板的负荷性能图与塔板的类型密切相关，如筛板塔与浮阀塔的负荷性能图的形状有一定的差异，对于同一个塔，各层塔板的负荷性能图也不尽相同。

塔板负荷性能图在板式塔的设计及操作中具有重要意义。通常，当塔板设计后均要作出塔板的负荷性能图，以检验设计的合理性。对于操作中的板式塔，也需作出负荷性能图，以分析操作状况是否合理。当板式塔操作出现问题时，通过塔板负荷性能图可分析问题所在，为问题的解决提供依据。

◆ 例 9-19 某浮阀塔板的负荷性能图如本例附图所示。图中点 A 为操作点。试根据附图确定塔板的气液相负荷,操作弹性,并指出上、下操作极限各由什么因素控制。

解:由点 A 的坐标值读得塔板的气液相负荷分别为

$$V_h = 3450 \ m^3/h$$

$$L_h = 7.5 \ m^3/h$$

由操作线与负荷性能图上曲线的交点 B、C 查得

$$V_{h,max} = 6160 \ m^3/h$$

$$V_{h,min} = 1500 \ m^3/h$$

则操作弹性为

$$\frac{V_{h,max}}{V_{h,min}} = \frac{6160}{1500} = 4.11$$

例 9-19 附图

由附图可知,操作上限由液泛控制,操作下限由漏液控制。

 习题

基础习题

1. 在密闭容器中将 A、B 两组分的理想溶液升温至 82 ℃,在该温度下,两组分的饱和蒸气压分别为 $p_A^* = 107.6 \ kPa$ 及 $p_B^* = 41.85 \ kPa$,取样测得液面上方气相中组分 A 的摩尔分数为 0.95。试求平衡的液相组成及容器中液面上方总压。

2. 试计算含苯 0.4(摩尔分数)的苯 - 甲苯混合液在总压分别为 100 kPa 和 10 kPa 时的相对挥发度和平衡的气相组成。苯(A)和甲苯(B)的饱和蒸气压和温度的关系为

$$lg \ p_A^* = 6.032 - \frac{1206.35}{t + 220.24}$$

$$lg \ p_B^* = 6.078 - \frac{1343.94}{t + 219.58}$$

式中,p^* 的单位为 kPa,t 的单位为℃。苯 - 甲苯混合液可视为理想溶液(作为试差起点,100 kPa 和 10 kPa 对应的泡点分别取 94.6 ℃和 31.5 ℃)。

3. 在 100 kPa 压力下将组成为 0.55(易挥发组分的摩尔分数)的两组分理想溶液进行平衡蒸馏和简单蒸馏。原料液处理量为 100 kmol,汽化率为 0.44。操作范围内的平衡关系可表示为 $y = 0.46x + 0.549$。试求两种情况下易挥发组分的回收率和残液的组成。

4. 在一连续精馏塔中分离苯含量为 0.5(摩尔分数,下同)的苯 - 甲苯混合液,其流量为 100 kmol/h。已知馏出液组成为 0.95,釜液组成为 0.05,试求(1) 馏出液的流量和苯的收率;(2) 保持馏出液组成 0.95 不变,馏出液最大可能的流量。

5. 在连续精馏塔中分离 A、B 两组分溶液。原料液的处理量为 100 kmol/h,其组成为 0.45(易挥发组分 A 的摩尔分数,下同),饱和液体进料,要求馏出液中易挥发组分的回收率为 96%,釜液的组成为 0.033。试求(1)馏出液的流量和组成;(2)若操作回流比为 2.65,写出精馏段的操作线方程;(3)提馏段的液相负荷。

6. 在常压连续精馏塔中分离 A、B 两组分理想溶液。进料量为 60 kmol/h,其组成为 0.46(易挥发组分的摩尔分数,下同),原料液的泡点为 92 ℃。要求馏出液组成为 0.96,釜液组成为 0.04,操作回流比为 2.8。试求如下三种进料热状况的 q 值和提馏段的气相负荷。

(1) 40 ℃冷液进料;

(2) 饱和液体进料;

(3) 饱和蒸气进料。

已知:原料液的汽化热为 371 kJ/kg,比定压热容为 1.82 kJ/(kg·℃)。

7. 在连续操作的精馏塔中分离两组分理想溶液。原料液流量为 50 kmol/h,要求馏出液中易挥发组分的收率为 94%。已知精馏段操作线方程为 $y = 0.75x + 0.238$,q 线方程为 $y = 2 - 3x$。试求(1)操作回流比及馏出液组成;(2)进料热状况参数及原料液的总组成;(3)两操作线交点的坐标值 x_q 及 y_q;(4)提馏段操作线方程。

8. 在连续精馏塔中分离苯-甲苯混合液,其组成为 0.48(苯的摩尔分数,下同),泡点进料。要求馏出液组成为 0.95,釜残液组成为 0.05。操作回流比为 2.5,平均相对挥发度为 2.46,试用图解法确定所需理论板层数及适宜进料板位置。

9. 在板式精馏塔中分离相对挥发度为 2 的两组分溶液,泡点进料。馏出液组成为 0.95(易挥发组分的摩尔分数,下同),釜残液组成为 0.05,原料液组成为 0.6。已测得从塔釜上升的蒸气量为 93 kmol/h,从塔顶回流的液体量为 58.5 kmol/h。试求(1)原料液的处理量;(2)操作回流比为最小回流比的倍数。

10. 在常压连续精馏塔内分离苯-氯苯混合物。已知进料量为 85 kmol/h,组成为 0.45(易挥发组分的摩尔分数,下同),泡点进料。塔顶馏出液的组成为 0.99,塔底釜残液组成为 0.02,操作回流比为 3.5。塔顶采用全凝器,泡点回流。苯、氯苯的汽化热分别为 30.65 kJ/mol 和 36.52 kJ/mol,水的比定压热容为 4.187 kJ/(kg·℃)。若冷却水通过全凝器温度升高 15 ℃,加热蒸汽的绝对压力为 500 kPa(饱和温度为 151.7 ℃,汽化热为 2113 kJ/kg)。试求冷却水和加热蒸汽的流量。忽略组分汽化热随温度的变化。

11. 在常压连续提馏塔中,分离两组分理想溶液,该物系平均相对挥发度为 2.0。原料液流量为 100 kmol/h,进料热状况参数 $q = 1$,馏出液流量为 60 kmol/h,釜残液组成为 0.01(易挥发组分的摩尔分数),试求(1)操作线方程;(2)由塔内最下一层理论板下降的液相组成 x'_m。

12. 在常压连续精馏塔中,分离甲醇-水混合液。原料液流量为 100 kmol/h,其组成为 0.3(甲醇的摩尔分数,下同),冷液进料($q = 1.2$),馏出液组成为 0.92,甲醇回收率为 90%,回流比为最小回流比的 3 倍。试比较直接水蒸气加热和间接加热两种情况下的釜液组成和所需理论板层数。甲醇-水混合液的 t-x-y 数据见本题附表。

习题 12 附表

温度 t / ℃	液相中甲醇的摩尔分数	气相中甲醇的摩尔分数	温度 t / ℃	液相中甲醇的摩尔分数	气相中甲醇的摩尔分数
100	0.0	0.0	75.3	0.40	0.729
96.4	0.02	0.134	73.1	0.50	0.779
93.5	0.04	0.234	71.2	0.60	0.825
91.2	0.06	0.304	69.3	0.70	0.870
89.3	0.08	0.365	67.6	0.80	0.915
87.7	0.10	0.418	66.0	0.90	0.958
84.4	0.15	0.517	65.0	0.95	0.979
81.7	0.20	0.579	64.5	1.0	1.0
78.0	0.30	0.665			

13. 在具有侧线采出的连续精馏塔中分离两组分理想溶液,如本题附图所示。原料液流量为 100 kmol/h,组成为 0.5(易挥发组分的摩尔分数,下同),饱和液体进料。塔顶馏出液流量 D 为 20 kmol/h,组成 x_{D1} 为 0.98,釜残液组成为 0.05。从精馏段抽出组成 x_{D2} 为 0.9 的饱和液体。物系的平均相对挥发度为 2.5。塔顶采用全凝器,泡点回流,回流比为 3.0,试求(1)易挥发组分的总收率;(2)中间段的操作线方程。

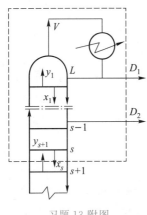

习题 13 附图

14. 在常压连续精馏塔中分离两组分理想溶液。该物系的平均相对挥发度为 2.5。原料液组成为 0.35(易挥发组分的摩尔分数,下同),饱和蒸气加料。已知精馏段操作线方程为 $y = 0.75x + 0.20$,试求(1)操作回流比与最小回流比的比值;(2)若塔顶第一板下降的液相组成为 0.7,该板的气相单板效率 E_{MV_1}。

15. 某制药厂拟设计一板式精馏塔回收丙酮含量为 0.75(摩尔分数,下同)的水溶液中的丙酮。原料液的处理量为 30 kmol/h,馏出液的组成为 0.96,丙酮回收率为 98.5%。塔顶采用全凝器,泡点回流,塔釜为间接蒸汽加热。试根据如下条件计算精馏塔的有效高度和塔径。

进料热状况	饱和液体	总板效率	61%
操作回流比	2	全塔平均压力	110 kPa
理论板层数	17.0	全塔平均温度	81 ℃
塔板间距	0.40 m	空塔气速	0.82 m/s

综合习题

16. 在连续精馏塔中分离两组分理想溶液,原料液流量为 100 kmol/h,组成为 0.5(易挥发组分的摩尔分数,下同),饱和蒸气进料。馏出液组成为 0.95,釜残液组成为 0.05。物系的平均相对挥发度为 2.0。塔顶采用全凝器,泡点回流,塔釜为间接蒸汽加热。塔釜的汽化量为最小汽化量的 1.6 倍,试求(1)塔釜汽化量;(2)从塔顶往下数第二层理论板下降的液相组成。

17. 在连续精馏塔内分离两组分理想物系,已知进料量为 120 kmol/h,进料组成为 0.55(易挥发组分的摩尔分数,下同),饱和蒸气进料。操作条件下物系的相对挥发度为 2.5,操作中釜残液流量为 55 kmol/h,提馏段上升蒸气量为 140 kmol/h,回流比取为最小回流比的 1.55 倍,塔顶采用全凝器,泡点回流。试求(1)回流比 R,塔顶产品组成 x_D,塔釜出料组成 x_W;(2)精馏段、提馏段操作线方程;(3)若测得塔内第 n 层板的液相单板效率 $E_{ML}=0.5$,从 $n-1$ 层板流下的液相组成为 0.925,计算离开第 n 层板的气、液相组成。

18. 在板式精馏塔中分离相对挥发度 $\alpha=2.5$ 的两组分理想溶液。原料液的处理量为 100 kmol/h,其组成为 0.35(易挥发组分的摩尔分数,下同),露点进料;塔顶采用全凝器,泡点回流;塔釜间接蒸汽加热。精馏段操作线方程式为

$$y=0.8x+0.16$$

馏出液采出率 $D/F=0.4$。试求(1)难挥发组分在釜残液中的收率;(2)提馏段操作线方程;(3)实测离开塔顶第 1 层板的液组成为 0.7,则其气相单板效率为何值;(4)若塔釜突然停止提供加热蒸汽,保持塔顶回流比不变,釜残液的极限组成为何值。

19. 在装有 22 层塔板的精馏塔中分离两组分理想溶液。原料液于泡点下以 100 kmol/h 的流量加入塔内适宜位置,原料液组成为 0.5(易挥发组分的摩尔分数,下同)。上升塔顶蒸气中的 2/3 在分凝器中冷凝,于泡点下回到塔顶作为回流液,其余 1/3 在全凝器中冷凝,得到合格的塔顶馏出液(见本题附图)。现场测得一组数据如下:

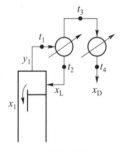

习题 19 附图

塔顶温度 $t=83$ ℃,压力表读数为 5.4 kPa,当地大气压力为 101.3 kPa;

塔顶温度下两组分的饱和蒸气压分别为 $P_A^*=113$ kPa,$P_B^*=43.3$ kPa;

塔釜间接蒸汽加热,釜残液组成为 0.051。

试求(1)馏出液中易挥发组分的收率;(2)操作回流比与最小回流比的比值;(3)若离开塔顶第 1 层板的液相组成为 0.927,则塔顶第 1 层板的气相和液相单板效率为若干;(4)总板效率。

20. 在板式精馏塔中分离相对挥发度为 2.40 的两组分理想溶液。原料液组成为 0.35(易挥发组分的摩尔分数,下同),要求馏出液组成为 0.94,塔顶泡点回流,操作回流比为最小回流比的 1.62 倍;釜残液组成为 0.04,塔釜间接蒸汽加热。在塔的精馏段第 n 层板测得:进入该板的气相组成 $y_{n+1}=0.77$,离开该板的气相和液相组成分别为 $y_n=0.816$,$x_n=0.70$。试求(1)操作回流比及精馏段操作线方程;(2)进料热状况参数 q 值及 q 线方程;(3)第 n 层板的液相单板效率 E_{ML};(4)理论板层数及进料板位置(精馏段的 α 可取 2.46)。

21. 在板式精馏塔中分离苯-甲苯混合液。原料液处理量为 100 kmol/h,苯的摩尔分数(下同)为 0.3,温度为 20 ℃。要求馏出液产品的组成为 0.9,苯的回收率为 90%。精馏塔在常压下操作,物系的平均相对挥发度为 2.47。塔釜间接蒸汽加热。忽略精馏装置的热损失。

操作条件下原料液的泡点为 98 ℃,平均比热容为 161.5 kJ/(kmol·K),汽化潜热为 32600 kJ/kmol。

求此工作条件下再沸器的最低能耗。

 思考题

1.压力对气液相平衡有何影响? 如何选择精馏塔的操作压力?

2.在精馏塔的设计中,如下参数如何影响理论板层数?

(1)塔顶馏出液组成、回流比及回流液温度;

(2)进料组成、进料热状况及进料位置;

(3)塔釜液组成及加热方式(直接蒸汽加热和间接加热);

(4)进料量。

3.确定适宜回流比的原则是什么? 全回流的特点是什么,有何实际意义? 如何确定最小回流比?

4.引入理论板的概念和恒摩尔流假定有何意义?

5.评价塔板性能的指标有哪些方面? 开发新型塔板应考虑哪些问题?

6.塔板负荷性能图的意义是什么?

7.如何提高板式塔的传质速率和塔板效率?

8.如何防止板式塔中异常操作现象的发生?

9.在常压连续精馏塔中分离两组分理想溶液。塔顶分别采用以下三种冷凝方式,如本题附图 1、附图 2、附图 3 所示。各塔第一层塔板上升蒸气摩尔流量 V 和组成 y_1 均相同,回流比为 1.0,均为泡点回流。试比较(1) t_1、t_2、t_3 的大小;(2) x_{L1}、x_{L2}、x_{L3} 的大小;(3) x_{D1}、x_{D2}、x_{D3} 的大小。(各符号的意义如附图所示。)

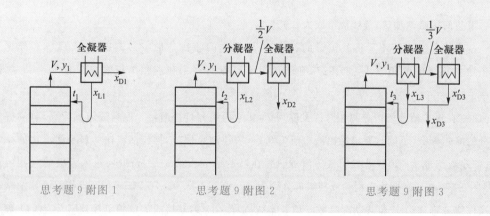

思考题 9 附图 1　　　　思考题 9 附图 2　　　　思考题 9 附图 3

本章主要符号说明

英文字母

a——精馏段操作线与对角线的交点；

b——精馏段操作线截距；

c——提馏段操作线与对角线的交点；

c_p——定压摩尔热容，$J/(mol\cdot℃)$；

C——负荷因子，m/s；

d——提馏段操作线与精馏段操作线的交点；

D——塔径，m；

　——馏出液流量，$kmol/h$；

e——进料线与对角线的交点；

E_T——总板效率；

E_{ML}——液相单板效率；

E_{MV}——气相单板效率；

F——进料量，$kmol/h$；

f——进料线；

H_T——塔板间距，m；

H——物质的焓，J/mol；

h——物质的焓，kJ/kg；

h_L——塔板上液层高度，m；

K——平衡常数；

L——下降液体的流量，$kmol/h$；

m——平衡线斜率；

　——提馏段理论板层数；

M——摩尔质量，$kg/kmol$；

n——精馏段理论板层数；

　——物质的量，mol；

N——理论板层数；

p——组分的分压，Pa；

　——系统压力或外压，Pa；

q——液化率；

　——进料热状况参数；

Q——热负荷，kJ/h 或 kW；

　——热流量，kW；

r——汽化热，J/mol；

R——回流比；

T——热力学温度，K；

u——空塔气速，m/s；

V——上升气体的流量，$kmol/h$；

V_s——气体的体积流量，m^3/s；

W——塔底产品(釜残液)的流量，$kmol/h$；

w_c——冷却介质消耗量，kg/h；

w_h——加热介质消耗量，kg/h；

x——液相中易挥发组分的摩尔分数；

y——气相中易挥发组分的摩尔分数；

Z——板式塔(或填料塔)的有效高度，m

希腊字母

α——相对挥发度；

γ——活度系数；

η——组分的回收率；

ρ——密度，kg/m^3；

τ——时间，h 或 s；

ν——组分的挥发度，Pa；

μ——黏度，$mPa\cdot s$

上标

$*$——纯态；

　——平衡态；

$'$——提馏段；

$''$——侧口间的

下标

A——易挥发组分的；

B——难挥发组分的；

C——冷凝器的；

D——馏出液的；

e——最终的,平衡的；

F——原料液的；

i——组分序号；

L——液相的；

m——平均的；

m——塔板序号；

min——最小(或最少)的；

n——精馏段的；

P——实际的；

q——q 线与相平衡曲线交点的；

s——塔板序号；

T——理论的；

V——气相的；

W——釜残液的

 学习指导

一、学习目的

通过本章的学习,掌握液－液相平衡在三角形相图上的表示方法,会用三角形相图分析液－液萃取过程中相及组成的变化,能熟练应用三角形相图对单级萃取过程进行分析、计算;了解萃取设备的类型及结构特点。掌握液－固相平衡在 $y-x$ 坐标图上的表示方法;会用 $y-x$ 坐标图分析液－固浸取过程中相及组成的变化,能够应用 $y-x$ 坐标图对浸取过程进行简单的分析、计算;了解浸取设备的类型及结构特点。

二、学习要点

1. 重点掌握的内容

(1) 液－液相平衡关系;

(2) 萃取剂的选择;

(3) 单级萃取的计算方法。

2. 应掌握的内容

(1) 微分接触逆流萃取过程的计算;

(2) 多级错流和多级逆流萃取过程的计算;

(3) 液－固相平衡关系;

(4) 单级浸取过程的计算。

3. 一般了解的内容

(1) 超临界萃取、化学萃取的特点及应用;

(2) 萃取设备的类型、结构特点及选用;

(3) 浸取设备的类型、结构特点及选用。

三、学习时应注意的问题

三角形坐标图是前修课程没有接触到的内容,读图时很容易出错,因此三角形液－液相平衡相图是本章的重点和难点。

演示文稿

课程思政

10.1　液－液萃取概述

对于液体混合物的分离,除可采用蒸馏的方法外,还可以仿照吸收的方法,即在液体混合物(原料液)中加入一种液体作为溶剂,利用原料液中各组分在溶剂中溶解度的差异来分离液体混合物,此即液－液萃取,亦称溶剂萃取,简称萃取或抽提。根据原料液中可溶组分的数目,可将萃取过程分为单组分萃取和多组分萃取。虽然工业生产上所处理的原料液常含有多个组分,萃取时多个组分溶于溶剂,属多组分萃取,但为简化计,本章仅讨论两组分混合物的萃取分离。另外,根据萃取过程中溶剂与原料液中有关组分是否发生化学反应,萃取过程可分为物理萃取和化学萃取,本章主要讨论物理萃取。

萃取操作的一般流程如图10－1所示。原料液为A、B两组分混合液,选用的溶剂称为萃取剂,以S表示;原料液中易溶于S的组分称为溶质,以A表示;难溶于S的组分称为原溶剂,以B表示。将一定量萃取剂(溶剂)和原料液同时加入混合槽萃取器中,搅拌使二者充分混合,溶质将通过相界面由原料液向溶剂中扩散。搅拌停止后,两液相因密度差而分为两层:一层以溶剂S为主,并溶有较多的溶质,称为萃取相,以E表示;另一层以原溶剂B为主,且含有未被萃取完的溶质,称为萃余相,以R表示。若溶剂S和原溶剂B为部分互溶,则萃取相中还含有B,萃余相中也含有S。

动画
萃取操作

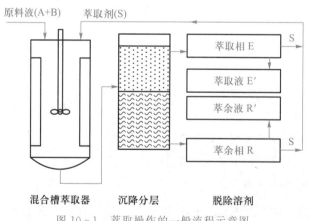

图10－1　萃取操作的一般流程示意图

上述萃取操作并未将原料液完全分离,而是将原来的液体混合物分为具有不同溶质组成的萃取相E和萃余相R。为了得到产品A并回收溶剂以供循环使用,尚需对这两相分别进行分离。通常采用蒸馏或蒸发的方法,有时也可采用结晶或其他化学方法。脱除溶剂后的萃取相和萃余相分别称为萃取液和萃余液,以E′和R′表示。

在物理萃取过程中,若原溶剂B与溶剂S完全不互溶,则萃取过程与吸收过程十分类似,过程的数学描述和计算可按吸收所述的方法处理。

对于一种液体混合物,究竟采用何种方法加以分离,主要取决于技术上的可行性和经济上的合理性。一般说来,下述情况下采用萃取方法更为有利:

（1）原料液中各组分间的沸点非常接近,组分间的相对挥发度接近于1,若采用精馏方法很不经济;

（2）原料液在精馏时形成恒沸物,用普通精馏方法不能达到所需的纯度;

（3）原料液中需分离的组分含量很低且为难挥发组分,若采用精馏方法须将大量原溶剂汽化,能耗很大;

（4）原料液中需分离的组分是热敏性物质,精馏时易分解、聚合或发生其他变化。

液－液萃取作为分离和提纯物质的重要单元操作之一,在石油化工、制药和生物化工、精细化工和湿法冶金中得到了广泛的应用。例如,从芳烃和非芳烃混合物中分离芳烃,从煤焦油中分离苯酚及其同系物,由稀醋酸水溶液制备无水醋酸,从青霉素发酵液中提取青霉素,以及多种金属物质的分离和核材料的提取等都是萃取法的典型范例。

随着科学技术的发展,各种新型萃取分离技术,如双溶剂萃取、超临界萃取及液膜分离等相继问世,萃取应用的领域日益扩大,萃取过程将会得到进一步的开发和应用。

10.2   液－液相平衡

演示文稿

萃取过程的传质是在两液相之间进行的,其极限即为相际平衡,故讨论萃取操作必须首先了解混合物的相平衡关系。由于液－液萃取的两相通常为三元混合物,本节首先介绍三元混合物的组成表示方法及有关问题,然后介绍三角形相图。

10.2.1   三角形坐标图及杠杆规则

一、三角形坐标图

三角形坐标图通常有等边三角形和直角三角形两种,后者又可分为等腰直角三角形和不等腰直角三角形,如图10-2所示。

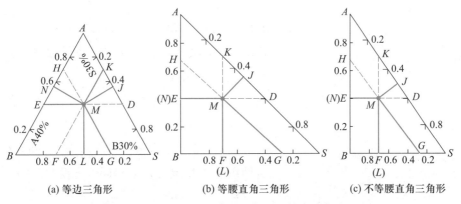

图10-2   组成在三角形坐标图上的表示方法

一般而言,在萃取过程中很少遇到恒摩尔流的情况,故在三角形坐标图中混合物的组成常用质量分数表示。

在图 10－2 中,三角形的三个顶点分别代表一个纯组分:顶点 A 表示纯溶质,顶点 B 表示纯原溶剂,顶点 S 表示纯萃取剂。

三角形三条边上的任一点代表一个二元混合物,第三组分的组成为零。例如,AB 边上的 E 点,表示 A、B 二元混合物,其中 A 的质量分数为 40%,B 的质量分数为 60%,S 的质量分数为零。

三角形内的任一点代表一个三元混合物。例如,M 点即表示由 A、B、S 三个组分组成的混合物。其组成可按下法确定:过 M 点分别作三条边的平行线 ED、KF、HG,则线段 $\overline{BE}$(或 $\overline{SD}$)、线段 $\overline{AH}$(或 $\overline{SG}$)、线段 $\overline{AK}$(或 $\overline{BF}$)分别代表组分 A、B 和 S 的组成。

此外,也可过 M 点分别作三条边的垂线 ML、MJ 及 MN,则垂直线段 $\overline{ML}$、$\overline{MJ}$ 及 $\overline{MN}$ 分别代表 A、B 及 S 的组成。由图 10－2(a)可知,M 点的质量分数为:$x_A=40\%$、$x_B=30\%$ 和 $x_S=30\%$。

事实上,当由图 10－2(a)中读得 x_A 及 x_S 之后,即可由归一条件求得 x_B,即

$$x_B=1-x_A-x_S$$

由于等边三角形坐标图需要专门的坐标纸才能标绘,而等腰直角三角形坐标图在普通直角坐标纸上即可标绘,且读取数据比较方便,故目前多采用等腰直角三角形坐标,见图 10－2(b)。至于图 10－2(c)所示的不等腰直角三角形坐标,仅当萃取操作中溶质 A 的含量较低时或当各线太密集不便于绘制时才使用。

二、杠杆规则

在萃取操作计算时,经常需要确定平衡各相之间的相对数量,这就需要利用杠杆规则。

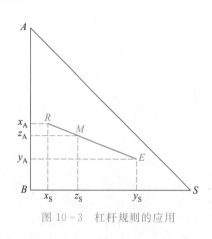

图 10－3 杠杆规则的应用

如图 10－3 所示,将质量为 r,组成为 x_A、x_B、x_S 的混合液 R 与质量为 e,组成为 y_A、y_B、y_S 的混合液 E 相混合,得到一个质量为 m,组成为 z_A、z_B、z_S 的新混合液 M,其在三角形坐标图中分别以点 R、E 和 M 表示。点 M 称为点 R 与点 E 的和点,点 R 与点 E 称为差点。

新混合液 M 与两混合液 E、R 之间的关系可用杠杆规则描述:

(1) 代表新混合液总组成的 M 点和代表两混合液组成的 E 点与 R 点在同一直线上。

(2) 混合液 E 与混合液 R 的质量之比等于线段 $\overline{MR}$ 与 $\overline{ME}$ 之比,即

$$\frac{e}{r}=\frac{\overline{MR}}{\overline{ME}} \tag{10-1}$$

式中　　　　e、r——分别为混合液 E 和混合液 R 的质量或质量流量,kg 或 kg/h;

$\overline{MR}$、$\overline{ME}$——分别为线段$\overline{MR}$和$\overline{ME}$的长度,m。

由式(10-1)并结合相似三角形判定定理可得

$$\frac{e}{m}=\frac{x_A-z_A}{x_A-y_A}=\frac{\overline{MR}}{\overline{RE}} \tag{10-2}$$

或

$$\frac{e}{r}=\frac{x_A-z_A}{z_A-y_A}=\frac{\overline{MR}}{\overline{ME}} \tag{10-2a}$$

及

$$\frac{r}{m}=\frac{z_A-y_A}{x_A-y_A}=\frac{\overline{ME}}{\overline{RE}} \tag{10-2b}$$

式中　　　m——混合液 M 的质量或质量流量,kg 或 kg/h;

$\overline{RE}$——线段$\overline{RE}$的长度,m。

式(10-2)和式(10-2b)的另一个含义是:当从质量为 m 的混合液 M 中移出质量为 e 的混合液 E(或质量为 r 的混合液 R),则余下的混合液 R(或混合液 E)的组成点必位于 EM(或 RM)的延长线上,且此二式确定了点 R(或点 E)的具体位置。

同理可以证明:若向 A、B 二元混合液 F(图 10-3 中没有绘出)中加入纯溶剂 S,则三元混合液的总组成点 M(图 10-3 中没有绘出)必位于 SF 的连线上,具体位置由杠杆规则确定,即

$$\frac{\overline{MF}}{\overline{MS}}=\frac{S}{F} \tag{10-3}$$

10.2.2　三角形相图

根据萃取操作中各组分的互溶性,可将三元混合物系分为以下三种情况,即

(1) 溶质 A 完全溶于 B 及 S,B 与 S 不互溶;

(2) 溶质 A 完全溶于 B 及 S,B 与 S 部分互溶;

(3) 溶质 A 完全溶于 B,A 与 S 及 B 与 S 部分互溶。

习惯上,将(1)、(2)代表的三元混合物系称为第Ⅰ类物系,而将(3)代表的三元混合物系称为第Ⅱ类物系。第Ⅰ类物系在萃取操作中较为常见,如丙酮(A)－水(B)－甲基异丁基酮(S)、醋酸(A)－水(B)－苯(S)及丙酮(A)－氯仿(B)－水(S)等,第Ⅱ类物系有甲基环己烷(A)－正庚烷(B)－苯胺(S)、苯乙烯(A)－乙苯(B)－二甘醇(S)等。以下主要讨论第Ⅰ类物系的相平衡关系。

一、溶解度曲线及联结线

设溶质 A 可完全溶于 B 及 S,但 B 与 S 为部分互溶,一定温度下的平衡相图如图 10-4 所示,图中曲线 $R_0R_1R_2R_iR_nKE_nE_iE_2E_1E_0$ 称为溶解度曲线。溶解度曲线将三角形相图分为两个区域:曲线以内的区域为两相区,曲线以外的区域为均相区。位于两相区内的混合物分成两个互相平衡的液相,称为共轭相,连接两共轭相组成坐标的直线

称为联结线，如图 10-4 中所示的 R_iE_i 线($i=0,1,2,\cdots,n$)。显然萃取操作只能在两相区内进行。

若组分 B 与组分 S 完全不互溶，则点 R_0 与 E_0 分别与三角形顶点 B 及顶点 S 相重合。

一定温度下第 Ⅱ 类物系的溶解度曲线和联结线见图 10-5。

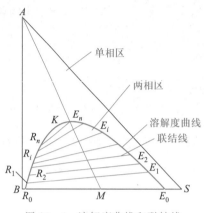

图 10-4　溶解度曲线和联结线

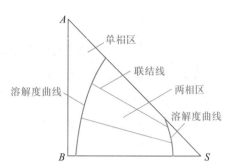

图 10-5　第 Ⅱ 类物系的溶解度曲线和联结线

通常联结线的斜率随混合液的组成而变，但同一物系其联结线的倾斜方向一般是一致的；有少数物系，当混合液组成变化时，其联结线的斜率会有较大的改变，如图 10-6 所示。

二、辅助曲线和临界混溶点

一定温度下，测定物系的溶解度曲线时，实验测出的联结线的条数总是有限的，此时为了得到任一已知平衡液相的共轭相的数据，可借助辅助曲线（也称共轭曲线）。

如图 10-7 所示，通过已知点 R_1、R_2、$\cdots$ 分别作 BS 边的平行线，再通过相应联结线的另一端点 E_1、E_2、$\cdots$ 分别作 AB 边的平行线，各线分别相交于点 F、G、$\cdots$，连接这些交点所得的平滑曲线即为辅助曲线。

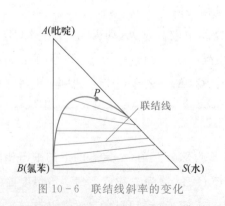

图 10-6　联结线斜率的变化

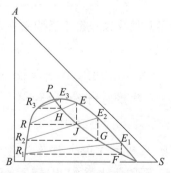

图 10-7　辅助曲线

利用辅助曲线可求任一已知平衡液相的共轭相，如图 10-7 所示，设 R 为已知平衡液相,其组成以点 R 表示,自点 R 作 BS 边的平行线交辅助曲线于点 J,自点 J 作 AB 边的平行线,交溶解度曲线于点 E,则点 E 即为 R 的共轭相组成点。

将辅助曲线与溶解度曲线相交,得交点 P,显然通过点 P 的联结线无限短,即该点所代表的平衡液相无共轭相,相当于该系统的临界状态,故称点 P 为临界混溶点。P 点将溶解度曲线分为两部分:靠原溶剂 B 一侧的萃余相部分和靠溶剂 S 一侧的萃取相部分。由于联结线通常都有一定的斜率,因而临界混溶点一般并不在溶解度曲线的顶点。

通常,一定温度下的三元物系溶解度曲线、联结线、辅助曲线及临界混溶点的数据均由实验测得,有的也可从手册或有关专著中查得。

三、相平衡关系的数学描述

1. 分配系数

一定温度下,某组分在互相平衡的 E 相与 R 相中的组成之比称为该组分的分配系数,以 k 表示,即

溶质 A 的分配系数 $$k_A = \frac{y_A}{x_A} \qquad (10-4)$$

原溶剂 B 的分配系数 $$k_B = \frac{y_B}{x_B} \qquad (10-5)$$

式中　　y_A、y_B——萃取相 E 中组分 A、B 的质量分数;

x_A、x_B——萃余相 R 中组分 A、B 的质量分数。

分配系数 k_A 表示了溶质在两个平衡液相中的分配关系。显然,k_A 值越大,萃取分离的效果越好。k_A 值与联结线的斜率有关。同一物系,其 k_A 值与温度和组成有关。如第 I 类物系,一般其 k_A 值随温度的升高或溶质组成的增大而降低。一定温度下,仅当溶质组成范围变化不大,且两相分子状态相同时,k_A 值才为常数。

对于萃取剂 S 与原溶剂 B 互不相溶的物系,溶质在两液相中的分配关系与吸收中的类似,即

$$Y = KX \qquad (10-6)$$

式中　　Y——萃取相 E 中溶质 A 的质量比组成,即 E 中 A 的质量比 S 的质量,kgA/kgS;

X——萃余相 R 中溶质 A 的质量比组成,即 R 中 A 的质量比 B 的质量,kgA/kgB;

K——相组成以质量比表示时的分配系数。

2. 分配曲线

由相律可知,温度、压力一定时,三组分物系中的两液相成平衡时,自由度为 1。故只要已知任一平衡液相中的任一组分的组成,则其他组分的组成及其共轭相的组成即为定值。换言之,温度、压力一定时,溶质在两平衡液相间的相平衡关系可表示为

$$y_A = f(x_A) \qquad (10-7)$$

式中,y_A、x_A 的含义同前,此即分配曲线的表达式。

如图 10-8 所示,若以 x_A 为横坐标,以 y_A 为纵坐标,则可以在 $y-x$ 直角坐标图上得到表示这一对共轭相组成的点 N。每一对共轭相可得一个点,这些点的连线 ONP 即为分配曲线,曲线上的 P 点即为临界混溶点。

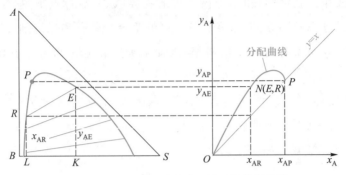

图 10-8　有一对组分部分互溶时的分配曲线

分配曲线表达了溶质 A 在互成平衡的 E 相与 R 相中的分配关系。若已知某液相组成,则可由分配曲线求出其共轭相的组成。

若在分层区组成范围内 y 均大于 x,即分配系数 $k_A>1$,则分配曲线位于 $y=x$ 线的上方,反之则位于 $y=x$ 线的下方。

同样方法可作出有两对组分部分互溶时的分配曲线,如图 10-9 所示。

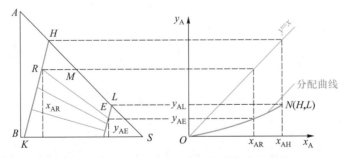

图 10-9　有两对组分部分互溶时的分配曲线

3. 溶解度曲线

临界混溶点右方的溶解度曲线表示平衡状态下萃取相中溶质 y_A 和溶剂 y_S 之间的关系,即

$$y_S=\varphi(y_A) \tag{10-8}$$

类似地,临界混溶点左方的溶解度曲线可表示为

$$x_S=\psi(x_A) \tag{10-8a}$$

综上所述,处于单相区的三组分溶液,其组成包括两个自由度,若指定 x_A、x_S,则 x_B 值由归一条件 $x_A+x_S+x_B=1$ 决定。若三组分溶液处于两相区,则平衡两相中同一组分的组成关系由分配曲线[式(10-7)]确定,而每一个液相中 A、S 的组成关系必满足溶解度曲线的函数关系。这样,处于平衡的两相虽有 6 个含量,但只有 1 个自由度。例如,

一旦指定萃余相中 A 组分的含量 x_A，即可由分配曲线[式(10-7)]确定 y_A，然后由溶解度曲线[式(10-8)、式(10-8a)]确定 y_S、x_S，至于两相中的 B 组分含量则由归一条件确定。

10.2.3　萃取剂的选择

选择合适的萃取剂是保证萃取操作能够正常进行且经济合理的关键。萃取剂的选择主要考虑以下几方面。

一、萃取剂的选择性及选择性系数

萃取剂的选择性是指萃取剂 S 对原料液中两个组分溶解能力的差异。若 S 对溶质 A 的溶解能力比对原溶剂 B 的溶解能力大得多，即萃取相中 y_A 比 y_B 大得多，萃余相中 x_B 比 x_A 大得多，那么这种萃取剂的选择性就好。

萃取剂的选择性可用选择性系数 β 表示，其定义式为

$$\beta = \frac{\text{萃取相中 A 的质量分数}}{\text{萃取相中 B 的质量分数}} \bigg/ \frac{\text{萃余相中 A 的质量分数}}{\text{萃余相中 B 的质量分数}}$$

$$= \frac{y_A}{y_B} \bigg/ \frac{x_A}{x_B} = \frac{y_A}{x_A} \bigg/ \frac{y_B}{x_B} \tag{10-9}$$

将式(10-4)、式(10-5)代入式(10-9)得

$$\beta = \frac{k_A}{k_B} \tag{10-10}$$

由式(10-10)可知，选择性系数 β 为组分 A、B 的分配系数之比，其物理意义颇似蒸馏中的相对挥发度。若 $\beta > 1$，说明组分 A 在萃取相中的相对含量比在萃余相中的高，即组分 A、B 得到了一定程度的分离。显然 k_A 值越大，k_B 值越小，选择性系数 β 就越大，组分 A、B 的分离也就越容易，相应的萃取剂的选择性也就越高。若 $\beta = 1$，则由式(10-9)可知，$\frac{y_A}{x_A} = \frac{y_B}{x_B}$ 或 $k_A = k_B$，即萃取相和萃余相在脱除溶剂 S 后将具有相同的组成，并且等于原料液的组成，说明 A、B 两组分不能用此萃取剂分离。

萃取剂的选择性越高，则完成一定的分离任务，所需的萃取剂用量也就越少，相应的用于回收萃取剂操作的能耗也就越低。

由式(10-9)可知，当组分 B、S 完全不互溶时，$y_B = 0$，则选择性系数趋于无穷大，显然这是选择性的最理想情况；当组分 B、S 完全互溶时，原料液和溶剂互溶后形成均相液，不存在组分相际转移的条件，萃取剂无选择性；通常组分 B、S 的互溶度越小，选择性系数就越大，萃取剂的选择性就越高。

可以推出，溶质 A 在萃取液和萃余液中的组成关系类似于蒸馏中的气液相平衡方程，即

$$y'_A = \frac{\beta x'_A}{1 + (\beta - 1) x'_A} \tag{10-11}$$

二、萃取剂回收的难易与经济性

萃取后的 E 相和 R 相,通常以蒸馏的方法加以分离。萃取剂回收的难易直接影响萃取操作的费用,从而在很大程度上决定了萃取过程的经济性。因此,要求萃取剂 S 与原料液中的组分的相对挥发度要大,不应形成恒沸物,并且最好是组成低的组分为易挥发组分。若被萃取的溶质不挥发或挥发度很低时,则要求 S 的汽化热要小,以节省能耗。

三、萃取剂的其他物性

为使两相在萃取器中能较快地分层,要求萃取剂与被分离混合物有较大的密度差,特别是对没有外加能量的设备,较大的密度差可加速分层,提高设备的生产能力。

两液相间的界面张力对萃取操作具有重要影响。萃取物系的界面张力较大时,分散相液滴易聚结,有利于分层,但界面张力过大时,则液体不易分散,难以使两相充分混合,反而使萃取效果降低。界面张力过小时,虽然液体容易分散,但易产生乳化现象,使两相较难分离。因此,界面张力要适中。常用物系的界面张力数值可从有关手册中查取。

萃取剂的黏度对分离效果也有重要影响。萃取剂的黏度低,有利于两相的混合与分层,也有利于流动与传质,故当萃取剂的黏度较大时,往往加入其他溶剂以降低其黏度。

此外,选择萃取剂时,还应考虑其他因素,如萃取剂应具有化学稳定性和热稳定性,对设备的腐蚀性要小,来源充足,价格较低廉,不易燃易爆等。

通常很难找到能同时满足上述所有要求的萃取剂,这就需要根据实际情况加以权衡,以保证满足主要要求。

◆ 例 10-1 一定温度下测得 A、B、S 三元物系两液相的相平衡数据如本例附表所示。表中的数据均为质量分数。试求(1) 溶解度曲线和辅助曲线;(2) 临界混溶点的组成;(3) 当萃余相中 $x_A = 20\%$ 时的分配系数 k_A 和选择性系数 β;(4) 在 1000 kg 含 30%A 的原料液中加入多少萃取剂 S 才能使混合液开始分层;(5) 对于(4)中的原料液,欲得到含 36%A 的萃取相 E,试确定萃余相的组成及混合液的总组成。

例 10-1 附表　A、B、S 三元物系相平衡数据(质量分数/%)

		1	2	3	4	5	6	7	8	9	10	11	12	13	14
E 相	y_A	0	7.9	15	21	26.2	30	33.8	36.5	39	42.5	44.5	45	43	41.6
	y_S	90	82	74.2	67.5	61.1	55.8	50.3	45.7	41.4	33.9	27.5	21.7	16.5	15
R 相	x_A	0	2.5	5	7.5	10	12.5	15.0	17.5	20	25	30	35	40	41.6
	x_S	5	5.05	5.1	5.2	5.4	5.6	5.9	6.2	6.6	7.5	8.9	10.5	13.5	15

解: (1) 溶解度曲线和辅助曲线　由题给数据,可作出溶解度曲线 IPJ,由相应的联结线数据,可作出辅助曲线 JCP,如本例附图所示。

（2）临界混溶点的组成　溶解度曲线与辅助曲线的交点 P 即为临界混溶点,由附图可读出该点处的组成为

$$x_A = 41.6\%, \qquad x_B = 43.4\%, \qquad x_S = 15.0\%$$

（3）分配系数 k_A 和选择性系数 β　根据萃余相中 $x_A = 20\%$,在图中定出 R_1 点,利用辅助曲线定出与之平衡的萃取相 E_1 点,由附图读出两相的组成为

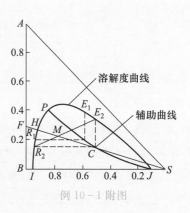

例 10-1 附图

E 相 $\qquad\qquad y_A = 0.390, \qquad y_B = 0.196$

R 相 $\qquad\qquad x_A = 0.200, \qquad x_B = 0.734$

由式(10-4)和式(10-5)分别计算分配系数,即

$$k_A = \frac{y_A}{x_A} = \frac{0.390}{0.200} = 1.95$$

及

$$k_B = \frac{y_B}{x_B} = \frac{0.196}{0.734} = 0.267$$

由式(10-10)计算选择性系数,即

$$\beta = \frac{k_A}{k_B} = \frac{1.95}{0.267} = 7.303$$

（4）使混合液开始分层的萃取剂用量　根据原料液的组成在 AB 边上确定点 F,连接点 F、S,则当向原料液加入 S 时,混合液的组成点必位于直线 FS 上。当 S 的加入量恰好使混合液的组成落于溶解度曲线的 H 点时,混合液即开始分层。分层时溶剂的用量可由杠杆规则求得,即

$$\frac{S}{F} = \frac{\overline{HF}}{\overline{HS}} = \frac{8}{96} = 0.0833$$

所以 $\qquad\qquad S = 0.0833F = (0.0833 \times 1000)\,\text{kg} = 83.3\ \text{kg}$

（5）萃余相的组成及混合液的总组成　根据萃取相中 $y_A = 36\%$,在图中定出 E_2 点,由辅助曲线定出与之成平衡的 R_2 点。由图读得

$$x_A = 17.0\%, \qquad x_B = 77.0\%, \qquad x_S = 6.0\%$$

$R_2 E_2$ 线与 FS 线的交点 M 即为混合液的总组成点,由图读得

$$x_A = 23.5\%, \qquad x_B = 55.5\%, \qquad x_S = 21.0\%$$

<h2 style="text-align:center">10.3 液－液萃取过程的计算</h2>

液－液萃取操作设备可分为分级接触式和连续接触式两类。本节主要讨论分级接触式萃取过程的计算。

在分级接触式萃取过程计算中，无论是单级操作还是多级操作，均假设各级为理论级，即离开每一级的萃取相与萃余相互成平衡。萃取操作的理论级概念类似于蒸馏中的理论板，是设备操作效率的比较基准。实际需要的级数等于理论级数除以级效率 η。级效率 η 目前尚无准确的计算方法，一般通过实验测定。

在萃取过程计算中，通常操作条件下的相平衡关系、原料液的处理量及组成均为已知，常见的计算可分为设计型计算和操作型计算两类，前者是指规定了各级的溶剂用量及组成，要求计算达到一定分离程度所需的理论级数 n；后者是指已知某多级萃取设备的理论级数 n，要求估算经该设备萃取后所能达到的分离程度。本章主要讨论设计型计算。

10.3.1 单级萃取的计算

单级萃取是指原料液 F 和萃取剂 S 只进行一次混合、传质，具有一个理论级的萃取分离过程。它是液－液萃取中最简单、最基本的操作方式，其流程如图 10－1 所示，操作可以是间歇的也可以是连续的。为简便计，假定所有流股的组成均以溶质 A 的含量表示，故书写两相的组成时均只标注相应流股的符号，而不再标注组分的符号。

如前所述，在单级萃取过程的设计型计算中，一般已知的条件是：操作条件下的相平衡数据，所需处理的原料液的流量 F 及组成 x_F，萃取剂的组成 y_S 和萃余相的组成 x_R。要求计算萃取剂用量，萃取相 E 及萃余相 R 的量和萃取相的组成。

一、原溶剂 B 与萃取剂 S 部分互溶的物系

由于此类物系的相平衡关系一般难以用简单的函数关系式表达，故采用基于杠杆规则的图解法计算，其计算步骤如下：

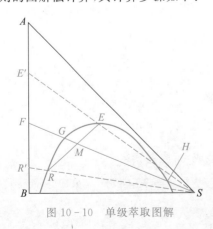

图 10－10 单级萃取图解

（1）由已知的相平衡数据在等腰直角三角形坐标图中作出溶解度曲线及辅助曲线，如图 10－10 所示（注：辅助曲线图中未示出）。

（2）在三角形坐标的 AB 边上根据原料液的组成确定点 F，根据萃取剂的组成确定点 S（若为纯溶剂，则为顶点 S），连接点 F、S，则原料液与萃取剂之混合液的组成点 M 必落在 FS 连线上。

（3）由已知的萃余相组成 x_R，在图上确定点 R，并由辅助曲线求出点 E，作 R 与 E 的联结线，

显然 RE 线与 FS 线的交点即为混合液的组成点 M。

（4）由质量衡算和杠杆规则求出各流股的量，即

$$S = F \frac{\overline{MF}}{\overline{MS}} \tag{10-12}$$

$$M = F + S = R + E \tag{10-13}$$

$$E = M \frac{\overline{RM}}{\overline{RE}} \tag{10-14}$$

$$R = M - E \tag{10-15}$$

萃取相的组成可由三角形相图直接读出。

若从 E 相和 R 相中脱除全部溶剂，则得到萃取液 E′ 和萃余液 R′。因 E′ 和 R′ 中已不含萃取剂，只含组分 A 和 B，所以它们的组成点必落于 AB 边上，具体位置应分别为 SE 和 SR 的延长线与 AB 边的交点 E′ 和 R′。由图 10-10 可以看出，E′ 中溶质 A 的含量比原料液 F 中的高，R′ 中溶质 A 的含量比原料液 F 中的低，即原料液经过萃取并脱除溶剂后，其所含的 A、B 组分得到了一定程度的分离。E′ 和 R′ 的量的关系可由杠杆规则来确定，即

$$E' = F \frac{\overline{R'F}}{\overline{R'E'}} \tag{10-16}$$

$$R' = F - E' \tag{10-17}$$

以上诸式中各线段的长度可由三角形相图直接量出。

上述各量也可由质量衡算求出，式（10-13）为总物料衡算式，组分 A 的质量衡算式为

$$F x_{\mathrm{F}} + S y_{\mathrm{S}} = R x_{\mathrm{R}} + E y_{\mathrm{E}} = M x_{\mathrm{M}} \tag{10-18}$$

联立求解式（10-13）和式（10-18）得

$$S = F \frac{x_{\mathrm{F}} - x_{\mathrm{M}}}{x_{\mathrm{M}} - y_{\mathrm{S}}} \tag{10-19}$$

$$E = M \frac{x_{\mathrm{M}} - x_{\mathrm{R}}}{y_{\mathrm{E}} - x_{\mathrm{R}}} \tag{10-20}$$

$$R = M - E \tag{10-15}$$

同理，可求得萃取液和萃余液的量 E′、R′，即

$$E' = F \frac{x_{\mathrm{F}} - x'_{\mathrm{R}}}{y'_{\mathrm{E}} - x'_{\mathrm{R}}} \tag{10-21}$$

$$R' = F - E' \tag{10-17}$$

若已知相平衡关系及溶解度曲线[式（10-7）和式（10-8）]的函数式，代入上述诸式中，也可求出溶剂用量，萃取相 E 及萃余相 R 的量及萃取相的组成。

在单级萃取操作中,对应一定的原料液量,存在两个极限萃取剂用量,在这两个极限用量下,原料液与萃取剂的混合液组成点恰好落在溶解度曲线上,如图 10-10 中的点 G 和点 H 所示,由于此时混合液只有一个相,故不能起分离作用。这两个极限萃取剂用量分别表示能进行萃取分离的最小萃取剂用量 S_{min}(与点 G 对应的萃取剂用量)和最大萃取剂用量 S_{max}(与点 H 对应的萃取剂用量),其值可由杠杆规则分别计算如下,即

$$S_{min}=F\,\frac{\overline{FG}}{\overline{GS}} \tag{10-22}$$

及

$$S_{max}=F\,\frac{\overline{FH}}{\overline{HS}} \tag{10-23}$$

显然,适宜的萃取剂用量应介于二者之间,即

$$S_{min}<S<S_{max}$$

二、原溶剂 B 与萃取剂 S 不互溶的物系

对于此类物系,因溶剂只能溶解组分 A,而与组分 B 完全不互溶,故在萃取过程中,仅有溶质 A 的相际传递,萃取剂 S 及原溶剂 B 均只分别出现在萃取相及萃余相中,故用质量比表示两相中的组成较为方便。此时溶质在两液相间的相平衡关系可以用与吸收中的气液相平衡类似的方法表示,即

$$Y=f(X) \tag{10-24}$$

若在操作范围内,以质量比表示相组成的分配系数 K 为常数,则相平衡关系可用式(10-6)表示

$$Y=KX \tag{10-6}$$

溶质 A 的质量衡算式为

$$B(X_F-X_1)=S(Y_1-Y_S) \tag{10-25}$$

式中　　　　B——原料液中原溶剂的量,kg 或 kg/h;

　　　　　　S——萃取剂中纯萃取剂的量,kg 或 kg/h;

　　　X_F、Y_S——分别为原料液和萃取剂中组分 A 的质量比组成;

　　　X_1、Y_1——分别为单级萃取后萃余相和萃取相中组分 A 的质量比组成。

联立求解式(10-6)与式(10-25),即可求得 Y_1 与 S。

◆ 例 10-2　25 ℃下以水为萃取剂从醋酸质量分数为 35％的醋酸(A)与氯仿(B)的混合液中提取醋酸。已知原料液处理量为 4000 kg/h,用水量为 3200 kg/h。操作温度下,E 相和 R 相以质量分数表示的相平衡数据如本例附表所示。试求(1) 单级萃取后 E 相和 R 相的组成及流量;(2) 将 E 相和 R 相中的溶剂完全脱除后的萃取液和萃余

液的组成和流量;(3) 操作条件下的选择性系数 β;(4) 若组分 B、S 可视为完全不互溶,且操作条件下以质量比表示相组成的分配系数 $K = 3.4$,要求原料液中的溶质 A 有 90% 进入萃取相,则每千克原溶剂 B 需要消耗多少千克的萃取剂 S?

例 10-2 附表

氯仿层(R 相)		水层(E 相)	
醋酸的质量分数/%	水的质量分数/%	醋酸的质量分数/%	水的质量分数/%
0.00	0.99	0.00	99.16
6.77	1.38	25.10	73.69
17.72	2.28	44.12	48.58
25.72	4.15	50.18	34.71
27.65	5.20	50.56	31.11
32.08	7.93	49.41	25.39
34.16	10.03	47.87	23.28
42.5	16.5	42.50	16.50

解:根据题给数据,在等腰直角三角形坐标图中作出溶解度曲线和辅助曲线,如本例附图所示。

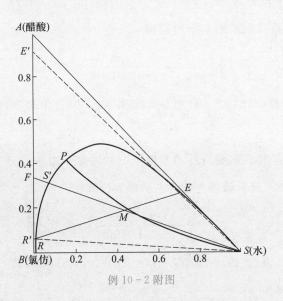

例 10-2 附图

(1) 单级萃取后 E 相和 R 相的组成及流量 根据醋酸在原料液中的质量分数为 35%,在 AB 边上确定点 F,连接点 F、S,按 F、S 的流量依杠杆规则在 FS 线上确定和点 M。

因 E 相和 R 相的组成均未给出,故需借助辅助曲线用试差作图法确定通过 M 点的联结线 ER。由图读得两相的组成为

E 相 　$y_A = 27\%$，　$y_B = 1.5\%$，　$y_S = 71.5\%$

R 相 　$x_A = 7.2\%$，　$x_B = 91.4\%$，　$x_S = 1.4\%$

由总质量衡算得

$$M = F + S = (4000 + 3200)\,\text{kg/h} = 7200\ \text{kg/h}$$

由本例附图量得 $\overline{RM} = 26$ mm 及 $\overline{RE} = 42$ mm，则由式(10-14)和式(10-15)可求出 E 相和 R 相的量，即

$$E = M\,\frac{\overline{RM}}{\overline{RE}} = \left(7200 \times \frac{26}{42}\right)\,\text{kg/h} = 4457\ \text{kg/h}$$

$$R = M - E = (7200 - 4457)\,\text{kg/h} = 2743\ \text{kg/h}$$

(2) 萃取液和萃余液的组成和流量　连接点 S、E，并延长 SE 与 AB 边交于 E'，由图读得 $y'_E = 92\%$；连接点 S、R 并延长 SR 与 AB 边交于 R'，由图读得 $x'_R = 7.3\%$。

萃取液 E' 和萃余液 R' 的量由式(10-21)及式(10-17)求得，即

$$E' = F\,\frac{x_F - x'_R}{y'_E - x'_R} = \left(4000 \times \frac{0.35 - 0.073}{0.92 - 0.073}\right)\,\text{kg/h} = 1308\ \text{kg/h}$$

$$R' = F - E' = (4000 - 1308)\,\text{kg/h} = 2692\ \text{kg/h}$$

(3) 选择性系数 β　由式(10-9)可得

$$\beta = \frac{y_A}{x_A}\bigg/\frac{y_B}{x_B} = \frac{0.27}{0.072}\bigg/\frac{0.015}{0.914} = 228.5$$

由于该物系中氯仿(B)、水(S)的互溶度很小，所以 β 值较高，得到的萃取液组成很高。

(4) 每千克原溶剂 B 需要消耗的萃取剂 S 的质量　由于组分 B、S 可视为完全不互溶，则用式(10-25)计算较为方便。有关参数计算如下：

$$X_F = \frac{x_F}{1 - x_F} = \frac{0.35}{1 - 0.35} = 0.538$$

$$X_1 = (1 - \varphi_A)X_F = (1 - 0.9) \times 0.538 = 0.0538$$

$$Y_S = 0$$

$$Y_1 = KX_1 = 3.4 \times 0.0538 = 0.183$$

将有关参数代入式(10-25)，并整理得

$$S/B = (X_F - X_1)/Y_1 = (0.538 - 0.0538)/0.183 = 2.65$$

即 1 kg 原溶剂 B 需要消耗 2.65 kg 萃取剂 S。

应予指出,在实际生产中,由于萃取剂都是循环使用的,故其中会含有少量的组分 A 和 B。同样,萃取液和萃余液中也会含有少量的 S。此时,图解计算的原则和方法仍然适用,但点 S 及 E'、R' 的位置均在三角形相图的均相区内。

10.3.2 多级错流萃取的计算

除了选择性系数极高的物系之外,一般单级萃取所得的萃余相中往往还含有较多的溶质,为进一步降低萃余相中的溶质含量,可采用将多个单级萃取组合的方法,包括多级错流萃取和多级逆流萃取等。多级错流萃取流程如图 10-11 所示。

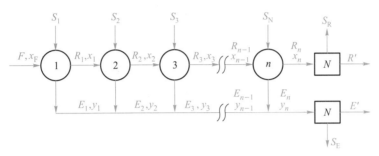

图 10-11　多级错流萃取流程示意图

在多级错流萃取操作中,每一级均加入新鲜萃取剂。原料液首先进入第一级,被萃取剂萃取后,所得萃余相进入第二级,并用新鲜萃取剂再次进行萃取,第二级萃取所得的萃余相又进入第三级⋯⋯如此萃余相经多次萃取,只要级数足够多,最终就可以得到溶质组成低于指定值的萃余相。

多级错流萃取的总萃取剂用量为各级萃取剂用量之和,原则上各级萃取剂用量可以相等也可以不相等。但可以证明,当各级萃取剂用量相等时,达到一定的分离程度所需的总萃取剂用量最少,故在多级错流萃取操作中,一般各级萃取剂用量均相等。

与单级萃取的计算一样,多级错流萃取的计算也可分为设计型计算和操作型计算两种,这里主要介绍前者。在多级错流萃取过程的设计型计算中,已知操作条件下的相平衡数据,所需处理的原料液量 F 及组成 x_F、萃取剂的组成 y_S 和萃余相的组成 x_R,要求计算萃取剂用量 S、萃取相 E 及萃余相 R 的量和萃取相的组成,以及达到指定分离程度所需理论级数。

一、原溶剂 B 与萃取剂 S 部分互溶时理论级数的求算

对于此类物系,由于相平衡关系难以用简单的函数关系式表达,通常根据三角形相图用图解法进行计算,其计算步骤如下:

(1)由已知的相平衡数据在等腰直角三角形坐标图中作出溶解度曲线及辅助曲线,并在此相图上标出 F 点,如图 10-12 所示(注:辅助曲线图中未示出)。

(2)连接点 F、S 得 FS 线,根据 F、S 的量依杠杆规则在 FS 线上确定混合液的总组成点 M_1。利用辅助曲线用试差法作过点 M_1 的联结线 E_1R_1,相应的萃取相 E_1 和萃余

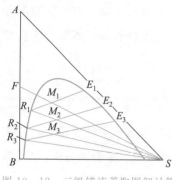

图 10－12 三级错流萃取图解计算

相 R_1 即为第一个理论级分离的结果。

（3）以 R_1 为原料液，加入新鲜萃取剂 S（此处假定 $S_1 = S_2 = S_3 = S$ 且 $y_S = 0$），二者混合得点 M_2，按与（2）类似的方法可以得到点 E_2 和点 R_2，此即第二个理论级分离的结果。

（4）以此类推，直至某级萃余相中溶质的组成等于或小于要求的组成 x_R 为止，重复作出的联结线数目即为所需的理论级数。显然，多级错流萃取的图解法是单级萃取图解的多次重复。

◆ 例 10－3 25 ℃下以三氯乙烷为萃取剂在三级错流萃取装置中从丙酮质量分数为 40％ 的丙酮水溶液中提取丙酮。已知原料液处理量为 100 kg/h，第一级溶剂用量与原料液流量之比为 0.5，各级溶剂用量相等。操作温度下，丙酮（A）－水（B）－三氯乙烷（S）系统以质量分数表示的溶解度数据和联结线数据分别如本例附表 1 和附表 2 所示。试求丙酮的总萃取率。

例 10－3 附表 1 溶解度数据（质量分数/％）

三氯乙烷（S）	水（B）	丙酮（A）	三氯乙烷（S）	水（B）	丙酮（A）
99.89	0.11	0	38.31	6.84	54.85
94.73	0.26	5.01	31.67	9.78	58.55
90.11	0.36	9.53	24.04	15.37	60.59
79.58	0.76	19.66	15.39	26.28	58.33
70.36	1.43	28.21	9.63	35.38	54.99
64.17	1.87	33.96	4.35	48.47	47.18
60.06	2.11	37.83	2.18	55.97	41.85
54.88	2.98	42.14	1.02	71.80	27.18
48.78	4.01	47.21	0.44	99.56	0

例 10－3 附表 2 联结线数据（质量分数/％）

水相中丙酮 x_A	5.96	10.0	14.0	19.1	21.0	27.0	35.0
三氯乙烷相中丙酮 y_A	8.75	15.0	21.0	27.7	32	40.5	48.0

解：丙酮的总萃取率可由下式计算，即

$$\varphi_A = \frac{F x_F - R_3 x_3}{F x_F}$$

显然计算的关键是求算 R_3 及 x_3。

由题给数据在等腰直角三角形相图中作出溶解度曲线和辅助曲线，如本例附图所示。

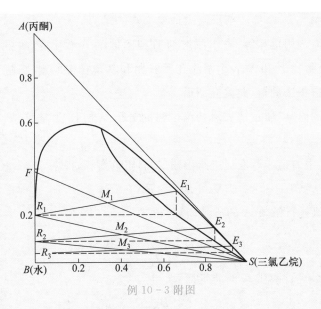

例 10 - 3 附图

第一级的溶剂用量也即每级的溶剂用量为

$$S = 0.5F = (0.5 \times 100)\ \text{kg/h} = 50\ \text{kg/h}$$

根据第一级的总质量衡算得

$$M_1 = F + S = (100 + 50)\ \text{kg/h} = 150\ \text{kg/h}$$

由 F 和 S 的量按杠杆规则确定第一级混合液的组成点 M_1，用试差法作过点 M_1 的联结线 $E_1 R_1$。根据杠杆规则，得

$$R_1 = M_1\ \frac{\overline{E_1 M_1}}{\overline{E_1 R_1}} = \left(150 \times \frac{19.2}{39}\right)\ \text{kg/h}$$

$$= 73.8\ \text{kg/h}$$

再用 50 kg/h 的溶剂对第一级的 R_1 进行萃取。重复上述步骤计算第二级的有关参数，即

$$M_2 = R_1 + S = (73.8 + 50)\ \text{kg/h} = 123.8\ \text{kg/h}$$

$$R_2 = M_2\ \frac{\overline{E_2 M_2}}{\overline{E_2 R_2}} = \left(123.8 \times \frac{25}{49}\right)\ \text{kg/h}$$

$$= 63.2\ \text{kg/h}$$

同理，第三级的有关参数为

$$M_3 = (63.2 + 50)\ \text{kg/h} = 113.2\ \text{kg/h}$$

$$R_3 = \left(113.2 \times \frac{28}{64}\right)\ \text{kg/h} = 49.5\ \text{kg/h}$$

由本例附图读得 $x_3 = 0.035$，于是丙酮的总萃取率为

$$\varphi_A = \frac{F x_F - R_3 x_3}{F x_F} = \frac{100 \times 0.4 - 49.5 \times 0.035}{100 \times 0.4} = 0.957 = 95.7\%$$

二、原溶剂 B 与萃取剂 S 不互溶时理论级数的求算

设每一级的溶剂用量相等,由于原溶剂 B 与萃取剂 S 不互溶,故可仿照吸收中组成的表示法,即以质量比 Y 和 X 表示溶质在萃取相和萃余相中的组成,过程的计算可用直角坐标图解法或解析法进行,此处介绍后者。

若在操作范围内,以质量比表示相组成时的分配系数 K 为常数,则相平衡关系可用式(10-6)表示。

对图 10-11 中的第一萃取级进行溶质 A 的质量衡算,得

$$BX_F + SY_S = BX_1 + SY_1 \tag{10-26}$$

对第二萃取级进行溶质 A 的质量衡算,得

$$Y_2 - Y_S = -\frac{B}{S}(X_2 - X_1) \tag{10-27}$$

对第 n 萃取级进行溶质 A 的质量衡算,得

$$Y_n - Y_S = -\frac{B}{S}(X_n - X_{n-1}) \tag{10-28}$$

将相平衡关系 $Y_n = KX_n$ 代入各级质量衡算式中,可得

$$X_1 = \frac{X_F + \dfrac{S}{B}Y_S}{1 + \dfrac{KS}{B}} \tag{10-29}$$

令 $KS/B = A_m$,则上式变为

$$X_1 = \frac{X_F + \dfrac{S}{B}Y_S}{1 + A_m} \tag{10-29a}$$

式中,A_m 为萃取因子,对应于吸收中的脱吸因子。

同理,对第二级可整理得

$$X_2 = \frac{X_F + \dfrac{S}{B}Y_S}{(1 + A_m)^2} + \frac{\dfrac{S}{B}Y_S}{1 + A_m} \tag{10-30}$$

以此类推,对第 n 级则有

$$X_n = \frac{X_F + \dfrac{S}{B}Y_S}{(1 + A_m)^n} + \frac{\dfrac{S}{B}Y_S}{(1 + A_m)^{n-1}} + \frac{\dfrac{S}{B}Y_S}{(1 + A_m)^{n-2}} + \cdots + \frac{\dfrac{S}{B}Y_S}{1 + A_m} \tag{10-31}$$

或

$$X_n = \left(X_F - \frac{Y_S}{K}\right)\left(\frac{1}{1 + A_m}\right)^n + \frac{Y_S}{K} \tag{10-31a}$$

整理式(10-31a)得

$$n = \ln\left(\frac{X_F - \dfrac{Y_S}{K}}{X_n - \dfrac{Y_S}{K}}\right) \bigg/ \ln(1 + A_m) \tag{10-32}$$

◆ 例 10 – 4   在五级错流萃取装置中,以三氯乙烷为萃取剂从丙酮质量分数为 25% 的丙酮水溶液中提取丙酮。已知原料液处理量为 1200 kg/h,要求最终萃余相中丙酮的质量分数不高于 1%,试求萃取剂的用量及萃取相中丙酮的平均组成。假定 (1) 在操作条件下,水(B)和三氯乙烷(S)可视为完全不互溶,丙酮的分配系数近似为常数,$K = 1.71$;(2) 各级溶剂用量相等,实际萃取剂中丙酮的质量分数为 1%,其余为三氯乙烷。

解:由题意知,组成 B、S 完全不互溶,且分配系数 K 近似为常数,故可采用解析法,即以式(10 – 32)求算萃取剂用量 S,式中的有关参数为

$$X_F = \frac{25}{75} = 0.3333, \qquad X_n = \frac{1}{99} = 0.0101$$

$$Y_S = \frac{1}{99} = 0.0101$$

$$B = F(1 - x_F) = [1200 \times (1 - 0.25)] \text{ kg/h} = 900 \text{ kg/h}$$

$$\frac{X_F - \dfrac{Y_S}{K}}{X_n - \dfrac{Y_S}{K}} = \frac{0.3333 - \dfrac{0.0101}{1.71}}{0.0101 - \dfrac{0.0101}{1.71}} = 78.1$$

将上述有关参数值及 $n = 5$ 代入式(10 – 32)可解得 $A_m = 1.391$,则

每级的纯萃取剂用量为 $\qquad S = \frac{A_m B}{K} = \left(\frac{1.391 \times 900}{1.71} \right) \text{ kg/h} = 732.1 \text{ kg/h}$

五级的纯萃取剂总用量为 $\qquad \sum S = 5S = (5 \times 732.1) \text{ kg/h} = 3660.5 \text{ kg/h}$

实际的萃取剂总用量为 $\qquad \sum S' = \sum S / (1 - 0.01) = 3697.5 \text{ kg/h}$

设萃取相中溶质的平均组成为 $\overline{Y}$,对系统作溶质 A 的质量衡算得

$$B X_F + \sum S Y_S = B X_n + \sum S \overline{Y}$$

于是 $\qquad \overline{Y} = \frac{B(X_F - X_n)}{\sum S} + Y_S = \frac{900 \times (0.3333 - 0.0101)}{3660.5} + 0.0101 = 0.09$

$$\overline{y} = \frac{\overline{Y}}{1 + \overline{Y}} = \frac{0.09}{1 + 0.09} = 0.0826$$

10.3.3 多级逆流萃取的计算

用一定量的萃取剂萃取原料液时,单级或多级错流萃取因受相平衡的限制,常常难以达到更高程度的分离要求,此时可采用多级逆流萃取操作,其流程如图 10 – 13(a) 所示。

原料液从第 1 级进入系统,依次经过各级萃取,成为各级的萃余相,其溶质组成逐级

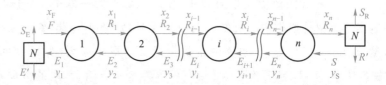

(a) 流程示意图

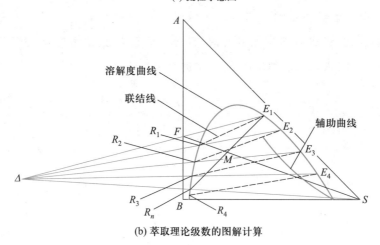

(b) 萃取理论级数的图解计算

图 10－13　多级逆流萃取

下降,最后从第 n 级流出;萃取剂则从第 n 级进入系统,依次通过各级与萃余相逆向接触,进行多级萃取,其溶质组成逐级提高,最后从第 1 级流出。最终的萃取相与萃余相可在溶剂回收装置中脱除萃取剂得到萃取液与萃余液,脱除的萃取剂返回系统循环使用。

　　多级逆流萃取一般为连续操作,其传质平均推动力大,分离效率高,溶剂用量少,故在工业中得到广泛应用。

　　与单级萃取的计算一样,多级逆流萃取的计算也可分为设计型计算与操作型计算两种。本节主要讨论前者,即已知原料液的流量 F 和组成 x_F,萃取剂的用量 S 和组成 y_S,求最终萃余相组成降至一定值所需的理论级数 n。

　　理论级数 n 的计算方法原则上与精馏、吸收中理论塔板数的计算类似,即应用相平衡与质量衡算两个基本关系,通过逐级计算,直至萃余相组成等于或小于要求的值为止,从而求得所需的理论级数 n。

一、原溶剂 B 与萃取剂 S 部分互溶时理论级数的求算

　　如前所述,此种情况下相平衡关系难以用数学方程式表达,通常应用逐级图解法求解理论级数 n,具体方法又有三角形坐标图解法和直角坐标图解法两种。当然,随着计算机技术的发展,可以回归得到相平衡关系式,此时,可以考虑采用解析法求解理论级数 n,即通过对整个萃取系统和每个萃取平衡级进行总物料衡算和组分 A、S 的质量衡算,得到关于各级组成和流量的方程组,再结合相平衡关系式,即可求得达到指定分离程度所需的平衡级数 n。

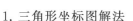

1. 三角形坐标图解法

三角形坐标图解法的步骤与原理如下［参见图 10 - 13(b)］：

（1）根据操作条件下的相平衡数据在三角形坐标图上绘出溶解度曲线和辅助曲线。

（2）根据原料液和萃取剂的组成，在图上定出点 F、S，再由溶剂比 S/F 按杠杆规则在 FS 连线上定出和点 M 的位置。

（3）由规定的最终萃余相组成在图上定出点 R_n，连接点 R_n、M 并延长 R_nM 与溶解度曲线交于点 E_1，此点即为最终萃取相组成点。

根据杠杆规则，计算最终萃取相和萃余相的流量，即

$$E_1 = M\, \frac{\overline{MR_n}}{\overline{R_nE_1}}$$

$$R_n = M - E_1$$

（4）应用相平衡关系与质量衡算，用图解法求理论级数。

在图 10 - 13(a)所示的第 1 级与第 n 级之间进行总质量衡算得

$$F + S = R_n + E_1$$

对第 1 级进行总质量衡算得

$$F + E_2 = R_1 + E_1 \qquad 或 \qquad F - E_1 = R_1 - E_2$$

对第 2 级进行总质量衡算得

$$R_1 + E_3 = R_2 + E_2 \qquad 或 \qquad R_1 - E_2 = R_2 - E_3$$

以此类推，对第 n 级进行总质量衡算得

$$R_{n-1} + S = R_n + E_n \qquad 或 \qquad R_{n-1} - E_n = R_n - S$$

由以上各式可得

$$F - E_1 = R_1 - E_2 = R_2 - E_3 = \cdots = R_i - E_{i+1} = \cdots = R_{n-1} - E_n = R_n - S = \triangle$$

$$(10 - 33)$$

式(10 - 33)表明离开每一级的萃余相流量 R_i 与进入该级的萃取相流量 E_{i+1} 之差为常数，以 $\triangle$ 表示。$\triangle$ 为一虚拟量，可视为通过每一级的"净流量"，其组成也可在三角形相图上用某点($\triangle$ 点)表示。显然，$\triangle$ 点分别为 F 与 E_1、R_1 与 E_2、R_2 与 E_3、$\cdots$、R_{n-1} 与 E_n、R_n 与 S 诸流股的差点，故在三角形相图上，连接 R_i 与 E_{i+1} 两点的直线均通过 $\triangle$ 点，通常称$R_iE_{i+1}\triangle$的连线为多级逆流萃取的操作线，$\triangle$ 点称为操作点。根据理论级的假设，离开每一级的萃取相 E_i 与萃余相 R_i 互成平衡，故 E_i 和 R_i 应位于联结线的两端。据此，就可以根据联结线与操作线的关系，方便地进行逐级计算以确定理论级数。作法如下：首先分别作 F 与 E_1、R_n 与 S 的连线，并延长使其相交，交点即为点 $\triangle$，然后由点 E_1 作联结线交溶解度曲线于点 R_1，作 R_1 与 $\triangle$ 的连线并延长使之与溶解度曲线交于点 E_2，再由点 E_2 作联结线，得点 R_2，连接 $R_2\triangle$ 并延长使之与溶解度曲线交于点 E_3，这样交替地应用操作线和相平衡线（溶解度曲线）直至萃余相的组成小于或等于所要求的值为止，重复作出的联结线数目即为所求的理论级数。

应予指出,点 $\triangle$ 的位置与物系联结线的斜率、原料液的流量及组成、萃取剂流量及组成、最终萃余相组成等有关,可能位于三角形相图的左侧,也可能位于三角形相图的右侧。若其他条件一定,则点 $\triangle$ 的位置由溶剂比决定:当 S/F 较小时,点 $\triangle$ 在三角形相图的左侧,R 为和点;当 S/F 较大时,点 $\triangle$ 在三角形相图的右侧,E 为和点;当 S/F 为某数值时,点 $\triangle$ 在无穷远处,此时可视为诸操作线是平行的。

2. 直角坐标图解法

当萃取过程所需的理论级数较多时,若仍在三角形坐标图上进行图解,由于各种关系线挤在一起,很难得到准确的结果。此时可在直角坐标上绘出分配曲线和操作线,然后利用阶梯法求解理论级数。其步骤如下:

(1)根据已知的相平衡数据,在三角形坐标图上作出溶解度曲线,在 y-x 直角坐标图上作出分配曲线,如图 10-14 所示。

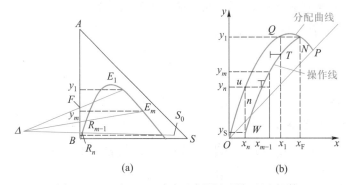

图 10-14　在 y-x 直角坐标图上图解理论级数

(2)根据原料液组成 x_F、萃取剂组成 y_S、规定的最终萃余相组成 x_n 及溶剂比 S/F,按前述方法在三角形相图上定出操作点 $\triangle$。

(3)自操作点 $\triangle$ 引出若干条 $\triangle RE$ 操作线,分别与溶解度曲线交于点 R_{m-1} 和 E_m,其组成分别为 x_{m-1} 和 y_m($m=2,3,\cdots,n$),相应地,可在直角坐标图上定出一个操作点,将若干个操作点相连接,即可得到操作线,见图 10-14(b)。

(4)从点 (x_F,y_1) 出发,在相平衡线(即分配曲线)与操作线之间画梯级,直至某一梯级所对应的萃余相组成等于或小于规定的萃余相组成为止,此时重复作出的梯级数即为所需的理论级数。

◆ 例 10-5　在多级逆流萃取装置中,以纯二异丙醚为溶剂从醋酸质量分数为 40% 的醋酸水溶液中提取醋酸。已知原料液处理量为 2000 kg/h,二异丙醚用量为 3000 kg/h。要求最终萃余相中醋酸的质量分数不高于 7%。试在 y-x 直角坐标图上求解所需的理论级数。操作条件下的溶解度数据和辅助曲线数据分别如本例附表 1、附表 2 所示。

例 10－5 附表 1　溶解度数据（质量分数/%）

二异丙醚（S）	0.7	1.0	1.4	2.2	3.7	7.3	13.2	21.5	24.7	35.5	45.2	59.0	78.0	96.0
醋酸（A）	0	9.0	18.6	27.8	36.3	42.7	46.8	48.5	48.3	45.3	39.8	31.0	17.0	0

例 10－5 附表 2　辅助曲线数据（质量分数/%）

二异丙醚（S）	0.7	5.0	10.0	15.0	20.0	21.0	22.0	23.0	24.0	24.5	24.7
醋酸（A）	0	2.2	5.5	11.0	19.0	21.5	24.5	30.0	35.0	41.0	48.3

解：（1）由题给数据在三角形坐标图上绘出溶解度曲线和辅助曲线（如本例附图所示），定出 F、R_n、S 及 E_1 四个点，分别连接点 R_n、S 及点 F、E_1，并将连线延长交于点 Δ，点 Δ 即为操作点。

（2）在 $y-x$ 直角坐标图上绘出分配曲线　在三角形相图上借助辅助曲线确定若干对共轭相中溶质的相平衡组成，如本例附表 3 所示。

例 10－5 附表 3　相平衡数据（质量分数/%）

x_A	6.0	13.0	22.0	29.0	35.0	41.0	44.0	48.0
y_A	2.0	5.0	10.0	15.0	20.0	25.0	30.0	41.0

由附表 3 的数据在直角坐标图上绘出分配曲线 OGQ。

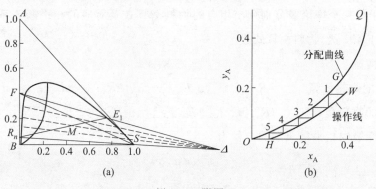

例 10－5 附图

（3）在 $y-x$ 直角坐标图上绘出操作线　在三角形相图中于 $R_nS\Delta$ 及 $FE_1\Delta$ 两直线之间作若干条操作线，每条操作线分别与溶解度曲线交于两点，将该两点的坐标 y_A、x_A 转移到 $y-x$ 直角坐标图上便得到一个操作点。自三角形相图上得到的操作点数据如本例附表 4 所示。

例 10－5 附表 4　操作点数据（质量分数/%）

x_A	40.0	30.0	22.0	14.0	7.0
y_A	18.0	12.0	10.0	4.0	0

在直角坐标图上连接上述诸点,即得到操作线 HW。操作线的两个端点为 $W(x_F, y_1)$ 和 $H(x_n, y_S)$。

(4) 自 W 点开始在分配曲线与操作线之间绘梯级,由本例附图可知,当绘至第 5 个梯级时,其对应的萃余相组成 $x_5 = 6.5\% < 7\%$,表明 5 个理论级即可满足萃取分离要求。

3. 解析法

(1) 以萃取装置为控制系统列物料衡算式,即

总物料衡算 $\qquad\qquad F + S = E_1 + R_n$ $\qquad\qquad\qquad$ (10－34)

组分 A 的物料衡算 $\qquad F x_{F,A} + S y_{0,A} = E_1 y_{1,A} + R_n x_{n,A}$ $\qquad$ (10－35)

组分 S 的物料衡算 $\qquad F x_{F,S} + S y_{0,S} = E_1 y_{1,S} + R_n x_{n,S}$ $\qquad$ (10－36)

式中的 $x_{n,S}$ 与 $x_{n,A}$, $y_{1,S}$ 与 $y_{1,A}$ 分别满足溶解度曲线关系式,$y_{1,A}$, $x_{1,A}$ 满足相平衡关系,即

$$x_{n,S} = \psi(x_{n,A}) \qquad\qquad (10－37)$$

$$y_{1,S} = \varphi(y_{1,A}) \qquad\qquad (10－38)$$

$$y_{1,A} = f(x_{1,A}) \qquad\qquad (10－39)$$

联立求解上述诸式,即可求得各物料流股的量及组成。

(2) 对于每一个理论级分别列出相应的物料衡算式及对应的相平衡关系式,共 6 个方程式。对于第 i 级,物料衡算式为

总物料衡算 $\qquad\qquad R_{i-1} + E_{i+1} = R_i + E_i$ $\qquad\qquad\qquad$ (10－40)

组分 A 的物料衡算 $\qquad R_{i-1} x_{i-1,A} + E_{i+1} y_{i+1,A} = R_i x_{i,A} + E_i y_{i,A}$ $\qquad$ (10－41)

组分 S 的物料衡算 $\qquad R_{i-1} x_{i-1,S} + E_{i+1} y_{i+1,S} = R_i x_{i,S} + E_i y_{i,S}$ $\qquad$ (10－42)

表达平衡级内相平衡关系的方程为

$$x_{i,S} = \psi(x_{i,A}) \qquad\qquad (10－37a)$$

$$y_{i,S} = \varphi(y_{i,A}) \qquad\qquad (10－38a)$$

$$y_{i,A} = f(x_{i,A}) \qquad\qquad (10－39a)$$

计算时可从原料液加入的第一理论级开始,逐级计算,直至 $x_{n,A}$ 值等于或小于规定值为止,n 即为所求的理论级数。

◆ 例 10-6　在 25 ℃下用纯溶剂 S 从含组分 A 的水溶液中萃取组分 A。原料液的处理量为 2000 kg/h,其中 A 的质量分数为 0.03,要求萃余相中 A 的质量分数不大于 0.002,操作溶剂比(S/F)为 0.12。操作条件下的相平衡关系为

$$y_A = 3.98 x_A^{0.68}$$

$$y_S = 0.933 - 1.05 y_A$$

$$x_S = 0.013 - 0.05 x_A$$

试核算经两级逆流萃取能否达到分离要求。

解：本例为操作型计算，但和设计型计算方法相同。若求得的 $x_{2,A}\leqslant 0.002$，说明两级逆流萃取能满足分离要求，否则，需增加级数或调整工艺参数。

(1) 对萃取装置列物料衡算式及相平衡关系式

$$F+S=1.12F=E_1+R_2=1.12\times 2000 \tag{a}$$

组分 A 的物料衡算 $\quad 2000\times 0.03=E_1y_{1,A}+0.002R_2 \tag{b}$

组分 S 的物料衡算 $\quad 2000\times 0.12=E_1y_{1,S}+x_{2,S}R_2 \tag{c}$

式中 $$y_{1,A}=3.98\ x_{1,A}^{0.68} \tag{d}$$

$$y_{1,S}=0.933-1.05y_{1,A} \tag{e}$$

$$x_{2,S}=0.013-0.05x_{2,A} \tag{f}$$

联立式(a)～式(f)，得

$$E_1=293.4\ \text{kg/h} \qquad y_{1,A}=0.1912 \qquad y_{1,S}=0.7322$$

$$R_2=1946.6\ \text{kg/h} \qquad x_{1,A}=0.01151 \qquad x_{1,S}=0.01242$$

(2) 对第一理论级列物料衡算式及相平衡关系式

$$F+E_2=R_1+E_1 \tag{g}$$

组分 A 的物料衡算 $\quad 2000\times 0.03+E_2y_{2,A}=0.01151R_1+293.4\times 0.1912 \tag{h}$

组分 S 的物料衡算 $\quad E_2y_{2,S}=0.01242R_1+293.4\times 0.7322 \tag{i}$

式中 $$y_{2,A}=3.98\ x_{2,A}^{0.68} \tag{j}$$

$$y_{2,S}=0.933-1.05y_{2,A} \tag{k}$$

联立式(g)～式(k)，并代入有关数据，得

$$E_2=278.0\ \text{kg/h} \qquad y_{2,A}=0.06814 \qquad y_{2,S}=0.8615$$

$$R_1=1984.5\ \text{kg/h} \qquad x_{2,A}=0.002525>0.002$$

计算结果表明，两级逆流萃取不能满足要求。若想两级逆流萃取达到分离要求，可略微加大萃取剂用量。

当所需的平衡级数较多时，解析法的优势更加明显，解析法将成为求算理论级数的主要方法。

二、原溶剂 B 与萃取剂 S 不互溶时理论级数的求算

多级逆流萃取操作过程与脱吸过程十分相似，其理论级数的求算通常亦有两种方法，即 $Y\text{-}X$ 直角坐标图解法和解析法。

若操作条件下的分配曲线不是直线，一般采用 $Y\text{-}X$ 直角坐标图解法求取理论级数。具体作法是：首先由相平衡数据在 $Y\text{-}X$ 直角坐标图上绘出分配曲线，如图 10-15(b)所示，然后在图 10-15(a)中的第 1 级至第 i 级之间进行质量衡算得

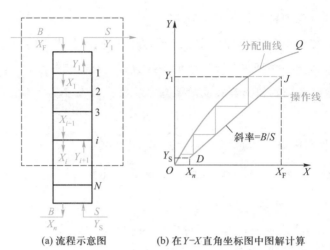

(a) 流程示意图　　　　(b) 在 Y-X 直角坐标图中图解计算

图 10-15　原溶剂 B 和萃取剂 S 完全不互溶时多级逆流萃取的图解计算

$$BX_F + SY_{i+1} = BX_i + SY_1 \qquad (10-43)$$

或

$$Y_{i+1} = \frac{B}{S}X_i + \left(Y_1 - \frac{B}{S}X_F\right) \qquad (10-43a)$$

式中　　X_i——离开第 i 级的萃余相中溶质的质量比组成；

Y_{i+1}——离开第 $i+1$ 级的萃取相中溶质的质量比组成。

式(10-43a)即为操作线方程,其在直角坐标图上为一条经过点 $J(X_F,Y_1)$ 和点 $D(X_n,Y_S)$ 的直线,最后从 J 点开始,在分配曲线与操作线之间绘梯级,梯级数即为所求的理论级数。

若操作条件下的分配曲线为通过原点的直线,由于操作线也为直线,萃取因子 $A_m(=KS/B)$ 为常数,则可仿照脱吸过程的计算方法,用式(10-44)求算理论级数,即

$$n = \ln\left[\left(1 - \frac{1}{A_m}\right)\frac{X_F - \dfrac{Y_S}{K}}{X_n - \dfrac{Y_S}{K}} + \frac{1}{A_m}\right]\bigg/\ln A_m \qquad (10-44)$$

三、最小溶剂比$(S/F)_{min}$和最小溶剂用量 S_{min}

与吸收操作中的最小液气比和最小吸收剂用量类似,在萃取操作中也有最小溶剂比和最小溶剂用量的概念。如图 10-16 所示,在萃取过程中,当溶剂比减少时,操作线逐渐向分配曲线(相平衡线)靠拢,达到同样分离要求所需的理论级数逐渐增加。当溶剂比减少至一定值时,操作线和分配曲线相切(或相交),此时类似于精馏中的夹紧区,所需的理论级数无限多,此溶剂比称为最小溶剂比$(S/F)_{min}$,相应的溶剂用量称为最小溶剂用量,以 S_{min} 表示。显然 S_{min} 为萃取操作中溶剂用量的最低极限值,实际操作时

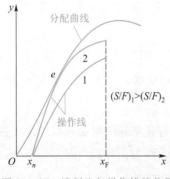

图 10-16　溶剂比与操作线的位置

的溶剂用量必须大于此极限值。

溶剂用量的大小是影响设备费和操作费的主要因素。当分离任务一定时,若减少溶剂用量,则所需的理论级数增加,设备费随之增加,而回收溶剂所消耗的能量减少;反之,若加大溶剂用量,则所需的理论级数可以减少,但回收溶剂所消耗的能量增加。适宜的溶剂用量应根据设备费与操作费之和最小的原则确定,一般取为最小溶剂用量的 1.1～2.0 倍,即

$$S = (1.1 \sim 2.0)S_{min} \qquad (10-45)$$

对于组分 B 和 S 不互溶的物系,如图 10-17 所示,其操作线为一条经过点 $H(X_n, Y_S)$ 且与直线 $X = X_F$ 相交的直线。若以 δ 代表操作线的斜率,即 $\delta = B/S$,则当 B 值一定时,δ 将随溶剂用量 S 而变,显然 S 越小,δ 值越大,操作线也越靠近分配曲线,所需的理论级数也就越多;当操作线与分配曲线相交时,δ 值达到最大,即 δ_{max},对应的 S 即为最小值 S_{min},此时所需的理论级数为无限多。S_{min} 值可按下式确定,即

$$S_{min} = \frac{B}{\delta_{max}} \qquad (10-46)$$

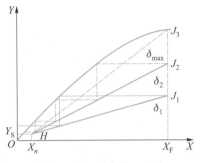

图 10-17 最小溶剂用量

对于组分 B 和 S 部分互溶的物系,由三角形相图可以看出,S/F 值越小,操作线和联结线的斜率越接近,所需的理论级数越多,当溶剂用量减小至某一极限值,即 S_{min} 时,就会出现操作线与联结线重合的情况,此时所需的理论级数为无限多。S_{min} 值可由杠杆规则确定。

◆ 例 10-7　在多级逆流萃取装置中,以纯三氯乙烷为萃取剂从丙酮质量分数为 35% 的丙酮水溶液中提取丙酮。已知原料液处理量为 1000 kg/h,要求最终萃余相中丙酮的质量分数不高于 5%。萃取剂的用量为最小溶剂用量的 1.3 倍。水和三氯乙烷可视为完全不互溶,操作条件下该物系的分配系数 K 取为 1.71,试用解析法求所需的理论级数。

解:由题给数据得

$$X_F = \frac{35}{65} = 0.538, \qquad X_n = \frac{5}{95} = 0.0526$$

$$B = F(1 - X_F) = [1000 \times (1 - 0.35)] \text{ kg/h} = 650 \text{ kg/h}$$

由于 $Y_S = 0$,故操作线的一端经过点 $(X_n, 0)$,作 $X = X_F$ 与分配曲线 $Y = 1.71X$ 相交,交点纵坐标为

$$Y = KX_F = 1.71 \times 0.538 = 0.920$$

该交点与点 $(X_n, 0)$ 连线的斜率即为 δ_{max},其值为

$$\delta_{\max} = \frac{0.920 - 0}{0.538 - 0.0526} = 1.90$$

由式(10-46)计算最小溶剂用量,即

$$S_{\min} = \frac{B}{\delta_{\max}} = \left(\frac{650}{1.90}\right) \text{kg/h} = 342 \text{ kg/h}$$

$$S = 1.3 S_{\min} = (1.3 \times 342) \text{ kg/h} = 445 \text{ kg/h}$$

由题给数据计算有关参数,即

$$A_m = \frac{KS}{B} = \frac{1.71 \times 445}{650} = 1.171$$

$$\frac{X_F - \dfrac{Y_S}{K}}{X_n - \dfrac{Y_S}{K}} = \frac{0.538 - 0}{0.0526 - 0} = 10.23$$

由式(10-44),得

$$n = \ln\left[\left(1 - \frac{1}{A_m}\right)\frac{X_F - \dfrac{Y_S}{K}}{X_n - \dfrac{Y_S}{K}} + \frac{1}{A_m}\right]\Bigg/ \ln A_m$$

$$= \ln\left[\left(1 - \frac{1}{1.171}\right) \times 10.23 + \frac{1}{1.171}\right]\Bigg/ \ln 1.171 = 5.41$$

◆ 例10-8　以450 kg纯乙酸乙酯(S)为萃取剂从4500 kg放线菌素D(A)含量很低的发酵液(B)中提取放线菌素D。组分B、S可视为完全不互溶,操作条件下,以质量比表示相组成的分配系数可取为常数,$K=30$。试比较如下三种萃取操作的萃取率:

(1) 单级平衡萃取;

(2) 将450 kg萃取剂分作三等分进行三级错流萃取;

(3) 三级逆流萃取。

解:由于在操作条件下,组分B、S可视为完全不互溶,且分配系数$K=30$,故可用解析法计算。

(1) 单级平衡萃取

$$Y_S = 0, \qquad B = 4500 \text{ kg}, \qquad S = 450 \text{ kg}$$

设发酵液中放线菌素D的质量比组成为X_F,由组分A的质量衡算得

$$B(X_F - X_1) = SY_1$$

将$Y_1 = 30X_1$代入上式,解得

$$X_1 = 0.25X_F$$

则
$$\varphi_1 = 1 - \frac{X_1}{X_F} = 1 - \frac{0.25X_F}{X_F} = 75\%$$

（2）三级错流萃取

$$S_i = \frac{1}{3}S = \left(\frac{1}{3}\times 450\right)\text{kg} = 150\text{ kg}$$

$$A_m = \frac{KS_i}{B} = \frac{30\times150}{4500} = 1.0$$

将有关数据代入式(10-31a)便可求得 X_3，即

$$X_3 = \left(X_F - \frac{Y_S}{K}\right)\left(\frac{1}{1+A_m}\right)^3 + \frac{Y_S}{K} = X_F\left(\frac{1}{1+1.0}\right)^3 = 0.125X_F$$

则
$$\varphi_2 = 1 - \frac{X_3}{X_F} = 87.5\%$$

（3）三级逆流萃取

$$A_m' = \frac{KS}{B} = \frac{30\times450}{4500} = 3.0$$

将有关数据代入式(10-44)可求得 X_3'/X_F，即

$$3 = \ln\left[\left(1-\frac{1}{3.0}\right)\frac{X_F}{X_3'} + \frac{1}{3.0}\right]\bigg/\ln 3.0$$

解之得

$$\frac{X_3'}{X_F} = 0.025$$

则
$$\varphi_3 = 1 - \frac{X_3'}{X_F} = 97.5\%$$

由计算结果可知，在总萃取剂用量相同的条件下，三级逆流萃取的萃取率最高，即萃取效果最佳，三级错流萃取次之，单级萃取效果最差。

10.3.4 微分接触逆流萃取的计算

除前述的分级接触式萃取设备外，另一类广泛应用的液－液萃取设备为连续逆流接触塔式萃取设备，如图 10-18 所示。轻相（如萃取剂）作为分散相经塔底的分布装置分散为液滴进入连续相，沿轴向上升，连续相（如原料液）即重相，由上部进入，沿轴向下流，与轻相液滴逆流接触，进行传质，萃取结束后，两相分别在塔顶、塔底分离，最终的萃取相从塔顶流出，最终的萃余相从塔底流出。

图 10-18 所示的塔式萃取操作与多级逆流萃取操作不同，塔内溶质在其流动方向上的浓度变化是连续的，需用微分

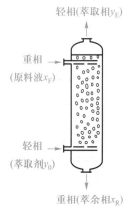

图 10-18 连续逆流接触塔式萃取设备

方程描述塔内溶质的质量守恒规律,故该类塔式萃取又称微分萃取。

塔式微分接触逆流萃取设备的计算和气液传质设备一样,主要是确定塔径和塔高。塔高的计算方法通常有理论级当量高度法和传质单元法;塔径的尺寸取决于两液相的流量及适宜的操作速度。

一、萃取塔塔高的确定

1. 理论级当量高度法

与精馏和吸收类似,理论级当量高度是指相当于一个理论级萃取效果的塔段高度,以 $HETS$ 表示。于是,在求得逆流萃取所需的理论级数后,即可由下式计算塔的萃取段有效高度,即

$$H = n(HETS) \tag{10-47}$$

式中　　H ——萃取段的有效高度,m;

n ——逆流萃取所需的理论级数;

$HETS$——理论级当量高度,m。

$HETS$ 是衡量萃取塔传质特性的一个参数,其值与设备型式、物系性质和操作条件有关,一般需通过实验确定。

2. 传质单元法

与吸收操作中填料层高度计算方法类似,萃取段有效高度也可用传质单元法计算,即

$$H = \int_{X_n}^{X_F} \frac{B}{K_X a \Omega} \frac{\mathrm{d}X}{X - X^*} \tag{10-48}$$

当组分 B 和萃取剂 S 完全不互溶,且溶质组成较低时,在整个萃取段内体积传质系数 $K_X a$ 和纯原溶剂流量 B 均可视为常数,于是式(10-48)变为

$$H = \frac{B}{K_X a \Omega} \int_{X_n}^{X_F} \frac{\mathrm{d}X}{X - X^*} \tag{10-48a}$$

或

$$H = H_{OR} N_{OR} \tag{10-48b}$$

式中　　$K_X a$ ——以萃余相中溶质的质量比组成为推动力的总体积传质系数,kg/(m^3·h·Δx);

X ——萃余相中溶质的质量比组成;

X^* ——与萃取相成平衡的萃余相中溶质的质量比组成;

Ω ——塔的横截面积,m^2;

H_{OR} ——萃余相的总传质单元高度,$H_{OR} = \dfrac{B}{K_X a \Omega}$,m;

N_{OR} ——萃余相的总传质单元数,$N_{OR} = \displaystyle\int_{X_n}^{X_F} \frac{\mathrm{d}X}{X - X^*}$。

萃余相的总传质单元高度 H_{OR} 或总体积传质系数 $K_X a$ 一般需结合具体的设备及操作条件由实验测定;萃余相的总传质单元数 N_{OR} 可由图解积分或数值积分法求得。当分

配曲线为直线时,亦可由对数平均推动力或萃取因数法求得。萃取因数法计算式为

$$N_{OR} = \ln\left[\left(1 - \frac{1}{A_m}\right)\frac{X_F - \frac{Y_S}{K}}{X_n - \frac{Y_S}{K}} + \frac{1}{A_m}\right] \bigg/ \left(1 - \frac{1}{A_m}\right) \qquad (10-49)$$

以上的讨论是针对萃余相进行的,类似地,也可对萃取相写出相应的计算式。

◆ 例 10-9 在塔径为 0.06 m,有效高度为 1.5 m 的填料萃取实验塔内,用纯萃取剂 S 从溶质 A 质量分数为 0.15 的水溶液中提取溶质 A。水与萃取剂可视为完全不互溶,要求最终萃余相中溶质 A 的质量分数不大于 0.004。操作溶剂比 (S/B) 为 2,萃取剂用量为 260 kg/h。操作条件下相平衡关系为 $Y = 1.6X$。试求萃余相的总传质单元数和总体积传质系数。

解:由于组分 B 和萃取剂 S 可视为完全不互溶且分配系数为常数,故可用平均推动力法或式(10-49)求总传质单元数 N_{OR},而总体积传质系数 $K_X a$ 则由总传质单元高度 H_{OR} 求算。

(1) 总传质单元数 N_{OR} 由题给数据可得

$$X_F = \frac{0.15}{0.85} = 0.1765, \qquad X_n = \frac{0.004}{0.996} \approx 0.004$$

$$Y_S = 0$$

$$A_m = \frac{KS}{B} = 1.6 \times 2 = 3.2$$

$$N_{OR} = \ln\left[\left(1 - \frac{1}{A_m}\right)\frac{X_F - \frac{Y_S}{K}}{X_n - \frac{Y_S}{K}} + \frac{1}{A_m}\right] \bigg/ \left(1 - \frac{1}{A_m}\right)$$

$$= \ln\left[\left(1 - \frac{1}{3.2}\right) \times \frac{0.1765}{0.004} + \frac{1}{3.2}\right] \bigg/ \left(1 - \frac{1}{3.2}\right) = 4.98$$

(2) 总体积传质系数 $K_X a$

$$H_{OR} = \frac{H}{N_{OR}} = \left(\frac{1.5}{4.98}\right) \text{m} = 0.3012 \text{ m}$$

$$B = \frac{S}{2} = \left(\frac{260}{2}\right) \text{kg/h} = 130 \text{ kg/h}$$

$$K_X a = \frac{B}{H_{OR}\Omega} = \left(\frac{130}{0.3012 \times \frac{\pi}{4} \times 0.06^2}\right) \text{kg/(m}^3 \cdot \text{h} \cdot \Delta x) = 1.527 \times 10^5 \text{ kg/(m}^3 \cdot \text{h} \cdot \Delta x)$$

◆ 例 10 - 10　以纯乙酸丁酯为萃取剂在逆流萃取塔中从青霉素 G 含量很低的澄清发酵液中提取青霉素 G。溶质在两平衡液相中的分配关系为 $Y=30X$，已知发酵液和萃取剂的质量通量分别为 3000 kg/(m² · h) 和 1000 kg/(m² · h)，$K_X a\Omega =$ 1000 kg/(m·h·Δx)。求使萃取率达 95% 时所需的塔高。

解：由于组分 B、S 可视为完全不互溶且分配系数为常数，故可用式(10-48b)求算。

（1）总传质单元高度 H_{OR}

$$H_{OR} = \frac{B}{K_X a\Omega} = \left(\frac{3000}{1000}\right) \text{m} = 3 \text{ m}$$

（2）总传质单元数 N_{OR}

$$A_m = \frac{KS}{B} = \frac{30\times 1000}{3000} = 10$$

$$N_{OR} = \ln\left[\left(1-\frac{1}{A_m}\right)\frac{X_F - \frac{Y_S}{K}}{X_n - \frac{Y_S}{K}} + \frac{1}{A_m}\right]\bigg/\left(1-\frac{1}{A_m}\right)$$

$$= \ln\left[\left(1-\frac{1}{A_m}\right)\frac{1}{1-\varphi} + \frac{1}{A_m}\right]\bigg/\left(1-\frac{1}{A_m}\right)$$

$$= \ln\left[\left(1-\frac{1}{10}\right)\times\frac{1}{1-0.95} + \frac{1}{10}\right]\bigg/\left(1-\frac{1}{10}\right) = 3.22$$

（3）塔高 H

$$H = H_{OR}N_{OR} = (3\times 3.22)\text{ m} = 9.66 \text{ m}$$

二、萃取塔塔径的确定

如前所述，在塔式萃取设备的操作中，分散相和连续相是依靠两相的密度差，在重力或其他外力的作用下，产生相对运动并密切接触而进行传质的。两相之间的传质速率与两相接触和流动状况密切相关，而流动状况和传质速率又决定了其设备的尺寸，如萃取塔的直径和高度。

在逆流操作的萃取塔中，分散相和连续相的流量不能任意加大。流量过大，一方面会引起两相接触时间减少，降低萃取效率；另一方面，两相流速加大还将引起流动阻力的增加，当流速增大至某一极限值时，一相会因流动阻力的增加而被另一相夹带由其自身入口处流出塔外。这种两液体互相夹带的现象称为液泛，此时的速度称为液泛速度。液泛时塔内的正常萃取操作被破坏，因此萃取塔中的实际操作速度必须低于液泛速度。

在萃取塔的设计中，为了确定塔径，必须首先确定两液相适宜的操作速度，操作速度需根据液泛速度确定，因此确定液泛速度是萃取塔设计计算中的主要步骤。

关于液泛速度，许多研究者针对不同类型的萃取设备提出了经验关联式或半经验关联式，还有的绘成关联图。图 10-19 为填料萃取塔的液泛速度关联图。

根据所用填料的空隙率ε、比表面积a及两液相的有关物性数据,算出图10-19中横坐标$\dfrac{\mu_C}{\Delta\rho}\left(\dfrac{\sigma}{\rho_C}\right)^{0.2}\left(\dfrac{a}{\varepsilon}\right)^{1.5}$的数值,根据此值可从图上查得纵坐标$U_{Cf}\left[1+\left(\dfrac{U_D}{U_C}\right)^{0.5}\right]^2\rho_C\Big/a\mu_C$的数值,从而可求出填料萃取塔的液泛速度$U_{Cf}$。

实际设计中,空塔速度可取液泛速度的$50\%\sim80\%$。根据此空塔速度便可计算塔径,即

$$D=\sqrt{\dfrac{4V_C}{\pi U_C}}=\sqrt{\dfrac{4V_D}{\pi U_D}} \tag{10-50}$$

式中　　　D——塔径,m;

　　V_C、V_D——分别为连续相和分散相的体积流量,$\mathrm{m^3/s}$;

　　U_C、U_D——分别为连续相和分散相的表观速度,$\mathrm{m/s}$。

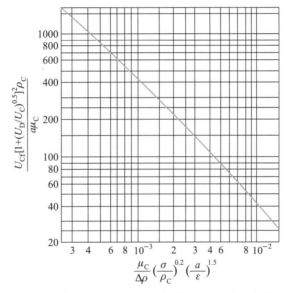

U_{Cf}—连续相液泛速度,$\mathrm{m/s}$;U_D、U_C—分别为分散相和连续相的表观速度,$\mathrm{m/s}$;

ρ_C—连续相的密度,$\mathrm{kg/m^3}$;$\Delta\rho$—两相密度差,$\mathrm{kg/m^3}$;σ—界面张力,$\mathrm{N/m}$;

a—填料的比表面积,$\mathrm{m^2/m^3}$;μ_C—连续相的黏度,$\mathrm{Pa\cdot s}$;ε—填料层的空隙率

图10-19　填料萃取塔的液泛速度关联图

10.4　液-液萃取设备

10.4.1　萃取设备的传质特性

一、液滴的形成与聚结及其传质特性

两液相间的传质速率的大小与分散相液滴的大小及其形成和聚结有密切的关系。液滴直径小,分散相滞液率高,两相接触面大,传质效率高。相际接触面与液滴直径和滞

液率的关系为

$$a = \frac{6\varphi_{d}}{d_{p}} \tag{10-51}$$

式中　　a——单位体积液体混合物的相际接触面积，m^2/m^3；

　　　　φ_{d}——分散相滞液率，体积分数；

　　　　d_{p}——液滴的平均直径，m。

　　液滴直径与分散装置(如填料塔中的入口分布器、筛板塔上的筛板)的开孔尺寸，分散相液体通过小孔的速度，分散装置的材料对分散相液体的润湿性，流体的表面张力及密度等有关。对于外加能量的设备，还与输能装置的结构和输入能量的多少有关。

　　液滴尺寸影响其流动与传质特性，直径小的液滴为球形，内部静止，与连续相的相对速度小，容易液泛。较大的液滴则与连续相的相对速度大，不易液泛，易变形，同时，界面

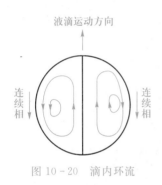

图 10-20　滴内环流

上的摩擦力会产生如图 10-20 所示的滴内环流。由于液滴外侧的连续相处于湍动状态，湍流运动所固有的不规则性使得液滴表面与连续相间的传质速度也呈不规则变化，因此在同一时刻，液滴表面各处传质速度、溶质浓度与界面张力均不相同。界面张力不同，液滴表面各点受力不平衡，必将导致液滴抖动等界面的不规则运动。这种环流与抖动均能减少传质阻力，增大传质系数。

　　液滴的聚结是萃取塔中的另一个重要现象，液液分散系统是一种热力学不稳定系统，大量液滴可形成很大的相际界面，有一种自发减少界面的倾向，所以小液滴聚结成大液滴直至最后得到澄清层是一种自发过程。但是，液滴(特别是小液滴)的聚结并非易事。研究表明，液滴的聚结是一个复杂过程，它受液滴的尺寸和表面形状、两相间的密度差、两相的黏度、界面张力、温度、杂质等的影响。所以要根据不同的系统，选择合适的设备与操作条件，控制液滴的大小，既要使两相间有较大的接触面，同时，又容易聚结，不易液泛。实验证明，在液滴形成的初始阶段，由于界面强烈扰动，浓度梯度大，传质快，因此任何高效液－液传质设备都以不同的方式促使液滴在装置内不断地产生分散和聚结，使液滴表面不断更新，以此作为强化传质过程的手段。

　　二、萃取塔内液相的轴向混合

　　萃取塔内部分液体的流动滞后于主体流动，或者产生不规则的涡旋运动，这种现象称为轴向混合(或返混)。

　　萃取塔中理想的流动情况是两相均呈活塞流，即在整个塔界面上，液相的流速相等。此时传质推动力最大，萃取效率高。但是在实际塔内，流体的流动并非活塞流，其原因主要有三点，首先，由于流体与塔壁之间的摩擦阻力大，连续相靠近塔壁或其他构件处的流速比中心处低，中心区的液体以较快速度通过塔内，停留时间短，而近壁区的液体速度

低,在塔内停留时间长,这种停留时间的不均匀是造成液体返混的主要原因之一;其次,分散相液滴大小不一,大液滴以较大的速度通过塔内,停留时间短,小液滴速度小,在塔内停留时间长,更小的液滴甚至还可被连续相夹带,产生反方向的运动;再次,塔内的液体还会产生旋涡而导致局部轴向混合。上述种种现象均使两液相偏离活塞流,统称为**轴**

向混合(或返混)。液相的返混使两液相各
自沿轴向的浓度梯度减小,从而使塔内各
横截面上两液相间的浓度差(传质推动力)
降低。图 10-21 示出了萃取塔中返混对
两相间传质推动力的影响。图中虚线表示
无返混时的推动力,实线表示有返混时塔
内各横截面上的实际推动力。由图可见,
由于存在返混,使平均传质推动力减少,传
质速率降低,表现为萃取塔表观传质单元
高度(或理论级当量高度)增大。返混不仅

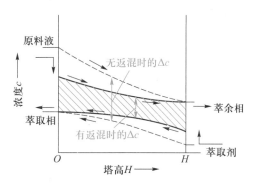

图 10-21 萃取塔中返混对两相间
传质推动力的影响

影响传质推动力和塔高,还影响塔的处理能力。因此,在萃取塔的设计中,应该充分考虑返混的影响。与气－液传质设备相比,液－液萃取设备中,两相的密度差小,黏度大,两相间的相对速度小,返混现象严重,对传质的影响更为突出。据文献报道,在大型工业塔中,有多达 60%～90% 的塔高是用于补偿返混的,返混的影响由此可见一斑。通常情况下,返混随塔径的增加而增强,所以萃取塔的放大效应比气－液传质设备大得多,放大更为困难。目前,萃取塔还很少直接通过计算进行工业装置设计,一般需要通过中间试验(中试),且中试条件应尽可能接近生产设备的实际操作条件。

10.4.2 萃取设备的基本要求与分类

一、萃取设备的基本要求

在萃取设备中,实现液－液萃取的基本要求是液体分散和两液相的相对流动与分层。首先,为了使溶质更快地从原料液进入萃取剂,必须要求两相充分地接触并伴有较高程度的湍动。通常萃取过程中一个液相为连续相,另一个液相以液滴的形式分散在连续的液相中,称为分散相,液滴表面积即为两相接触的传质面积。显然液滴越小,两相的接触面积就越大,传质也就越快。其次,分散的两相必须进行相对流动以实现液滴聚集与两相分层。同样,分散相液滴越小,两相的相对流动越慢,聚合分层越困难。因此,上述两个基本要求是互相矛盾的,在进行萃取设备的结构设计和操作参数的选择时,必须统筹兼顾,以找出最适宜的方案。

二、萃取设备的分类

目前,工业上使用的各种类型萃取设备已超过 30 种,而且还在不断开发出新型设备。

根据两相的接触方式,萃取设备可分为**逐级接触式**和**微分接触式**两类。在逐级接

触式设备中,每一级均进行两相的混合与分离,故级间两液相的组成发生阶跃式变化;而在微分接触式设备中,两相逆流,连续接触、连续传质,从而两液相的组成也发生连续变化。

根据外界是否输入机械能,萃取设备又可分为有外加能量和无外加能量两类。若两相密度差较大,则液－液萃取操作时,仅依靠液体进入设备时的压力及两相的密度差即可使液体分散和流动;反之,若两相密度差较小,界面张力较大,液滴易聚合不易分散,则液－液萃取操作时,常采用从外界输入能量的方法,如施加搅拌、振动、离心等以提高两相的相对流速,改善液体分散状况。下面对工业上常用的萃取设备做一简要介绍。

10.4.3　萃取设备的主要类型

一、混合澄清器

动画
混合澄清器

混合澄清器是最早使用,而且目前仍广泛应用的一种萃取设备,它由混合器与澄清器两部分组成。典型的混合澄清器如图 10-22 所示。

在混合器中,原料液与萃取剂借助搅拌装置的作用使其中一相破碎成液滴而分散于另一相中,以加大相际接触面积,提高传质速率。两相分散系统在混合器内停留一定时间后,流入澄清器。在澄清器中,轻、重两相依靠密度差进行重力沉降(或升浮),并在界面张力的作用下凝聚分层,形成萃取相和萃余相。

混合澄清器可以单级使用,也可以多级串联使用。图 10-23 为水平排列的三级逆流混合澄清萃取装置示意图。

混合澄清器的优点是:(1) 结构简单,易于放大,操作方便,运转稳定可靠,适应性强,适用于多种物系,甚至含少量悬浮固体物系的处理;(2) 易实现多级连续操作,便于调节级数;(3) 两相流量比范围大,流量比大到 1:10 仍能正常操作;(4) 处理量大,传质效率高,一般单级效率在 80% 以上。

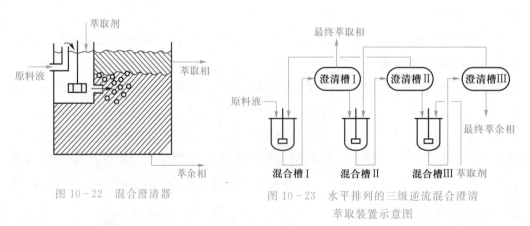

图 10-22　混合澄清器　　　图 10-23　水平排列的三级逆流混合澄清萃取装置示意图

混合澄清器的缺点是水平排列的设备占地面积大,溶剂储量大,每级内都设有搅拌装置,液体在级间流动需泵输送,设备费和操作费都较高。

二、萃取塔

一般将高径比很大的萃取装置统称为塔式萃取设备,简称**萃取塔**。为了获得令人满意的萃取效果,萃取塔应具有分散装置,以提供两相间较好的混合条件;同时,塔顶、塔底均应有足够的分离空间,以使两相很好地分层。由于使两相混合和分散所采用的措施不同,因此出现了不同结构型式的萃取塔。下面介绍几种工业上常用的萃取塔。

1. 喷洒塔

喷洒塔又称喷淋塔,是最简单的萃取塔,如图 10 - 24 所示,其基本原理已在本章10.3.4 节中予以介绍。操作时除选择轻相为分散相外,在某些情况下,也可将重相作为分散相,即重相经塔顶的分布装置分散为液滴进入萃取塔,与作为连续相的轻相进行传质。

喷洒塔的优点是结构简单,塔体内除各流股物料进出的连接管和分散装置外,无其他内部构件。缺点是轴向返混严重,传质效率极低,因而适用于仅需一两个理论级的场合,如水洗、中和或处理含有固体的悬浮物系等。

2. 填料萃取塔

填料萃取塔的结构与精馏和吸收所用的填料塔基本相同,如图 10 - 25 所示。塔内装有适宜的填料,轻相由底部进入,顶部排出;重相由顶部进入,底部排出。萃取操作时,连续相充满整个塔中,分散相由分布器分散成液滴进入填料层,在与连续相逆流接触中进行传质。

填料层的作用是除了可以使液滴不断发生凝聚与再分散,以促进液滴的表面更新外,还可以减少轴向返混。

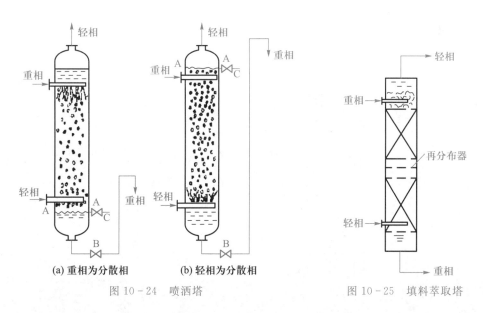

图 10 - 24 喷洒塔   图 10 - 25 填料萃取塔

(a) 重相为分散相   (b) 轻相为分散相

填料萃取塔的优点是结构简单,操作方便,适合于处理腐蚀性原料液,缺点是传质效率低。一般适用于所需理论级数较少(如 3 个萃取理论级)的场合。

为了提高传质效率,可向填料萃取塔提供外加脉动能量造成液体脉动,构成脉动填料萃取塔。

3. 筛板萃取塔

筛板萃取塔的结构如图 10-26 所示。轻相通过塔板上的筛孔被分散成细小的液滴，与塔板上的连续相(重相)充分接触进行传质。穿过连续相的轻相液滴逐渐凝聚，并聚集于上层筛板的下侧，待两相分层后，轻相借助压力差的推动，再经筛孔分散，液滴表面得到更新。如此分散、凝聚交替进行，直至塔顶澄清、分层、排出。而连续相则横向流过塔板，在筛板上与分散相液滴接触传质后，由降液管流至下一层塔板。也可将重相作为分散相，塔内降液管将成为轻相上升的升液管。

筛板萃取塔由于塔板的限制，减小了轴向返混，同时，由于分散相的多次分散和聚集，液滴表面不断更新，使筛板萃取塔的效率比填料塔有所提高，加之筛板萃取塔结构简单，造价低廉，可处理腐蚀性原料液，因而应用较广。

4. 脉冲筛板塔

脉冲筛板塔也称液体脉动筛板塔，是指由于外力作用使液体在塔内产生脉冲运动的筛板塔，其结构与气－液传质过程中无降液管的筛板塔类似，如图 10-27 所示。塔两端直径较大部分为上澄清段和下澄清段，中间为两相传质段，其中装有若干层具有小孔的筛板，板间距较小，一般为 50 mm。在塔的下澄清段装有脉冲管，萃取操作时，由脉冲发生器提供的脉冲(振幅 9～50 mm，频率 30～200 min^{-1})使塔内液体做上下往复运动，迫使液体经过筛板上的小孔，使分散相破碎成较小的液滴分散在连续相中，并形成强烈的

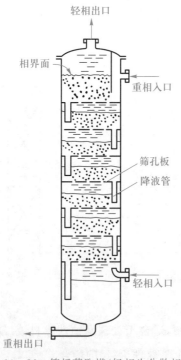

图 10-26　筛板萃取塔(轻相为分散相)

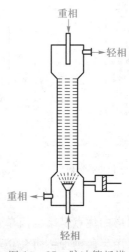

图 10-27　脉冲筛板塔

湍动,从而促进传质过程的进行。脉冲发生器的类型有多种,如活塞型、膜片型、风箱型等。

脉冲萃取塔的优点是结构简单,传质效率高,但其生产能力较小,在化工生产中的应用受到一定限制。

5. 往复筛板萃取塔

往复筛板萃取塔的结构如图 10-28 所示,将若干层筛板按一定间距固定在中心轴上,由塔顶的传动机构驱动而做往复运动。往复振幅一般为 3~50 mm,频率可达 100 min^{-1}。当筛板向上运动时,迫使筛板上侧的液体经筛孔向下喷射;反之,当筛板向下运动时,又迫使筛板下侧的液体向上喷射。为防止液体沿筛板与塔壁间的缝隙走短路,应每隔若干块筛板,在塔内壁设置一块环形挡板。

往复筛板萃取塔的效率与塔板的往复频率密切相关。当振幅一定时,在不发生液泛的前提下,效率随频率的增大而提高。

往复筛板萃取塔可较大幅度地增加相际接触面积和提高液体的湍动程度,传质效率高,流动阻力小,操作方便,生产能力大,在石油化工、制药和湿法冶金工业中的应用日益广泛。

6. 转盘萃取塔(RDC 塔)

转盘萃取塔的基本结构如图 10-29 所示,在塔体内壁面上按一定间距装有若干个环形挡板,称为固定环,固定环将塔内分割成若干个小空间。两固定环之间均装一转盘。

动画
转盘
萃取塔

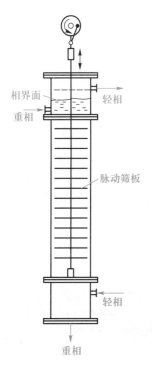

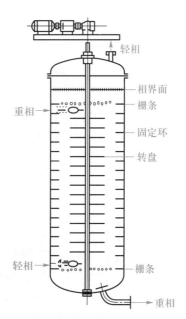

图 10-28 往复筛板萃取塔　　　图 10-29 转盘萃取塔(RDC 塔)

转盘固定在中心轴上,转轴由塔顶的电动机驱动。转盘的直径小于固定环的内径,以便于装卸。

萃取操作时,转盘随中心轴高速旋转,其在液体中产生的剪应力将分散相破裂成许多细小的液滴,在液相中产生强烈的涡旋运动,从而增大了相际接触面积和传质系数。同时固定环的存在在一定程度上抑制了轴向返混,因而转盘萃取塔的传质效率较高。

转盘萃取塔结构简单,传质效率高,生产能力大,因而在石油化工中应用比较广泛。近年来开发的不对称转盘塔(又称偏心转盘塔)由于其对物系的适应性强、萃取效率高,得到了广泛的应用。

三、离心萃取器

离心萃取器是利用离心力的作用使两相快速混合、快速分离的萃取装置,广泛应用于制药、香料、废水处理、核燃料处理等领域。离心萃取器的类型较多,按两相接触方式可分为逐级接触式和微分接触式两类。在逐级接触式萃取器中,两相的作用过程与混合澄清器类似;而在微分接触式萃取器中,两相的接触方式则与连续逆流萃取塔类似。

1. 转筒式离心萃取器

转筒式离心萃取器是一种单级接触式离心萃取器,其结构如图 10-30 所示。重相和轻相由底部的三通管并流进入混合室,在搅拌桨的剧烈搅拌下,两相充分混合进行传质,然后共同进入高速旋转的转筒。在转筒中,混合液在离心力的作用下,重相被甩向转鼓外缘,而轻相则被挤向转鼓的中心。轻、重两相分别经轻、重相堰,流至相应的收集室,并经各自的排出口排出。

转筒式离心萃取器结构简单,效率高,易于控制,运行可靠。

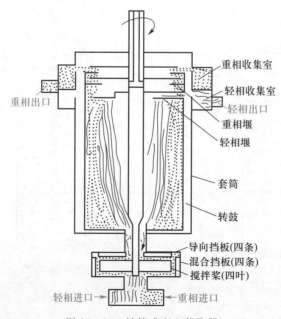

图 10-30　转筒式离心萃取器

2. 卢伟斯塔(Luwesta)离心萃取器

卢伟斯塔离心萃取器简称 LUWE 离心萃取器,如图 10-31 所示,它是立式逐级接触式离心萃取器的一种。图 10-31 所示为三级离心萃取器,其主体是固定在壳体上并随之高速旋转的环形盘。壳体中央有固定不动的垂直空心轴,轴上也装有圆形盘,盘上开有若干个喷出孔。

萃取操作时,原料液与萃取剂均由空心轴的顶部加入。重相沿空心轴的通道下流至萃取器的底部而进入第三级的外壳内,轻相由空心轴的通道流入第一级。

在空心轴内,轻相与来自下一级的重相混合,再经空心轴上的喷嘴沿转盘与上方固定盘之间的通道被甩至外壳的四周。重相由外部沿转盘与下方固定盘之间的通道而进入轴的中心,并由顶部排出,其流向为由第三级经第二级再到第一级,然后进入空心轴的排出通道,如图中实线所示;轻相则由第一级经第二级再到第三级,然后进入空心轴的排出通道,如图中虚线所示。两相均由萃取器顶部排出。

该类萃取器主要用于制药工业,其处理能力为 7～49 m³/h,在一定条件下,级效率可接近 100%。

3. 离心薄膜萃取器

离心薄膜萃取器也称波德(Podbielniak)式离心萃取器,又称 POD 离心萃取器,是一种微分接触式的萃取设备,其结构如图 10-32 所示,由一水平转轴和随其高速旋转的圆形转鼓及固定的外壳组成。操作时轻、重相分别由转鼓外缘和转鼓中心引入,两相在逆向流动过程中,于螺旋形通道内密切接触进行传质。它适合于处理两相密度差很小或易乳化的物系(如青霉素的萃取)。离心薄膜萃取器的传质效率很高,其理论级数可达 3～12。

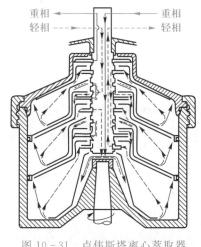

图 10-31　卢伟斯塔离心萃取器

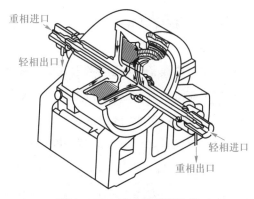

图 10-32　离心薄膜萃取器

动画
离心
萃取器

离心萃取器的优点是结构紧凑,生产强度高,物料停留时间短,分离效果好,特别适用于两相密度差小、易乳化、难分相及要求接触时间短、处理量小的场合。缺点是结构复杂、制造困难、操作费用高。

10.4.4 萃取设备的选择

萃取设备的类型很多,特点各异,物系性质对操作的影响错综复杂。对于具体的萃取过程,选择萃取设备的原则是在满足工艺条件和要求的前提下,使设备费和操作费总和趋于最低。通常选择萃取设备时应考虑以下因素:

1. 需要的理论级数

当需要的理论级数不超过 3 级时,各种萃取设备均可满足要求;当需要的理论级数较多(如超过 4～5 级时),可选用筛板塔;当需要的理论级数更多(如 10～20 级)时,可选用有外加能量的设备,如混合澄清器、脉冲筛板塔、往复筛板萃取塔、转盘萃取塔等。

2. 生产能力

处理量较小时,可选用填料萃取塔、脉冲筛板塔;处理量较大时,可选用混合澄清器、筛板塔及转盘萃取塔。离心萃取器的处理能力也相当大。

3. 物系的物性

对密度差较大、界面张力较小的物系,可选用无外加能量的设备;对密度差较小、界面张力较大的物系,宜选用有外加能量的设备;对密度差甚小、界面张力小、易乳化的物系,应选用离心萃取器。

对有较强腐蚀性的物系,宜选用结构简单的填料塔或脉冲筛板塔。对于放射性元素的提取,脉冲筛板塔和混合澄清器用得较多。物系中有固体悬浮物或在操作过程中产生沉淀物时,需定期清洗,此时一般选用混合澄清器或转盘萃取塔。另外,往复筛板萃取塔和脉冲筛板塔本身具有一定的自清洗能力,在某些场合也可使用。

4. 物系的稳定性和液体在设备内的停留时间

对生产中需要考虑物料的稳定性,要求在设备内停留时间短的物系,如抗生素的生产,宜选用离心萃取器;反之,若萃取物系中伴有缓慢的化学反应,要求有足够长的反应时间,则宜选用混合澄清器。

5. 其他

在选用萃取设备时,还应考虑其他一些因素,如能源供应情况,在供电紧张地区应尽可能选用依靠重力流动的设备;当厂房面积受到限制时,宜选用塔式设备,而当厂房高度受到限制时,则宜选用混合澄清器。

选择萃取设备时应考虑的各种因素列于表 10－1。

表 10－1 选择萃取设备时应考虑的各种因素

考虑因素		喷洒塔	填料萃取塔	筛板萃取塔	转盘萃取塔	往复筛板萃取塔 脉动筛板塔	离心萃取器	混合澄清器
工艺条件	理论级数多	×	△	△	○	○	△	△
	处理量大	×	×	△	○	×	△	○
	两相流量比大	×	×	×	△	△	○	○

续表

考虑因素		喷洒塔	填料 萃取塔	筛板 萃取塔	转盘 萃取塔	往复筛板萃取塔 脉动筛板塔	离心萃 取器	混合 澄清器
物系性质	密度差小	×	×	×	△	△	○	○
	黏度高	×	×	×	△	△	○	○
	界面张力大	×	×	×	△	△	○	△
	腐蚀性强	○	○	△	△	△	×	×
	有固体悬浮物	○	×	△	○	△	×	△
设备费用	制造成本低	○	△	△	△	△	×	△
	操作费用低	○	○	○	△	△	×	×
	维修费用低	○	○	○	△	△	×	△
安装场地	面积有限	○	○	○	○	○	○	○
	高度有限	×	×	×	△	△	○	○

注：○—适用；△—可以；×—不适用。

10.5　其他萃取技术简介

演示文稿

现代化学工业的发展，尤其是各类产品的深度加工、生物制品的精细分离、资源的综合利用、环境污染的深度治理等都对分离提纯技术提出了更高的要求。为适应各类工艺过程的需要，又出现了其他一些萃取分离技术，如超临界流体萃取、双溶剂萃取、双水相萃取、液膜萃取、回流萃取、反向胶团萃取、凝胶萃取、膜萃取和化学萃取等，这些萃取分离技术都有其各自的优点。本节将对超临界流体萃取、液膜萃取、回流萃取和化学萃取做简要介绍，若要了解其他萃取技术，可查阅有关专著。

10.5.1　超临界流体萃取

超临界流体萃取又称超临界萃取、压力流体萃取或超临界气体萃取。它是以高压、高密度的超临界状态流体为溶剂，从液体或固体中萃取所需的组分，然后采用升温、降压或二者兼用和吸收（吸附）等手段将溶剂与所萃取的组分分离。目前，超临界萃取已成为一种新型萃取分离技术，被应用于食品、医药、化工、能源、香精香料等工业部门。

一、超临界萃取的基本原理

1. 超临界流体的 $p-V-T$ 性质

超临界流体是指超过临界温度与临界压力状态的流体。常用的超临界流体有二氧化碳、乙烯、乙烷、丙烯、丙烷和氨等。二氧化碳的临界温度比较接近于常温，加之安全易得，价廉且能分离多种物质，故二氧化碳是最常用的超临界流体。

图 10-33 所示为纯二氧化碳的对比压力与对比密度的关系曲线图。图中阴影部分

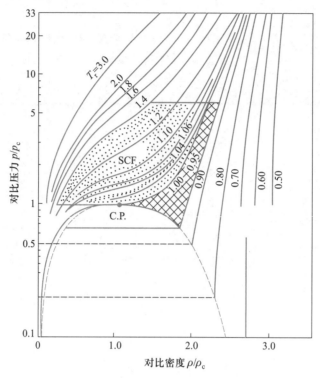

图 10-33 纯二氧化碳的对比压力与对比密度的关系曲线图

是超临界萃取的实际操作区域。可以看出,在稍高于临界点温度的区域内,压力的微小变化将引起密度的很大变化。利用这一特性,可在高密度条件下,萃取分离所需组分,然后稍微升温或降压将溶剂与所萃取的组分分离。

2. 超临界流体的溶解性能

超临界流体的溶解性能与其密度密切相关。通常物质在超临界流体中的溶解度 C

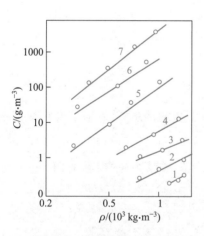

1—甘氨酸;2—弗朗鼠李苷;3—大黄素;
4—对羟基苯甲酸;5—1,8-二羟
基蒽醌;6—水杨酸;7—苯甲酸

图 10-34 不同物质在超临界
二氧化碳中的溶解度

与超临界流体的密度 ρ 具有如下关系,即

$$\ln C = k \ln \rho + m \qquad (10-52)$$

式中,k 为正数,即物质在超临界流体中的溶解度随超临界流体密度的增大而增加。图 10-34 示出了不同物质在超临界二氧化碳中的溶解度。应予指出,式(10-52)中 k 和 m 的数值与所用的超临界流体及被萃取物质的化学性质有关,二者的化学性质越相似,溶解度就越大。这样,选择合理的超临界流体为萃取剂,就能够对多组分物系提供选择性,从而达到分离的目的。

3. 超临界流体的基本性质

密度、黏度和扩散系数是超临界流体的三个基本性质。表 10-2 比较了超临界流体和常温常压下的气体、液体的这三个基本性质。从表中可以看出,超临界流体的密度接近于液体,黏度接近于气体,而扩散系数介于气体和液体之间,比液体大 100 倍左右,这意味着超临界流体具有与液体溶剂相近的溶解能力,同时,超临界萃取时的传质速率将远大于其处于液态溶剂下的萃取传质速率且能够很快地达到萃取平衡。

表 10-2　超临界流体和常温常压下的气体、液体基本性质的比较

	气体	超临界流体		液体
	(常温常压)	(T_c, p_c)	$(T_c, 4p_c)$	(常温常压)
密度/$(kg \cdot m^{-3})$	2～6	200～500	400～900	600～1600
黏度/$(10^{-5} Pa \cdot s)$	1～3	1～3	3～9	20～300
扩散系数/$(10^{-4} m^2 \cdot s^{-1})$	0.1～0.4	0.7×10^{-3}	0.2×10^{-3}	$(0.2 \sim 2) \times 10^{-5}$

二、超临界萃取的典型流程

超临界萃取过程主要由萃取阶段和分离阶段两部分组成。在萃取阶段,超临界流体将所需组分从原料中萃取出来;在分离阶段,通过改变某个参数,使萃取组分与超临界流体相分离,并使萃取剂循环使用。根据分离方法的不同,超临界萃取流程可分为三类:等温变压流程、等压变温流程和等温等压吸附流程,如图 10-35 所示。

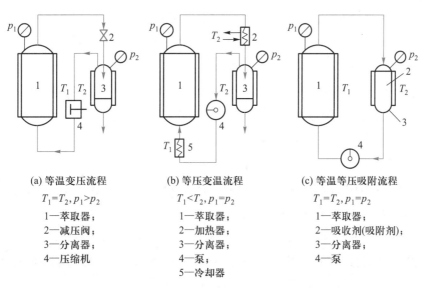

(a) 等温变压流程
$T_1 = T_2, p_1 > p_2$
1—萃取器;
2—减压阀;
3—分离器;
4—压缩机

(b) 等压变温流程
$T_1 < T_2, p_1 = p_2$
1—萃取器;
2—加热器;
3—分离器;
4—泵;
5—冷却器

(c) 等温等压吸附流程
$T_1 = T_2, p_1 = p_2$
1—萃取器;
2—吸收剂(吸附剂);
3—分离器;
4—泵

图 10-35　超临界萃取的三种典型流程

1. 等温变压流程

等温变压流程是利用不同压力下超临界流体萃取能力的不同,通过改变压力使溶质与超临界流体相分离。所谓等温是指在萃取器和分离器中流体的温度基本相同。等温变压流程是最方便的一种流程,如图 10-35(a)所示。首先使萃取剂通过压缩机达到超临界状态,而后超临界流体进入萃取器与原料液混合进行超临界萃取,萃取了溶质的超临界流体经减压阀后压力下降,密度降低,溶解能力下降,从而使溶质与溶剂在分离器中

得到分离。然后再通过压缩使萃取剂达到超临界状态并重复上述萃取—分离步骤,直至达到预定的萃取率为止。

2. 等压变温流程

等压变温流程是利用不同温度下物质在超临界流体中的溶解度差异,通过改变温度使溶质与超临界流体相分离的。所谓等压是指在萃取器和分离器中流体的压力基本相同。如图 10-35(b)所示,萃取了溶质的超临界流体经加热升温使溶质与萃取剂分离,溶质由分离器下方取出,萃取剂经压缩和调温后循环使用。

3. 等温等压吸附流程

等温等压吸附流程是在分离器内放置仅吸附溶质而不吸附萃取剂的吸附剂,溶质在分离器内因被吸附而与萃取剂分离,萃取剂经压缩后循环使用,如图 10-35(c)所示。

三、超临界萃取的特点

如前所述,超临界萃取在溶解能力、传递性能及萃取剂回收等方面具有突出的优点,主要表现在:

(1)由于超临界流体的密度接近于液体,因此超临界流体具有与液体萃取剂相同的溶解能力,同时它又保持了气体所具有的传递特性,从而比液体萃取剂萃取具有更高的传质速率,能更快地达到萃取平衡。

(2)由于在接近临界点处,压力和温度的微小变化都将引起超临界流体密度的改变,从而引起其溶解能力的变化,因此萃取后溶质和萃取剂易于分离且能节省能源。

(3)超临界萃取过程具有萃取和精馏的双重特性,有可能分离一些难分离的物系。

(4)由于超临界萃取一般选用化学性质稳定、无毒无腐蚀性、临界温度不过高或过低的物质(如二氧化碳)作萃取剂,不会引起被萃取物的污染,可以用于医药、食品等工业,特别适合于热敏性、易氧化物质的分离或提纯。

超临界萃取的缺点主要是设备和操作都在高压下进行,设备的一次性投资比较高。另外,超临界萃取的研究起步较晚,目前对超临界萃取热力学及传质过程的研究还远不如传统的分离技术成熟,有待进一步研究。

四、超临界萃取的应用实例

超临界萃取是具有特殊优势的分离技术,在炼油、食品、医药等工业领域具有广阔的应用前景,下面简要介绍几例应用研究情况。

1. 天然产物中有效成分的分离

由于用超临界二氧化碳萃取的操作温度较低,能避免分离过程中有效成分的分解,故其在天然产物有效成分的分离提取中极具应用价值。例如,从咖啡豆中脱除咖啡碱,从名贵香花中提取精油,从酒花及胡椒等物料中提取香味成分和香精,从大豆中提取豆油等都是应用超临界二氧化碳从天然产物中分离提取有效成分的实例。

2. 稀水溶液中有机化合物的分离

许多化工产品,如酒精、醋酸等,常用发酵法生产,所得发酵液往往组成很低,通常需用精馏或蒸发的方法进行浓缩分离,能耗很大。超临界萃取工艺为获得这些有机产品提供了一条节能的有效途径。利用在超临界条件下二氧化碳对许多有机化合物都具有选择性溶解的特性,可将有机化合物从水相转入二氧化碳相,将有机化合物-水系统的分离转变为有机化合物-二氧化碳系统的分离,从而达到节能的目的。目前此类工艺尚处于研究开发阶段。

3. 生化产品的分离

由于超临界萃取具有毒性低、温度低、溶解性好等优点,因此特别适合于生化产品的分离提取。除成分提取外,超临界萃取还可用于除去抗生素等医药产品中的有机溶剂。例如,在 1.2 m^3 萃取槽中利用液态二氧化碳和超临界二氧化碳萃取丙酮,可将丙酮的质量分数由初始的2%～5%降低至0.05%以下,目前该过程已工业化。此外,利用超临界二氧化碳萃取氨基酸,以及从单细胞蛋白游离物中提取脂类的研究均显示了超临界萃取技术的优势。

4. 活性炭的再生

活性炭吸附是回收溶剂和处理废水的一种有效方法,其技术困难主要在于活性炭的再生。目前多采用高温或化学方法再生,很不经济,不仅会造成吸附剂的严重损失,有时还会产生二次污染。利用超临界二氧化碳萃取法可以解决这一难题,图 10-36 是活性炭超临界再生流程示意图。

超临界萃取是一种正在研究开发的新型分离技术,尽管目前处于工业规模的应用还不是很多,但这一领域的基础研究、应用基础研究和中间规模的实验却异常活跃。可以预期,随着研究的深入,超临界萃取技术将获得更大的发展,得到更多的应用。

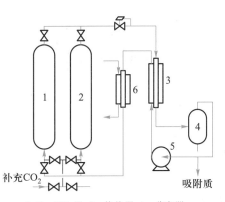

1、2—再生器;3—换热器;4—分离器;
5—压缩机;6—冷却器

图 10-36 活性炭超临界再生流程

10.5.2 液膜萃取

模仿生物膜输送物质的机理,应用人工制造的液膜进行的萃取称为液膜萃取。形成稳定的液膜的方法有两种,一种称为乳化型,即在连续相内进行乳化分散时,加入表面活性剂,使乳状液的外表面形成一个稳定的液体膜;另一种称为支撑体膜载体型,即将薄膜用液体浸透,使之在两层薄膜之间含有液体。

液膜萃取是萃取和反萃取同时进行的过程,原液相(待分离的液体混合物)中的溶质首先溶解于液膜相(主要组成为萃取剂),经过液膜相又传递至回收相并溶解于其中。溶质由原液相向液膜相传递的过程即为萃取过程;溶质从液膜相向回收相传递的过程即为反萃取过程。通常,当原液相为水相时,液膜相为油相,回收相为水相;当原液相为油相时,液膜相为水相,回收相为油相。液膜萃取按液膜的成因及操作方式可分为乳状液型液膜萃取和支撑体型液膜萃取。

图 10-37 所示为 W/O/W(水包油包水)乳状液型液膜萃取。首先将内液相(如回收相)与液膜溶剂充分乳化制成 W/O(油包水)型液膜,然后将乳状液分散在外相(如原液相)中形成 W/O/W(水包油包水)型多相乳状液。通常内相液滴直径为微米量级,而液膜相液滴外径为 0.1~1 mm,液膜的比表面积很大,传质速率很快。乳状液的稳定性是液膜萃取技术的关键,因此液膜稳定剂的优劣非常重要。

图 10-38 是支撑体型液膜萃取的示意图,为了减少扩散传质阻力,要求支撑体很薄且具有一定的机械强度和疏水性。液膜相依靠表面张力和毛细管作用吸着在支撑体的微孔中。常见的支撑材料为聚四氟乙烯、聚乙烯、聚丙烯和聚砜等亲溶剂多孔固体膜,膜厚为 25~125 μm,微孔直径 0.02~10 μm,通常孔径越小,液膜越稳定,但传质阻力越大。因此如何获得传质阻力小且性能稳定的液膜是技术的关键。

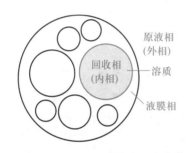

图 10-37　W/O/W 乳状液型液膜萃取

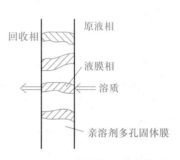

图 10-38　支撑体型液膜萃取

图 10-39 表示了用液膜萃取废水中 NH_3 的机理。在内相中加入 H_2SO_4 作反应剂,

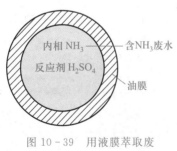

图 10-39　用液膜萃取废水中 NH_3 的机理

当 NH_3 从原液相(外相)通过油膜传递至回收相(内相)时,立即与 H_2SO_4 反应生成 $(NH_4)_2SO_4$,从而显著提高了传质速率和回收相中氨的表观溶解度。图 10-40 为乳状液型液膜萃取处理废水的流程。首先,将反应剂水溶液与溶剂放在乳化器中制成乳状液,反应剂水溶液作为内相,溶剂作为液膜相,形成油包水的乳状液。然后,在液膜萃取器中加入工业废水和乳状液,以工业废水作为外相,形成水包油包水的多相乳状液进行液膜萃取。萃取后的多相乳状液进入沉降器,使液膜相(带有内相)与外相先沉降分离。外相作为处理后的废水,从沉降器的底部排出。带有内相的液膜相进入破乳器破乳,使之分相,上层为回收溶剂循环使用,下层为回收相。破乳的方法通常有化学法、静电法、离心法和加热法等。

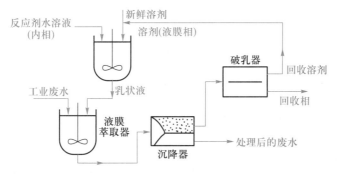

图 10-40 乳状液型液膜萃取处理废水的流程

10.5.3 回流萃取

在分级接触式或微分接触式逆流操作中,若采用纯萃取剂,选择适宜的溶剂比,则只要理论级数足够多,就可使最终萃余相中的溶质组成降至很低,从而在萃余相脱除所含的萃取剂后得到较纯的原溶剂。萃取相则不然,萃取相脱除溶剂后得到的萃取液中仍含有一定量的原溶剂。为了得到具有更高溶质组成的萃取相,可仿照精馏中采用回流的方法,将溶质含量较高的萃取液部分返回塔内作为回流,这种操作称为回流萃取。回流萃取操作可在分级接触式或微分接触式设备中进行。

回流萃取操作流程如图 10-41 所示。原料液和新鲜萃取剂分别自塔的中部和底部进入塔内,最终萃余相自塔底排出,塔顶最终萃取相脱除萃取剂后,一部分作为塔顶产品采出,另一部分作为回流,返回塔顶。

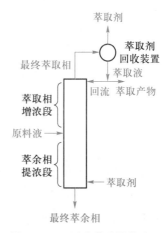

图 10-41 回流萃取操作流程

进料口以下的塔段即为常规的逆流萃取塔,类似于精馏塔中的提馏段,称为提浓段。在提浓段,萃取相逐级上升,萃余相逐级下降,在两相逆流接触过程中,溶质不断地由萃余相进入萃取相,使萃余相中原溶剂的组成逐渐提高,溶质组成逐渐下降,故只要提浓段高度足够,就可以使萃余相中的原溶剂组成足够高,从而在脱除溶剂后得到原溶剂组成很高的萃余液。

进料口以上的塔段,类似于精馏塔中的精馏段,称为增浓段。在增浓段,由于萃取剂对溶质具有较高的选择性($\beta>1$),故当两相在逆流接触过程中,溶质将自回流液进入萃取相,而萃取相中的原溶剂则转入回流液中。如此相际传质的结果,将使得萃取相在向上流动的过程中溶质的组成逐渐提高,原溶剂的组成逐渐下降,故只要增浓段高度足够,且组分 B、S 互溶度很小就可以使萃取相中的溶质组成足够高,从而在脱除萃取剂后得到溶质组成很高的产品。显然,选择性系数 β 越大,溶质与原溶剂的分离越容易,回流萃取达到规定的分离要求所需的理论级数就越少,相应的提浓段和增浓段高度也就越小。

10.5.4 化学萃取

若在萃取过程中伴有化学反应,即在溶质与萃取剂之间存在化学作用,则称为伴有化学反应的萃取,简称化学萃取。

在化学萃取中,由于溶质与萃取剂之间存在化学作用,因而使它们在两相中往往以多种化学态存在,其相平衡关系较物理萃取要复杂得多。化学萃取的相平衡实质上是溶质在两相中的不同化学态之间的平衡,它遵从于相律和一般化学反应的平衡规律。

化学萃取的相平衡决定着萃取过程的传质方向与过程可能达到的分离要求。除此之外,由于萃取过程经常在非平衡条件下进行,因而萃取动力学的研究显得十分重要。本节首先介绍化学萃取中的典型化学反应及化学萃取的相平衡,然后介绍化学萃取的典型应用实例。

一、溶质与萃取剂之间的化学反应

1. 阴离子交换反应

以季铵盐(如氯化三辛基甲铵,记作 R^+Cl^-)为萃取剂萃取氨基酸时,氨基酸阴离子(A^-)通过与萃取剂在水相和萃取相间发生下述离子交换反应而进入萃取相,即

$$R^+Cl^-_{(O)} + A^-_{(W)} \rightleftharpoons R^+A^-_{(O)} + Cl^-_{(W)}$$

式中,(W)代表水相,(O)代表有机相。

2. 阳离子交换反应

二(2－乙基己基)磷酸(简称 D2EHPA,记作 HR)是阳离子交换萃取剂,当氨基酸与 D2EHPA 的摩尔比很小时,两个二聚体分子与一个氨基酸阳离子发生离子交换反应,释放一个氢离子,即

$$A^+_{(W)} + 2(HR)_{2(O)} \rightleftharpoons AR(HR)_{3(O)} + H^+_{(W)}$$

3. 络合反应

化学萃取中的络合反应是指同时以中性分子形式存在的溶质和萃取剂通过络合,结合成为中性溶剂络合物并进入有机相。典型的络合反应萃取为磷酸三丁酯(TBP)萃取硝酸铀酰,其反应方程式为

$$UO_2(NO_3)_{2(W)} + 2TBP_{(O)} \rightleftharpoons UO_2(NO_3)_2 \cdot 2TBP_{(O)}$$

二、化学萃取的相平衡

在化学萃取中,溶质 M 在两相间的相平衡关系,经常用分配系数或分配比 D 表示,即

$$D = \frac{\text{平衡时溶质 M 在有机相的总浓度}}{\text{平衡时溶质 M 在水相的总浓度}} = \frac{c_{(O)}}{c_{(W)}} \tag{10-53}$$

与物理萃取相比,化学萃取的相平衡关系式要复杂得多,这是因为:

(1)溶质往往不是以一种化学状态存在于水相之中的,萃取物在有机相也可能存在不容忽视的其他化学状态,这就要求相平衡关系式必须表达各化学状态的平衡情况。

（2）化学萃取的相平衡关系式中总要涉及各组分在两相中的活度系数，而活度系数的影响因素往往是比较复杂的。

（3）同一萃取系统在不同的萃取条件下可能有不同的萃取机理，同时，水相中离子的水解、络合、歧化，有机相中萃合物的聚合、缔合等其他反应平衡都将影响萃取系统的平衡，使其机理复杂化。

三、络合萃取法分离极性有机稀溶液

在分离极性有机稀溶液时，可采用络合萃取法，其基本原理是可逆络合反应。具体方法是选择一种能与稀溶液中待分离溶质发生络合反应的物质（络合剂），将此络合剂与其他溶剂（稀释剂）按一定比例混合形成萃取剂，则当萃取剂与稀溶液接触时，络合剂与待分离溶质形成络合物，并转移至萃取相内。选择适宜的条件使萃取相发生逆向反应进行反萃取，以回收溶质，萃取剂则循环使用。

1. 过程特征

络合萃取法分离极性有机稀溶液的过程特征是它的高效性和高选择性。

这类过程中，相间发生的络合反应可简单描述如下：

$$溶质 + n\ 络合剂 \Longleftrightarrow 络合物$$

其平衡常数为

$$k = \frac{c_{络合物}}{c_{溶质}\,c_{络合剂}^n} \tag{10-54}$$

如果式（10-54）中的 $n=1$，且假设未络合的溶质在两相之间为线性分配，则可以获得如图 10-42 所示的络合萃取法的典型相平衡关系曲线。由图可见，络合萃取法对于有机稀溶液可以提供非常高的分配系数值。此外，由于络合反应是在溶质与络合剂之间发生的，并不涉及溶液中的其他组分，故络合萃取法具有很高的选择性。

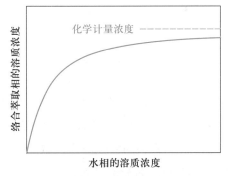

图 10-42　络合萃取法的典型
相平衡关系曲线

2. 萃取系统的选择

判别待分离物系是否能用络合萃取法分离，选择络合剂、稀释剂，以及选择溶质回收和萃取剂再生方法，是络合萃取法顺利实施的关键。

（1）分离对象　采用络合萃取法，待分离的有机溶液一般应具有如下特性：

① 待分离溶质一般带有酸性或碱性基团，以便能与络合剂发生络合反应。

② 待分离溶液应为稀溶液，如待分离溶质的质量分数小于 5%，此时采用络合萃取法具有更大的优势。

③ 待分离溶质多为亲水物质，在水中有较小的活度系数。此时，若采用一般的物理

萃取方法很难奏效。络合萃取法则能提供一个非常低的有机相活度系数,使两相平衡分配系数达到相当大的数值,使分离过程得以完成。

(2)萃取剂 络合萃取法中使用的萃取剂一般由络合剂和稀释剂组成。络合剂的选择应遵循:

① 络合剂应具有相应的官能团,与待分离溶质的络合键能大小适中,便于形成络合物,且所形成的络合物在反萃取时易于完成逆向反应,使络合剂容易再生。

② 络合剂在发生络合反应、分相的同时,其萃水量应尽量少或容易实现萃取剂中水的去除。

③ 络合萃取过程中应无其他副反应,络合剂的热稳定性好,不易分解或降解。

④ 络合反应的正、负反应均应有较快的反应速率,以免完成操作所需的设备体积过大。

在络合萃取过程中,稀释剂起着十分重要的作用,它不仅是络合剂的良好溶剂,而且可以调节萃取剂的黏度、密度及界面张力,使液–液萃取过程易于实施。此外,稀释剂的选择还应注意:

① 络合剂本身可能是络合物的不良溶解介质,此时应选择那些对络合物具有优良溶解性能的溶剂作稀释剂,以促进络合物的形成和相间转移。

② 若络合剂的萃水问题成为络合萃取法的主要障碍时,加入的稀释剂应起到降低络合剂萃水量的作用。

3. 络合萃取剂的再生方法

络合萃取过程需根据不同的工艺要求,采用不同的络合萃取剂再生方法。

① 利用待分离溶质与络合萃取剂挥发度的差别,采用蒸馏的方法分离溶质、再生络合萃取剂;

② 如果络合反应平衡常数对温度十分敏感,则可通过改变温度的方法,使溶质从有机相转移至新鲜水相,达到络合萃取剂再生的目的;

③ 改变溶液的 pH 或加入强酸、强碱进行反萃取。

四、化学萃取的典型应用实例

1. 氨基酸和抗生素的提取

由于氨基酸和一些极性较大的抗生素的水溶性很强,在有机相中的分配系数很小,利用一般的物理萃取效率很低,需采用化学萃取。氨基酸的化学萃取剂如前所述,可用于抗生素的化学萃取剂有长链脂肪酸(如月桂酸)、羟基磺酸、三氯乙酸、四丁胺和正十二烷胺等。由于萃取剂与抗生素形成的复合物分子的疏水性比抗生素分子本身高得多,因而在有机相中有很高的溶解度。因此,在抗生素萃取中萃取剂又称带溶剂。例如,月桂酸 $[CH_3(CH_2)_{10}COOH]$ 可与链霉素形成易溶于丁醇、乙酸丁酯和异辛醇的复合物,此复合物在酸性(pH=5.5~5.7)条件下可分解。因此,链霉素可在中性条件下用月桂酸进行萃取,然后用酸性水溶液进行反萃取,使复合物分解,链霉素重新溶于水相中。又如,柠檬酸在酸性条件下与磷酸三丁酯反应生成中性络合物,该中性络合物易溶于有机相。

2. 络合萃取法分离极性有机稀溶液(苯酚水溶液的分离)

工业生产中常有大量含酚废水需要处理,这类分离系统其溶质带有 Lewis 酸官能团,溶质组成低,非常适合使用络合萃取法。

对于苯酚稀溶液的络合萃取已进行了许多研究工作。King 等人近年来研究了三辛基氧化膦(TOPO)质量分数为 25% 的二异丁酮(DIBK)溶液对苯酚稀溶液的萃取性能。研究结果表明,该络合萃取剂对苯酚稀溶液的 D 值高达 460。且对于一般萃取剂无能为力的二元酚、三元酚也能提供较大的 D 值。以二异丙醚(DIPE)为比较基准,对于二元酚,该络合萃取剂的 D 值较 DIPE 所提供的 D 值高 35~40 倍;对于三元酚,仍然高 15 倍左右。除此之外,用于处理苯酚稀溶液的络合萃取剂还有三辛胺(TOA)的煤油溶液、N,N－二(1－甲庚基)乙酰胺(N503)的煤油溶液等,目前它们已成功地用于工业含酚废水的处理。

络合萃取法分离极性有机稀溶液具有突出的优点,它的高效性和高选择性可能引发一些颇有前途的工艺过程的开发。

10.6 液－固浸取

演示文稿

10.6.1 液－固浸取概述

许多生物、无机物或有机化合物存在于固体物料中。用有机或无机溶剂将固体物料中的可溶解组分溶解使其进入液相,从而将它从固体原料中分离出来的操作称为液－固浸取,简称浸取,也称浸出、固－液萃取、浸滤、蒸煮、溶出等。固体原料中的可溶解组分称为溶质(A);固体原料中的不溶解组分称为载体或惰性组分(B);用于溶解溶质的液体称为溶剂或浸取剂(C);浸取后得到的含有溶质的液体称为浸出液或上清液;浸取后的载体及少量残存于其中的溶液(附液)所构成的固体称为残渣或浸取渣。

浸取操作通常包括三步:① 原料与溶剂充分混合进行传质以溶解可溶性组分;② 浸出液与残渣的分离;③ 浸出液中溶质与溶剂的分离及残渣的洗涤等。

一般认为,浸取过程的传质包括以下步骤:溶剂通过液膜到达固体表面;到达固体表面的溶剂通过扩散进入固体颗粒内部;溶质溶解进入溶剂;溶入溶液的溶质通过固体孔隙中的溶液扩散至固体表面;溶质经液膜传递到液相主体。一般情况下,溶质在孔隙中的扩散往往是传质阻力的控制步骤,因此随着浸取过程的进行,浸取速率将越来越慢。

通常根据溶质和溶剂的结构和极性选择溶剂:① 对于易溶于水的溶质,可选择水作溶剂,例如,用热水从甜菜中浸取糖,用水浸取茶叶生产可溶茶,用水浸取树皮中的单宁酸(鞣酸);② 对于不溶于水的油脂类,可选用低沸点的碳氢化合物作溶剂,例如,在植物油的生产中,经常使用有机溶剂(己烷、丙酮、乙醚)从花生、大豆、亚麻子、蓖麻子、葵花籽、棉籽、桐油籽中浸取油,对于极性较强的溶质,可选用醇类、醚类、酮类、酯类溶剂或混合溶剂;③ 对于有化学反应的浸取,则重点考虑溶剂的反应性能及浸出液中溶质的分离,例如,在金属冶炼工业中,用硫酸或氨溶液从含有其他矿物的矿粉中将铜盐溶解而浸取。

10.6.2　浸取过程中的平衡关系

与液－液萃取一样,浸取计算需要已知两股物流之间的平衡关系和操作关系。假定固体载体不溶于溶剂,浸取过程中固体不吸附溶质,则离开某一级的液相溶液(称为溢流液)与离开该级的沉降浆液(称为底流或浆液流)中残留的溶液是相同的,即溢流液中的溶质浓度与底流中所含液体的溶质浓度相等,故在 $y-x$ 坐标图上的平衡线是 45°线。

浸取过程中的平衡关系可以用三角形相图表示,也可以用另外一种更便于对平衡数据作图的方法表示,现简介如下:

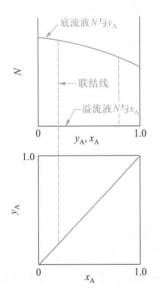

图 10－43　浸取平衡相图

载体 B 在混合液(或混合浆液)中的浓度用 N 表示,即

$$N = \frac{B}{A+C} \qquad (10-55)$$

对于溢流液,N 值为零;对于底流液,N 值随液体中溶质浓度的不同而不同。

溶质 A 在液体中的组成以质量分数表示,即

溢流液

$$x_A = \frac{A}{A+C} \qquad (10-56)$$

底流液

$$y_A = \frac{A}{A+C} \qquad (10-57)$$

式中,x_A 是溢流液中溶质 A 的质量分数;y_A 是底流液中溶质 A 的质量分数。对于纯固体物料,$N = B/A$,$y_A = 1.0$;对于纯溶剂进料,$N = 0$,$x_A = 0$。

图 10－43 为一典型的浸取平衡相图,此处溶质 A 在溶剂 C 中的溶解度无穷大。大豆油(A)－大豆惰性固体细粒(B)－己烷溶剂(C)即为此种情形。上面 N 和 y_A 的关系曲线表示实际浸取操作过程中的底流液,下面 N 和 x_A 的关系曲线即 $N = 0$ 的坐标轴表示固体完全除尽时溢流液的组成。联结线是垂直的,故在 $y-x$ 相图上,平衡线是 45°线,即 $x_A = y_A$。

如果底流液中 N 和 y 呈水平直线关系,则在各种浓度下,底流液中的液体量不变。这表明通过每级的底流液量为一常量,相应的溢流液量也为一常量。这是一种特殊情况,在实际过程中,有时近似按这种情况处理。

10.6.3 单级浸取

图 10-44(a)表示一个单级浸取流程,图中 V、L 分别表示组成为 x_A 的溢流液量和组成为 y_A 的底流液量,V 和 L 均不包括固体。

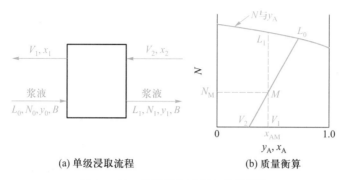

(a) 单级浸取流程   (b) 质量衡算

图 10-44　单级浸取流程和质量衡算

与单级液－液萃取类似,总溶液质量衡算、溶质 A 的质量衡算和固体 B 的质量衡算如下:

$$L_0 + V_2 = L_1 + V_1 = M \tag{10-58}$$

$$L_0 y_{A0} + V_2 x_{A2} = L_1 y_{A1} + V_1 x_{A1} = M x_{AM} \tag{10-59}$$

$$B = N_0 L_0 + 0 = N_1 L_1 + 0 = N_M M \tag{10-60}$$

式中　　M——溶质和溶剂的总质量流量,kg/h,x_{AM} 和 N_M 是 M 点的坐标。

根据杠杆规则,L_1、M、V_1 必在一条垂直的直线上,此即联结线;L_0、M、V_2 也必在一条直线上,M 点是两条直线的交点,如图 10-44(b)所示。如果进料 L_0 是新鲜的被浸取固体物料,则可在图 10-44(b)中确定进料点在 N 和 y 关系曲线上的位置。

◆ 例 10-11　用己烷从大豆片中单级浸取豆油。用 100 kg 纯己烷浸取含油量为 20%(质量分数)的大豆 100 kg,底流的 $N = 1.5$ kg 不溶固体/kg 底流液,为常数。试计算溢流液量 V_1 及其组成,以及离开该级的底流液量 L_1。

解:该过程的已知条件为:进入系统的溶剂流量 $V_2 = 100$ kg,$x_{A2} = 0$,$x_{C2} = 1.0$;进入系统的浆液流量 $B = [100 \times (1.0 - 0.2)]$ kg $= 80$ kg(不溶性固体),$L_0 = (100 \times 0.2)$ kg A $= 20$ kg A,$N_0 = 80/20$ kg 固体/kg 溶液 $= 4.0$ kg 固体/kg 溶液,$y_{A0} = 1.0$。

计算 M 点的位置,代入式(10-58)、式(10-59)和式(10-60)并求解,即

$$L_0 + V_2 = (20 + 100) \text{ kg} = 120 \text{ kg} = M$$

$$L_0 y_{A0} + V_2 x_{A2} = 20 \times 1.0 + 100 \times 0 = 120 x_{AM}$$

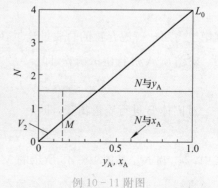

例 10-11 附图

因此
$$x_{AM} = 0.167$$
$$B = N_0 L_0 = 4.0 \times 20 = 120 \quad N_M$$
$$N_M = 0.667$$

在本例附图中,沿 $V_2 L_0$ 线确定 M 点的位置,作垂直的联结线确定相互成平衡的 L_1 和 V_1。因为 $N_1 = 1.5$,$y_{A1} = 0.167$,$x_{A1} = 0.167$,代入式(10-58)和式(10-60)解方程,求得 $L_1 = 53.3 \text{ kg}$,$V_1 = 66.7 \text{ kg}$。

10.6.4　多级逆流浸取

图 10-45 为一多级逆流连续浸取流程图,由溶剂(C)和溶质(A)组成的溢流液(V 相)连续溢流,逐级与固相逆流接触,边流动边溶解溶质;由惰性固体 B 及一定量的 A 和 C 组成的底流液(L 相)连续地从每一级流出。注意图中 V 相的组成用 x 表示,L 相的组成用 y 表示,此点与液－液萃取恰好相反。

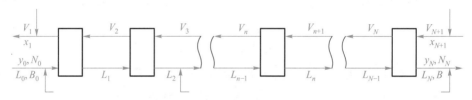

图 10-45　多级逆流连续浸取流程

假定固体 B 不溶于溶剂,则每一级的固体流量保持不变。以 V 和 L 分别表示溢流液流量和底流中残留液体的流量,单位为 kg/h。

在浸取过程中,如果溶液的黏度和密度随溶质 A 的浓度变化显著,那么溶质浓度越高,其底流中残留的液体溶液就越多,此时底流中残留的液体 L_N 将是变量;若固体中残留的溶液量与浓度无关,则 L_N 是常量,这将使浸取计算稍微简化,以下分别讨论之。

一、底流量变化的多级逆流浸取

对图 10-45 作总质量衡算,即
$$V_{N+1} + L_0 = V_1 + L_N = M \tag{10-61}$$
式中　　M——混合物的总质量流量,kg(A+C)/h。

对溶质 A 进行质量衡算,即
$$V_{N+1} x_{A,N+1} + L_0 y_{A0} = V_1 x_{A1} + L_N y_{AN} = M x_{AM} \tag{10-62}$$

对固体 B 进行质量衡算,即
$$B = N_0 L_0 = N_N L_N = N_M M \tag{10-63}$$
式中,x_{AM} 和 N_M 是图 10-46 所示的 M 点的坐标。与单级浸取一样,L_0、M、V_{N+1} 必须在一条直线上;同时,L_N、M、V_1 也必须在一条直线上。通常 L_0 和 V_{N+1} 的流量和组成为已知,出口浓度 y_{AN} 是要求达到的。于是可由式 (10-61)~式(10-63)求出 x_{AM} 和 N_M,并且画出 M 点的位置。

分别对第 1 级到第 N 级进行总质量衡算,即

第 1 级 $\qquad V_2 + L_0 = V_1 + L_1 \qquad$ 或

$$L_0 - V_1 = L_1 - V_2 \qquad (10-64)$$

第 2 级 $\qquad L_1 + V_3 = V_2 + L_2 \qquad$ 或

$$L_1 - V_2 = L_2 - V_3 \qquad (10-65)$$

以此类推,对第 n 级 $\qquad V_{N+1} + L_{N-1} = V_N + L_N$

或 $\qquad L_{N-1} - V_N = L_N - V_{N+1} \qquad (10-66)$

因此,可得流量差 Δ:

$$\Delta = L_0 - V_1 = \cdots = L_n - V_{n+1} = \cdots = L_N - V_{N+1}$$

$$(10-67)$$

图 10-46 多级逆流浸取的级数

对溶质 A 进行质量衡算,可写出类似的表达式,从而得到

$$x_{A\Delta} = \frac{L_0 y_{A0} - V_1 x_{A1}}{L_0 - V_1} = \frac{L_N y_{AN} - V_{N+1} x_{A,N+1}}{L_N - V_{N+1}} \qquad (10-68)$$

式中 $\qquad x_{A\Delta}$——操作点 Δ 的 x 坐标。

对固体 B 进行质量衡算得

$$N_\Delta = \frac{B}{L_0 - V_1} = \frac{N_0 L_0}{L_0 - V_1} \qquad (10-69)$$

式中 $\qquad N_\Delta$——操作点 Δ 的 N 坐标。

与多级逆流萃取一样,用作图法在图 10-46 中作 $L_0 V_1$ 和 $L_N V_{N+1}$ 的交点即为操作点 Δ。由式(10-67)可知,V_1 位于 L_0 和 Δ 间的直线上,V_2 位于 L_1 和 Δ 间的直线上……V_{N+1} 位于 L_N 和 Δ 间的直线上。

用作图法确定理论级时,可从 L_0 开始,作直线 $L_0\Delta$ 找到 V_1 点,通过 V_1 作联结线 (垂直线),找到 L_1 点。作直线 $L_1\Delta$ 找到 V_2 点,作联结线,找到 L_2 点。重复上述步骤,直至达到所要求的 L_N。

◆ 例 10-12 在多级逆流连续浸取系统中用溶剂从玉米片中浸取油。已知每小时进入系统的物料中含惰性固体颗粒 2000 kg、油 800 kg 和溶剂 50 kg。新鲜溶剂的进料量为 1330 kg/h,其中含纯溶剂 1310 kg 和油 20 kg。浸取过的固体含油 120 kg。残留液的组成如本例附表所示,试求离开系统的各流股的流量、组成及所需的级数。

例 10－12 附表

N	y_A	N	y_A
kg 惰性固体 B/kg 溶液	kg 油/kg 溶液	kg 惰性固体 B/kg 溶液	kg 油/kg 溶液
2.00	0	1.82	0.4
1.98	0.1	1.75	0.5
1.94	0.2	1.68	0.6
1.89	0.3	1.61	0.7

解：根据本例附表中所给出的底流数据，作 N 和 y_A 的关系曲线图（见本例附图）。已知 $L_0 = (800 + 50)$ kg/h $= 850$ kg/h，$y_{A0} = 800/850 = 0.941$，$B = 2000$ kg/h，$N_0 = 2000/850 = 2.35$，$V_{N+1} = 1330$ kg/h，$x_{A,N+1} = 20/1330 = 0.015$，由以上数据画出 V_{N+1} 和 L_0 点。

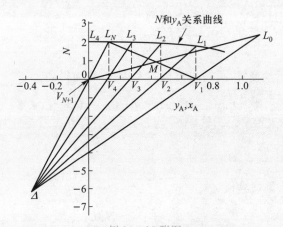

例 10－12 附图

在本例附图中，L_N 点位于 N 和 y_A 关系曲线上且比值 $N_N/y_{AN} = 2000/120 = 16.67$。因此，过原点 $y_{A0} = 0$ 和 $N = 0$ 作一条斜率为 16.67 的虚线，并与 N 和 y_A 关系曲线相交于 L_N 点，得交点 L_N 的坐标为 $N_A = 1.967$ kg 惰性固体/kg 溶液和 $y_{AN} = 0.118$ kg 油/kg 溶液。

代入式(10－61)得

$$V_{N+1} + L_0 = (1330 + 850) \text{ kg/h}$$
$$= 2180 \text{ kg/h} = M$$

代入式(10－62)并求解得

$$V_{N+1} x_{A,N+1} + L_0 y_{A0} = 1330 \times 0.015 + 850 \times 0.941 = 2180 x_{AM}$$

$$x_{AM} = 0.376$$

代入式(10－63)并求解得

$$B = 2000 = N_M M = N_M \times 2180$$

$$N_{\mathrm{M}}=0.9174$$

由坐标 $x_{\mathrm{AM}}=0.376$ 和 $N_{\mathrm{M}}=0.9174$ 确定 M 点，作直线 $V_{N+1}ML_0$，同时作直线 $L_N M$ 与横坐标交于 V_1 点，该点 $x_{\mathrm{A1}}=0.600$。代入式（10-61）和式（10-62）并联立求解，即

$$V_1+L_N=M=2180$$

$$V_1 x_{\mathrm{A1}}+L_N y_{\mathrm{AN}}=V_1 \times 0.600+L_N \times 0.118=2180 \times 0.376$$

解得

$$L_N=1016 \ \mathrm{kg \ 溶液/h}$$

$$V_1=1164 \ \mathrm{kg \ 溶液/h}$$

作直线 $L_0 V_1$ 和 $L_N V_{N+1}$，所得交点即为操作点 Δ，按本例附图所示逐级作图，第 4 级的 L_4 略超过规定的 L_N，因此需要的浸取级数约为 4 级。

二、底流量恒定的多级逆流浸取

此时，底流固体中残留的液体 L_N 从一级到另一级保持不变。这表明 N 和 y_{A} 关系曲线是一条水平直线，N 是常数。在大多数情况下，平衡线为 $y_{\mathrm{A}}=x_{\mathrm{A}}$ 的直线。应用与底流量变化时同样的计算方法和步骤，可确定浸取级数。

10.6.5 浸取设备

浸取设备种类繁多，按其操作方式可分为间歇式、半连续式和连续式；按固体物料的处理方法，可分为固定床、移动床和分散接触式；按溶剂和固体物料的接触方式，可分为多级接触型和微分接触型。

一、固定床浸取器

在甜菜制糖，从树皮中浸取单宁酸，从树皮和种子中浸取药物等工艺过程中常采用固定床浸取器。图 10-47 是一台典型的甜菜浸取器。温度为 $71\sim77$ ℃ 的热水流进床层以浸取出糖分，浸出的糖液从浸取器的底部流出。通常为了便于放入固体物料和取出残渣，浸取器的顶盖和底盖可以移动。

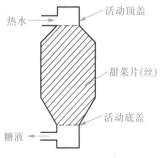

图 10-47 甜菜浸取器

二、移动床浸取器

从植物种子浸取油类，广泛使用多级逆流移动床浸取器。图 10-48(a) 所示为波尔曼式（Bollmann）浸取器，干片状物或固体物料加入右侧的多孔吊斗中，当吊斗下降时，用中间混合油（稀油溶液）并流浸取吊斗中的物料，液体透过移动吊斗淋下，逐级增浓，在底部得到浓混合油。到达底部的吊斗移向左侧并向上移动，新鲜溶剂喷洒在最上面的吊斗上，逆流浸取吊斗中的物料，浸取后的湿物料被移出并连续取走。图 10-48(b) 所示为赫德勃兰特式（Hildebrandt）浸取器，又称螺旋输送浸取器。其由呈

U形布置的三个螺旋输送器组成,在螺旋线表面上开孔,溶剂通过孔进入另一螺旋中,与固体物料呈逆向流动。固体物料从右上部加入,向下输送,横过底部,然后从另一侧上升。

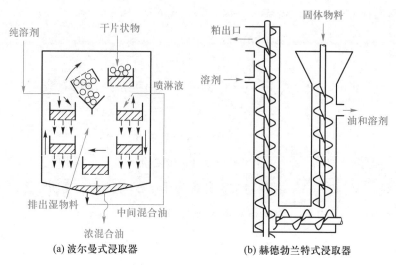

纯溶剂　　　干片状物　　　　　　　粕出口　　固体物料　　　　　喷淋液

　　　排出湿物料　　中间混合油　　　　　　　　　溶剂　　　　　　　油和溶剂

浓混合油

(a) 波尔曼式浸取器　　　　　　　(b) 赫德勃兰特式浸取器

图 10-48　移动床浸取器

三、搅拌式固体浸取器

图 10-49 所示为立式间歇机械搅拌浸取器。固体物料以粒状或粉状加入盛有大量液体的浸取器中,浸取器内安装机械搅拌装置。

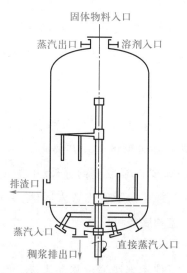

固体物料入口

蒸汽出口　　溶剂入口

排渣口

蒸汽入口

稠浆排出口　　直接蒸汽入口

图 10-49　立式间歇机械搅拌浸取器

将上述若干台立式间歇机械搅拌浸取器串联,即可进行连续逆流浸取操作。在这种分级逆流系统中,新鲜溶液进入第一级浸取器。澄清液离开浸取器,依次流动,从一级流到另一级。固体物料从最后一级进入,与来自前一级的溶液相接触。器中安装的耙子缓慢地旋转,将固体物料集中到槽底。含有少量液体的固体以浆液的形式用泵打入下一级浸取器。如果接触得不够充分,可在两个浸取器之间安装混合器,具体结构可参见有关专著。

习题

基础习题

1. 25 ℃时醋酸(A)-[3-庚醇(B)]-水(S)的溶解度曲线数据和联结线数据分别如本题附表1和附表2所示。

习题 1 附表 1　溶解度曲线数据(质量分数/%)

醋酸(A)	3-庚醇(B)	水(S)	醋酸(A)	3-庚醇(B)	水(S)
0	96.4	3.6	48.5	12.8	38.7
3.5	93.0	3.5	47.5	7.5	45.0
8.6	87.2	4.2	42.7	3.7	53.6
19.3	74.3	6.4	36.7	1.9	61.4
24.4	67.5	7.9	29.3	1.1	69.6
30.7	58.6	10.7	24.5	0.9	74.6
41.4	39.3	19.3	19.6	0.7	79.7
45.8	26.7	27.5	14.9	0.6	84.5
46.5	24.1	29.4	7.1	0.5	92.4
47.5	20.4	32.1	0.0	0.4	99.6

习题 1 附表 2　联结线数据(醋酸的质量分数/%)

水层	3-庚醇层	水层	3-庚醇层
6.4	5.3	38.2	26.8
13.7	10.6	42.1	30.5
19.8	14.8	44.1	32.6
26.7	19.2	48.1	37.9
33.6	23.7	47.6	44.9

(1) 在直角三角形相图上绘出溶解度曲线及辅助曲线,在直角坐标图上绘出分配曲线。(2) 确定由 200 kg 醋酸、200 kg 3-庚醇和 400 kg 水组成的混合液的物系点位置。混合液经充分混合并静置分层后,确定两共轭相的组成和质量。(3) 计算上述两液层的分配系数 k_A 及选择性系数 β。(4) 上述混合液需蒸出多少千克水才能成为均相溶液?

2. 在单级萃取装置中,以纯水为溶剂从含醋酸质量分数为30%的醋酸-(3-庚醇)混合液中提取醋酸。已知原料液的处理量为 1000 kg/h,要求萃余相中醋酸的质量分数不大于10%。试求(1) 水的用量;(2) 萃余相的量及醋酸的萃取率。操作条件下的平衡数据见习题1附表。

3. 在三级错流萃取装置中,以纯异丙醚为溶剂从含醋酸质量分数为30%的醋酸水溶液中提取醋酸。已知原料液的处理量为 2000 kg,每级的异丙醚用量为 800 kg,操作温度为 20 ℃。(1) 试求各级排出的萃取相和萃余相的量和组成;(2) 若要用一级萃取达到同样的残液组成,求所需萃取剂的量。

20 ℃时醋酸(A)－水(B)－异丙醚(S)的相平衡数据列于本题附表中。

习题 3 附表　20 ℃时醋酸(A)－水(B)－异丙醚(S)的相平衡数据(质量分数/%)

水相			有机相		
醋酸(A)	水(B)	异丙醚(S)	醋酸(A)	水(B)	异丙醚(S)
0.69	98.1	1.2	0.18	0.5	99.3
1.41	97.1	1.5	0.37	0.7	98.9
2.89	95.5	1.6	0.79	0.8	98.4
6.42	91.7	1.9	1.9	1.0	97.1
13.34	84.4	2.3	4.8	1.9	93.3
25.50	71.7	3.4	11.4	3.9	84.7
36.7	58.9	4.4	21.6	6.9	71.5
44.3	45.1	10.6	31.1	10.8	58.1
46.40	37.1	16.5	36.2	15.1	48.7

4. 在多级错流萃取装置中,以水为溶剂从含乙醛质量分数为 6% 的乙醛－甲苯混合液中提取乙醛。已知原料液的处理量为 1200 kg/h,要求最终萃余相中乙醛的质量分数不大于 0.5%。每级中水的用量均为250 kg/h。操作条件下,水和甲苯可视为完全不互溶,以乙醛质量比表示的相平衡关系为 $Y = 2.2X$。试求所需的理论级数。

5. 在多级逆流萃取装置中,以水为溶剂从含丙酮质量分数为 40% 的丙酮－醋酸乙酯混合液中提取丙酮。已知原料液的处理量为 2000 kg/h,操作溶剂比(S/F)为 0.9,要求最终萃余相中丙酮的质量分数不大于 6%,试求(1) 所需的理论级数;(2) 萃取液的组成和流量。操作条件下的相平衡数据列于本题附表中。

习题 5 附表　丙酮(A)－醋酸乙酯(B)－水(S)的相平衡数据(质量分数/%)

萃取相			萃余相		
丙酮(A)	醋酸乙酯(B)	水(S)	丙酮(A)	醋酸乙酯(B)	水(S)
0	7.4	92.6	0	96.8	3.5
3.2	8.3	88.5	4.8	91.0	4.2
6.0	8.0	86.0	9.4	85.6	5.0
9.5	8.3	82.2	13.5	80.5	6.0
12.8	9.2	78.0	16.6	77.2	6.2
14.8	9.8	75.4	20.0	73.0	7.0
17.5	10.2	72.3	22.4	70.0	7.6
21.2	11.8	67.0	27.8	62.0	10.2
26.4	15.0	58.6	32.6	51.0	13.2

6. 在多级逆流萃取装置中,以纯氯苯为溶剂从含吡啶质量分数为 35% 的吡啶水溶液中提取吡啶。操作溶剂比 (S/F) 为 0.8,要求最终萃余相中吡啶的质量分数不大于 5%。操作条件下,水和氯苯可视为完全不互溶。试在 $Y-X$ 直角坐标图上求解所需的理论级数,并求操作溶剂用量为最小用量的倍数。操作条件下的相平衡数据列于本题附表中。

习题 6 附表　吡啶(A)-水(B)-氯苯(S)的相平衡数据(质量分数/%)

萃取相			萃余相		
吡啶(A)	水(B)	氯苯(S)	吡啶(A)	水(B)	氯苯(S)
0	0.05	99.95	0	99.92	0.08
11.05	0.67	88.28	5.02	94.82	0.16
18.95	1.15	79.90	11.05	88.71	0.24
24.10	1.62	74.48	18.9	80.72	0.38
28.60	2.25	69.15	25.50	73.92	0.58
31.55	2.87	65.58	36.10	62.05	1.85
35.05	3.59	61.0	44.95	50.87	4.18
40.60	6.40	53.0	53.20	37.90	8.90
49.0	13.20	37.80	49.0	13.20	37.80

7. 在 25 ℃下,用纯溶剂 S 在多级逆流萃取装置中萃取 A、B 混合液中的溶质组分 A。原料液处理量为 800 kg/h,其中组分 A 的含量为 32%(质量分数,下同),要求最终萃余相中 A 的含量不大于 1.2%。采用的操作溶剂比 (S/F) 为 0.81。试求经两级萃取能否达到分离要求。

操作范围内级内的相平衡关系为

$$y_A = 0.76 x_A^{0.42}$$

$$y_S = 0.996 - y_A$$

$$x_S = 0.01 + 0.06 x_A$$

8. 在填料层高度为 3 m 的填料塔内,以纯 S 为溶剂从组分 A 的质量分数为 1.8% 的 A、B 两组分混合液中提取 A。已知原料液的处理量为 2000 kg/h,要求组分 A 的萃取率不低于 90%,溶剂用量为最小用量的 1.2 倍,试求(1) 溶剂的实际用量,kg/h;(2) 填料层的等板高度 $HETS$,m;(3) 填料层的总传质单元数 N_{OE}。操作条件下,组分 B、S 可视为完全不互溶,其分配曲线数据列于本题附表中。

习题 8 附表　分配曲线数据

$\dfrac{X}{kgA/kgB}$	0.002	0.006	0.01	0.014	0.018	0.020
$\dfrac{Y}{kgA/kgS}$	0.0018	0.0052	0.0085	0.012	0.0154	0.0171

9. 在多级逆流萃取装置中,用三氯乙烷为溶剂从含丙酮质量分数为 35% 的丙酮水溶液中提取丙酮。已知原料液的处理量为 4500 kg/h,三氯乙烷的用量为 1500 kg/h,要求最终萃余相中丙酮的质量分数不大于 5%,试求(1) 分别用三角形相图和 $y-x$ 直角坐标图求解所需的理论级数;(2) 若

从萃取相中脱除的三氯乙烷循环使用(假设其中不含水和丙酮),每小时需补充多少千克新鲜的三氯乙烷。操作条件下的相平衡数据见例 10-3。

综合习题

10. 在单级萃取器中用纯溶剂 S 从水溶液中提取溶质组分 A。原料液的处理量 $F=1000$ kg/h,其中 A 的质量分数 $x_F=0.3$,要求萃余相中 A 的质量分数不大于 0.088。操作条件下,稀释剂 B 和萃取剂 S 可视作完全不互溶,且以质量比表示相组成的相平衡方程可表达为 $Y=1.8X$。试求(1)萃取剂的用量 S;(2)溶质 A 的萃取率 φ_A;(3)以质量分数表示相组成的分配系数 k_A 及萃取剂的选择性系数 β;(4)在萃取剂用量不变的条件下,欲将组分 A 的萃取率提高至 90%,试核算用两级萃取可否达到目的。

 思考题

1. 根据哪些因素决定一种液体混合物是采用蒸馏方法还是萃取方法进行分离?

2. 分配系数 $k_A<1$,是否说明所选择的萃取剂不适宜? 如何判断用某种溶剂进行萃取分离的难易与可能性?

3. 温度对萃取分离效果有何影响? 如何选择萃取操作的温度?

4. 如何确定单级萃取操作中可能获得的最大萃取液组成? 对于 $k_A>1$ 和 $k_A<1$ 两种情况确定方法是否相同?

5. 如何选择萃取剂用量或溶剂比?

6. 对于组分 B、S 部分互溶的物系如何确定最小溶剂用量?

7. 简述超临界流体萃取的特点,为什么说超临界流体萃取具有精馏和萃取的双重特性?

8. 简述化学萃取的特点,对于一个确定的分离问题,根据哪些因素决定是采用化学萃取方法还是采用物理萃取方法进行分离?

9. 何谓液泛和轴向混合? 它们对萃取操作有何影响?

10. 根据哪些因素来决定是采用错流接触萃取操作流程还是逆流接触萃取操作流程进行分离?

 本章主要符号说明

英文字母

a——单位体积混合液所具有的相际接触面积,m^2/m^3;

　——填料的比表面积,m^2/m^3;

A_m——萃取因子,对应于吸收中的脱吸因子;

B——原溶液中组分 B 的量,kg 或 kg/h;

C——物质在超临界流体中的溶解度,kg/m^3;

c——组分在水相或有机相中的平衡浓度,$kmol/m^3$;

d_m——液滴的平均直径,m;

D——化学萃取系统的分配系数;

　——萃取塔塔径,m;

E——萃取相的量,kg 或 kg/h;

E'——萃取液的量,kg 或 kg/h;

F——原料液的量,kg 或 kg/h;

H——萃取段有效高度,m;

$HETS$——理论级当量高度,m;

H_{OR}——萃余相的总传质单元高度,m;

k——以质量分数表示组成的分配系数;

K——以质量比表示组成的分配系数;

　——以体积浓度表示的萃取反应平衡常数;

$K_X a$——以萃余相中溶质的质量比组成为推动力的总体积传质系数,kg/(m³·h·Δx);

m——混合液的量,kg 或 kg/h;

M——混合液的量,kg 或 kg/h;

n——萃取理论级数;

N_{OR}——萃余相的总传质单元数;

p——压力,Pa 或 MPa;

R——萃余相的量,kg 或 kg/h;

R'——萃余液的量,kg 或 kg/h;

S——萃取剂的量,kg 或 kg/h;

S_{max}——最大溶剂用量,kg 或 kg/h;

S_{min}——最小溶剂用量,kg 或 kg/h;

T_c——临界温度,K;

T_r——对比温度;

U——连续相或分散相在塔内的流速,m/s 或 m/h;

V——连续相或分散相在塔内的体积流量,m³/s 或 m³/h;

x——萃余相中组分的质量分数;

X——萃余相中组分的质量比组成;

y——萃取相中组分的质量分数;

Y——萃取相中组分的质量比组成;

z——混合液中组分的质量分数

希腊字母

β——萃取剂的选择性系数;

Δ——净流量,kg/h;

ε——填料层的空隙率;

δ——以质量比表示组成的操作线斜率;

δ_{max}——最小溶剂用量时操作线斜率;

μ——液体的黏度,Pa·s;

μ_c——临界流体的黏度,Pa·s;

ρ——液体的密度,kg/m³;

ρ_c——临界流体的密度,kg/m³;

$\Delta\rho$——两液相的密度差,kg/m³;

σ——界面张力,N/m;

Ω——塔的横截面积,m²;

φ——萃取率

下标

A、B、S——分别代表组分 A、组分 B 及组分 S;

C——连续相;

D——分散相;

E——萃取相;

f——液泛;

R——萃余相;

i——级数($=1,2,\cdots,n$)

第十一章　固体物料的干燥

学习指导

一、学习目的

掌握描述湿空气性质的参数及其计算方法,能熟练进行干燥过程的计算(包括物料衡算、热量衡算、干燥速率和干燥时间的计算)。了解干燥器的类型、选型依据及提高干燥过程热效率的方法。

二、学习要点

重点掌握湿空气的性质,干燥过程的物料衡算和热量衡算。

掌握湿空气的 $H-I$ 图及其应用;物料中水分的性质及划分方法;干燥速率及干燥时间的计算。

了解干燥器的主要型式及特点;增湿与减湿过程的传热、传质关系。

干燥过程是热、质同时反方向传递的过程,影响因素颇为复杂。在某些情况下,定量计算难度较大,要做一些简化处理,以便进行数学描述。

许多行业都涉及固体产品(或半成品),为了满足储存、运输、进一步加工和使用等方面的需要,一般对固体产品的湿分(水分或化学溶剂)含量都有一定的要求。例如,一级尿素成品含水量不能超过 0.005,聚氯乙烯颗粒产品含水量不能超过 0.003,食品或药品中水分含量过高会使其保质期缩短。所以,湿含量是固体产品的一项重要指标。

除湿的方法很多,常用的主要有:① 机械除湿,如沉降、过滤、离心分离等方法,这些方法适合于除去大量的湿分,能耗较少,但除湿不彻底;② 吸附除湿,用干燥剂(如无水氯化钙、硅胶等)吸附除湿,该法只能用于除去少量湿分,适合于实验室使用;③ 加热除湿(即干燥),通过加热使湿物料中的水分汽化而被移除的方法,该法除湿彻底,但能耗较高。为节省能源,工业上往往先用比较经济的机械方法除去湿物料中大部分湿分,然后再利用干燥方法继续除湿,以获得湿分符合要求的产品。干燥操作在化工、石油化工、医药、食品、原子能、纺织、建材、采矿、电工与机械制品及农产品等行业中被广泛应用。

干燥操作可有不同的分类方法:

（1）按操作压力不同,可将干燥分为常压干燥和真空干燥。真空干燥适于处理热敏性及易氧化的物料,或用于要求成品中含湿量低的场合。

（2）按操作方式不同,可将干燥分为连续干燥和间歇干燥。连续干燥具有生产能力大、产品质量均匀、热效率高及劳动条件好等优点。间歇干燥适用于处理小批量、多品种或要求干燥时间较长的物料。

（3）按传热方式不同,可将干燥分为传导干燥、对流干燥、辐射干燥、介电加热干燥,以及由上述两种或多种方式组合成的联合干燥。

在化工、食品、医药等行业中,连续操作的对流干燥应用最为普遍,干燥介质可以是不饱和热空气、惰性气体及烟道气,需要除去的湿分为水分或其他化学溶剂。本章主要讨论以不饱和热空气为干燥介质,湿分为水的干燥过程。其他系统的干燥原理与空气-水系统完全相同。

在对流干燥过程中,热空气将热量传给湿物料,使物料表面水分汽化,汽化的水分又被空气带走。因此,干燥介质既是载热体又是载湿体,干燥过程是热、质同时传递的过程,传热的方向是由气相到固相,热空气与湿物料的温度差是传热的推动力;传质的方向是由固相到气相,传质的推动力是物料表面的水汽分压与热空气中水汽分压之差。显然,干燥过程中热、质的传递方向相反,但两者密切相关,干燥速率由传热速率和传质速率共同控制。干燥操作的必要条件是物料表面的水汽分压必须大于干燥介质中的水汽分压,两者差别越大,干燥操作进行得越快。所以干燥介质应及时将汽化的水汽带走,以维持一定的传质推动力。若干燥介质为水汽所饱和,则推动力为零,这时干燥操作停止。

11.1 湿空气的性质及湿度图

演示文稿

11.1.1 湿空气的性质

干燥过程中,不饱和湿空气既是载热体又是载湿体,其状态的变化反映干燥过程中的热、质传递状况,为此,首先来了解描述湿空气性质的状态参数。

干燥过程中湿空气中的水分量是不断变化的,但绝干空气量没有变化,故为了计算方便,湿空气各种性质都是以 1 kg 绝干空气为基准的。

一、湿度 H

湿度为湿空气中水汽的质量与绝干空气的质量之比,又称湿含量或绝对湿度,即

$$H = \frac{\text{湿空气中水汽的质量}}{\text{湿空气中绝干空气的质量}} = \frac{M_v}{M_g} Y = 0.622 Y = 0.622 \frac{p}{p_{\text{总}} - p} \quad (11-1)$$

式中　　H——空气的湿度,kg 水汽/kg 绝干气(以后的讨论中略去单位中"水汽"两字);

　　　　M——摩尔质量,kg/kmol;

　　　　Y——湿空气中水汽与绝干空气的摩尔比,kmol/kmol;

p——水汽分压，Pa 或 kPa；

$p_总$——总压，Pa 或 kPa。

下标 v 表示水蒸气，g 表示绝干气。

由式(11-1)看出，湿空气的湿度是总压 $p_总$ 和水汽分压 p 的函数。

当湿空气中的水汽分压等于该空气温度下纯水的饱和蒸气压时，空气达到饱和，此时的湿度称为饱和湿度，以 H_s 表示，即

$$H_s = \frac{0.622 p_s}{p_总 - p_s} \qquad (11-2)$$

显然，湿空气的饱和湿度是温度与总压的函数。

二、相对湿度 φ

在一定总压下，湿空气中水汽分压 p 与同温度下水的饱和蒸气压 p_s 之比称为相对湿度，以 φ 表示，即

$$\varphi = \frac{p}{p_s} \qquad (11-3)$$

相对湿度代表空气的不饱和程度，当湿空气被水汽所饱和时，$p = p_s$，$\varphi = 1$，这时空气不能再吸收水分，称为饱和空气，饱和空气不能用作干燥介质；湿空气的 φ 值越小，吸湿能力越大，当 $p = 0$ 时，$\varphi = 0$，表示湿空气中不含水分，为绝干空气，这时的空气具有最大的吸湿能力。可见，由相对湿度可以判断该湿空气能否作为干燥介质，而湿度只表示湿空气中含水量的绝对值，不能反映湿空气的干燥能力。

将式(11-3)代入式(11-1)，得

$$H = \frac{0.622 \varphi p_s}{p_总 - \varphi p_s} \qquad (11-1a)$$

在一定的总压和温度下，式(11-1a)表示湿空气的 H 与 φ 之间的关系。

三、比体积（湿容积）v_H

在湿空气中，1 kg 绝干空气的体积和相应 H kg 水汽体积之和称为湿空气的比体积，又称为湿容积，以 v_H 表示。根据定义可以写出

$$v_H = 1\ kg\ 绝干空气的体积 + H\ kg\ 水汽的体积$$

则温度为 t，总压为 $p_总$ 的湿空气的比体积为

$$v_H = \left(\frac{1}{29} + \frac{H}{18}\right) \times 22.4 \times \frac{273+t}{273} \times \frac{1.013 \times 10^5}{p_总}$$

$$= (0.772 + 1.244H) \times \frac{273+t}{273} \times \frac{1.013 \times 10^5}{p_总} \qquad (11-4)$$

式中　v_H——湿空气的比体积，m³ 湿空气/kg 绝干气；

　　　t——温度，℃。

一定总压下，比体积是湿空气的 t 和 H 的函数。

四、比热容 c_H 和焓 I

常压下,将湿空气中 1 kg 绝干空气及相应 H kg 水汽的温度升高(或降低)1 ℃所要吸收(或放出)的热量,称为比热容,又称湿热,以 c_H 表示。根据定义可写出

$$c_H = c_g + H c_v \tag{11-5}$$

式中　　c_H——湿空气的比热容,kJ/(kg 绝干气·℃);

　　　　c_g——绝干空气的比热容,kJ/(kg 绝干气·℃);

　　　　c_v——水汽的比热容,kJ/(kg 水汽·℃)。

在常用温度范围内,c_g、c_v 可按常数处理,取 $c_g = 1.01$ kJ/(kg 绝干气·℃)及 $c_v = 1.88$ kJ/(kg 水汽·℃),此时湿空气的比热容只是湿度的函数,即

$$c_H = 1.01 + 1.88H \tag{11-5a}$$

湿空气中 1 kg 绝干空气的焓与相应 H kg 水汽的焓之和称为湿空气的焓,以 I 表示,根据定义可以写为

$$I = I_g + H I_v \tag{11-6}$$

式中　　I——湿空气的焓,kJ/kg 绝干气;

　　　　I_g——绝干空气的焓,kJ/kg 绝干气;

　　　　I_v——水汽的焓,kJ/kg 水汽。

焓的基准状态可人为规定,本章以 0 ℃为基温,且规定 0 ℃的绝干空气及 0 ℃的液态水的焓值为零。

因此,对温度 t、湿度 H 的湿空气可写出焓的计算式为

$$I = c_g(t-0) + H c_v(t-0) + H r_0 = (c_g + H c_v)t + H r_0 \tag{11-6a}$$

式中　　r_0——0 ℃时水的汽化热,可取为 2490 kJ/kg。

将绝干空气和水汽的比热容数据代入,式(11-6a)又可以改为

$$I = (1.01 + 1.88H)t + 2490H \tag{11-6b}$$

◆ **例 11-1**　常压下某湿空气的温度为 30 ℃,湿度为 0.020 kg/kg 绝干气,试求(1) 湿空气的相对湿度;(2) 水汽分压;(3) 湿空气的比体积;(4) 湿空气的比热容;(5) 湿空气的焓。

解:30 ℃时水的饱和蒸气压 $p_s = 4.2464$ kPa。

(1) 相对湿度　用式(11-1a)求相对湿度,即

$$H = \frac{0.622 \varphi p_s}{p_总 - \varphi p_s}$$

将数据代入　　　　$$0.020 = \frac{0.622 \times 4.2464 \varphi}{101.3 - 4.2464 \varphi}$$

解得　　　　　　　　$$\varphi = 74.32\%$$

(2) 水汽分压

$$p = \varphi p_s = (0.7432 \times 4.2464) \text{ kPa} = 3.156 \text{ kPa}$$

(3) 比体积 v_H　由式(11-4)求比体积，即

$$v_H = (0.772 + 1.244H) \times \frac{273+t}{273} \times \frac{1.013 \times 10^5}{p_总}$$

$$= \left[(0.772 + 1.244 \times 0.020) \times \frac{273+30}{273} \right] \text{m}^3\text{ 湿空气/kg 绝干气}$$

$$= 0.8844 \text{ m}^3\text{ 湿空气/kg 绝干气}$$

(4) 比热容 c_H　由式(11-5a)求比热容，即

$$c_H = 1.01 + 1.88H = (1.01 + 1.88 \times 0.020) \text{ kJ/(kg 绝干气·℃)}$$

$$= 1.048 \text{ kJ/(kg 绝干气·℃)}$$

(5) 焓 I　用式(11-6b)求湿空气的焓，即

$$I = (1.01 + 1.88H)t + 2490H$$

$$= [(1.01 + 1.88 \times 0.020) \times 30 + 2490 \times 0.020] \text{ kJ/kg 绝干气}$$

$$= 81.23 \text{ kJ/kg 绝干气}$$

从上面的计算看出，当空气的温度、湿度确定后，空气的状态即被确定，其他参数可由温度和湿度算出。

五、干球温度t和湿球温度t_w

干球温度是空气的真实温度，即用普通温度计测出的湿空气的温度，为了与后面将要讨论的湿球温度加以区分，称这种真实的温度为干球温度，简称温度，用 t 表示。

用湿纱布包裹温度计的感温部分(水银球)，纱布下端浸在水中，保证纱布一直处于充分润湿状态，这种温度计称为湿球温度计，如图 11-1 所示。将湿球温度计置于温度为 t，湿度为 H 的流动不饱和空气中，假设开始时纱布中水分(以下简称水分)的温度与空气的温度相同，因空气是不饱和的，水分必然要汽化，汽化所需的汽化热只能由水分本身温度下降放出显热供给。水温下降后，与空气间出现温度差，此温度差又引起空气向水分传热。水分温度会不断下降，直至空气传给水分的显热恰好等于水分汽化所需的潜热时，达到一个稳定的或平衡的状态，湿球温度计上的温度

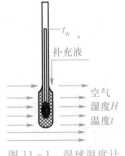

图 11-1　湿球温度计

不再变化，此时的温度称为该湿空气的湿球温度，以 t_w 表示。前面假设水分初温与湿空气温度相同，但实际上，不论初始温度如何，最终必然达到这种平衡的温度，只是到达平衡所需的时间不同。但测定时空气的流速应大于 5 m/s，以减少辐射与导热的影响，减小测量误差。

上述过程中因空气流量大，因此可以认为湿空气的温度 t 与湿度 H 恒定不变。当湿球温度计上温度达到恒定时，空气向湿纱布表面的传热速率为

$$Q = \alpha S(t - t_w) \tag{11-7}$$

式中　　Q——空气向湿纱布的传热速率，W；

　　　　α——空气向湿纱布的对流传热系数，$W/(m^2 \cdot ℃)$；

　　　　S——空气与湿纱布间的接触表面积，m^2；

　　　　t——空气的温度，℃；

　　　　t_w——空气的湿球温度，℃。

湿纱布表面水分向空气中汽化的传质速率为

$$N = k_H(H_{s,t_w} - H)S \tag{11-8}$$

式中　　N——水汽由气膜向空气主流的扩散速率，kg/s；

　　　　k_H——以湿度差为推动力的传质系数，$kg/(m^2 \cdot s \cdot \Delta H)$；

　　　　H_{s,t_w}——湿球温度 t_w 下空气的饱和湿度，kg/kg 绝干气。

在稳定状态下，传热速率与传质速率之间的关系为

$$Q = Nr_{t_w} \tag{11-9}$$

式中　　r_{t_w}——湿球温度 t_w 下水的汽化热，kJ/kg。

联立式(11-7)、式(11-8)及式(11-9)，并整理得

$$t_w = t - \frac{k_H r_{t_w}}{\alpha}(H_{s,t_w} - H) \tag{11-10}$$

实验表明，一般情况下式(11-10)中的 k_H 与 α 都与空气速率的 0.8 次幂成正比，故可认为二者比值与气流速率无关，对空气-水蒸气系统而言，$\alpha/k_H = 1.09$。

由式(11-10)看出，湿球温度 t_w 是湿空气温度 t 和湿度 H 的函数。当湿空气的温度一定时，不饱和湿空气的湿球温度总低于干球温度，空气的湿度越高，湿球温度越接近干球温度；当空气为水汽所饱和时，湿球温度等于干球温度。在一定的总压下，只要测出湿空气的干、湿球温度，就可以用式(11-10)算出空气的湿度。

六、绝热饱和冷却温度 t_{as}

动画
绝热饱和
冷却塔

绝热饱和冷却温度是湿空气降温、增湿直至饱和时的温度。其过程可以用如图 11-2 所示的绝热饱和冷却塔来说明。设塔与外界绝热，初始温度为 t，湿度为 H 的不饱和空气从塔底进入塔内，大量的温度为 t_{as} 的水由塔顶喷下，两相在填料层中充分接触后，空气由塔顶排出，水由塔底排出后经循环泵返回塔顶，塔内水温均匀一致。由于空气不饱和，空气在与水的接触过程中，水分会不断汽化进入空气，汽化所需的潜热只能由空气温度下降放出显热来供给，而水分汽化时又将这部分热量以潜热的形式带回到空气中。随着过程的进行，空气的温度逐渐下降，湿度逐渐升高，焓值不变。若两相的接触时间足够长，最终空气为水汽所饱和，空气在塔内的状态变化是在绝热条件下降温、增湿直至

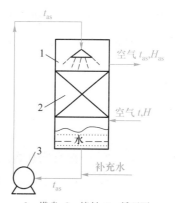

1—塔身；2—填料；3—循环泵

图 11-2　绝热饱和冷却塔示意图

饱和的过程,因此,达到稳定状态下的温度称为初始湿空气的绝热饱和冷却温度,简称绝热饱和温度,以 t_{as} 表示,与之相应的湿度称为绝热饱和湿度,以 H_{as} 表示。在上述过程中,循环水不断汽化而被空气携至塔外,故需向塔内不断补充温度为 t_{as} 的水。

对图 11-2 的塔进行热量衡算,设湿空气入塔的温度为 t,湿度为 H,经足够长的接触时间后,达到稳定状态,湿空气离开塔顶的温度为 t_{as},湿度为 H_{as}。

塔内气液两相间的传热过程为:空气传给水分的显热恰好等于水分汽化所需的潜热。因此,以单位质量绝干空气为基准的热量衡算式为

$$c_H(t-t_{as})=(H_{as}-H)r_{as} \tag{11-11}$$

式中　　　r_{as}——温度 t_{as} 时水的汽化热,kJ/kg。

将式(11-11)整理得

$$t_{as}=t-\frac{r_{as}}{c_H}(H_{as}-H) \tag{11-12}$$

式(11-12)中的 r_{as}、H_{as} 是 t_{as} 的函数,c_H 是 H 的函数。因此,绝热饱和温度 t_{as} 是湿空气初始温度 t 和湿度 H 的函数,它是湿空气在绝热、冷却、增湿过程中达到的极限冷却温度。同时,由式(11-12)可看出,在一定的总压下,只要测出湿空气的温度 t 和绝热饱和温度 t_{as} 就可算出湿空气的湿度 H。

实验证明,对于湍流状态下的水蒸气-空气系统,常用温度范围内的 α/k_H 值与湿空气比热容 c_H 值很接近,同时,$r_{as}\approx r_{t_w}$,故在一定温度 t 与湿度 H 下,比较式(11-10)和式(11-12)可以看出,湿球温度近似地等于绝热饱和温度,即

$$t_w\approx t_{as} \tag{11-13}$$

必须强调的是,绝热饱和温度 t_{as} 和湿球温度 t_w 是两个完全不同的概念,两者均为初始湿空气温度 t 和湿度 H 的函数,只是对水蒸气-空气系统,两者在数值上近似相等,从而给水蒸气-空气系统的干燥计算带来便利。对于其他物系,式(11-13)并不成立。例如,甲苯蒸气-空气系统,$\alpha/k_H=1.8c_H$,t_{as} 与 t_w 就不相等了。

七、露点 t_d

将不饱和空气等湿冷却到饱和状态时的温度称为露点,用 t_d 表示,即空气的湿度为露点下的饱和湿度,以 H_{s,t_d} 表示。根据式(11-2)有

$$H_{s,t_d}=\frac{0.622 p_{s,t_d}}{p_{总}-p_{s,t_d}} \tag{11-14}$$

或

$$p_{s,t_d}=\frac{H_{s,t_d}\,p_{总}}{0.622+H_{s,t_d}} \tag{11-14a}$$

式中　　　H_{s,t_d}——湿空气在露点下的饱和湿度,kg/kg 绝干气;

p_{s,t_d}——露点下水的饱和蒸气压,Pa。

在一定的总压下,若已知空气的露点,可以用式(11-14)算出空气的湿度;反之,若已知空气的湿度,可用式(11-14a)算出露点下水的饱和蒸气压,再从水蒸气表中查出相应

的温度,即为露点。

◆ 例 11-2　计算常压下温度为 30 ℃,湿度为 0.020 kg/kg 绝干气的湿空气的(1)露点 t_d;(2) 绝热饱和温度 t_{as};(3) 湿球温度 t_w。

解:(1) 露点 t_d　已知总压和空气的湿度,由式(11-14a)可求出露点下水的饱和蒸气压:

$$p_{s,t_d} = \frac{H_{s,t_d} p_总}{0.622 + H_{s,t_d}} = \left(\frac{0.02 \times 101.3}{0.622 + 0.02} \right) \text{kPa} = 3.156 \text{ kPa}$$

查出该饱和蒸气所对应的温度为 24.31 ℃,此温度即为露点。

(2) 绝热饱和温度 t_{as}　由式(11-12)计算绝热饱和温度,即

$$t_{as} = t - \frac{r_{as}}{c_H} (H_{as} - H)$$

由于 H_{as} 是 t_{as} 的函数,故用上式计算 t_{as} 时需试差。其计算步骤为

① 设 $t_{as} = 26.13$ ℃

② 用式(11-2)求 t_{as} 温度下的饱和湿度 H_{as},即

$$H_{as} = \frac{0.622 p_{as}}{p_总 - p_{as}}$$

查出 26.13 ℃时水的饱和蒸气压为 3412.3 Pa,汽化热为 2432.4 kJ/kg,故

$$H_{as} = \left(\frac{0.622 \times 3412.3}{1.013 \times 10^5 - 3412.3} \right) \text{kg/kg 绝干气} = 0.02168 \text{ kg/kg 绝干气}$$

③ 用式(11-5a)求 c_H,即

$$c_H = 1.01 + 1.88H = (1.01 + 1.88 \times 0.020) \text{ kJ/(kg·℃)} = 1.048 \text{ kJ/(kg·℃)}$$

④ 用式(11-12)核算 t_{as},即

$$t_{as} = \left[30 - \frac{2432.4}{1.048} \times (0.02168 - 0.020) \right] ℃ = 26.10 ℃$$

故假设 $t_{as} = 26.13$ ℃可以接受。

(3) 湿球温度 t_w　用式(11-10)计算湿球温度,即

$$t_w = t - \frac{k_H r_{t_w}}{\alpha} (H_{s,t_w} - H)$$

与计算 t_{as} 一样,用试差法计算 t_w,计算步骤如下:

① 假设 $t_w = 26.16$ ℃;

② 对空气-水系统,$\alpha/k_H = 1.09$;

③ 查出 26.16 ℃水的汽化热 r_{t_w} 为 2432.4 kJ/kg;

④ 查出 26.16 ℃时水的饱和蒸气压为 3418.7 Pa,求相应的饱和湿度 H_w 为

$$H_w = \left(\frac{0.622 \times 3418.7}{1.013 \times 10^5 - 3418.7} \right) \text{kg/kg 绝干气} = 0.02172 \text{ kg/kg 绝干气}$$

⑤ 用式(11-10)核算 t_w，即

$$t_w = \left[30 - \frac{2432.4}{1.09} \times (0.02172 - 0.020)\right]\,℃ = 26.16\,℃$$

与假设的 26.16 ℃ 一致，故假设正确。

本例计算结果也证明了对水蒸气－空气系统，$t_{as} \approx t_w$。

通过以上分析计算可以看出，对水蒸气－空气系统，干球温度 t、绝热饱和温度 t_{as}（或湿球温度 t_w）及露点 t_d 之间存在如下关系：

不饱和空气 $t > t_{as}$（或 t_w）$> t_d$

饱和空气 $t = t_{as}$（或 t_w）$= t_d$

11.1.2 湿空气的 $H-I$ 图

由例 11-1 和例 11-2 的计算过程可以看出，只要知道湿空气的两个相互独立的参数，湿空气的状态便被确定，其他参数均可计算得出。但在计算绝热饱和温度 t_{as} 和湿球温度 t_w 时需要试差，甚为烦琐。工程上将湿空气各参数间的关系标绘在坐标图上，只要知道湿空气任意两个独立参数，即可从图上查出其他参数，这样既避免了试差计算，在图上表示干燥过程中空气的状态变化又直观明了，便于分析。常用的图有湿度－焓（$H-I$）图、温度－湿度（$t-H$）图等，其中 $H-I$ 图应用较广，因此，本章介绍 $H-I$ 图。

一、湿空气的 $H-I$ 图

湿空气的 $H-I$ 图如图 11-3 所示，该图用总压为 1.013×10^5 Pa 时的数据制得，并以 1 kg 绝干气为基准。若系统总压偏离常压较远，则不能应用此图。图中两个坐标轴夹角为 135°，这样可使图中各曲线分散开，提高读数的准确性，同时为了便于读数及节省图的幅面，将斜轴（图中没有将斜轴全部画出）上的数值投影在水平辅助轴上。

湿空气的 $H-I$ 图由以下诸线群组成。

1. 等湿度线（等 H 线）群

等湿度线群是一系列平行于纵轴的直线。图 11-3 中 H 的读数范围为 $0 \sim 0.20$ kg/kg 绝干气。

2. 等焓线（等 I 线）群

等焓线群是一系列平行于斜轴的直线，图 11-3 中 I 的读数范围为 $0 \sim 680$ kJ/kg 绝干气。

3. 等干球温度线（等 t 线）群

由式(11-6b)可得

$$I = (1.88t + 2490)H + 1.01t \tag{11-6c}$$

式(11-6c)表明，在一定温度 t 下，H 与 I 呈线性关系。规定一系列的温度 t 值，按式(11-6c)计算 I 与 H 的对应关系，并绘于 $H-I$ 图中，即可得到一系列等 t 线。

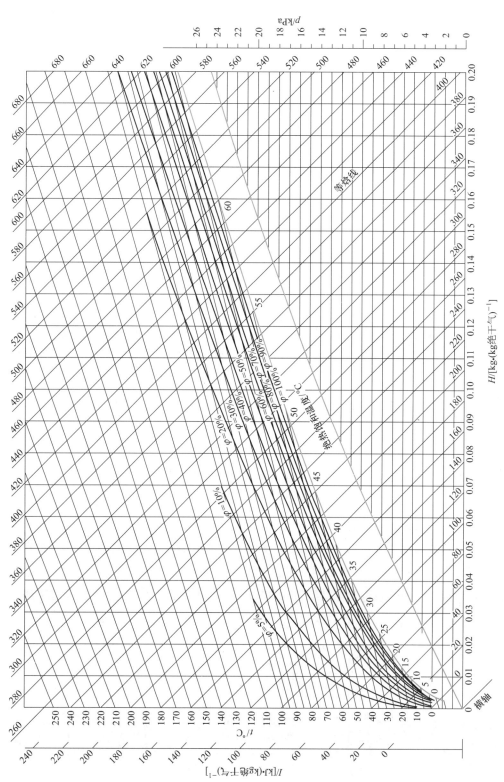

图 11-3 湿空气的 H-I 图

由于等 t 线斜率（$1.88\,t+2490$）是温度的函数，因此等 t 线是不平行的，温度越高，等 t 线斜率越大。图 11-3 中 t 的读数范围为 $0\sim250$ ℃。

4. 等相对湿度线（等 φ 线）群

根据式（11-1a）可标绘等 φ 线，即

$$H=\frac{0.622\varphi p_{s}}{p_{总}-\varphi p_{s}}$$

当总压一定时，任意规定相对湿度 φ 值，上式变为 H 与 p_{s} 的关系式，而 p_{s} 又是温度的函数。依此算出若干组 H 与 t 的对应关系，并标绘于 $H-I$ 坐标图中，即为一条等 φ 线。取一系列的 φ 值，可得一系列等 φ 线。图 11-3 中共有 11 条等 φ 线，由 $\varphi=5\%$ 到 $\varphi=100\%$。$\varphi=100\%$ 的等 φ 线称为饱和空气线，此时空气被水汽所饱和。

5. 蒸汽分压线

将式（11-1）改为

$$p=\frac{Hp_{总}}{0.622+H} \tag{11-1b}$$

总压一定时，式（11-1b）表示水汽分压 p 与湿度 H 间的关系。因 $H\ll0.622$，故式（11-1b）可近似地视为线性方程。按式（11-1b）算出若干组 p 与 H 的对应关系，并标绘于 $H-I$ 图上，得到蒸汽分压线。为了保持图面清晰，蒸汽分压线标绘在 $\varphi=100\%$ 曲线的下方，分压坐标在图的右边。

在有些湿空气的性质图上，还给出比热容 c_{H} 与湿度 H、绝干空气比体积 v_{g} 与温度 t、饱和空气比体积 v_{Hs} 与温度 t 之间的关系曲线。

二、$H-I$ 图的应用

1. 根据 $H-I$ 图上空气的状态点，查空气的其他性能参数。

具体方法示于图 11-4 中。已知空气的状态点为 A，由通过 A 点的等 t 线、等 H 线、等 I 线可确定 A 点的温度、湿度和焓。等 H 线与 $\varphi=100\%$ 的饱和空气线的交点所对应的等 t 线所示的温度为露点 t_{d}，因为露点是湿空气在湿度 H 不变的条件下冷却至饱和时的温度。由等 H 线与蒸汽分压线的交点读出湿空气中的水汽分压值。对水蒸气-空气系统，湿球温度 t_{w} 与绝热饱和温度 t_{as} 近似相等，因此，由通过空气状态点 A 的等 I 线与

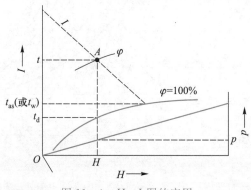

图 11-4 $H-I$ 图的应用

$\varphi=100\%$的饱和空气线交点的等 t 线所示的温度即为 t_{as} 或 t_w。图中明显显示出,对于不饱和空气,$t>t_{as}$(或 t_w)$>t_d$。

2. 根据湿空气任意两个独立参数确定空气状态,进而查空气的其他参数。

先用两个已知参数在 H-I 图上确定该湿空气的状态点,然后即可查出湿空气的其他性质。

若已知湿空气的两个独立参数分别为 t-t_w、t-t_d、t-φ,湿空气的状态点 A 的确定方法分别示于图 11-5(a)、(b)及(c)中。

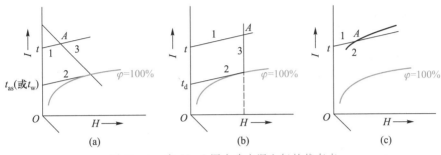

图 11-5　在 H-I 图中确定湿空气的状态点

应注意,必须是两个相互独立参数才能确定湿空气的状态。而 t_d-H、p-H、t_d-p、t_w-I、t_{as}-I 等都不是相互独立的,它们不是在同一条等 H 线上的,就是在同一条等 I 线上的,因此根据上述各组数据不能在 H-I 图上确定湿空气状态点。

◆ 例 11-3　在 H-I 图中确定温度为 30 ℃,湿度为 0.020 kg/kg 绝干气的湿空气的状态点及相关参数,并与例 11-1 和例 11-2 的结果进行比较。

解:由 $t=30$ ℃、$H=0.020$ kg/kg 绝干气确定湿空气的状态点 A(参见图 11-4)。过点 A 的等 φ 线确定 $\varphi=75\%$。

过点 A 的等 I 线显示 $I=82$ kJ/kg 绝干气,等 I 线与 $\varphi=100\%$ 线交于一点,过交点的等 t 线所示的温度为绝热饱和温度,$t_{as}=26$ ℃,其数值也等于湿球温度。

$H=0.020$ kg/kg 绝干气的等 H 线与 $\varphi=100\%$ 线有一交点,过该交点的等 t 线所示的温度为露点,故 $t_d=24$ ℃。这条等 H 线与蒸汽分压线 $p=f(H)$ 线的交点向右作水平线与右侧纵轴相交,由交点读出 $p=3.1$ kPa。

以上数据与例 11-1 和例 11-2 的结果基本一致,由于读图的误差,使查图的结果与计算结果略有差异。

3. 描述湿空气的状态变化

如湿空气的加热、冷却、混合,以及在干燥器内的状态变化,均可在 H-I 图上表述。杠杆规则也适用于 H-I 图。具体过程可见例 11-4 及本章 11.2.3 节。

◆ 例 11-4　将 $t_0=25$ ℃、$\varphi_0=50\%$ 的常压新鲜空气,与干燥器排出的 $t_2=50$ ℃、$\varphi_2=80\%$ 的常压废气混合,混合气中两者绝干气的质量比为 1:3。混合气经预热器加热到 90 ℃后再送入干燥器。试求(1) 混合气体的温度、湿度、相对湿度和焓;(2) 进干燥器之前空气的湿度、相对湿度和焓;(3) 在 H-I 图上表示出空气状态的变化过程。

解:(1) 混合气体的温度、湿度、相对湿度和焓　对混合过程列湿度和焓的衡算,得

$$1H_0+3H_2=4H_m \tag{a}$$

$$1I_0+3I_2=4I_m \tag{b}$$

查 $t_0=25$ ℃时,水的饱和蒸气压为 $p_{s0}=3168.4$ Pa;$t_2=50$ ℃时,水的饱和蒸气压为 $p_{s2}=12340$ Pa。

当 $t_0=25$ ℃、$\varphi_0=50\%$ 时空气的湿度和焓分别为

$$H_0=\frac{0.622\varphi_0 p_{s0}}{p-\varphi_0 p_{s0}}=\left(\frac{0.622\times0.5\times3168.4}{101300-3168.4\times0.5}\right) \text{kg/kg 绝干气}=0.00988 \text{ kg/kg 绝干气}$$

$$I_0=(1.01+1.88H_0)t_0+2490H_0$$
$$=[(1.01+1.88\times0.00988)\times25+2490\times0.00988] \text{ kJ/kg 绝干气}$$
$$=50.3 \text{ kJ/kg 绝干气}$$

当 $t_2=50$ ℃、$\varphi_2=80\%$ 时空气的湿度和焓分别为

$$H_2=\left(\frac{0.622\times0.8\times12340}{101300-12340\times0.8}\right) \text{kg/kg 绝干气}=0.0672 \text{ kg/kg 绝干气}$$

$$I_2=[(1.01+1.88\times0.0672)\times50+2490\times0.0672] \text{ kJ/kg 绝干气}$$
$$=224.1 \text{ kJ/kg 绝干气}$$

将以上值代入式(a)及式(b)中,即

$$0.00988+3\times0.0672=4H_m$$
$$50.3+3\times224.1=4I_m$$

分别解得

$$H_m=0.0529 \text{ kg/kg 绝干气}$$
$$I_m=180.6 \text{ kJ/kg 绝干气}$$

由

$$I_m=(1.01+1.88H_m)t_m+2490H_m$$
$$180.6=(1.01+1.88\times0.0529)t_m+2490\times0.0529$$

得

$$t_m=44.06 \text{ ℃}$$

计算混合气湿度 $H_m=0.0529$ kg/kg 绝干气对应的水汽分压:

$$0.0529=0.622\times\frac{p}{101.3-p}$$

解得 $p_1=7.94$ kPa。

温度为 $t_m=44.15$ ℃时,水的饱和蒸气压为 9.1734 kPa。

所以,空气相对湿度为　$$\varphi_1=\frac{7.94}{9.1734}\times100\%=86.55\%$$

（2）进干燥器之前空气的湿度、相对湿度和焓　进干燥器之前混合气被加热至 90 ℃，加热过程中空气湿度不变，则

$$H_1 = 0.0529 \text{ kg/kg 绝干气}$$

因此，水汽分压不变，则

$$p_1 = 7.94 \text{ kPa}$$

查 90 ℃ 水的饱和蒸气压为　　$p_{1,s} = 70.136 \text{ kPa}$

故此时空气相对湿度为　　$\varphi_1 = \dfrac{7.94}{70.136} \times 100\% = 11.32\%$

焓为　　$I_1 = (1.01 + 1.88H_1)t_1 + 2490H_1$

$$= [(1.01 + 1.88 \times 0.0529) \times 90 + 2490 \times 0.0529] \text{ kJ/kg 绝干气}$$

$$= 231.57 \text{ kJ/kg 绝干气}$$

（3）在 $H\text{-}I$ 图上表示出空气状态的变化过程　如本例附图所示，由 $t_0 = 25$ ℃、$\varphi_0 = 50\%$ 确定新鲜空气的状态点 A，由 $t_2 = 50$ ℃、$\varphi_2 = 80\%$ 确定出干燥器的废气的状态点 B，连接 AB，并由 $AM : MB = 3 : 1$ 确定混合气状态点 M，过 M 的等 H 线与 $t_1 = 90$ ℃ 的等 t 线相交于 N 点，N 点为出预热器时空气的状态点；因为 B 点为出干燥器时空气的状态点，所以，线段 NB 表示空气在干燥器内的状态变化。

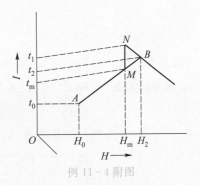

例 11-4 附图

本例涉及不同状态空气的混合，混合后空气的温度、湿度可由混合过程的物料衡算和热量衡算计算得出，也可在 $H\text{-}I$ 图上利用杠杆规则得出。另外，从本例的计算结果看出，空气在预热器内经历等湿升温过程（从 M 点到 N 点），升温后空气的相对湿度降低，干燥能力增强。

11.2　干燥过程的物料衡算与热量衡算

演示文稿

11.2.1　湿物料的性质

一、湿物料的含水量

湿物料中的含水量通常用下面的两种方法来表示。

1. 湿基含水量

水分在湿物料中的质量分数为湿基含水量，以 w 表示，单位为 kg 水分/kg 湿料，即

$$w = \frac{\text{湿物料中水分质量}}{\text{湿物料的总质量}} \tag{11-15}$$

工业上通常用这种方法表示湿物料的含水量。

2. 干基含水量

湿物料中的水分与绝干物料的质量比为干基含水量,以 X 表示,单位为 kg 水分/kg 绝干料,即

$$X = \frac{湿物料中水分质量}{湿物料中绝干物料质量} \qquad (11-16)$$

由于在干燥过程中,绝干物料量不发生变化,因此,在干燥计算中采用干基含水量更为方便。

两种含水量之间的关系为

$$w = \frac{X}{1+X} \qquad (11-17)$$

$$X = \frac{w}{1-w} \qquad (11-18)$$

二、湿物料的比热容 c_m

仿照湿空气比热容的定义,湿物料的比热容定义为将湿物料中 1 kg 绝干料和其中的 X kg 水温度升高(或降低)1 ℃所吸收(或放出)的热量,即

$$c_m = c_s + X c_w = c_s + 4.187X \qquad (11-19)$$

式中　　c_m——湿物料的比热容,kJ/(kg 绝干料·℃);

c_s——绝干物料的比热容,kJ/(kg 绝干料·℃);

c_w——物料中所含水分的比热容,取为 4.187 kJ/(kg 水·℃)。

三、湿物料的焓 I'

湿物料的焓 I' 包括绝干物料的焓(以 0 ℃的绝干物料为基准)和物料中所含水分(以 0 ℃的液态水为基准)的焓,即

$$I' = (c_s + X c_w)\theta = (c_s + 4.187X)\theta = c_m\theta \qquad (11-20)$$

式中　　I'——湿物料的焓,kJ/kg 绝干料;

θ——湿物料的温度,℃。

11.2.2　干燥过程的物料衡算与热量衡算

图 11-6 所示是一个连续逆流干燥流程,空气先经预热器加热升温后进入干燥器,在干燥器内热空气和湿物料逆流接触,湿物料被干燥。气固两相在进出口处的流量、含水量、温度及焓均标注于图中。

一、物料衡算

由于预热器只是将湿空气加热升温,因此物料衡算只需针对干燥器,通过对干燥器的物料衡算,可以算出① 从物料中除去水分的量,即水分蒸发量;② 空气消耗量;③ 干燥产品的流量。

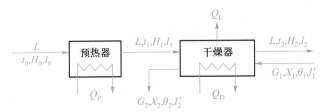

H_0、H_1、H_2—分别为湿空气进入预热器、进入干燥器和离开干燥器时的湿度,kg/kg 绝干气;

I_0、I_1、I_2—分别为湿空气进入预热器、进入干燥器和离开干燥器时的焓,kJ/kg 绝干气;

t_0、t_1、t_2—分别为湿空气进入预热器、进入干燥器和离开干燥器时的温度,℃;

L—绝干空气流量,kg 绝干气/s;

Q_P—单位时间内预热器的加热量,kW;

G_1、G_2—分别为湿物料进入和离开干燥器时的流量,kg 湿物料/s;

θ_1、θ_2—分别为湿物料进入和离开干燥器时的温度,℃;

X_1、X_2—分别为湿物料进入和离开干燥器时的干基含水量,kg 水分/kg 绝干料;

I_1'、I_2'—分别为湿物料进入和离开干燥器时的焓,kJ/kg 绝干料;

Q_D—单位时间内向干燥器内补充的热量,kW;

Q_L—干燥器的热损失速率(若干燥器采用输送装置输送物料,则装置带出的热量也应计入热损失中),kW

图 11-6　连续逆流干燥流程示意图

1. 水分蒸发量 W

以 1 s 为基准,设干燥器内无物料损失,对图 11-6 中的干燥器进行物料衡算得

$$LH_1 + GX_1 = LH_2 + GX_2$$

则

$$W = L(H_2 - H_1) = G(X_1 - X_2) \tag{11-21}$$

式中　　W——单位时间内水分的蒸发量,kg/s;

　　　　G——单位时间内绝干物料的质量流量,kg 绝干料/s。

2. 空气消耗量 L

由式(11-21)得

$$L = \frac{G(X_1 - X_2)}{H_2 - H_1} = \frac{W}{H_2 - H_1} \tag{11-21a}$$

式中　　L——单位时间内消耗的绝干空气量,kg 绝干气/s。

式(11-21a)的等号两侧均除以 W,得

$$l = \frac{L}{W} = \frac{1}{H_2 - H_1} \tag{11-22}$$

式中　　l——单位空气消耗量,kg 绝干气/kg 水分,即每蒸发 1 kg 水分所消耗的绝干空气量。

3. 干燥产品流量 G_2

由于假设干燥器内无物料损失,因此,进出干燥器的绝干物料量不变,即

$$G = G_2(1 - w_2) = G_1(1 - w_1) \tag{11-23}$$

解得

$$G_2 = \frac{G_1(1 - w_1)}{1 - w_2} = \frac{G_1(1 + X_2)}{1 + X_1} \tag{11-23a}$$

式中　　w_1——物料进入干燥器时的湿基含水量；

　　　　w_2——物料离开干燥器时的湿基含水量。

应注意区别 G_2 与 G 的不同，干燥产品流量 G_2 是指离开干燥器的物料的流量，其中包括绝干物料 G 及仍含有的少量水分，实际是含水分较少的湿物料。

◆ 例 11-5　常压连续逆流干燥器中，用温度为 20 ℃，相对湿度为 50% 的新鲜空气为介质，干燥某种湿物料。空气先在预热器中被加热，然后进入干燥器，离开干燥器时空气的湿度为 0.022 kg/kg 绝干气。每小时有 1100 kg，湿基含水量为 0.03 的湿物料送入干燥器，物料离开干燥器时湿基含水量降到 0.001。试求(1) 水分蒸发量 W；(2) 干燥产品流量 G_2；(3) 新鲜空气消耗量 L_0；(4) 若风机装在预热器的新鲜空气入口处，求风机的风量。

解：本题干燥过程流程参照图 11-6。

(1) 水分蒸发量 W　用式(11-21)计算水分蒸发量 W，即

$$W = G(X_1 - X_2)$$

$$X_1 = \frac{w_1}{1-w_1} = \left(\frac{0.03}{1-0.03}\right) \text{kg 水分/kg 绝干料} = 0.0309 \text{ kg 水分/kg 绝干料}$$

$$X_2 = \frac{w_2}{1-w_2} = \left(\frac{0.001}{1-0.001}\right) \text{kg 水分/kg 绝干料} = 0.001 \text{ kg 水分/kg 绝干料}$$

$$G = G_1(1-w_1) = [1100 \times (1-0.03)] \text{ kg 绝干料/h} = 1067 \text{ kg 绝干料/h}$$

$$W = G(X_1 - X_2) = [1067 \times (0.0309 - 0.001)] \text{ kg 水分/h} = 31.90 \text{ kg 水分/h}$$

(2) 干燥产品量 G_2

$$G_2 = \frac{G_1(1-w_1)}{1-w_2} = \left(1100 \times \frac{1-0.03}{1-0.001}\right) \text{ kg/h} = 1068.1 \text{ kg/h}$$

(3) 新鲜空气消耗量 L_0　先用式(11-21a)计算绝干空气消耗量：

$$L = \frac{W}{H_2 - H_1}$$

20 ℃水的饱和蒸气压 $p_s = 2.3341$ kPa，则由式(11-1a)得

$$H_0 = \frac{0.622\varphi_0 p_s}{p_{\text{总}} - \varphi_0 p_s} = \left(\frac{0.622 \times 0.5 \times 2.3341}{101.3 - 0.5 \times 2.3341}\right) \text{kg/kg 绝干气}$$

$$= 0.007249 \text{ kg/kg 绝干气}$$

$$L = \left(\frac{31.9}{0.022 - 0.007249}\right) \text{kg 绝干气/h} = 2163 \text{ kg 绝干气/h}$$

新鲜空气消耗量为

$$L_0 = L(1 + H_0) = [2163 \times (1 + 0.007249)] \text{ kg 新鲜空气/h} = 2179 \text{ kg 新鲜空气/h}$$

(4) 风机的风量 V''　风机的风量由下式计算：

$$V'' = Lv_H$$

其中湿空气的比体积用式(11-4)计算:

$$v_H = (0.772 + 1.244H_0) \times \frac{273+t}{273}$$

$$= \left[(0.772 + 1.244 \times 0.007249) \times \frac{20+273}{273} \right] \text{m}^3 \text{ 新鲜空气/kg 绝干气}$$

$$= 0.8382 \text{ m}^3 \text{ 新鲜空气/kg 绝干气}$$

故 $V'' = Lv_H = (2163 \times 0.8382) \text{ m}^3 \text{ 新鲜空气/h} = 1813 \text{ m}^3 \text{ 新鲜空气/h}$

二、热量衡算

通过干燥系统的热量衡算,可以得到:① 预热器消耗的热量;② 向干燥器补充的热量;③ 干燥过程消耗的总热量。从而可确定预热器的尺寸、加热介质的用量、干燥器的传热面积及干燥系统热效率等。

1. 对预热器的热量衡算

若忽略预热器的热损失,以 1 s 为基准,对图 11-6 中的预热器进行热量衡算,得预热器耗热量为

$$Q_P = L(I_1 - I_0) = L(1.01 + 1.88H_0)(t_1 - t_0) \tag{11-24}$$

式中 Q_P——单位时间(1 s)内空气在预热器中所获得的热量,kW。

2. 对干燥器的热量衡算

同样以 1 s 为基准,对干燥器进行热量衡算得

$$Q_D = L(I_2 - I_1) + G(I_2' - I_1') + Q_L \tag{11-25}$$

式中 Q_D——单位时间(1 s)内向干燥器补充的热量,kW;

Q_L——干燥器的热损失速率,kW。

3. 对整个干燥系统的热量衡算

同样以 1 s 为基准,对整个干燥系统进行热量衡算得

$$Q = Q_P + Q_D = L(I_2 - I_0) + G(I_2' - I_1') + Q_L \tag{11-26}$$

式(11-26)也可由式(11-24)、式(11-25)相加得到,式(11-24)、式(11-25)及式(11-26)为连续干燥系统热量衡算的基本方程式。为了便于应用,可通过以下分析得到更为简明的形式。

加入干燥系统的热量 Q 被用于:

(1) 将新鲜空气 L(湿度为 H_0)由 t_0 加热至 t_2,所需热量为 $L(1.01 + 1.88H_0)(t_2 - t_0)$。

(2) 对原湿物料 $G_1 = G_2 + W$,其中干燥产品 G_2 从 θ_1 被加热至 θ_2 后离开干燥器,所耗热量为 $Gc_{m2}(\theta_2 - \theta_1)$;水分 W 由液态温度 θ_1 被加热并汽化,在温度 t_2 下随气相离开干燥系统,所需热量为 $W(2490 + 1.88t_2 - 4.187\theta_1)$。

(3) 干燥系统损失的热量 Q_L。

所以应有

$$Q = Q_P + Q_D = L(1.01 + 1.88H_0)(t_2 - t_0) + Gc_{m2}(\theta_2 - \theta_1)$$
$$+ W(2490 + 1.88t_2 - 4.187\theta_1) + Q_L \qquad (11-27)$$

若忽略空气中水汽进出干燥系统的焓的变化和湿物料中水分带入干燥系统的焓,则式(11-27)可简化为

$$Q = Q_P + Q_D$$
$$= 1.01L(t_2 - t_0) + Gc_{m2}(\theta_2 - \theta_1) + W(2490 + 1.88t_2) + Q_L \qquad (11-28)$$

式(11-28)表明,加入干燥系统的热量 Q 被用于四个方面:① 加热空气;② 加热物料;③ 蒸发水分;④ 热损失。

◆ 例 11-6　采用常压操作的干燥器干燥某湿物料,干燥介质为温度 20 ℃,湿度 0.01 kg/kg 绝干气的空气。空气在预热器中被加热到 120 ℃后送入干燥器,离开干燥器时,空气的温度为 60 ℃,湿度为 0.05 kg/kg 绝干气。进入干燥器的湿物料的温度为 30 ℃,湿基含水量为 0.20,离开干燥器时物料温度升到 50 ℃,湿基含水量降到 0.05。绝干物料的比热容为 1.5 kJ/(kg 绝干料·℃),干燥器的生产能力为 50 kg/h(按干燥产品计)。若忽略预热器向周围的热损失,干燥器的热损失为 1.0 kW。试求(1) 新鲜空气消耗量 L_0;(2) 预热器中耗热量 Q_P;(3) 干燥器中需补充的热量 Q_D。

解:(1) 新鲜空气消耗量 L_0　依物料衡算公式 $W = G(X_1 - X_2)$ 和 $L = \dfrac{W}{H_2 - H_1}$ 计算。

$$X_1 = \frac{w_1}{1 - w_1} = \left(\frac{0.2}{1 - 0.2}\right) \text{kg 水分/kg 绝干料} = 0.25 \text{ kg 水分/kg 绝干料}$$

$$X_2 = \frac{w_2}{1 - w_1} = \left(\frac{0.05}{1 - 0.05}\right) \text{kg 水分/kg 绝干料} = 0.05263 \text{ kg 水分/kg 绝干料}$$

$$G = G_2(1 - w_2) = [50 \times (1 - 0.05)] \text{ kg 绝干料/h} = 47.5 \text{ kg 绝干料/h}$$

水分蒸发量　$W = G(X_1 - X_2) = [47.5 \times (0.25 - 0.05263)] \text{ kg 水分/h}$
$$= 9.375 \text{ kg 水分/h}$$

绝干空气消耗量　$L = \dfrac{W}{H_2 - H_1} = \left(\dfrac{9.375}{0.05 - 0.01}\right) \text{ kg 绝干气/h}$
$$= 234.38 \text{ kg 绝干气/h}$$

新鲜空气消耗量为

$$L_0 = L(1 + H_0) = [234.38 \times (1 + 0.01)] \text{ kg 新鲜空气/h}$$
$$= 236.72 \text{ kg 新鲜空气/h}$$

(2) 预热器中耗热量 Q_P　Q_P 用式(11-24)计算,即

$$Q_P = L(I_1 - I_0) = L(1.01 + 1.88H_0)(t_1 - t_0)$$
$$= [234.38 \times (1.01 + 1.88 \times 0.01)(120 - 20)] \text{ kJ/h} = 24113.0 \text{ kJ/h}$$
$$= 6.698 \text{ kW}$$

（3）干燥器中需补充的热量 Q_D　依干燥器热量衡算计算干燥器应补充热量：

$$Q_D = L(I_2 - I_1) + G(I_2' - I_1') + Q_L$$

$$I_1 = (1.01 + 1.88H_1)t_1 + 2490H_1$$
$$= [(1.01 + 1.88 \times 0.01) \times 120 + 2490 \times 0.01] \text{ kJ/kg 绝干气}$$
$$= 148.356 \text{ kJ/kg 绝干气}$$

$$I_2 = (1.01 + 1.88H_2)t_2 + 2490H_2$$
$$= [(1.01 + 1.88 \times 0.05) \times 60 + 2490 \times 0.05] \text{ kJ/kg 绝干气}$$
$$= 190.74 \text{ kJ/kg 绝干气}$$

$$I_1' = (c_s + 4.187X_1)\theta_1 = [(1.5 + 4.187 \times 0.25) \times 30] \text{ kJ/kg 绝干料}$$
$$= 76.402 \text{ kJ/kg 绝干料}$$

$$I_2' = (c_s + 4.187X_2)\theta_2 = [(1.5 + 4.187 \times 0.05263) \times 50] \text{ kJ/kg 绝干料}$$
$$= 86.018 \text{ kJ/kg 绝干料}$$

$$Q_D = L(I_2 - I_1) + G(I_2' - I_1') + Q_L$$
$$= [234.38 \times (190.74 - 148.356) + 47.5 \times (86.018 - 76.402) + 1.0 \times 3600] \text{ kJ/h}$$
$$= 13990.72 \text{ kJ/h} = 3.886 \text{ kW}$$

从本例计算可以看出，空气从进干燥器到出干燥器，温度降低，湿度升高，说明空气将物料中的水分移除了，同时，空气经过干燥器后焓值增大（$I_2 > I_1$），意味着空气经过干燥器要带走热量，再加上物料带走的热量和热损失，干燥器必须补充热量，才能达到热平衡。

11.2.3　空气通过干燥器时的状态变化

演示文稿

在干燥器内，空气与物料间的热量传递和质量传递，还有外界与干燥器的热量交换（外界给干燥器补充热量或干燥器的热量损失），使得空气在干燥器内的状态变化比较复杂。空气离开干燥器的状态取决于空气在干燥器内所经历的过程。根据空气在干燥器内经历的状态变化，通常将干燥过程分为绝热干燥过程与非绝热干燥过程两大类。

以干燥器热量衡算式（11-25）作为分析干燥器内状态变化的基本方程。

一、绝热干燥过程

绝热干燥过程又称等焓干燥过程，其假设在干燥过程中不向干燥器补充热量，即 $Q_D = 0$；忽略干燥器向周围散失的热量，即 $Q_L = 0$；并且物料进、出干燥器的焓不变，即 $I_2' = I_1'$。将以上条件代入式（11-25），则得

$$I_1 = I_2$$

此时空气传给物料的热量全部用于水分汽化，汽化后的水分又将这部分热量以潜热的形式带回空气中，使得空气通过干燥器时焓恒定。在 H-I 图上表示绝热干燥过程中空气状态的变化如图 11-7 所示。根据新鲜空气两个独立状态参数，如 t_0 及 H_0，在图上确定

状态点 A 为进入预热器前的空气状态点。空气在预热器内被加热到 t_1，而湿度没有变化，故从点 A 沿等 H 线上升与等 t 线 t_1 相交于 B 点，该点为离开预热器（即进入干燥器）时的空气状态点。由于空气在干燥器内经历等焓过程，即沿着过 B 点的等 I 线变化，故只要知道空气离开干燥器时的任一参数，比如温度 t_2，则过 B 点的等 I 线与温度为 t_2 的等 t 线的交点 C 即为出干燥器的空气状态点。

当然，实际操作中很难保证绝热过程，故绝热干燥过程又称为理想干燥过程，过点 B 的等 I 线是理想干燥过程的操作线。相应的干燥器称为理想干燥器。

二、非绝热干燥过程

非绝热干燥过程又称为非理想干燥过程或实际干燥过程。非绝热干燥过程根据空气焓的变化可能有以下几种情况。

1. 干燥过程中空气焓值减小（$I_1 > I_2$）

当 $Q_D - G(I_2' - I_1') - Q_L < 0$，即对干燥器补充的热量小于干燥器的热损失与物料带出干燥器的热量之和时，空气离开干燥器的焓小于进入干燥器时的焓，此时的操作线如图 $11-8$ 中 BC_1 线所示。

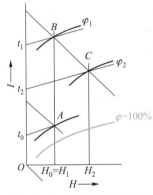

图 $11-7$　绝热干燥过程中
空气状态变化示意图

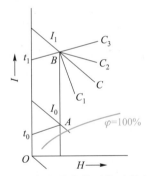

图 $11-8$　非绝热干燥过程中
空气状态变化示意图

2. 干燥过程中空气焓值增大（$I_1 < I_2$）

若向干燥器补充的热量大于损失的热量与加热物料消耗的热量之和，空气经过干燥器后焓值增大，这时操作线在等 I 线 BC 的上方，如图 $11-8$ 中 BC_2 线所示。

3. 干燥过程中空气经历等温过程

若向干燥器补充的热量足够多，恰好使干燥过程在等温下进行，即空气在干燥过程中维持恒定的温度 t_1，这时过程的操作线为过点 B 的等 t 线，如图 $11-8$ 中 BC_3 线所示。

根据上述不同的过程，非绝热干燥过程中空气离开干燥器时的状态点需由物料衡算式和热量衡算式联立求解，具体方法见例 $11-7$。

◆　例 $11-7$　常压下以温度为 $20\,℃$，湿度为 $0.007\,kg/kg$ 绝干气的空气为介质干燥某种湿物料。空气在预热器中被加热到 $100\,℃$ 后送入干燥器，离开干燥器时的温度为 60 ℃。每小时有 1000 kg 温度为 20 ℃，湿基含水量为 0.03 的湿物料进入干燥器，物料离开干燥器时温度升到 40 ℃，湿基含水量降到 0.001。绝干物料的比热容为 1.1 kJ/(kg 绝干料·℃)。忽略预热器向周围的热损失。(1) 假设干燥器为理想干燥器，试求新鲜空气消耗量 L_0，预热器耗热量 Q_P；(2) 若按非理想干燥器计算，干燥过程中物料带走的热量不可忽略，干燥器的热损失为 1.0 kW，并且干燥器不补充热量，再求新鲜空气消耗量 L_0，预热器耗热量 Q_P。

解：(1) 理想干燥器 $I_1 = I_2$　利用式(11-6b)可求得湿空气的焓：

$$I = (1.01 + 1.88H)t + 2490H$$

代入 $t_1 = 100$ ℃，$H_1 = H_0 = 0.007$ kg/kg 绝干气，得

$$I_1 = 119.75 \text{ kJ/kg 绝干气}$$

由

$$119.75 = (1.01 + 1.88H_2) \times 60 + 2490H_2$$

解得

$$H_2 = 0.02273 \text{ kg/kg 绝干气}$$

用式(11-21)计算水分蒸发量 W，即

$$W = G(X_1 - X_2)$$

$$X_1 = \frac{w_1}{1 - w_1} = \left(\frac{0.03}{1 - 0.03}\right) \text{ kg 水分/kg 绝干料} = 0.0309 \text{ kg 水分/kg 绝干料}$$

$$X_2 = \frac{w_2}{1 - w_2} = \left(\frac{0.001}{1 - 0.001}\right) \text{ kg 水分/kg 绝干料} = 0.001 \text{ kg 水分/kg 绝干料}$$

$$G = G_1(1 - w_1) = [1000 \times (1 - 0.03)] \text{ kg 绝干料/h} = 970 \text{ kg 绝干料/h}$$

$$W = G(X_1 - X_2) = [970 \times (0.0309 - 0.001)] \text{ kg 水分/h} = 29.00 \text{ kg 水分/h}$$

绝干空气消耗量为

$$L = \frac{W}{H_2 - H_1} = \left(\frac{29.00}{0.02273 - 0.007}\right) \text{ kg 绝干气/h} = 1843.6 \text{ kg 绝干气/h}$$

新鲜空气消耗量为

$$L_0 = L(1 + H_0) = [1843.6 \times (1 + 0.007)] \text{ kg 新鲜空气/h} = 1856.5 \text{ kg 新鲜空气/h}$$

预热器中耗热量 Q_P 用式(11-24)计算，即

$$Q_P = L(I_1 - I_0) = L(1.01 + 1.88H_0)(t_1 - t_0)$$
$$= [1843.6 \times (1.01 + 1.88 \times 0.007)(100 - 20)] \text{ kJ/h} = 1.509 \times 10^5 \text{ kJ/h}$$
$$= 41.92 \text{ kW}$$

(2) 非理想干燥器 $I_1 \neq I_2$　H_2 需联立求解物料衡算式和热量衡算式来求得。将有关数据代入式(11-21)得

$$29.00 = L(H_2 - 0.007) \tag{a}$$

由式(11-25)得

$$L(I_2 - 119.75) + 970 \times (I_2' - I_1') + 1.0 \times 3600 = 0 \tag{b}$$

由焓的定义式

$$I_2=(1.01+1.88H_2)\times60+2490H_2=60.6+2602.8H_2$$

$$I_1'=(c_s+4.187X_1)\theta_1=[(1.1+4.187\times0.0309)\times20]\ \text{kJ/kg 绝干料}$$

$$=24.59\ \text{kJ/kg 绝干料}$$

$$I_2'=(c_s+4.187X_2)\theta_2=[(1.1+4.187\times0.001)\times40]\ \text{kJ/kg 绝干料}$$

$$=44.17\ \text{kJ/kg 绝干料}$$

将上面诸值代入式(b),得

$$L(2602.8H_2-59.15)+22592.6=0 \tag{c}$$

联立求解式(a)和式(c),得

$$H_2=0.01910\ \text{kg/kg 绝干气}, \qquad L=2396.1\ \text{kg 绝干气/h}$$

新鲜空气消耗量为

$$L_0=L(1+H_0)=[2396.1\times(1+0.007)]\ \text{kg 新鲜空气/h}=2412.9\ \text{kg 新鲜空气/h}$$

预热器中耗热量 Q_P 用式(11-24)计算,即

$$Q_P=L(I_1-I_0)=L(1.01+1.88H_0)(t_1-t_0)$$

$$=[2396.1\times(1.01+1.88\times0.007)(100-20)]\ \text{kJ/h}=1.961\times10^5\ \text{kJ/h}$$

$$=54.47\ \text{kW}$$

本题的情况相当于图 11-8 中的 BC_1 线,第(2)问与第(1)问相比,非绝热干燥过程中由于物料带走热量和热损失,使得空气焓值降低, $I_2<I_1$,出口温度 t_2 不变,则湿度 H_2 较理想干燥过程的出口湿度低,因此需要消耗更多的热空气,同时,增加了预热器的热负荷。

11.2.4　干燥系统的热效率

一、干燥系统的热效率

干燥系统的热效率定义为

$$\eta=\frac{\text{蒸发水分所需的热量}}{\text{向干燥系统输入的总热量}}\times100\%$$

或

$$\eta=\frac{Q_v}{Q}=\frac{Q_v}{Q_P+Q_D}\times100\% \tag{11-29}$$

式中　　Q_v——蒸发水分所需的热量,kW。

由本章 11.2.2 节的分析可知,

$$Q_v=W(2490+1.88t_2-4.187\theta_1)$$

则干燥系统热效率为

$$\eta=\frac{W(2490+1.88t_2-4.187\theta_1)}{Q_P+Q_D}\times100\% \tag{11-29a}$$

若忽略湿物料中水分带入系统中的焓,即

$$Q_v\approx W(2490+1.88t_2)$$

则干燥系统的热效率为

$$\eta = \frac{W(2490+1.88t_2)}{Q} \times 100\% \qquad (11-30)$$

对理想干燥器,其热效率可用下式计算:

$$\eta = \frac{t_1-t_2}{t_1-t_0} \times 100\% \qquad (11-31)$$

◆ **例 11-8** 试计算例 11-7 中两种情况下干燥系统的热效率。

解:(1)理想干燥器 蒸发水分所需热量为

$$Q_v = W(2490+1.88t_2) = [29.00 \times (2490+1.88 \times 60)] \text{ kJ/h} = 75481.2 \text{ kJ/h}$$

则

$$\eta = \frac{Q_v}{Q_P} \times 100\% = \frac{75481.2}{1.509 \times 10^5} \times 100\% = 50.02\%$$

或

$$Q_v = W(2490+1.88t_2-4.187\theta_1)$$
$$= [29.00 \times (2490+1.88 \times 60-4.187 \times 20)] \text{ kJ/h} = 73052.74 \text{ kJ/h}$$

则

$$\eta = \frac{Q_v}{Q_P} \times 100\% = \frac{73052.74}{1.509 \times 10^5} \times 100\% = 48.41\%$$

理想干燥器的热效率也可用式(11-31)计算:

$$\eta = \frac{t_1-t_2}{t_1-t_0} \times 100\% = \frac{100-60}{100-20} \times 100\% = 50\%$$

(2)非理想干燥器 蒸发水分所需热量不变,则干燥系统的热效率为

$$\eta = \frac{Q_v}{Q_P} \times 100\% = \frac{75481.2}{1.961 \times 10^5} \times 100\% = 38.49\%$$

或

$$\eta = \frac{Q_v}{Q_P} \times 100\% = \frac{73052.74}{1.961 \times 10^5} \times 100\% = 37.25\%$$

练习文稿

从计算结果看,虽然两种情况下蒸发水分所消耗的热量是相同的,但是非理想干燥过程有热损失,需要消耗更多的空气,增加了预热器的热负荷,所以非理想干燥过程的热效率较低。

二、提高干燥系统热效率的措施

干燥系统的热效率反映过程进行的能耗及热利用率,是干燥过程的重要经济指标。可通过以下措施降低干燥操作的能耗,提高干燥器的热效率:

(1)提高 H_2 而降低 t_2 提高 H_2 可减少空气用量,降低 t_2 可减少废气带走的热量。干燥器的主要热量消耗在蒸发水分的热量和废气带走的热量,后者占总热量的 20%～40%,有时高达 60%,因此,降低 t_2 可有效提高干燥系统热效率。但这样会降低干燥过程的传质、传热推动力,降低干燥速率。特别是对于吸水性物料的干燥,空气出口温度应

案例解析

高些,而湿度则应低些,即相对湿度要低些。在实际干燥操作中,一般空气离开干燥器的温度需比进入干燥器时的绝热饱和温度高 20～50 ℃,这样才能保证在干燥系统后面的设备内不致析出水滴,否则可能使干燥产品返潮,且易造成管路的堵塞和设备材料的腐蚀。

（2）提高空气入口温度 t_1　提高 t_1 可减少空气用量,从而减少废气带走的热量,提高干燥系统的热效率。但对热敏性物料和易产生局部过热的干燥器,入口温度不能过高。在气流干燥器中,颗粒表面的蒸发温度比较低,因此,入口温度可高于产品变质温度。

（3）利用废气　可用废气来预热空气或物料,或采用废气部分循环操作,以回收被废气带走的热量,减少空气用量,提高干燥系统的热效率。采用废气循环操作时空气进入干燥器的温度低,特别适合于热敏性物料,而且可利用低品位热源。

（4）采用二级干燥　如奶粉的干燥,第一级采用喷雾干燥,获得湿含量 0.06～0.07 的粉状产品;第二级采用体积较小的流化床干燥器,获得湿含量为 0.03 的产品。这样,可节省总能量的 80%。二级干燥可提高产品的质量并节能,尤其适用于热敏性物料。

（5）利用内换热器　在干燥系统内设置的换热器称为内换热器,它可减少能量供给和空气用量,提高干燥系统热效率。

此外,加强干燥设备和管路的保温,减少干燥系统的热损失;在前面的操作(如过滤,离心分离等)中尽量降低物料的含水量,降低干燥系统的蒸发负荷;对负压操作的干燥器加强设备密封,减少冷空气漏入系统等措施,也是提高干燥系统热效率的重要途径。

◆ 例 11-9　在常压连续逆流干燥器中将某种物料的湿基含水量自 0.5 干燥至 0.03。采用例 11-4 中的废气循环操作流程,即用混合气(由 $t_0=25$ ℃、$\varphi_0=50\%$ 的新鲜空气和 $t_2=50$ ℃、$\varphi_2=80\%$ 的出干燥器的废气按照绝干气质量比 1∶3 混合)作为干燥介质,混合气先在预热器中被加热升温,然后进入干燥器,设空气在干燥器中经历绝热过程。试求每小时干燥 1000 kg 湿物料所需的新鲜空气量、预热器的传热量及干燥系统的热效率。设预热器的热损失可忽略。

解:干燥流程参见本例附图 1。其中循环比指废气中绝干空气质量与混合气中绝干空气质量之比。

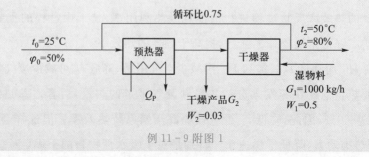

例 11-9 附图 1

根据例 11-4 的计算已经得到:

新鲜空气的湿度为 $H_0 = 0.00988$ kg/kg 绝干气;

废气的焓为 $I_2 = 224.1$ kJ/kg 绝干气,湿度为 $H_2 = 0.0672$ kg/kg 绝干气;

混合气的湿度为 $H_m = 0.0529$ kg/kg 绝干气,温度为 $t_m = 44.06$ ℃。

由于空气在干燥器中经历等焓过程($I_1 = I_2$),所以

$$I_1 = (1.01 + 1.88H_1) \times t_1 + 2490H_1$$

$$224.1 = (1.01 + 1.88 \times 0.0529) \times t_1 + 2490 \times 0.0529$$

得
$$t_1 = 83.27 \ ℃$$

以上计算过程同样可在 $H-I$ 图上进行,如本例附图 2 所示。由 $t_0 = 25$ ℃、$\varphi_0 = 50\%$ 确定新鲜空气的状态点 A,由 $t_2 = 50$ ℃、$\varphi_2 = 80\%$ 确定出干燥器的废气的状态点 B,连接 AB,并由 $AM:MB = 3:1$ 确定混合气状态点 M,过 M 的等 H 线与过 B 点的等 I 线相交于 N 点,N 点即为出预热器时空气的状态点;线段 NB 是一条等 I 线,表示空气在干燥器内经历等焓过程。由 N 点读出空气出预热器时温度 $t_1 = 83$ ℃,湿度 $H_m = 0.053$ kg/kg 绝干气。

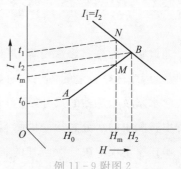

例 11-9 附图 2

用式(11-21)计算水分蒸发量 W,即

$$W = G(X_1 - X_2)$$

$$X_1 = \frac{w_1}{1-w_1} = \left(\frac{0.5}{1-0.5}\right) \text{kg 水分/kg 绝干料} = 1 \text{ kg 水分/kg 绝干料}$$

$$X_2 = \frac{w_2}{1-w_2} = \left(\frac{0.03}{1-0.03}\right) \text{kg 水分/kg 绝干料} = 0.03093 \text{ kg 水分/kg 绝干料}$$

$$G = G_1(1-w_1) = [1000 \times (1-0.5)] \text{ kg 绝干料/h} = 500 \text{ kg 绝干料/h}$$

$$W = G(X_1 - X_2) = [500 \times (1-0.03093)] \text{ kg 水分/h} = 484.5 \text{ kg 水分/h}$$

绝干空气消耗量可由整个干燥系统的物料衡算求得,即

$$L(H_2 - H_0) = W$$

或
$$L = \frac{W}{H_2 - H_0} = \left(\frac{484.5}{0.0672 - 0.00988}\right) \text{ kg 绝干气/h} = 8452.5 \text{ kg 绝干气/h}$$

故新鲜空气用量为

$$L_0 = L(1+H_0) = [8452.5 \times (1+0.00988)] \text{ kg/h} = 8536 \text{ kg/h}$$

预热器的传热量为

$$Q_P = L_m c_{H_m}(t_1 - t_m)$$

其中混合气体的比热容 c_{H_m} 的计算式为

$$c_{H_m} = 1.01 + 1.88 H_m$$

则　　$c_{H_m} = (1.01 + 1.88 \times 0.0529)\ kJ/(kg\ 绝干气 \cdot ℃) = 1.109\ kJ/(kg\ 绝干气 \cdot ℃)$

$$L_m = \frac{L}{0.25} = \left(\frac{8452.5}{0.25} \right)\ kg/h = 33810\ kg/h$$

$$Q_P = [33810 \times 1.109 \times (83.27 - 44.06)]\ kJ/h = 1.470 \times 10^6\ kJ/h = 408.3\ kW$$

干燥系统的热效率

$$\eta = \frac{W(2490 + 1.88 t_2)}{Q_P} \times 100\% = \frac{484.5 \times (2490 + 1.88 \times 50)}{1.470 \times 10^6} \times 100\% = 85.17\%$$

11.3　干燥速率与干燥时间

演示文稿

　　通过物料衡算与热量衡算,可以确定干燥过程中水分蒸发量,空气消耗量和所需的加热量,依此选择合适的风机和换热器。但是物料在干燥器内停留多少时间才能达到预定的含水量及干燥器的尺寸,还需要通过干燥速率和干燥时间的计算来确定。由于干燥过程中被除去的水分必须先由物料内部迁移至表面,再由表面汽化而进入干燥介质,因此干燥速率不仅取决于湿空气的状态和流速,还与物料中所含水分的性质有关,而水分在物料内部的扩散速率与物料结构及物料中的水分性质有关。除去物料中水分的难易程度取决于物料与水分的结合方式,因此,首先研究物料中水分的性质。

11.3.1　物料中水分的性质

一、平衡水分及自由水分

　　当物料与一定状态的空气接触后,物料将释出或吸入水分,直到物料表面的水汽分压与空气中的水汽分压相等为止,此时物料的含水量称为物料在该空气状态下的平衡含水量,又称平衡湿含量或平衡水分,用 X^* 表示,单位为 kg 水分/kg 绝干料。

　　只要空气状态恒定,物料的平衡含水量不会因与空气接触时间的延长而改变,物料中的水分与空气中的水分处于动态平衡。平衡含水量是一定干燥条件下不能被除去的那部分水分,是物料在该条件下被干燥的极限。

　　图 11-9 给出了 25 ℃时某些固体物料的平衡含水量 X^* 与空气相对湿度 φ 的关系,称为平衡曲线。从图中看出,相同的空气状态,不同物料的平衡含水量相差很大,如空气 $\varphi = 60\%$ 时,陶土的 X^* 约为 1 kg 水分/100 kg 绝干料(6 号线上的 A 点),而烟叶的 X^* 约为 23 kg 水分/100 kg 绝干料(7 号线上的 B 点)。对同一种物料,X^* 随空气状态而变,如羊毛,当空气 $\varphi = 20\%$ 时,X^* 约为 7.3 kg 水分/100 kg 绝干料(2 号线上的 C 点),而当 $\varphi = 60\%$ 时,X^* 约为 14.5 kg 水分/100 kg 绝干料(2 号线上的 D 点)。空气的相对湿度越小,X^* 越低,能够被干燥除去的水分越多。当 $\varphi = 0$ 时,各种物料的 X^* 均为零,

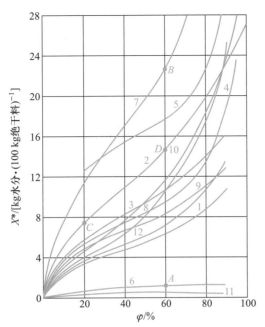

1—新闻纸;2—羊毛,毛织物;3—硝化纤维;4—丝;5—皮革;6—陶土;
7—烟叶;8—肥皂;9—牛皮胶;10—木材;11—玻璃绒;12—棉花

图 11-9 25℃时某些固体物料的平衡含水量 X^* 与空气相对湿度 φ 的关系

即湿物料只有与绝干空气相接触才能被干燥成绝干物料。

各种物料的平衡含水量由实验测得。物料的平衡含水量随空气温度升高而略有减少,例如,棉花与相对湿度为 50% 的空气相接触,当空气温度由 37.8℃升高到 93.3℃时,平衡含水量 X^* 由 0.073 降至 0.057,约减少 22%,但由于缺乏各种温度下平衡含水量的实验数据,因此只要在不太宽的温度变化范围内,一般可忽略温度对物料的平衡含水量的影响。

物料中超过 X^* 的那部分水分称为自由水分,这种水分可以用干燥方法除去。物料中平衡含水量与自由含水量的划分不仅与物料的性质有关,还与空气的状态有关。

二、结合水分与非结合水分

物料中的水分还可据其被脱除的难易,分为结合水和非结合水。物料中吸附的水分和孔隙中的水分为非结合水,它与物料为机械力结合,一般结合力较弱,非结合水产生的蒸气压等于同温度下纯水的饱和蒸气压,它的汽化与纯水表面的汽化相同,故极易用干燥方法除去。物料中细胞壁内的水分及小毛细管内的水分属于结合水,它与物料以化学力或物理化学力结合,结合力较强,其蒸气压低于同温度下纯水的饱和蒸气压,故较难以用干燥方法除去。

在恒定的温度下,物料的结合水与非结合水的划分,只取决于物料本身的特性,而与空气状态无关。

结合水与非结合水都难以用实验方法直接测得,但根据它们的特点,可将平衡曲线外延

与 $\varphi = 100\%$ 线相交而获得。图 $11-10$ 为在恒定温度下由实验测得的某种固体物料（丝）的平衡含水量 X^* 与空气相对湿度 φ 的关系曲线。若将该线延长，与 $\varphi = 100\%$ 线相交于点 B，相应的 $X_B^* = 0.24$ kg 水分/kg 绝干料，此时物料与空气达到平衡，即物料表面水汽的分压等于空气中的水汽分压，因为空气的相对湿度是 100%，因此也等于同温度下纯水的饱和蒸气压 p_s。对湿物料中的含水量大于 X_B^* 的水分，其产生的水汽分压均为 p_s，因此，高出 X_B^* 的水分称为非结合水。物料中小于 X_B^* 的水分所产生的水汽分压小于 p_s，因此为结合水。

物料的总水分，平衡水分与自由水分，非结合水分与结合水分之间的关系也示于图 $11-10$ 中。

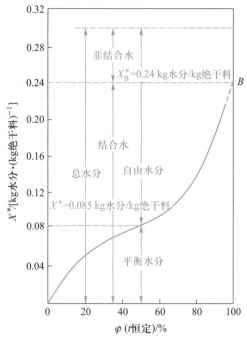

图 $11-10$　某种固体物料（丝）的平衡含水量 X^* 与空气相对湿度 φ 的关系曲线

11.3.2　恒定干燥条件下干燥时间的计算

干燥过程是复杂的传热、传质过程，通常根据空气状态的变化将干燥过程分为恒定干燥操作和非恒定（或变动）干燥操作两大类。恒定状态下的干燥操作（简称恒定干燥）是指干燥操作过程中空气的温度、湿度、流速及与物料的接触方式不发生变化。如用大量空气对少量物料进行间歇干燥便可视为恒定干燥。变动状态下的干燥操作（简称变动干燥）是指干燥操作过程中空气的状态是不断变化的。如在连续操作的干燥器内，沿干燥器的长度（或高度）空气的温度逐渐下降而湿度逐渐增高，就属于变动干燥。这里主要讨论恒定干燥，对变动干燥做简要介绍。

在干燥设备的设计中，需要知道达到一定的干燥要求，物料应在干燥器内停留的时间，然后据此计算干燥器的工艺尺寸。而干燥时间的确定取决于干燥速率。物料的性质、结构，热空气的状态、流速、与物料的接触方式，以及干燥器的结构等都会影响干燥速率，干燥速率通常通过间歇干燥实验来测定。

一、干燥实验和干燥曲线

实验中用大量的热空气与少量的湿物料接触，空气的温度、湿度、流速及流动方式都可认为恒定不变。

在实验进行过程中，每隔一段时间测定物料的质量变化及物料的表面温度 θ，直到物料的质量不再随时间变化，此时物料与空气达到平衡，物料中所含水分即为该干燥条件下的平衡水分。然后再将物料放到电烘箱内烘干到恒重为止（控制烘箱内的温度低于物料的分解温度），即得绝干物料的质量。

　　根据上述实验数据可分别绘出物料含水量 X 与干燥时间 τ 及物料表面温度 θ 与干燥时间 τ 的关系曲线，如图 11-11 所示，这两条曲线均称为干燥曲线。

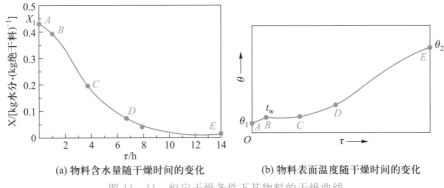

(a) 物料含水量随干燥时间的变化　　　(b) 物料表面温度随干燥时间的变化

图 11-11　恒定干燥条件下某物料的干燥曲线

　　从图 11-11 可看出，初始时，物料的含水量为 X_1，温度为 θ_1，对应于图中 A 点。干燥开始后，物料含水量及其表面温度均随时间而变化。在 AB 段内，物料含水量下降，表面温度升高，但变化都不大，$\mathrm{d}X/\mathrm{d}\tau$ 较小，AB 段称为预热段。预热段一般较短，到达 B 点时，物料表面温度升至 t_w，即空气状态的湿球温度。在其后的 BC 段中，X 与 τ 基本呈直线关系，$\mathrm{d}X/\mathrm{d}\tau$ 为常数，此阶段内，物料表面的温度维持 t_w 不变，空气传给物料的显热恰好等于水分从物料中汽化所需的潜热，这种平衡一直维持到 C 点，C 点之后，空气传给物料的热量仅有一部分用于汽化水分，另一部分被物料吸收，因此，进入 CD 段后，物料温度由 t_w 升高到 θ_2，该段斜率 $\mathrm{d}X/\mathrm{d}\tau$ 逐渐变小，直到物料中所含水分降至平衡含水量 X^*，$\mathrm{d}X/\mathrm{d}\tau$ 降为零，干燥过程结束。

　　应予注意，干燥实验的操作条件应与生产要求的条件相近似，使实验结果可以用于干燥器的设计与放大之中。

　　二、干燥速率曲线及干燥过程分析

　　干燥速率定义为单位时间内、单位干燥面积上汽化的水分质量，即

$$U=\frac{\mathrm{d}W'}{S\mathrm{d}\tau} \tag{11-32}$$

式中　　U——干燥速率，又称干燥通量，$\mathrm{kg/(m^2 \cdot s)}$；

　　　　S——干燥面积，$\mathrm{m^2}$；

　　　　W'——一批操作中汽化的水分质量，kg；

　　　　τ——干燥时间，s。

其中　　　　　　　　　　　　　　$\mathrm{d}W'=-G'\mathrm{d}X$　　　　　　　　　　　　　　(11-33)

式中　　G'——一批操作中绝干物料的质量，kg。

　　式(11-33)中的负号表示 X 随干燥时间的增加而减小。将式(11-33)代入式(11-32)中，得

$$U = -\frac{G'\mathrm{d}X}{S\mathrm{d}\tau} \qquad\qquad (11-34)$$

式(11-32)和式(11-34)是干燥速率的微分表达式。其中绝干物料的质量 G' 及干燥面积 S 可由实验测得,$\mathrm{d}X/\mathrm{d}\tau$ 可由图 11-11 所示的干燥曲线得到。因此,从图 11-11 所示的 $\mathrm{d}X/\mathrm{d}\tau$ 与 X 的关系曲线,可得图 11-12 所示的 U 与 X 的关系曲线。从图 11-12 中看出,干燥过程可明显地划分为两个阶段。ABC 段为干燥第一阶段,其中 AB 段为预热段,此段内干燥速率提高,物料温度升高,但变化都很小,预热段一般很短,通常并入 BC 段内一起考虑;BC 段内干燥速率保持恒定,基本上不随物料含水量而变,故称为恒速干燥阶段。干燥的第二段如图中 CDE 所示,称为降速干燥阶段。在此阶段内干燥速率随物料含水量的减少而降低,直

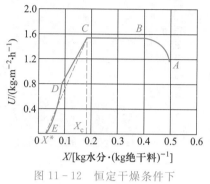

图 11-12   恒定干燥条件下
干燥速率曲线

至 E 点,物料的含水量等于平衡含水量 X^*,干燥速率降为零,干燥过程停止。两个干燥阶段之间的交点 C 称为临界点,与点 C 对应的物料含水量称为临界含水量,以 X_c 表示,点 C 为恒速段的终点,降速段的起点,其干燥速率仍等于恒速阶段的干燥速率,以 U_c 表示。

下面分别讨论恒速干燥阶段与降速干燥阶段中的干燥机理及影响因素。

1. 恒速干燥阶段

干燥过程中,湿物料内部的水分的汽化包括两个过程,即水分由湿物料内部向表面的传递过程和水分自物料表面汽化而进入气相的过程。在恒速干燥阶段,湿物料内部水分向表面传递的速率足够大,使物料表面始终维持充分润湿状态,从而维持恒定干燥速率。因此,恒速干燥阶段的干燥速率取决于物料表面水分的汽化速率,亦即取决于干燥条件,与物料内部水分的状态无关,所以恒速干燥阶段又称为表面汽化控制阶段。一般来说,此阶段汽化的水分为非结合水,与水从自由液面的汽化情况相同。

在恒定干燥条件下,恒速干燥阶段固体物料的表面充分润湿,其状况与湿球温度计的湿纱布表面的状况类似。物料表面的温度 θ 等于空气的湿球温度 t_w(假设湿物料受辐射传热的影响可忽略不计),物料表面的空气湿含量等于 t_w 下的饱和湿度 $H_{\mathrm{s},t_\mathrm{w}}$,且空气传给湿物料的显热恰好等于水分汽化所需的汽化热,即

$$\mathrm{d}Q' = r_{t_\mathrm{w}}\mathrm{d}W' \qquad\qquad (11-35)$$

式中 Q'——一批操作中恒速干燥阶段空气传给物料的热量,kJ。

其中空气与物料表面的对流传热速率为

$$\frac{\mathrm{d}Q'}{S\mathrm{d}\tau} = \alpha(t - t_\mathrm{w}) \qquad\qquad (11-36)$$

湿物料与空气的传质速率(即干燥速率)为

$$U = \frac{\mathrm{d}W'}{S\mathrm{d}\tau} = k_H(H_{s,t_w} - H) \tag{11-37}$$

将式(11-36)、式(11-37)代入式(11-35)中,并整理得

$$U = \frac{\mathrm{d}W'}{S\mathrm{d}\tau} = \frac{\mathrm{d}Q'}{r_{t_w}S\mathrm{d}\tau}$$

$$U = k_H(H_{s,t_w} - H) = \frac{\alpha}{r_{t_w}}(t - t_w) \tag{11-38}$$

由于干燥是在恒定的空气条件下进行的,故随空气条件而变的 α 和 k_H 值均保持恒定不变,而且$(t-t_w)$及$(H_{s,t_w} - H)$也为恒定值,因此,湿物料和空气间的传热速率及传质速率均保持不变,湿物料以恒定的速率 U 向空气中汽化水分。由式(11-38)看出,恒速干燥阶段的干燥速率 U 可通过对流传热系数 α 来计算。物料与干燥介质的接触方式对对流传热系数 α 的影响很大,下面给出几种情况下 α 的经验公式。

(1)空气平行流过静止物料层的表面

$$\alpha = 0.0204(L')^{0.8} \tag{11-39}$$

式中 α——对流传热系数,$\mathrm{W/(m^2 \cdot K)}$;

  L'——湿空气的质量流速,$\mathrm{kg/(m^2 \cdot h)}$。

式(11-39)的应用条件为 $L' = 2450 \sim 29300 \ \mathrm{kg/(m^2 \cdot h)}$,空气的平均温度 $45 \sim 150 \ ℃$。

(2)空气垂直流过静止物料层的表面

$$\alpha = 1.17(L')^{0.37} \tag{11-40}$$

式(11-40)的应用条件为 $L' = 3900 \sim 19500 \ \mathrm{kg/(m^2 \cdot h)}$。

(3)气体与运动着的颗粒间的传热

$$\alpha = \frac{\lambda_g}{d_p}\left[2 + 0.54\left(\frac{d_p u_t}{\nu_g}\right)^{0.5}\right] \tag{11-41}$$

式中 d_p——颗粒的平均直径,m;

  u_t——颗粒的沉降速率,m/s;

  λ_g——空气的导热系数,$\mathrm{W/(m \cdot K)}$;

  ν_g——空气的运动黏度,$\mathrm{m^2/s}$。

由上述经验公式计算出对流传热系数 α,再由式(11-38)求出的干燥速率是近似的。但通过分析以上关联式,可以看出影响恒速干燥阶段干燥速率的因素有空气温度、湿度及流速。空气的流速越大、温度越高、湿度越低,则干燥速率越快,但温度过高、湿度过低,可能会因干燥速率太快而引起物料变形、开裂或表面硬化。此外,空气流速太大,还会产生气流夹带现象。所以,应视具体情况选择适宜的操作条件。

2.降速干燥阶段

当湿物料中的含水量降到临界含水量 X_c 以后,干燥便转入降速干燥阶段。此时水

分自物料内部向表面迁移的速率小于物料表面水分汽化速率,物料表面不能维持充分润湿,部分表面变干,使得空气传给物料的热量无法全部用于汽化水分,有一部分用于加热物料,因此干燥速率逐渐减小,物料温度升高,当干燥过程进行到图 11－12 中的 D 点时,从点 D 开始,汽化面逐渐向物料内部移动,汽化所需的热量需通过已被干燥的固体层传递到汽化面,从物料中汽化出的水分也通过这层固体传递到空气主流中,这时干燥过程的传热、传质阻力增加,干燥速率比 CD 段下降得更快,直至到达 E 点,干燥速率降至零,物料含水量为该空气状态下的平衡水分。

降速干燥阶段的干燥速率曲线的形状随物料内部的结构而异。对某些多孔物料,降速干燥阶段曲线只有 CD 段;对某些无孔吸水性物料,干燥曲线没有等速干燥阶段,而降速干燥阶段只有类似 DE 段的曲线;也有些物料 DE 段的弯曲情况与图 11－12 中所示的相反。

根据以上分析,降速干燥阶段的干燥速率取决于物料本身结构、形状和堆积厚度,而与干燥介质的状态关系不大。故降速干燥阶段又称为物料内部迁移控制阶段。

3. 临界含水量

临界点是恒速干燥阶段和降速干燥阶段的分界点,是干燥过程的一个重要参数。临界含水量与物料的性质(结构、厚度等)、干燥介质的状态(温度、湿度和流速)和干燥器的结构有关。无孔吸水性物料的临界含水量比多孔物料的大;在一定的干燥条件下,物料层越厚,X_c 值越大;干燥介质温度高、湿度低时,X_c 值较大,因为恒速干燥阶段干燥速率大,可能使物料表面板结,较早地进入降速干燥阶段;对物料有翻动或搅动的干燥器内的干燥,X_c 值较小。

临界含水量 X_c 值越大,转入降速干燥阶段越早,对于相同的干燥任务所需的干燥时间就越长,对干燥过程来说是很不利的。因此,了解影响 X_c 的因素,就可以控制干燥操作,例如,减低物料层的厚度,加强对物料的搅拌,以减小 X_c,同时又可增大干燥面积。如采用气流干燥器或流化床干燥器时,X_c 值均较小。

湿物料的临界含水量通常由实验测定,或查询有关手册。表 11－1 列出了某些物料的临界含水量。

表 11－1　某些物料的临界含水量

有机物料		无机物料		临界含水量
特征	例子	特征	例子	$\dfrac{X_c}{\text{kg 水分/kg 绝干料}}$
很粗的纤维	未染过的羊毛	粗核无孔的物料,大至 50 目	石英	0.03～0.05
		晶体的、粒状的、孔隙较少的物料,粒度为 60～325 目	食盐、海砂、矿石	0.05～0.15
晶体的、粒状的、孔隙较少的物料	麸酸结晶	有孔的结晶物料	硝石、细沙、黏土、细泥	0.15～0.25

续表

有机物料		无机物料		临界含水量
特征	例子	特征	例子	$\dfrac{X_c}{\text{kg 水分/kg 绝干料}}$
粗纤维的细粉	粗毛线、醋酸纤维、印刷纸、碳素颜料	细沉淀物、无定形和胶体状物料、粗无机颜料	碳酸钙、细陶土、普鲁士蓝	0.25~0.5
细纤维的、无定形的和均匀状态的压紧物料	淀粉、纸浆、厚皮革	浆状、有机化合物的无机盐	碳酸钙、碳酸镁、二氧化钛、硬脂酸钙	0.5~1.0
分散的压紧物料、胶体状态和凝胶状态的物料	鞣制皮革、糊墙纸、动物胶	有机化合物的无机盐、触媒剂、吸附剂	硬脂酸锌、四氯化锡、硅胶、氢氧化铝	1.0~30.0

三、干燥时间的计算

1. 恒速干燥阶段

恒速干燥阶段的干燥时间可直接从图 11 - 11(a)中查得。对于没有干燥曲线的物系,可采用如下方法计算。

因恒速干燥阶段的干燥速率等于临界干燥速率,故式(11 - 34)可以改写为

$$\mathrm{d}\tau = -\frac{G'\mathrm{d}X}{U_c S} \tag{11-34a}$$

从 $\tau = 0$、$X = X_1$ 到 $\tau = \tau_1$、$X = X_c$ 积分式(11 - 34a)得

$$\int_0^{\tau_1} \mathrm{d}\tau = -\frac{G'}{U_c S}\int_{X_1}^{X_c}\mathrm{d}X$$

$$\tau_1 = \frac{G'}{U_c S}(X_1 - X_c) \tag{11-42}$$

式中　　τ_1——恒速阶段的干燥时间,s;

　　　　U_c——临界点处的干燥速率,kg/(m² · s);

　　　　X_1——物料的初始含水量,kg 水分/kg 绝干料;

　　　　X_c——物料的临界含水量,即恒速干燥阶段终了时的含水量,kg 水分/kg 绝干料;

　　　　G'/S——单位干燥面积上的绝干物料量,kg 绝干料/m²。

若缺乏 U_c 的数据,可将式(11 - 38)应用于临界点处,计算出 U_c,即

$$U_c = \frac{\alpha}{r_{t_w}}(t - t_w) \tag{11-38a}$$

式中　　t——恒定干燥条件下空气的平均温度,℃;

　　　　t_w——初始状态空气的湿球温度,℃。

对流传热系数 α 可依物料与干燥介质的接触方式不同,用式(11 - 39)~式(11 - 41)估算。

◆ 例 11 - 10　将 20 kg 湿物料放在长、宽各为 1.0 m 的浅盘里进行干燥。干燥介质为常压空气,空气平均温度为 55 ℃,湿度为 0.01 kg/kg 绝干气,空气以 5 m/s 的流速平行地吹过湿物料表面,假设干燥盘的底部及四周绝热良好。试求将该物料的含水量由 $X_1 = 0.40$ kg 水分/kg 绝干料干燥至 $X_2 = 0.20$ kg 水分/kg 绝干料所需的时间。假设干燥处于恒速干燥阶段。

解:温度为 55 ℃,湿度为 0.01 kg/kg 绝干气的湿空气的比体积可按式(11 - 4)计算:

$$v_H = (0.772 + 1.244H) \times \frac{273 + t}{273} \times \frac{1.013 \times 10^5}{p_{总}}$$

$$= \left[(0.772 + 1.244 \times 0.01) \times \frac{273 + 55}{273} \right] \text{m}^3 \text{ 湿空气/kg 绝干气}$$

$$= 0.9425 \text{ m}^3 \text{ 湿空气/kg 绝干气}$$

湿空气的密度

$$\rho = \frac{1 + H}{v_H} = \left(\frac{1 + 0.01}{0.9425} \right) \text{kg 湿空气/m}^3 \text{ 湿空气} = 1.072 \text{ kg 湿空气/m}^3 \text{ 湿空气}$$

湿空气的质量流速

$$L' = u\rho = (5 \times 1.072 \times 3600) \text{ kg/(m}^2 \cdot \text{h)} = 1.93 \times 10^4 \text{ kg/(m}^2 \cdot \text{h)}$$

所以　$\alpha = 0.0204(L')^{0.8} = [0.0204 \times (19300)^{0.8}] \text{ W/(m}^2 \cdot \text{℃)} = 54.71 \text{ W/(m}^2 \cdot \text{℃)}$

湿物料表面温度近似等于湿空气的湿球温度 t_w,根据 $t = 55$ ℃、$H = 0.01$ kg/kg 绝干气,由图 11 - 3 查得 $t_w = 26$ ℃。

查得 26 ℃时水的汽化热 $r_{t_w} = 2433.6$ kJ/kg,则恒速干燥阶段的干燥速率为

$$U_c = \frac{\alpha}{r_{t_w}} (t - t_w)$$

$$= \left[\frac{54.71}{2433.6 \times 10^3} \times (55 - 26) \right] \text{ kg/(m}^2 \cdot \text{s)} = 6.52 \times 10^{-4} \text{ kg/(m}^2 \cdot \text{s)}$$

$$= 2.35 \text{ kg/(m}^2 \cdot \text{h)}$$

$$G' = \frac{G_1}{1 + X_1} = \left(\frac{20}{1 + 0.4} \right) \text{kg 绝干料} = 14.29 \text{ kg 绝干料}$$

由式(11 - 42)知所需干燥时间为

$$\tau_1 = \frac{G'(X_1 - X_2)}{SU_c} = \left[\frac{14.29 \times (0.4 - 0.2)}{1 \times 1 \times 6.52 \times 10^{-4}} \right] \text{s} = 4383 \text{ s} = 1.22 \text{ h}$$

2. 降速干燥阶段

降速干燥阶段的干燥时间仍可采用式(11 - 34)计算,先将该式改为

$$d\tau = -\frac{G' dX}{US} \tag{11 - 34b}$$

从 $\tau=0$、$X=X_c$ 到 $\tau=\tau_2$、$X=X_2$ 积分式(11-34b)得

$$\int_0^{\tau_2}\mathrm{d}\tau=-\frac{G'}{S}\int_{X_c}^{X_2}\frac{\mathrm{d}X}{U} \tag{11-43}$$

式中　　τ_2——降速干燥阶段的干燥时间,s;

　　　　U——降速干燥阶段的瞬时干燥速率,$\mathrm{kg/(m^2 \cdot s)}$;

　　　　X_2——降速干燥阶段终了时物料的含水量,kg 水分/kg 绝干料。

计算式(11-43)中的积分项需要 U 与 X 的关系。若有 U 与 X 的函数关系式,则可代入式(11-43)直接积分求解。

若 U 随 X 呈线性变化,如图 11-13 所示,则根据降速干燥阶段干燥速率曲线过 (X_c,U_c)、$(X^*,0)$ 两点,可确定其方程为

$$U=k_X(X-X^*) \tag{11-44}$$

式中　　k_X——降速干燥阶段干燥速率线的斜率,

$$k_X=\frac{U_c}{X_c-X^*},\mathrm{kg\ 绝干料/(m^2 \cdot s)}。$$

将式(11-44)代入式(11-43)得

$$\int_0^{\tau_2}\mathrm{d}\tau=\frac{G'}{S}\int_{X_2}^{X_c}\frac{\mathrm{d}X}{k_X(X-X^*)}$$

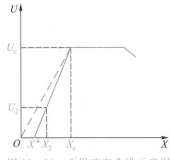

图 11-13　干燥速率曲线示意图

积分上式得

$$\tau_2=\frac{G'}{Sk_X}\ln\frac{X_c-X^*}{X_2-X^*} \tag{11-45}$$

或

$$\tau_2=\frac{G'}{S}\frac{X_c-X^*}{U_c}\ln\frac{X_c-X^*}{X_2-X^*} \tag{11-45a}$$

当平衡含水量 X^* 非常低,或缺乏 X^* 的数据时,可忽略 X^*,即认为降速干燥阶段干燥速率线为通过原点的直线,如图 11-13 中的蓝色虚线所示。$X^*=0$ 时,式(11-44)及式(11-45a)变为

$$U=k_X X \tag{11-46}$$

$$\tau_2=\frac{G'}{S}\frac{X_c}{U_c}\ln\frac{X_c}{X_2} \tag{11-47}$$

◆ 例 11-11　对某固体物料在恒定干燥条件下进行间歇干燥。空气水平吹过物料表面,每个生产周期处理湿物料 1150 kg,干燥总面积为 50 $\mathrm{m^2}$。已知恒速干燥阶段的干燥速率为 3.06×10^{-4} kg 水分/$(\mathrm{m^2 \cdot s})$,试估算将此物料从含水量 0.15 kg 水分/kg 绝干料干燥至 0.005 kg 水分/kg 绝干料所需的时间。已知物料的临界含水量为 0.125 kg水分/kg 绝干料,平衡含水量近似为零,降速干燥阶段干燥速率曲线是直线。

解:由于物料的最终含水量 0.005 kg 水分/kg 绝干料小于临界含水量 $X_c=$ 0.125 kg 水分/kg 绝干料,所以干燥过程包括恒速干燥阶段和降速干燥阶段。

绝干物料量 $G' = \dfrac{G_1}{1+X_1} = \left(\dfrac{1150}{1+0.15}\right)$ kg 绝干料 $= 1000$ kg 绝干料

恒速干燥阶段：

$$\tau_1 = \dfrac{G'}{U_c S}(X_1 - X_c) = \left[\dfrac{1000}{3.06\times10^{-4}\times50}(0.15-0.125)\right] \text{ s} = 1.63\times10^3 \text{ s} = 0.453 \text{ h}$$

降速干燥阶段：

因为 U 随 X 呈线性变化,且 $X^* = 0$,所以可用式(11-47)计算。

将 $X_c = 0.125$ kg 水分/kg 绝干料,$X_2 = 0.005$ kg 水分/kg 绝干料代入式(11-47)得

$$\tau_2 = \dfrac{G'}{S}\dfrac{X_c}{U_c}\ln\dfrac{X_c}{X_2} = \left(\dfrac{1000}{50}\times\dfrac{0.125}{3.06\times10^{-4}}\ln\dfrac{0.125}{0.005}\right) \text{ s} = 2.6298\times10^4 \text{ s} = 7.305 \text{ h}$$

$$\tau = \tau_1 + \tau_2 = (0.453+7.305) \text{ h} = 7.758 \text{ h}$$

11.3.3 变动条件下的干燥过程

图 11-14 所示的是一连续逆流干燥器中空气或湿物料的温度分布情况。假设湿空气状态参数沿等 I 线变化。物料进入干燥器先被预热,预热段很短,当物料温度被提高到空气初始状态的湿球温度 t_w 后,即转入干燥第一阶段,此段内空气绝热降温增湿,沿等 I 线变化,而物料表面温度几乎恒定,维持空气初始状态的湿球温度 t_w。在此阶段中,干燥速率由物料表面水分汽化速率控制,汽化出的为非结合水,但由于空气状态是变化的,所以,干燥速率并不恒定。到达临界点(临界点处物料含水量为 X_c,相应的空气温度为 t_c,湿度为 H_c)后转入干燥第二阶段,干燥第二阶段中,干燥速率为水分在物料内部迁移速率控制,到达干燥器出口处,物料温度上升到 θ_2,含水量下降到 X_2。

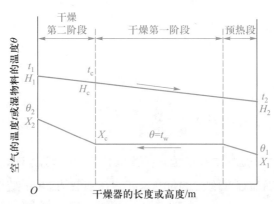

图 11-14   一连续逆流干燥器中空气或湿物料温度分布情况

在连续干燥器中,无论空气与物料的接触方式是并流、逆流还是错流,空气的状态都是沿干燥器的长度或高度变化的,并不恒定,对这种变动干燥条件下的操作,干燥时间的计算仍以式(11-34)为基础,只是由于空气的状态是沿程变化的,积分计算要复杂得多,具体过程可参阅有关专著。

11.4　真空冷冻干燥

11.4.1　真空冷冻干燥原理

真空冷冻干燥也叫升华干燥，或简称冷冻干燥、冻干（freeze-drying）。它是利用升华的原理使物料脱水的一种干燥技术。物料经快速冻结后，在真空（低于水的三相点压力）环境下加热，使其中的水分从固态的冰直接升华成水蒸气逸出，不断移走水蒸气，从而使物料脱水干燥。冷冻干燥得到的产物称为冻干物。

冷冻干燥技术是在第二次世界大战期间，因大量需要血浆和青霉素而发展起来的。现在除了应用于化学、食品和医药工业外，还被用于制备纳米级的粉体材料、催化剂和陶瓷超导材料等。

冷冻干燥具有以下特点：

（1）物料的干燥在冷冻状态下进行，物料中的水分由冰直接升华为水蒸气被移除，因此物料的物理结构和化学结构变化很小，可以最大限度地保留物料原有的色、香、味及营养成分。

（2）冷冻干燥在低温下进行，因此对于许多热敏性的物质特别适用，如蛋白质、微生物等不会发生变性或失去生物活性，因此在医药上得到广泛的应用。

（3）干燥过程在低温下进行，微生物的生长和酶的作用被抑制；在真空下进行，氧气极少，使易氧化的物料得到了保护，因此能保持物料原来的性能。

（4）干燥后的成品不会产生收缩，在显微镜下呈疏松多孔的海绵状，细胞在释放水分后，保留了营养纤维和固状物，物料的构造被完好保存，使其加水后能迅速水化，几乎立即恢复原来的性状，因此冷冻干燥比其他干燥方法生产的食品更接近新鲜食品的风味。

（5）干燥后排除了物料中 $95\%\sim99\%$ 以上的水分，进行充氮或真空包装后，产品能在常温下长期保存，不需要任何防腐剂。冷冻干燥加工使物料浓缩，质量减轻，更易于携带和运输。

（6）与其他干燥方法相比，冷冻干燥耗时、耗能，成本较高，但随着冷冻干燥技术日益完善，冻干产品的成本会逐渐降低。冻干产品因其高质量和高附加值被人们所接受。

11.4.2　冷冻干燥过程

对冻干物的质量要求通常是：生物活性不变、外观色泽均匀、形态饱满、结构牢固、溶解速度快、残余水分低。要获得高质量的产品，应对冷冻干燥的理论和工艺有一个比较全面的了解。冷冻干燥一般分为预冻、升华、解析三个主要过程，其中升华和解析过程是在真空条件下进行的。合理、有效地缩短冷冻干燥的周期在工业生产上具有明显的经济价值。

一、预冻

预冻是指干燥前将物料进行冻结。可采用的冷冻方法有高速冷空气接触法、液氮喷淋法等。预冻的目的也是固定物料,为接下来的升华过程准备样品。如果预冻温度不够低,物料没有冻实,在真空下残存的液体不仅会迅速蒸发,造成液体的浓缩使冻干产品的体积缩小,而且溶解在液体中的气体在真空下会迅速冒出来,造成像液体沸腾的样子,使冻干产品鼓泡,破坏产品的形状。如果预冻温度过低,则不仅浪费了能源和时间,而且对某些物料来说,还会降低其存活率。因此,必须掌握合适的预冻温度。

溶液的结冰过程与纯液体不一样,它不是在某一固定温度完全凝结成固体,而是在某一温度时,晶体开始析出,随着温度的下降,晶体的数量不断增加,直到最后,溶液才全部凝结。溶液是在某一温度范围内凝结,当冷却时开始析出晶体的温度称为溶液的冰点。而溶液全部凝结的温度称为溶液的凝固点。因为凝固点就是融化的开始点(即熔点),对于溶液来说也就是溶质和溶剂共同熔化的点,所以又称共熔点。共熔点才是溶液真正全部凝成固体的温度。为此冻干物料在升华开始时必须要冷到共熔点温度以下,才能使其全部冻实。

显然共熔点的确定对于冷冻干燥过程是非常重要的。在冻结过程中,物料内部的结构是逐渐变化的,无法从观察外表来确定产品是否完全冻结成固体;也无法靠测量温度来确定物料内部的结构状态。但通过电阻的测量能使我们知道冻结是在进行之中的,还是已经完成了的。因为溶液靠离子导电,导电溶液的电阻随温度降低而增大,当达到共熔点温度时,溶液全部冻结,使离子不能运动,离子导电的突然停止将使电阻有一突跃的增大。因此在降温过程中,如果同时测量温度和电阻的变化,则电阻发生突然增大时的温度即为产品的共熔点。反之,对已冻结的物料进行加热,当温度上升到共熔点时,冻结物料开始熔化,离子导电又重新恢复,原来很大的电阻会有一个突然的减小。因此通过测量物料的电阻将能确定产品的共熔点。

另外,冷冻速率的快慢会影响到细胞的存活率及所形成的晶体大小,进而影响后续升华干燥的速率、干燥后产品的物理性状和溶解速率。溶液慢冻时(每分钟降温 1 ℃),形成的冰晶肉眼可见;相反,速冻时(每分钟降温 10~50 ℃),冰晶保持在显微镜下可见的大小。大的冰晶容易升华,升华后留下较大的空隙,可以提高冻干的效率;小的冰晶升华后留下的空隙较小,使下层升华受阻,因此不利于升华。但大的冰晶溶解速率慢,小的冰晶溶解速率快,速冻后的成品颗粒细腻,外观均匀,比表面积大,多孔结构好,溶解速率快,较好地保留了产品的原来结构。因此,需要确定一个最优的冷却速率。

综上所述,预冻之前应确定三个数据。其一是预冻的速率,应根据产品测定出一个最优冷冻速率。其二是预冻的最低温度,应根据物料的共熔点来决定,预冻的最低温度应低于共熔点的温度。其三是预冻的时间,根据冷冻设备的情况来决定,保证抽真空之前所有物料均已冻实,不致因抽真空而冒出瓶外。干燥箱的每一层之间和每一层的各部分之间的温度差越小,则预冻的时间越短,一般物料的温度达到预冻最低温度之后 1~2 h

即可开始抽真空升华。

二、升华干燥

升华干燥过程是使冻结物料中的冰升华为水蒸气,以使物料脱水。升华干燥阶段也称为第一阶段干燥。

根据水的相图,水的三相点所对应的温度为 0.01 ℃,水蒸气压力为 610.5 Pa。当蒸气压大于 610.5 Pa 时,冰只能先融化为水,然后再由水转化为水蒸气;只有当蒸气压小于 610.5 Pa 时,冰才有可能直接升华为水蒸气。因此操作中必须保持冻结物料周围的水蒸气分压低于三相点压力。

与其他干燥方法相同,要维持升华干燥不断进行,需满足两个条件,即不断供给升华所需的热量和不断移除生成的水蒸气。因此升华干燥过程也是一个传热、传质同时进行的过程。传热推动力为热源与升华界面之间的温度差,而传质推动力为升华界面与蒸汽冷凝器(或冷阱)之间的蒸汽分压差。

在整个升华干燥过程中,必须加热物料,以提供升华所需的热量。但如果供热量大于升华所需的热量,多余的热量将会导致物料温度上升,因此对物料的加热量是有限制的,不能使物料的温度超过其自身共熔点温度。升华物料的温度如果低于共熔点温度过多,则升华的速率慢,升华阶段的时间会延长;如果高于共熔点温度,则产品会发生熔化,干燥后的产品将发生体积缩小,出现气泡、颜色加深、溶解困难等现象。因此升华阶段产品的温度要求接近共熔点温度,但又不能超过共熔点温度。

升华过程中物料内的冰升华为水蒸气,水蒸气先由升华界面扩散至物料表面,再由物料表面向外扩散,产生的水蒸气须尽快移除,可采用的方法有冷凝、泵吸或用干燥剂吸收。工业上通常用水蒸气冷凝器,真空泵与冷凝器相连,抽去水蒸气中夹带的不凝气,维持干燥箱内的低蒸汽分压。但干燥箱内的压力并不是越低越好,而是要控制在一定的范围之内。压力低虽然对物料内冰的升华有利,但压力太低时对传热不利,物料不易获得热量,升华速率反而降低。实验表明:当干燥箱的压力低于 10 Pa 时,气体的对流传热小到可以忽略不计;而当压力高于 10 Pa 时,气体的对流传热就明显增加。因此在同样的板层温度下,压力高于 10 Pa 时,物料容易获得热量,因而升华速率较快。但当压力太高时,传质推动力降低,物料内冰升华所需的热量减少使物料自身的温度上升,当高于其共熔点温度时,物料将发生熔化,造成冻干失败。

在升华干燥阶段,物料的温度除了不能超过其共熔点温度以外,还不能超过崩溃温度。升华干燥首先从物料表面开始,物料中的冰晶消失以后,剩余的固体物料呈多孔蜂窝状海绵体结构,随着干燥过程的进行,物料中已干燥部分和原来冻结部分的交界面会不断下移,下层物料中升华的水蒸气必须穿过上层的多孔蜂窝状海绵体结构,才能扩散到空间中。但干燥后物料的这种多孔状结构的稳定性与温度有关,当温度达到某一临界值时,固体基质的刚性不足以维持蜂窝状结构,发生类似崩溃的现象,使物料失去疏松多孔的性质,变得有些发黏,密度增加,颜色加深。发生这种变化的温度就称为崩溃温度或塌陷温度。崩溃之后,蒸汽扩散通道被阻塞,于是升华速率减慢,物料吸收热量减少,由板层继续供给的热量就有多余,将会造成物料温度上升,发生熔化发泡现象。崩溃温度与物料的种类和性质有关,可由实验测定,还可以通过使用保护剂,提高物料的崩溃温度。

升华干燥阶段时间的长短与下列因素有关:

(1)物料的种类 有些物料容易干燥,有些物料不容易干燥。一般来说,共熔点温度较高的物料容易干燥,升华的时间短些。

(2)物料的分装厚度 正常的干燥速率大约会使物料的干燥界面每小时下降1 mm的厚度。因此分装厚度大,升华时间也长。

(3)升华时提供的热量 升华时若提供的热量不足,则会减慢升华速率,延长升华阶段的时间。当然供热量也不能过多。

(4)冻干机本身的性能 这包括冻干机的真空性能、冷凝器的温度和效能,甚至机器构造的几何形状等。性能良好的冻干机使升华阶段的时间较短。

三、解析干燥

当肉眼看不到物料内的冰晶时,升华干燥阶段即告结束,此时物料中的非结合水基本已全部除去,但物料内还存有10%左右的水分。为了使产品的含水量达到标准,需对物料进行进一步干燥,这时的干燥称为解析干燥,或第二阶段干燥。

由于此时物料内残余的水分多为结合水,其产生的蒸气压低于同温度下纯水的饱和蒸气压,不易被除去,使干燥速率明显下降。所以解析干燥阶段需要比升华干燥阶段高得多的温度来完成。在解析干燥阶段,通常使物料的温度迅速上升到该物料的最高允许温度,并使该温度一直维持到冻干结束为止。虽然提高物料温度可促进残余水分的汽化和缩短解析干燥的时间,但若超过某极限温度,会使产品变质或生物活性急剧下降。保证物料安全的最高干燥温度由物料性质决定,可由实验来确定,如病毒性产品为25 ℃,细菌性产品为30 ℃,血清、抗生素等为40 ℃。由于物料内残余水分少又不易汽化,使得解析干燥阶段的干燥时间与大量升华阶段的时间几乎相等,有时甚至还会更长。

解析干燥阶段时间的长短取决于下列因素:

(1)物料的种类 物料不同,干燥的难易不同;同时,物料不同,最高允许温度也不同。最高允许温度较高的物料,时间可相应短些。

(2)残余水分的含量 残余水分含量要求低的物料,干燥时间较长。物料的残余水分的含量应有利于该物料的长期存放,太高太低均不好,应根据试验来确定。

(3)冻干机的性能 在解析干燥阶段后期能达到的真空度高,冷凝器的温度低的冻干机,其解析干燥阶段的时间可短些。

最后,冷冻干燥是否可以结束是这样来确定的:物料温度已达到最高允许温度,并在这个温度保持2 h以上的时间;关闭干燥箱和冷凝器之间的阀门,注意观察干燥箱的压力升高情况(这时关闭的时间应长些,30~60 s),如果干燥箱内的压力没有明显的升高,则说明干燥已基本完成,可以结束冷冻干燥,如果压力有明显升高,则说明还有水分逸出,要延长时间继续进行干燥,直到关闭干燥箱与冷凝器之间的阀门之后压力无明显上升为止。

11.4.3　冻干程序与冻干曲线

冷冻干燥的程序是这样的:在冻干之前,把需要冻干的产品分装在合适的容器内,一般是玻璃瓶或安瓿,装量要均匀,蒸发表面尽量大而厚度尽量薄些;然后放入与冻干箱尺寸相适应的金属盘内。装箱之前,先将冻干箱进行空箱降温,然后将产品放入冻干箱内进行预冻,抽真空之前要根据冷凝器冷冻机的降温速率提前使冷凝器工作,抽真空时冷凝器应达到−40 ℃左右的温度,待真空度达到一定数值后,即可对箱内产品进行加热。一般加热分两步进行,第一步加温不使产品的温度超过共熔点的温度;待产品内水分基本干后进行第二步加温,这时可迅速地使产品上升到规定的最高允许温度。在最高允许温度保持数小时后,即可结束冻干。

整个冷冻干燥的时间为 12～24 h,与产品在每瓶内的装量,总装量,玻璃容器的形状、规格,产品的种类,冻干曲线及冻干机的性能等有关。

冻干结束后,要放干燥无菌的空气进入干燥箱,然后尽快地进行加塞封口,以防重新吸收空气中的水分。

在冷冻干燥过程中,把产品和板层的温度、冷凝器温度和真空度对照时间绘成曲线,称为冻干曲线。一般以温度为纵坐标,时间为横坐标。冻干操作时依照冻干曲线控制温度,冷冻干燥不同的产品应采用不同的冻干曲线。同一产品使用不同的冻干曲线时,产品的质量也不相同,冻干曲线还与冻干机的性能有关。因此不同的产品、不同的冻干机都应采用不同的冻干曲线。

11.5　干　燥　器

演示文稿

干燥器在化工、食品、造纸和医药等许多行业都有广泛应用,由于各行业所要干燥物料的形状、性质、生产规模差异很大,对产品的要求也不尽相同,因此,所采用的干燥方法和干燥器的型式也是多种多样的。通常对干燥器的主要要求包括:

(1)保证干燥产品的质量要求　除了保证干燥产品含水量的要求外,还应保证外观形状的要求,以及在干燥过程中不会变质。

(2)生产能力高,经济性好　干燥速率快、时间短,可提高生产能力或减小设备尺径;提高干燥器的热效率、降低能耗,是提高经济性的主要途径,同时,还应考虑干燥器的辅助设备的规格和成本。

(3)操作控制方便,劳动条件好。

干燥器可有多种不同的分类方式,表 11-2 所示是常见的按加热方式分类的干燥器。本节简单介绍几种常用的干燥器。

表 11 - 2　常见的按加热方式分类的干燥器

类型	干燥器
对流干燥器	厢式干燥器、转筒干燥器、气流干燥器、流化床干燥器、喷雾干燥器
传导干燥器	滚筒干燥器、真空盘架式干燥器、真空冷冻干燥器
辐射干燥器	红外线干燥器
介电加热干燥器	微波干燥器

11.5.1　干燥器的主要型式

一、厢式干燥器（盘式干燥器）

厢式干燥器又称盘式干燥器,是常压间歇操作的最古老的干燥设备之一。小型的称为烘箱,大型的称为烘房。按气流的通过方式的不同,其又可分为并流式和穿流式。若被干燥的物料是热敏性的物料,或高温下易燃、易爆的危险性物料,或物料中的湿分在大气压下难以汽化,厢式干燥器还可在真空下操作,称为厢式真空干燥器。图 11 - 15 所示是穿流式(厢式)干燥器的基本结构,物料铺在多孔的浅盘(或网)上,气流垂直穿过物料层,两层物料之间有倾斜的挡板,从一层物料中吹出的湿空气被挡住而不致再吹入另一层。空气通过小孔的速率为 0.3～1.2 m/s。穿流式干燥器适用于通气性好的颗粒状物料,其干燥速率通常为并流时干燥速率的 8～10 倍。干燥器内的浅盘可放在能够移动的小车上,以方便物料的装卸,减轻劳动强度。若需干燥大量物料,可将厢式干燥器连续操作。如在干燥器内铺设铁轨,让载有物料的小车连续通过,或者通过输送带输送物料等,使得物料连续进、出干燥器。

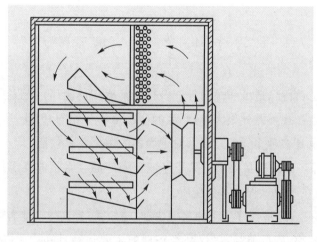

图 11 - 15　穿流式(厢式)干燥器

厢式干燥器的优点是结构简单,设备投资少,适应性强;缺点是劳动强度大,装卸物料热损失大,产品质量不易均匀。厢式干燥器一般应用于少量、多品种物料的干燥,尤其适合作为实验室的干燥装置。

二、转筒干燥器

转筒干燥器的主体为一略微倾斜的旋转圆筒,如图 11-16 所示。湿物料从转筒较高的一端进入,随着转筒的旋转,物料在重力作用下流向较低的一端。转筒内壁上装有若干块抄板,随着转筒的旋转,抄板将物料抄起后再撒下,以增大干燥表面积,提高干燥速率,同时还促使物料向前运行,转筒每旋转一周,物料前进的距离等于其落下的高度乘以转筒的倾斜率。抄板的型式多种多样,如图 11-17 所示,有的转筒前半部分用结构较简单的抄板,后半部分用结构较复杂的抄板。热空气与湿物料可直接逆流(图 11-16)或并流接触加热,也可间接接触加热,如采用烟道气作为加热介质时,为避免烟道气污染物料,可将转筒外壁做成夹套式,烟道气在夹套内通过,热量经壁面传给湿物料。

动画
转筒
干燥器

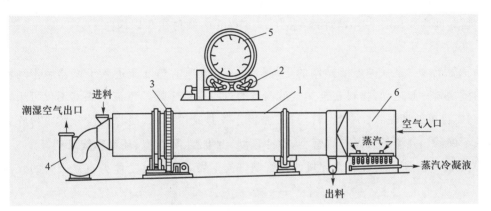

1—转筒;2—支架;3—驱动齿轮;4—风机;5—抄板;6—蒸汽加热器

图 11-16 热空气直接加热的逆流操作转筒干燥器

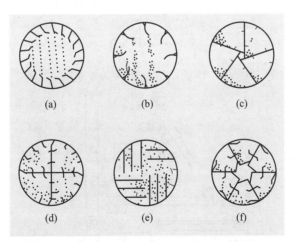

(a)最普遍使用的形式,利用抄板将颗粒状物料扬起,而后自由落下;(b)弧形抄板没有死角,适用于容易黏附的物料;(c)将转筒的截面分割成几个部分,每回转一次可形成几个下泄物料流,物料约占转筒容积的 15%;(d)物料与热风之间的接触比图(c)更好;(e)适用于易破碎的脆性物料,物料占转筒容积的 25%;(f)为图(c)、图(d)结构的进一步改进,适用于大型装置

图 11-17 抄板

为了减少粉尘的飞扬,气体在干燥器内的速率不宜过高,对粒径为 1 mm 左右的物料,气速为 0.3～1.0 m/s;对粒径为 5 mm 左右的物料,气速在 3 m/s 以下,有时为防止转筒中粉尘外流,可采用真空操作。转筒干燥器的体积传热系数较低,为 0.2～0.5 kW/(m³·℃)。

转筒干燥器的优点是机械化程度高,生产能力大,流动阻力小,容易控制,产品质量均匀。此外,转筒干燥器对物料的适应性较强,不仅仅适用于处理散粒状物料。当处理黏性膏状物料或含水量较高的物料时,可于其中掺入部分干料以降低物料黏性,或在转筒外壁安装敲打器械以防止物料粘壁。转筒干燥器的缺点是设备笨重,金属材料耗量多,热效率低(30%～50%),结构复杂,占地面积大,传动部件复杂,维修工作量大等。目前国内采用的转筒干燥器直径为 0.6～2.5 m,长度为 2～27 m;处理物料的含水量为 3%～50%,产品含水量可降到 0.5%,甚至低到 0.1%(均为湿基含水量)。物料在转筒内的停留时间为 5 min～2 h,转筒转速为 1～8 r/min,倾角在 8°以内。

三、气流干燥器

气流干燥器是一种连续操作的干燥器。一定流速的热气流进入干燥器后带动粉粒状的湿物料一起运动,物料在被热气流输送的过程中被干燥。气流干燥器不仅可干燥粉粒物料,也可处理泥状、块状物料,只需加装分散器或粉碎机,使物料被分散或粉碎后再进入干燥器。气流干燥器有直管型、脉冲管型、倒锥型、套管型、环型和旋风型等。

图 11-18 所示为装有粉碎机的直管型气流干燥装置。其主体为直立圆管的气流干

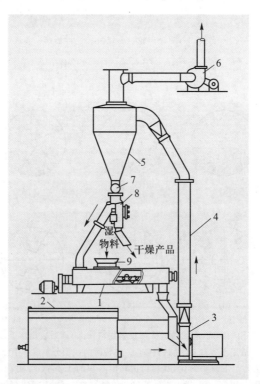

1—螺旋桨式输送混合器;2—燃烧炉;3—粉碎机;4—气流干燥器;5—旋风分离器;
6—风机;7—星式加料器;8—分配器;9—加料斗

图 11-18 装有粉碎机的直管型气流干燥装置流程图

燥器 4,湿物料由加料斗 9 加入螺旋桨式输送混合器 1 中,与一定量的干燥物料混合后进入粉碎机 3。从燃烧炉 2 来的加热介质(热空气、烟道气等)也同时进入。粉粒状的固体物料被高速运动的热气流吹散,并随气流一起运动。热气流与物料间进行传热和传质,使物料得以干燥,干燥后物料随气流进入旋风分离器 5 经分离后由底部排出,再通过分配器 8,部分排出作为产品,部分送入螺旋桨式输送混合器 3 供循环使用。废气经风机 6 放空。

由气流干燥实验知,当湿物料进入干燥管的瞬间,物料上升速率 u_m 为零,假设气速为 u_g,则气流和颗粒间的相对速率 u_o($u_o = u_g - u_m$)为最大;当物料被气流吹动后即不断地被加速,上升速率由零升到某个值 u_m,而气、固间的相对速率逐渐降低,直到气体与颗粒间的相对速率 u_o 等于颗粒在气流中的沉降速率 u_t 时,即 $u_t = u_o = u_g - u_m$,颗粒将不再被加速而维持恒速上升,因此,颗粒在干燥器中的运动情况可分为加速运动段和恒速运动段。通常加速运动段在加料口之上 1~3 m 内完成。由于加速段内气体与颗粒间相对速率大,因而对流传热系数也大。同时,在干燥管底部颗粒最密集,即单位体积干燥器中具有的传热面积也大,所以加速运动段中的体积传热系数较恒速运动段中的大。另外,干燥管底部气、固间的温度差最大,所以通常在加料口以上 1 m 左右的干燥管内,干燥速率最快,在此段内由气体传给物料的热量占整个干燥管中传热量的 1/2~3/4。图 11-19 为气流干燥器的体积传热系数 α_a 随干燥管高度 Z 的变化关系,数据是在高为 14 m 的气流干燥器中用 30~40 m/s 的气速对粒径在 100 μm 以下的聚氯乙烯颗粒进行干燥时测得的。由图可见,α_a 随 Z 增高而降低,在干燥管底部 α_a 最大。所

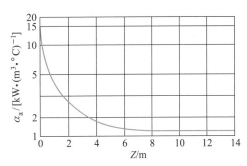

图 11-19 气流干燥器的 α_a 随 Z 的变化关系

以,欲提高气流干燥器的干燥速率和降低干燥管的高度,应发挥干燥管底部加速运动段的作用,以及增加气体和颗粒间的相对速率。根据这种论点已提出许多改进的措施,最常用的方法是采用脉冲管,即将等径干燥管底部接上一段或几段变径管,使气流和颗粒的速度处于不断改变的状态,从而产生与加速运动段相似的作用。

气流干燥器具有以下特点:

(1) 干燥强度大 由于气流的速率可高达 20~40 m/s,物料又悬浮于气流中,因此气、固间的接触面积大,强化了传热和传质过程。对粒径 50 μm 以下的颗粒,可均匀干燥至含水量相当低。

(2) 干燥时间短 物料在干燥器内只停留 0.5~2 s,最多也不会超过 5 s,故即使干燥介质温度较高,物料温度也不会升得太高,因此适用于热敏性、易氧化物料的干燥。

(3) 产品磨损较大 干燥管内气速较高,物料在运动过程中相互摩擦并与壁面碰撞,对物料有破碎作用,因此气流干燥器不适于干燥易粉碎的物料。

（4）对除尘设备要求严,系统的流动阻力较大。

（5）设备结构简单,占地面积小　这种含固体物料的气流的性质类似于"液体",所以运输方便、操作稳定、成品质量均匀,但对所处理物料的粒度有一定的限制。

四、流化床干燥器（沸腾床干燥器）

流化床干燥器又称沸腾床干燥器,是利用流态化技术干燥湿物料的干燥器。流化床干燥器种类很多,大致可分为以下几种:单层流化床干燥器、多层流化床干燥器、卧式多室流化床干燥器、脉冲流化床干燥器、旋转快速干燥器、振动流化床干燥器、离心流化床干燥器和内热式流化床干燥器等。

动画
流化床
干燥器

图 11-20 为单层圆筒流化床干燥器。待干燥的颗粒物料放置在分布板上,热空气由底部送入,通过多孔板使其均匀地分布并与物料接触。气速控制在临界流化速率和带出速率之间,保证颗粒床层处于流化状态,其间气、固间进行传热和传质,气体温度下降,湿度增大,物料含水量减少,被干燥。最终在干燥器底部得到干燥产品,热气体则由干燥器顶部排出,经旋风分离器回收细小颗粒后放空。当静止物料层的高度为 $0.05\sim0.15$ m 时,对于粒径大于 0.5 mm 的物料,适宜的气速可取为 $(0.4\sim0.8)u_t$（u_t 为颗粒的沉降速率）;对于较小的粒径,因颗粒在床内可能结块,采用上述的气速范围稍有些小,适宜的操作气速需由实验确定。

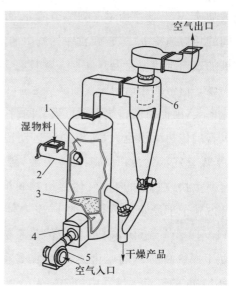

1—流化室;2—进料器;3—分布板;4—加热器;
5—风机;6—旋风分离器

图 11-20　单层圆筒流化床干燥器

流化床干燥器的特点:

（1）流化干燥与气流干燥一样,具有较高的传热和传质速率,因此在流化床中,颗粒浓度很高,单位体积干燥器的传热面积很大,所以体积传热系数可高达 $2300\sim7000$ W/(m³·℃)。

（2）物料在干燥器中的停留时间可自由调节,由出料口控制,因此可以得到含水量很低的产品。当物料干燥过程存在降速阶段时,采用流化床干燥较为有利。另外,当干燥大颗粒物料,不适于采用气流干燥器时,若采用流化床干燥器,则可通过调节风速来完成干燥操作。

（3）流化床干燥器结构简单,造价低,活动部件少,操作维修方便。与气流干燥器相比,流化床干燥器的流动阻力较小,对物料的磨损较轻,气固分离较易,热效率较高(对非结合水的干燥为 60%~80%,对结合水的干燥为 30%~50%)。

（4）流化床干燥器仅适用于处理粒径为 30 μm~6 mm 的粉粒状物料,粒径过小时气体通过分布板后易产生局部沟流,且颗粒易被夹带;粒径过大时流化需要较高的气速,从而使流动阻力加大、磨损严重,经济上不合算。流化床干燥器处理粉粒状物料时,要求物料含水量为 2%～5%,对颗粒状物料则含水量可为 10%～15%,超出此范围,物料的流动性就差。若在湿物料中加入部分干料或在器内加搅拌器,则有利于物料的流化并可防止结块。

（5）流化床中存在返混或短路,颗粒的停留时间不均匀,可能有一部分物料未经充分干燥就离开干燥器,而另一部分物料又会因停留时间过长而产生过度干燥现象。因此单层流化床干燥器仅适用于易干燥、处理量较大而对干燥产品的要求不太高的场合。

对于干燥要求较高或所需干燥时间较长的物料,一般可采用多层（或多室）流化床干燥器。图 11-21 所示的为两层流化床干燥器。物料从上部加入,由第一层经溢流管流到第二层,然后由出料口排出。热气体由干燥器的底部送入,依次向上通过第二层及第一层的分布板,与物料接触后的废气由顶部排出。物料与热气流逆流接触,物料在每层中相互混合,但层与层间不混合。国内采用五层流化床干燥器干燥涤纶切片,效果良好。多层流化床干燥器中物料与热空气多次接触,尾气湿度大,温度低,因此热效率较高。但它结构复杂,流动阻力较大,需要高压风机。另外,多层流化床干燥器的主要问题

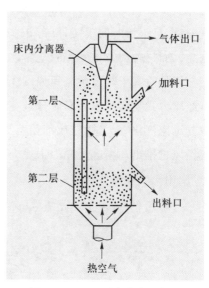

图 11-21　两层流化床干燥器

是如何定量地控制物料使其转入下一层,以及如何防止热气流沿溢流管短路流动等。在应用中常因操作不当而破坏了流化床层。

为了保证物料能均匀地被干燥,而流动阻力又较小,可采用如图 11-22 所示的卧式多室流化床干燥器。该流化床干燥器的主体为长方形,器内用垂直隔板分隔成多室,一般为 4～8 室。隔板下端与多孔板之间留有几十毫米的间隙（一般取为床层中静止物料

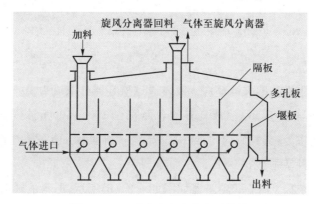

图 11-22　卧式多室流化床干燥器

层高度的 1/4～1/2),使物料能逐室通过,最后越过堰板而卸出。热空气分别通过各室,各室的温度、湿度和流量均可调节,例如,第一室中的物料较湿,热空气流量可大些,还可加搅拌器使物料分散,最后一室可通入冷空气冷却干燥产品,以便于储存。这种型式的干燥器与多层流化床干燥器相比,操作稳定可靠,流动阻力较低,但热效率较低,耗气量大。

五、喷雾干燥器

喷雾干燥器是将溶液、浆液或悬浮液通过喷雾器分散成雾状细滴,这些细滴与热气流以并流、逆流或混合流的方式相互接触,使物料中水分迅速汽化,根据对产品的要求,最终可获得粒径为 $30～50\ \mu m$ 的微粒干燥产品。这种干燥方法不需要将原料预先进行机械分离,且干燥时间很短,仅为 $5～30\ s$,因此特别适合于热敏性物料,如食品、药品、生物制品、染料、塑料及化肥等的干燥。

常用的喷雾干燥设备流程如图 11-23 所示。浆料用送料泵压至喷雾器(压力式喷嘴),经压力式喷嘴喷成雾滴而分散在热气流中,雾滴在干燥器内与热气流接触,使其中的水分迅速汽化,成为微粒或细粉落到器底。产品由风机吸至旋风分离器中而被回收,废气经风机排出。喷雾干燥的干燥介质多为热空气,也可用烟道气,对含有机溶剂的物料,可使用氮气等惰性气体。

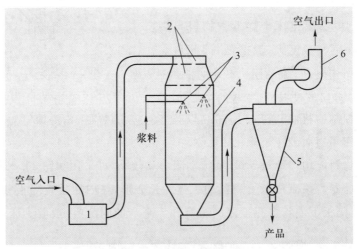

1—燃烧炉;2—空气分布器;3—压力式喷嘴;4—干燥塔;5—旋风分离器;6—风机

图 11-23　常用的喷雾干燥设备流程

喷雾器是喷雾干燥器的关键部件。液体通过喷雾器分散成为 $10～60\ \mu m$ 的雾滴,提供了很大的蒸发表面积,$1\ m^3$ 溶液具有的表面积在 $100～600\ m^2$,因此干燥速率很快。对喷雾器的一般要求为:雾粒应均匀,结构简单,生产能力大,能量消耗低及操作容易等。常用的喷雾器有三种基本型式:

(1)离心式喷雾器　离心式喷雾器如图 11-24(a)所示,原料液被送到一高速旋转圆盘的中部,圆盘上有放射形叶片,一般圆盘转速为 $4000～20000\ r/min$,圆周速率为 $100～$

160 m/s。液体受离心力的作用而被加速,到达周边时呈雾状被甩出。离心式喷雾器对物料适应性广,操作弹性大,产品粒径均匀,处理固体浓度较大的物料时,宜采用离心式喷雾器。但离心式喷雾器造价较高,雾滴较粗,径向喷距较大,因此干燥器直径较大。

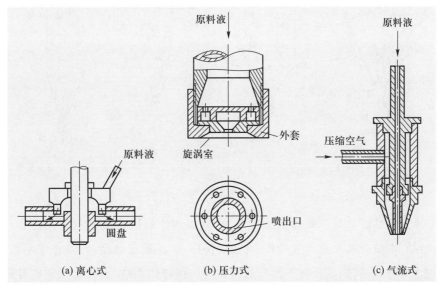

图 11-24　喷雾器

(2) 压力式喷雾器　压力式喷雾器如图 11-24(b)所示。用高压泵使原料液获得高压(3~20 MPa),原料液进入喷嘴的旋涡室,液体在其中高速旋转,然后从出口的小孔处呈雾状喷出,压力式喷雾器目前应用最为广泛,它结构简单,造价低,操作简便,耗能低,生产能力大,但需要使用高压液泵,喷嘴易被磨损,产品颗粒不均匀。

(3) 气流式喷雾器　气流式喷雾器如图 11-24(c)所示。用高速气流使原料液经过喷嘴呈雾滴而喷出。一般所用压缩空气的压力在 0.3~0.7 MPa。气流式喷雾器喷出的雾滴最细,可产生 5 μm 以下的细微颗粒,但动力消耗较大,生产能力低。因此,要求产品粒径小,处理量较低时,宜采用气流式喷雾器。

喷雾室有塔式和箱式两种,以塔式应用最为广泛。

物料与气流在干燥器中的流向分为并流、逆流、混合流和平行流四种,分别如图 11-25(a)~(d)所示。每种流向又可分为直线流动和螺旋流动。对于易粘壁的物料,宜采用直线流的并流方式,液滴随高速气流直行下降,这样可减少雾滴黏附于器壁的机会。但相对来说雾滴在干燥器中的停留时间较短,螺旋形流动时物料在器内的停留时间较长,但由于离心力的作用将颗粒甩向器壁,因而使物料粘壁的机会增多。逆流时物料在器内的停留时间也较长,适合于干燥较大颗粒或较难干燥的物料,但不适用于热敏性物料,且逆流时废气由器顶排出,对一定的生产能力,需要较大的干燥器直径,因为逆流操作时气速不能太高,否则未干燥的雾滴会被气流带走。

喷雾干燥的优点是干燥速率快,干燥时间短,尤其适用于热敏性物料的干燥;能处理

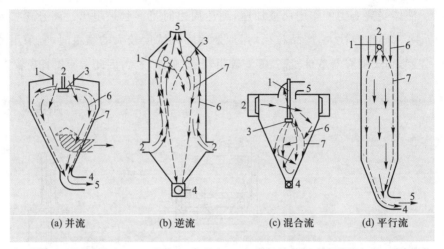

(a) 并流　　　(b) 逆流　　　(c) 混合流　　　(d) 平行流

1—加料口；2—热空气入口；3—喷嘴；4—产品出口；5—废气出口；6—热气流流向；7—雾滴流向

图 11-25　喷雾干燥器中物料与气流的流向

用其他干燥方法难以进行干燥的低浓度溶液，且可由原料液直接获得干燥产品，之前不需蒸发、结晶、机械分离及粉碎等操作；可连续操作，产品质量稳定；干燥过程中无粉尘飞扬，劳动条件较好。其缺点是对不耐高温的物料体积传热系数低，使干燥器的容积大；单位产品耗热量及动力消耗大。另外，对细粉粒产品需高效分离装置，费用较高。

六、真空冷冻干燥器

真空冷冻干燥器简称冻干机。冻干机可间歇操作，也可连续操作。冻干机按系统分，由真空系统、制冷系统、加热系统和控制系统四个主要部分组成；按结构分，由干燥箱（或称冻干箱）、冷凝器（或称冷阱）、冷冻机、真空泵和阀门、电气控制元件等组成。图 11-26 是冻干机组成示意图。

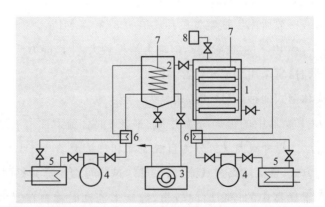

1—干燥箱；2—冷凝器；3—真空泵；4—制冷压缩机；5—水冷却器；6—换热器；7—温度计；8—真空计

图 11-26　冻干机组成示意图

干燥箱是一个能抽成真空的密闭容器，它是冻干机的主要部分，干燥过程中对物料进行冷冻，然后在真空下加热，使物料内水分升华，这些传热和传质过程都在干燥箱内进行，因此其性能的好坏直接影响到整个冻干机的性能。间歇操作的冻干机多为盘架式干燥箱,盘架上有多层隔板,隔板上放置物料浅盘。

冷凝器安装在干燥箱和真空泵之间,其功能是把干燥箱内物料升华出来的水蒸气冻结在其金属表面上。冷凝器的温度比干燥箱低,两者的温度差产生的水蒸气压力差作为推动力,形成了从干燥箱流向冷凝器的水蒸气流。由于水蒸气不断在冷凝器的冷凝面上凝结,使冷凝器内保持较低的水蒸压力;而干燥箱内流走的水蒸气又不断被物料中升华的水蒸气补充,维持干燥箱内较高的水蒸气压力。这一过程的不断进行,使物料不断得到干燥。

干燥箱、冷凝器、真空管道和阀门,再加上真空泵,便构成冻干机的真空系统。真空系统要求没有漏气现象。

制冷系统由冷冻机与干燥箱、冷凝器内部的管道等组成。其功能是对干燥箱和冷凝器进行制冷,以产生和维持它们工作时所需要的低温,它有直接制冷和间接制冷两种方式。

加热系统对于不同的冻干机有所不同,加热方式主要有传导加热、辐射加热和介电(微波)加热。其作用是对干燥箱内的物料进行加热,使物料内的水分不断升华,并达到规定的残余水分要求。

控制系统由各种控制开关,指示调节仪表及一些自动装置等组成。控制系统的功能是对冻干机进行手动或自动控制,操纵机器正常运转,以冻干出符合生产要求的产品。

七、干燥器的发展趋势

干燥器应用行业广泛,属于通用设备,而且干燥单元通常是生产过程的最后工序,操作的好坏直接影响产品质量,从而影响产品的市场竞争力和经济效益。随着科技的发展,新型物料的涌现,对产品质量要求(包括色泽和粒度等)的提高,对干燥器的技术创新提出了更高的要求,干燥器的研发主要侧重以下几方面:

课程思政

(1)向专业化、大型化、自动化方向发展 使干燥器能够更加高效地运行,提高产品质量和产量,安全操作,易于控制,节省劳动力,降低操作费用。

课程思政

(2)强化干燥过程、节约能源、控制环境污染 改善设备内物料的流动状况,改进附属装置,开发低能耗干燥器和更有效地综合利用能量。采用封闭循环操作,既能有效节能,又能防止有毒有害气体、粉尘和噪声对环境的污染。

(3)开发组合型干燥器 如各种干燥方法的组合(喷雾－流化床干燥器);各种传热过程的组合(薄膜－流化床干燥器);多级同类型干燥器的组合(多级气流干燥器)。科学的组合可以发挥每种干燥器的优点,从而节约能量,提高产品质量,减小设备尺寸。

八、干燥器选型时应考虑的因素

在选择干燥器时,首先应根据湿物料的形状、特性、处理量、处理方式及可选用的热源等选择出适宜的干燥器类型。通常干燥器选型应考虑以下各项因素:

(1)被干燥物料的性质 如热敏性、黏附性、耐磨损性、颗粒的大小形状、腐蚀性、毒性、可燃性等物理化学性质。

（2）对干燥产品的要求　对干燥产品的含水量、形状、粒度分布、粉碎程度等的要求。如干燥食品时,产品的几何形状、粉碎程度均对成品的质量及价格有直接的影响。干燥脆性物料时应特别注意成品的粉碎与粉化。

（3）处理量的大小　一般来说,处理量小时宜选用间歇操作的干燥器,处理量大时宜选用连续操作的干燥器。

（4）物料的干燥速率曲线与临界含水量　干燥时间是通过干燥速率曲线与临界含水量来确定的,因此,在不可能用与设计类型相同的干燥器进行实验时,应尽可能用其他干燥器模拟设计时的湿物料状态,进行干燥速率曲线的实验,并确定临界含水量 X_c 值。

（5）回收问题　固体粉粒的回收及溶剂的回收。

（6）干燥热源及能耗　可利用的热源的选择及能量的综合利用。

（7）干燥器的占地面积大小,以及排放物和噪声是否满足环保要求。

表 11-3 列出主要干燥器的选择表,可供选型时参考。

表 11-3　主要干燥器的选择表

湿物料的状态	物料的实例	处理量	适用的干燥器
液体或泥浆状	洗涤剂、树脂溶液、盐溶液、牛奶等	大批量	喷雾干燥器
		小批量	滚筒干燥器
泥糊状	染料、颜料、硅胶、淀粉、黏土、碳酸钙等的滤饼或沉淀物	大批量	气流干燥器、带式干燥器
		小批量	真空转筒干燥器
粉粒状(0.01~20 μm)	聚氯乙烯等合成树脂、合成肥料、磷肥、活性炭、石膏、钛铁矿、谷物	大批量	气流干燥器、转筒干燥器、流化床干燥器
		小批量	转筒干燥器、厢式干燥器
块状(20~100 μm)	煤、焦炭、矿石等	大批量	转筒干燥器
		小批量	厢式干燥器
片状	烟叶、薯片	大批量	带式干燥器、转筒干燥器
		小批量	穿流式厢式干燥器
短纤维	醋酸纤维、硝酸纤维	大批量	带式干燥器
		小批量	穿流式厢式干燥器
一定大小的物料或制品	陶瓷器、胶合板、皮革等	大批量	隧道干燥器
		小批量	高频干燥器
冻结状	食品、药品	小批量	真空冷冻干燥器

11.5.2　干燥器的设计

案例解析

一、干燥器操作条件的确定

干燥器操作条件的确定与许多因素(如干燥器的型式、物料的特性及干燥过程的工艺要求等)有关,并且各种操作条件之间又是相互关联的,应予以综合考虑。有利于强化干燥过程的最佳操作条件,通常由实验测定。下面介绍选择干燥操作条件的一般原则。

1. 干燥介质的选择

在对流干燥中,可选用的干燥介质有空气、惰性气体、烟道气和过热蒸汽。干燥介质的选择,首先应考虑工艺要求,此外还应考虑介质的经济性及来源。热空气是最廉价易得的热源,但对某些易氧化的物料,或从物料中蒸发出的气体易燃、易爆时,则需用惰性气体作为干燥介质。烟道气适用于高温干燥,可强化干燥过程,缩短干燥时间,但要求被干燥的物料不怕污染,且不与烟道气中的 SO_2 和 CO_2 等气体发生作用。

2. 流动方式的选择

气体和物料在干燥器中的流动方式,一般可分为并流、逆流和错流。

在并流操作中,湿物料一进入干燥器就与高温、低湿的热气体接触,传热、传质推动力都较大,因此,并流操作时前期干燥速率较大,而后期干燥速率较小,难以获得含水量很低的产品。但与逆流操作相比,若气体初始温度相同,并流时物料的出口温度可较逆流时为低,被物料带走的热量就少,就干燥经济性而论,并流优于逆流,并流操作适用于:① 当物料含水量较高时,允许进行快速干燥而不产生龟裂或焦化的物料;② 干燥后期不耐高温,即干燥产品易变色、氧化或分解等的物料。

在逆流操作中,整个干燥过程中的干燥推动力变化不大,它适用于:① 在物料含水量高时,不允许采用快速干燥的场合;② 在干燥后期,可耐高温的物料;③ 要求干燥产品的含水量很低的场合。

在错流操作中,各个位置上的物料都与高温、低湿的干燥介质相接触,因此干燥推动力比较大,又可采用较高的气速,所以干燥速率很快,它适用于:① 无论在高或低的含水量时,都可以进行快速干燥,且可耐高温的物料;② 因阻力大或干燥器构造的要求不适宜采用并流或逆流操作的场合。

3. 干燥介质进入干燥器时的温度

提高干燥介质进入干燥器的温度可提高传热、传质的推动力,因此,在保证物料不发生变色、分解等理化变化的前提下,干燥介质的进口温度可尽可能高一些。对于同一种物料,允许的介质进口温度随干燥器型式不同而异。例如,在厢式干燥器中,由于物料是静止的,因此应选用较低的介质进口温度,以避免物料局部过热;在转筒、流化床、气流等干燥器中,由于物料不断地翻动,致使物料温度较均匀,干燥速率快、时间短,因此干燥介质进口温度可高些。

4. 干燥介质离开干燥器时的相对湿度 φ_2 和温度 t_2

提高 φ_2 可以减少空气消耗量及传热量,即可降低操作费用;但 φ_2 增大,干燥介质中水汽的分压增高,使干燥过程的平均推动力下降,为了保持相同的干燥能力,就需增大干燥器的尺寸,即加大了投资费用。所以,最适宜的 φ_2 值应通过经济衡算来决定。

对于不同的干燥器,适宜的 φ_2 值也不相同。例如,对气流干燥器,由于物料在器内的停留时间很短,就要求有较大的推动力以提高干燥速率,因此一般离开干燥器的气体中水蒸气分压需低于出口物料表面水蒸气分压的 50%;对转筒干燥器,出口气体中水蒸气分压一般为物料表面水蒸气分压的 $50\%\sim80\%$。对于某些干燥器,要求保证一定的空气流速,因此应考虑气量和 φ_2 的关系,即为了满足较大气速的要求,可使用较大的气量而减小 φ_2 值。

干燥介质离开干燥器的温度 t_2 与 φ_2 应综合考虑。若 t_2 增高,则热损失大,干燥热效率就低;若 t_2 降低,而 φ_2 又较高,此时湿空气可能会在干燥器后面的设备和管路中析出水滴,破坏了干燥的正常操作。对气流干燥器,一般要求 t_2 较物料出口温度高 $10\sim30$ ℃,或较入口气体的绝热饱和温度高 $20\sim50$ ℃。

5. 物料离开干燥器时的温度

在连续逆流的干燥器中,若干燥为绝热过程,则在干燥第一阶段,物料表面的温度等于与它相接触的气体的湿球温度;在干燥第二阶段,气体传给物料的热量一部分用于蒸发物料中的水分,一部分则用于加热物料使其升温。因此,物料出口温度 θ_2 与物料在干燥器内经历的过程有关,主要取决于物料的临界含水量 X_c 及干燥第二阶段的传质系数。若物料出口含水量高于临界含水量 X_c,则物料出口温度 θ_2 等于与它相接触的气体湿球温度;若物料出口含水量低于临界含水量 X_c,则 X_c 值越低,物料出口温度 θ_2 也越低;传质系数越高,θ_2 越低。目前还没有计算 θ_2 的理论公式。有时按物料允许的最高温度估计,即

$$\theta_2 = \theta_{max} - (5\sim10)℃ \tag{11-48}$$

式中　　θ_2——物料离开干燥器时的温度,℃;

θ_{max}——物料允许的最高温度,℃。

显然这种估算是很粗略的,因为它仅考虑物料的允许温度,并未考虑降速干燥阶段中干燥的特点。

对气流干燥器,若 $X_c < 0.05$ kg 水分/kg 绝干料时,可按下式计算物料出口温度,即

$$\frac{t_2 - \theta_2}{t_2 - t_{w2}} = \frac{r_{t_{w2}}(X_2 - X^*) - c_s(t_2 - t_{w2})\left(\dfrac{X_2 - X^*}{X_c - X^*}\right)^{\frac{r_{t_{w2}}(X_c - X^*)}{c_s(t_2 - t_{w2})}}}{r_{t_{w2}}(X_c - X^*) - c_s(t_2 - t_{w2})} \tag{11-49}$$

式中　　t_{w2}——空气在出口状态下的湿球温度,℃;

$r_{t_{w2}}$——在 t_{w2} 温度下水的汽化热,kJ/kg;

$X_c - X^*$——临界点处物料的自由水分,kg 水分/kg 绝干料;

$X_2 - X^*$——物料离开干燥器时的自由水分,kg 水分/kg 绝干料。

利用式(11-49)求物料出口温度时需要试差。

必须指出,上述各操作参数互相间是有联系的,不能任意确定。通常物料进、出口的含水量 X_1、X_2 及进口温度 θ_1 是由工艺条件规定的,空气进口湿度 H_1 由大气状态决定,若物料的出口温度 θ_2 确定后,剩下的绝干空气流量 L,空气进出干燥器的温度 t_1、t_2 和出口湿度 H_2(或相对湿度 φ_2)这四个变量只能规定两个,其余两个由物料衡算及热量衡算确定。至于选择哪两个为自变量需视具体情况而定。在计算过程中,可以调整有关的

变量,使其满足前述各种要求。

干燥器的设计依据是物料衡算、热量衡算、速率关系和平衡关系四个基本关系。设计的基本原则是物料在干燥器内的停留时间必须等于或稍大于所需的干燥时间。从前面的介绍可以看出,不同物料、不同操作条件、不同型式的干燥器中气固两相的接触方式差别很大,对流传热系数 α 及传质系数 k 不相同,目前还没有通用的求算 α 和 k 的关联式,干燥器的设计仍然大多采用经验或半经验方法。各类干燥器的设计方法都不同,本章只以气流干燥器为例介绍干燥器的简化设计方法,其他干燥器的设计方法可参阅有关设计手册。

二、气流干燥器的简化设计

气流干燥器的主要设计项目为干燥管的直径和高度。

1. 干燥管的直径

干燥管的直径用流量公式计算,即

$$D = \sqrt{\frac{4L v_H}{\pi u_g}} \tag{11-50}$$

式中　　D——干燥管的直径,m;

v_H——湿空气的比体积,m^3 湿空气/kg 绝干气;

u_g——干燥管中湿空气的速率,m/s。

空气在干燥管内的速率应大于颗粒在管内的沉降速率。前已述及,颗粒在气流干燥器内的运动分为加速和等速两个阶段。一般用下述方法估算 u_g:

(1)当物料的临界含水量 X_c 不高或最终含水量 X_2 不太低,即物料易于干燥时,取 $u_g = 10 \sim 25$ m/s。

(2)选出口气速为最大颗粒沉降速率 u_t 的两倍,或比 u_t 大 3 m/s 左右。

(3)当物料的临界含水量 X_c 较高且最终含水量 X_2 很低,即物料难以干燥时,取加速段的气速为 $20 \sim 40$ m/s,等速段的气速仍比 u_t 大 3 m/s 左右。

颗粒沉降速率 u_t 的求算可参见本教材上册第三章。

2. 干燥管的高度

干燥管的高度按下式计算:

$$Z = \tau(u_g - u_t) \tag{11-51}$$

式中　　Z——气流干燥器的干燥管高度,m;

τ——颗粒在气流干燥器内的停留时间,即干燥时间,s。

若缺乏数据,可采用简化计算方法计算,即按气体和物料间的传热要求计算干燥时间。

由传热速率公式知:

$$Q = \alpha S \Delta t_m = \alpha (S_p \tau) \Delta t_m \tag{11-52}$$

或
$$\tau = \frac{Q}{\alpha S_p \Delta t_m} \qquad (11-52a)$$

式中　　Q——传热速率,kW;

　　　　α——对流传热系数,kW/(m²·℃);

　　　　S——干燥表面积,m²;

　　　　S_p——每秒内颗粒提供的干燥面积,m²/s;

　　　　Δt_m——平均温度差,℃;

　　　　τ——干燥时间,s。

式(11-52a)中各项的计算如下:

(1) S_p　若颗粒为球形,则 S_p 的计算式为

$$S_p = n'' \pi d_p^2 \qquad (11-53)$$

式中　　n''——每秒通过干燥器的颗粒数。

若绝干物料的流量为 G(单位为 kg 绝干料/s),则对球形颗粒有

$$n'' = \frac{G}{\frac{\pi}{6} d_p^3 \rho_s} \qquad (11-54)$$

所以对球形颗粒,式(11-53)可简化为

$$S_p = \frac{6G}{d_p \rho_s} \qquad (11-55)$$

(2) Q　若将预热段并入干燥第一阶段,且干燥操作为等焓过程,则该阶段的传热速率为

$$Q_I = G[(X_1 - X_c) r_{t_{w1}} + (c_s + c_w X_1)(t_{w1} - \theta_1)] \qquad (11-56)$$

式中　　t_{w1}——空气初始状态下的湿球温度,℃;

　　　　$r_{t_{w1}}$——温度为 t_{w1} 时的水的汽化热,kJ/kg。

干燥第二阶段的传热速率为

$$Q_{II} = G[(X_c - X_2) r_{t_m} + (c_s + c_w X_2)(\theta_2 - t_{w1})] \qquad (11-57)$$

式中　　r_{t_m}——干燥第二阶段中物料平均温度[$(t_{w1} + \theta_2)/2$]下水的汽化热,kJ/kg。

总传热速率为

$$Q = Q_I + Q_{II} \qquad (11-58)$$

(3) Δt_m　Δt_m 的计算式为

$$\Delta t_m = \frac{(t_1 - \theta_1) - (t_2 - \theta_2)}{\ln \frac{t_1 - \theta_1}{t_2 - \theta_2}} \qquad (11-59)$$

特别地,当 $X_2 > X_c$(即干燥只有第一阶段),物料出口温度 θ_2 等于出口气体状态的湿球温度 t_{w2},即 $\theta_2 = t_{w2}$。

(4) α　对水蒸气-空气系统,α 可用前述的式(11-41)计算。

◆ 例 11-12 现需要设计一气流干燥器以干燥某种颗粒状物料,设计工艺参数为

(1) 干燥器的生产能力为每小时得到干燥产品 250 kg。

(2) 空气进干燥器的温度 $t_1=110\ ℃$、湿度 $H_1=0.0075$ kg/kg 绝干气,离开干燥器时的温度 $t_2=65\ ℃$。

(3) 物料的初始含水量 $X_1=0.2$ kg 水分/kg 绝干料,最终含水量 $X_2=0.002$ kg 水分/kg 绝干料。物料进干燥器时的温度 $\theta_1=15\ ℃$,颗粒密度 $\rho_s=1544$ kg/m³,绝干物料比热容 $c_s=1.26$ kJ/(kg 绝干料·℃),临界湿含量 $X_c=0.01455$ kg 水分/kg 绝干料,平衡湿含量 $X^*=0$。颗粒可视为表面光滑的球体,平均粒径 $d_p=0.2\times10^{-3}$ m。

(4) 不向干燥器补充热量,且热损失可以忽略不计。

试求(1) 物料离开干燥器时的温度 θ_2;(2) 干燥管的直径 D;(3) 干燥管的高度 Z。

解: (1) 物料离开干燥器时的温度 θ_2 由题给数据知 $X_c<0.05$ kg 水分/kg 绝干料,故可用式(11-49)求 θ_2,即

$$\frac{t_2-\theta_2}{t_2-t_{w2}}=\frac{r_{t_{w2}}(X_2-X^*)-c_s(t_2-t_{w2})\left(\frac{X_2-X^*}{X_c-X^*}\right)^{\frac{r_{t_{w2}}(X_c-X^*)}{c_s(t_2-t_{w2})}}}{r_{t_{w2}}(X_c-X^*)-c_s(t_2-t_{w2})}$$

应用上式求 θ_2 时要试差。

绝干物料流量 $G=\dfrac{G_2}{1+X_2}=\left(\dfrac{250}{1+0.002}\right)$ kg/h$=249.5$ kg/h$=0.0693$ kg/s

水分蒸发量 $W=G(X_1-X_2)=[0.0693\times(0.2-0.002)]$ kg/s$=0.01372$ kg/s

先利用物料衡算方程及热量衡算方程求空气离开干燥器时的湿度 H_2。

围绕干燥器进行物料衡算,得

$$L(H_2-H_1)=G(X_1-X_2)=W$$

或
$$L=\frac{0.01372}{H_2-0.0075} \tag{a}$$

围绕干燥器作热量衡算,得

$$L(I_1-I_2)=G(I_2'-I_1')$$

其中 $I_1=(1.01+1.88H_1)t_1+2490H_1$

$\qquad=[(1.01+1.88\times0.0075)\times110+2490\times0.0075]$ kJ/kg 绝干气

$\qquad=131.3$ kJ/kg 绝干气

$\qquad I_2=(1.01+1.88H_2)\times65+2490H_2=65.65+2612.2H_2$

$\qquad I_1'=(c_s+c_wX_1)\theta_1=[(1.26+4.187\times0.2)\times15]$ kJ/kg 绝干料

$\qquad=31.46$ kJ/kg 绝干料

$$I_2' = (1.26 + 4.187 \times 0.002)\theta_2 = 1.2684\theta_2$$

所以　　　　$L(131.3 - 65.65 - 2612.2H_2) = 0.0693 \times (1.2684\theta_2 - 31.46)$

将式(a)代入上式,并整理得

$$H_2 = \frac{0.0006592\theta_2 + 0.8843}{0.0879\theta_2 + 33.66} \tag{b}$$

由式(11-49)得

$$\frac{65 - \theta_2}{65 - t_{w2}} = \frac{0.002r_{t_{w2}} - 1.26 \times (65 - t_{w2})\left(\dfrac{0.002}{0.01455}\right)^{\frac{0.01455r_{t_{w2}}}{1.26 \times (65 - t_{w2})}}}{0.01455r_{t_{w2}} - 1.26 \times (65 - t_{w2})} \tag{c}$$

设　$\theta_2 = 51$ ℃

由式(b)得 $H_2 = 0.02407$ kg/kg 绝干气;

由式(a)得 $L = 0.8280$ kg 绝干气/s。

据 $t_2 = 65$ ℃,$H_2 = 0.02407$ kg/kg 绝干气,查图 11-3 得 $t_{w2} = 33$ ℃,由手册得 $r_{t_{w2}} = 2417$ kJ/kg,代入式(c)中,解出

$$\theta_2 = 50.7 \text{ ℃}$$

故假设 $\theta_2 = 51$ ℃正确。

(2) 干燥管的直径 D　用式(11-50)计算干燥管直径 D,即

$$D = \sqrt{\frac{4Lv_H}{\pi u_g}}$$

其中　　　　$v_H = (0.772 + 1.244H_1)\dfrac{273 + t_1}{273}$

$$= \left[(0.772 + 1.244 \times 0.0075)\frac{273 + 110}{273}\right] \text{ m}^3/\text{kg 绝干气}$$

$$= 1.096 \text{ m}^3/\text{kg 绝干气}$$

取空气进入干燥管的速率 $u_g = 10$ m/s,故

$$D = \sqrt{\frac{0.8280 \times 1.096}{\dfrac{\pi}{4} \times 10}} \text{ m} = 0.340 \text{ m}$$

(3) 干燥管高度 Z　用式(11-51)计算干燥管高度,即

$$Z = \tau(u_g - u_t)$$

① 计算 u_t　空气的物性粗略地按进、出干燥器平均温度下的绝干空气计算,空气进、出干燥器的平均温度为

$$t_m = \frac{1}{2}(65 + 110) \text{ ℃} = 87.5 \text{ ℃}$$

查得 87.5 ℃时绝干空气的物性为

$$\lambda_g = 3.11 \times 10^{-5} \ kW/(m \cdot ℃)$$

$$\mu = 2.14 \times 10^{-5} \ Pa \cdot s$$

$$\rho = 0.979 \ kg/m^3$$

直径为 0.2×10^{-3} m 的球形颗粒的沉降速率 u_t 如下：

$$K = d \sqrt[3]{\frac{\rho(\rho_s - \rho)g}{\mu^2}} = 0.2 \times 10^{-3} \sqrt[3]{\frac{0.979 \times (1544 - 0.979) \times 9.81}{(2.14 \times 10^{-5})^2}} = 6.37$$

故颗粒沉降在过渡区，u_t 可用下式计算：

$$u_t = 0.154 \times \left[\frac{gd^{1.6}(\rho_s - \rho)}{\rho^{0.4}\mu^{0.6}}\right]^{1/1.4}$$

$$= \left\{0.154 \times \left[\frac{9.81 \times (0.2 \times 10^{-3})^{1.6}(1544 - 0.979)}{0.979^{0.4} \times (2.14 \times 10^{-5})^{0.6}}\right]^{1/1.4}\right\} \ m/s = 0.8907 \ m/s$$

② 计算 u_g 前面取空气进干燥器的速率为 10 m/s，相应温度为 $t_1 = 110$ ℃，现校核为平均温度(87.5 ℃)下的速率，即

$$u_g = \left[\frac{10 \times (273 + 87.5)}{273 + 110}\right] \ m/s = 9.41 \ m/s$$

③ 计算 τ 用式(11-52a)计算 τ，即

$$\tau = \frac{Q}{\alpha S_p \Delta t_m}$$

其中

$$S_p = \frac{6G}{d_p \rho_s} = \left(\frac{6 \times 0.0693}{0.2 \times 10^{-3} \times 1544}\right) \ m^2/s = 1.347 \ m^2/s$$

$$Q = Q_I + Q_{II}$$

按式(11-56)求 Q_I，即

$$Q_I = G[(X_1 - X_c)r_{t_{w1}} + (c_s + c_w X_1)(t_{w1} - \theta_1)]$$

根据 $t_1 = 110$ ℃、$H_1 = 0.0075$ kg/kg 绝干气，由图 11-3 查出湿球温度 $t_{w1} = 34$ ℃，相应的水的汽化热 $r_{t_{w1}} = 2414.7$ kJ/kg，故

$$Q_I = \{0.0693 \times [(0.2 - 0.01455) \times 2414.7 + (1.26 + 4.187 \times 0.2)(34 - 15)]\} \ kW$$

$$= 33.79 \ kW$$

按式(11-57)求 Q_{II}，即

$$Q_{II} = G[(X_c - X_2)r_{t_m} + (c_s + c_w X_2)(\theta_2 - t_{w1})]$$

第二阶段物料平均温度 $t_m = [(51 + 34)/2]$℃ $= 42.5$ ℃，相应水的汽化热 $r_{t_m} = 2395.3$ kJ/kg，故

$$Q_{II} = \{0.0693 \times [(0.01455 - 0.002) \times 2395.3 + (1.26 + 4.187 \times 0.002)(51 - 34)]\} \ kW$$

$$= 3.58 \ kW$$

所以

$$Q = (33.79 + 3.58) \ kW = 37.37 \ kW$$

本题干燥操作包括两个阶段，故 Δt_m 按式(11-59)计算

$$\Delta t_m = \frac{(t_1-\theta_1)-(t_2-\theta_2)}{\ln\dfrac{t_1-\theta_1}{t_2-\theta_2}} = \left[\frac{(110-15)-(65-51)}{\ln\dfrac{110-15}{65-51}}\right]\text{℃} = 42.3\ \text{℃}$$

α 可由式(11-41)计算，即

$$\alpha = \frac{\lambda_g}{d_p}\left[2+0.54\left(\frac{d_p u_t}{\nu_g}\right)^{0.5}\right]$$

$$= \left\{\frac{3.11\times10^{-5}}{0.2\times10^{-3}}\left[2+0.54\times\left(\frac{0.8907\times0.2\times10^{-3}\times0.979}{2.14\times10^{-5}}\right)^{0.5}\right]\right\}\text{kW/(m}^2\cdot\text{℃)}$$

$$= 0.5507\ \text{kW/(m}^2\cdot\text{℃)}$$

所以

$$\tau = \left(\frac{37.37}{0.5507\times1.347\times42.3}\right)\text{s} = 1.191\ \text{s}$$

$$Z = \tau(u_g-u_t) = [1.191\times(9.41-0.8907)]\ \text{m} = 10.15\ \text{m}$$

11.6　增湿与减湿

演示文稿

　　增湿与减湿分别指可凝性气体(湿分)在另一气相中含量的增加和减少。化工生产中最常见的是空气中水蒸气的增加和减少，如图 11-2 所示的绝热饱和冷却塔中的过程即为空气的增湿过程。本节以空气-水物系为例讨论增湿与减湿过程，其原理也同样适用于其他气-液系统。

11.6.1　增湿与减湿过程的传热、传质关系

　　空气与水直接接触时，气、液界面上存在一层与液相平衡的饱和空气层，其温度与界面水温相同。若饱和空气层的湿度大于气相主体的湿度，则饱和空气层中的水汽分子就会向气相主体中传递，同时，水面的水分子继续传递进入饱和空气层，这种现象即水的蒸发。如果界面水温低于气相主体的露点，饱和空气层的湿度(或水汽分压)就低于气相主体的湿度(或水汽分压)，则空气中的水汽会部分凝结进入水中，此即水汽的凝结现象。只要气相主体与饱和空气层之间存在湿度(或水汽分压)差，就会有水分子的传递，即进行水的蒸发或水汽的凝结。湿度(或水汽分压)差是传质过程的推动力。在水的蒸发或冷凝过程中又伴随着潜热传递。同时，如果空气与水的温度不同，还会引起显热传递，温度差是显热传递的推动力。传递的总热量应同时考虑潜热传递量和显热传递量。综上所述，增、减湿过程涉及质量和热量的同时传递，机理较为复杂。

　　设空气与水之间的质量传递速率为 N_A[单位为 $\text{kg/(m}^2\cdot\text{s)}$]，潜热传递速率为 Q_L(单位为 kW/m^2)，显热传递速率为 Q_s(单位为 kW/m^2)，则

　　质量传递速率式为

$$N_A = k_H(H - H_i) \tag{11-60}$$

或
$$N_A = k_p(p - p_i) \tag{11-61}$$

式中　　N_A——空气与水之间的传质速率，$kg/(m^2 \cdot s)$；

　　　　H、H_i——分别为气相主体的湿度和饱和空气层的湿度（即界面水温下的饱和湿度），kg/kg 绝干气；

　　　　p、p_i——分别为气相主体的水汽分压和饱和空气层的水汽分压（即界面水温下水的饱和蒸气压），Pa；

　　　　k_H——以湿度差为推动力的传质系数，$kg/(m^2 \cdot s \cdot \Delta H)$；

　　　　k_p——以水汽分压差为推动力的传质系数，$kg/(m^2 \cdot s \cdot \Delta p)$。

与质量传递同时进行的潜热传递速率为
$$Q_L = r k_H(H - H_i) \tag{11-62}$$

式中　　Q_L——空气与水之间的潜热传递速率，kW/m^2；

　　　　r——界面水温下水的汽化热，kJ/kg。

空气与水之间由于温度差而产生的显热传递速率为
$$Q_s = \alpha(t - t_i) \tag{11-63}$$

式中　　Q_s——空气与水之间的显热传递速率，kW/m^2；

　　　　α——空气向水面的对流传热系数，简称气相传热系数，$kW/(m^2 \cdot ℃)$；

　　　　t、t_i——分别为空气与界面水温，$℃$。

下面分别讨论气液直接接触的增湿、减湿过程的传热和传质关系。

一、增湿过程的传热、传质关系

增湿过程如图 11-27 所示，热水喷洒成水滴或分散成水膜在自上而下流动过程中被冷却，冷空气由下而上与水作逆流流动，被加热增湿。实际生产中水冷却塔即为此过程的实例。

冷空气由塔底入塔后，由于空气的湿度 H 自下而上始终低于水面上饱和空气层中的平衡湿度 H_i，所以传质的方向始终由液相到气相，沿塔高不断有水分蒸发，使空气不断增湿。空气被增湿的极限是在塔顶空气的湿度等于进塔热水表面的饱和湿度，但是由于存在传质阻力，实际出塔空气的湿度要低于入塔热水表面的饱和湿度。热量传递的情况稍微复杂，首先，入塔热水的温度高于与之相接触的空气的温度，热水与空气之间会有显热传递，同时，水分的不断蒸发也将潜热由液相带到气相，使水温沿

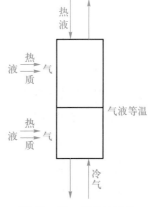

图 11-27　增湿过程的
传热、传质关系

塔高自上而下不断下降。至塔中某截面处，液相温度降至与气相相等。此时，显热传递速率为零，但由于空气是不饱和的，水面饱和空气层内的湿度仍高于气相主体的湿度，传质过程仍在进行，水继续蒸发进入空气中，并携带潜热向空气传递，使水温继续降低。因

此,在塔的下部会出现水温低于空气温度。此时,温度已降至空气温度以下的水与自塔底进入的湿度较低的湿空气接触。由于气液两相湿度差较大,水剧烈汽化,水汽携带潜热向空气传递。此时,尽管空气温度高于水温,但由气相向液相传递的显热不足以补偿水分汽化带回的潜热,水仍然降温。水在冷却塔底部可能被冷却的极限温度(理论最低温度)是入塔空气状态的湿球温度,由冷却塔排出的水不可能被冷却到进塔空气的湿球温度以下。实际上,水冷却后的温度比空气湿球温度要高 3~5 ℃。一般将此差值称为"逼近",而水的进、出塔的温度差称为"冷却范围"。

综合以上分析可知,在全塔范围内,传质方向都是从液相向气相传递,因此空气在塔内是增湿过程,与之相伴的潜热传递过程也是由液相到气相,但是显热传递方向在全塔内是不同的,在塔的上部,显热由水向空气传递,此时,总传热速率为显热与潜热传递速率的总和,即 $Q=Q_L+Q_s$,因此在塔的上部,热量、质量均由液相向气相传递,使水被冷却,而空气升温、增湿。在塔的下部,显热由空气向水传递,但显热传递量低于潜热传递量,此时,总传热速率为潜热与显热传递速率之差,即 $Q=Q_L-Q_s$,因此在塔的下部,总热量、质量仍是由液相向气相传递的,使水被冷却,而空气降温、增湿。

二、减湿过程的传热、传质关系

减湿过程如图 11-28 所示,热空气从塔底进入,冷水从塔顶流下,二者在塔内进行热量、质量的传递。塔顶得到被冷却(或净化)的空气,塔底得到热水。化工厂中的热水塔或气体冷却洗涤塔属此例。

在塔的上部,热空气与低于其露点的冷水接触,空气中的水汽凝结进入液相,同时将潜热带入液相。另外,由于空气温度高于水温,显热也由空气向水传递。当水温升至入塔气相的露点时,传质过程停止,但由于空气温度仍高于水温,传热过程仍在进行,使水温继续升高。这样,在塔的下部,热空气与高于其露点的水接触,此时的空气是不饱和的,水会汽化进入气相,同时,将潜热带入气相,但潜热传热量低于显热传热量,总的结果热量依然从气相向液相传递。

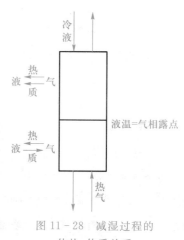

图 11-28　减湿过程的传热、传质关系

综上所述,在全塔范围内,传热方向都是由气相到液相的,在塔的上部,总传热速率为显热与潜热传递速率之和,即 $Q=Q_L+Q_s$,水被加热,空气降温;在塔的下部,总传热速率为显热与潜热传递速率之差,即 $Q=Q_s-Q_L$,仍然是水被加热,空气降温。质量传递的方向在塔中某截面处发生转变,在塔的上部,传质方向为由气相到液相,空气减湿;而在塔的下部,传质方向为由液相到气相,空气增湿。

11.6.2　空气调湿器与水冷却塔

实际生产中空气与水直接接触的增、减湿过程有两类,一类以调节空气的湿度为目的,产物是指定湿度的空气,所用设备称为空气调湿器;另一类以调节水(或空气)的温度为目的,产物是规定温度的水(或空气),所用设备称为水冷却塔。

一、空气调湿器

空气调湿器由换热器和空气与水接触装置组成。换热器一般为蛇管式或翅片式换热器。水在气液接触设备中分散成细雾或水膜。较常用的方法是在喷水室内用喷嘴将水喷洒到空气中。喷水室有卧式与立式、单级与双级之分,按水与空气的相对运动方式不同,又有顺流、逆流、错流之分。

图 11-29 是采用卧式、单级、顺流式喷水室的空气调湿器。用右侧的风扇 5 将空气以 2.5～4 m/s 的速率从左边吸入,经过滤器 6 进入空气预热器 1 被蒸汽加热,加热后的空气与从喷嘴 2 喷出的水直接接触进行绝热冷却并增湿到指定的湿度,然后经除沫板 3 除去所夹带的水滴,再在第二组加热器 4 中加热到指定的温度。空气的湿度由喷水室的水温控制调节,空气的最终温度则由第二组加热器的加热蒸汽量调节(也可用支路风门调节,图中未画出)。

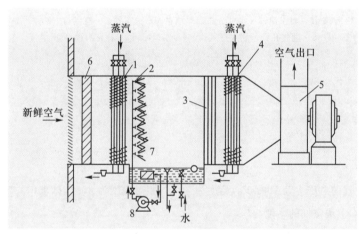

1—空气预热器;2—喷嘴;3—除沫板;4—第二组加热器;5—风扇;6—过滤器;7—滤网;8—循环水泵

图 11-29　采用卧式、单级、顺流式喷水室的空气调湿器

工程上也有采用带填料层的喷水室,即用喷嘴将水均匀地喷洒在填料上,水沿填料的表面成膜流下而与空气接触。

空气需减湿时可将空气与低于空气露点的水接触,设备与图 11-29 所示的装置相似,只是不需空气预热器。喷嘴尺寸可较大,气速也可低些,但水量较大。

二、水冷却塔

为减少水的消耗和排放废水对环境的影响,冷凝器或其他设备中排出的热水,通常冷却后循环使用,冷却的方法之一是让热水在塔设备(称为水冷却塔或凉水塔)内与空气直接接触,热水从塔顶喷洒成水滴或水膜,空气则以自然通风或机械通风的方式送入,由塔底向上流动,或水平方向流动。在流动过程中,水与空气进行热量、质量传递,空气增湿升温,水被降温后可循环使用。

水冷却塔的设备类型很多。可按照空气送入方式的不同,分为自然通风式、机械通风式、风筒式和开放式;也可按照填料的结构及增加气液接触面积的手段不同,分为水膜式、点滴式和喷射式。图 11-30 为自然通风式逆流冷却塔示意图。

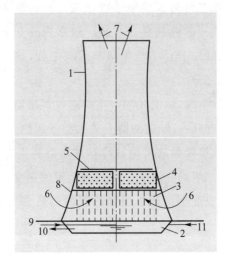

1—风筒;2—集水池;3—空气分布;4—填料;5—分布器;6—空气;7—热空气;
8—进气孔;9—热水进入;10—冷水返回;11—补充水进水管

图 11-30　自然通风式逆流冷却塔

 习题

基础习题

1. 已知湿空气的总压力为 100 kPa,温度为 50 ℃,相对湿度为 40%,试求(1)湿空气中的水汽分压;(2)湿度;(3)湿空气的密度。

2. 在常压连续干燥器内用热空气干燥某湿物料,出干燥器的废气的温度为 40 ℃,相对湿度为 43%,试求废气的露点。

3. 在总压 101.3 kPa 下,已知湿空气的某些参数,利用湿空气的 H-I 图查出本题附表中空格项的数值,并绘出序号 4 的求解过程示意图。

习题 3 附表

序号	湿度 kg/kg 绝干气	干球温度 ℃	湿球温度 ℃	相对湿度 %	焓 kJ/kg 绝干气	水汽分压 kPa	露点 ℃
1	0.02		35				
2	0.03				160		
3	0.04			10			
4	0.05	60					

4. 将 t_0=25 ℃、H_0=0.005 kg/kg 绝干气的常压新鲜空气,与干燥器排出的 t_2=50 ℃、H_2=0.05 kg/kg 绝干气的常压废气混合,两者中绝干气的质量比为 1:2。试求(1)混合气体的温度、湿

度、焓和相对湿度;(2)若后面的干燥器需要相对湿度 10% 的空气作为干燥介质,应将此混合气加热至多少摄氏度?

5. 干球温度为 20 ℃,湿度为 0.009 kg/kg 绝干气的湿空气通过预热器加热到 80 ℃后,再送至常压干燥器中,离开干燥器时空气的相对湿度为 80%,若空气在干燥器中经历等焓干燥过程,试求 (1) 1 m^3 原湿空气在预热过程中焓的变化;(2) 1 m^3 原湿空气在干燥器中获得的水分量。

6. 将习题 4(1) 中的混合空气加热升温后用于干燥某湿物料,将湿物料自湿基含水量 0.2 降至 0.05,湿物料流量为 1000 kg/h,假设系统热损失可忽略,干燥操作为等焓干燥过程。新鲜空气和出干燥器的废气的状态与习题 4(1) 相同。试求 (1) 新鲜空气消耗量;(2) 进入干燥器的湿空气的温度和焓;(3) 预热器的加热量。

7. 在常压下用热空气干燥某湿物料,湿物料的处理量为 1000 kg/h,温度为 20 ℃,含水量为 4% (湿基,下同),要求干燥后产品的含水量不超过 0.5%,物料离开干燥器时温度升至 45 ℃,湿物料的平均比热容为 3.28 kJ/(kg 绝干料·℃)。空气的初始温度为 20 ℃,相对湿度 50%,将空气预热至 100 ℃进干燥器,出干燥器的温度为 50 ℃,湿度为 0.06 kg/kg 绝干气,干燥器的热损失可按预热器供热量的 10% 计。试求 (1) 计算新鲜空气的消耗量;(2) 预热器的加热量 Q_P;(3) 计算加热物料消耗的热量占消耗总热量的百分数;(4) 干燥系统的热效率。

8. 用通风机将干球温度 $t_0 = 26$ ℃、焓 $I_0 = 66$ kJ/kg 绝干气的新鲜空气送入预热器,预热到 $t_1 = 120$ ℃后进入连续逆流操作的理想干燥器内,空气离开干燥器时相对湿度 $\varphi_2 = 50\%$。湿物料由含水量 $w_1 = 0.015$ 被干燥至含水量 $w_2 = 0.002$,每小时有 9200 kg 湿物料加入干燥器内。试求 (1) 完成干燥任务所需的新鲜空气量;(2) 预热器的加热量;(3) 干燥器的热效率。

9. 采用常压并流干燥器干燥某种湿物料。将 20 ℃干基含水量为 0.15 的某种湿物料干燥至干基含水量为 0.002,物料出干燥器的温度是 40 ℃,湿物料处理量为 250 kg/h,绝干物料的比热容为 1.2 kJ/(kg 绝干料·℃)。空气的初始温度为 15 ℃,湿度为 0.007 kg/kg 绝干气,将空气预热至 100 ℃进干燥器,在干燥器内,空气以一定的速率吹送物料的同时对物料进行干燥。空气出干燥器的温度为 50 ℃,干燥器的热损失 3.2 kW。试求 (1) 新鲜空气消耗量;(2) 单位时间内预热器消耗的热量(忽略预热器的热损失);(3) 干燥器的热效率;(4) 若空气在出干燥器之后的后续设备中温度将下降 10 ℃,试分析物料是否会返潮。

10. 对 10 kg 某湿物料在恒定干燥条件下进行间歇干燥,物料平铺在 1.0 m×1.0 m 的浅盘中,温度 $t = 75$ ℃,湿度 $H = 0.018$ kg/kg 绝干气的常压空气以 2 m/s 的速率垂直穿过物料层。现将物料的含水量从 $X_1 = 0.25$ kg 水分/kg 绝干料干燥至 $X_2 = 0.15$ kg 水分/kg 绝干料,试求 (1) 所需干燥时间;(2) 若空气的 t、H 不变而流速加倍,干燥时间如何改变?(3) 若物料量加倍,而浅盘面积不变,所需干燥时间又为多少?(假设三种情况下干燥均处于恒速干燥阶段。)

11. 在恒定干燥条件下进行间歇干燥实验。已知物料的干燥面积为 0.2 m^2,绝干物料质量为 15 kg,干燥时间无限长时物料可被干燥至 15.3 kg。假设在实验范围内,物料的干燥速率与含水量 X 呈线性关系。实验测得将湿物料从 30.0 kg 干燥至 24.0 kg 需要 0.2 h。试求在相同干燥条件下,将湿物料由 30.0 kg 干燥至 17.0 kg 所需要的时间。

12. 某湿物料经过 5.0 h 恒定条件下的干燥后,含水量由 $X_1 = 0.35$ kg 水分/kg 绝干料降至 $X_2 = 0.12$ kg 水分/kg 绝干料,已知物料的临界含水量 $X_c = 0.15$ kg 水分/kg 绝干料,平衡含水量

$X^* = 0.04$ kg 水分/kg 绝干料。假设在降速干燥阶段中干燥速率与物料的自由含水量$(X - X^*)$成正比。若在相同的干燥条件下,要求将物料含水量由 $X_1 = 0.35$ kg 水分/kg 绝干料降至 $X_2' = 0.06$ kg 水分/kg 绝干料,试求所需的干燥时间。

综合习题

13. 在一常压逆流的转筒干燥器中,干燥某种晶状的物料。温度 $t_0 = 25$ ℃、相对湿度 $\varphi_0 = 55\%$ 的新鲜空气经过预热器加热升温至 $t_1 = 95$ ℃后送入干燥器中,离开干燥器时的温度 $t_2 = 45$ ℃。预热器中采用 180 kPa 的饱和蒸汽加热空气,预热器的总传热系数为 85 W/(m^2·K),热损失可忽略。湿物料初始温度 $\theta_1 = 24$ ℃,湿基含水量 $w_1 = 0.037$;干燥完毕后温度升到 $\theta_2 = 60$ ℃,湿基含水量降为 $w_2 = 0.002$。干燥产品流量 $G_2 = 1000$ kg/h,绝干物料比热容 $c_s = 1.5$ kJ/(kg 绝干料·℃),不向干燥器补充热量。转筒干燥器的直径 $D = 1.3$ m,长度 $Z = 7$ m。干燥器外壁向空气的对流 - 辐射联合传热系数为 35 kJ/(m^2·h·℃)。干燥器外壁温度可按 55 ℃计。试求(1)绝干空气流量;(2)预热器中加热蒸汽消耗量;(3)预热器需要的传热面积。

14. 在常压并流干燥器中,用热空气将某种物料由初始含水量 $X_1 = 1$ kg 水分/kg 绝干料干燥到最终含水量 $X_2 = 0.1$ kg 水分/kg 绝干料。空气进口温度为 135 ℃,湿度为 0.01 kg/kg 绝干气;空气离开干燥器时温度为 60 ℃,空气在干燥器中经历等焓过程。根据实验得出第一干燥阶段的干燥速率表达式为

$$-\frac{dX}{d\tau} = 30(H_{s,t_w} - H)$$

式中 $\dfrac{dX}{d\tau}$——干燥速率,kg 水分/(kg 绝干料·h);

H_{s,t_w}——空气湿球温度下的饱和湿度,kg/kg 绝干气。

第二干燥阶段的干燥速率表达式为

$$-\frac{dX}{d\tau} = 1.2X$$

试求完成上述干燥任务所需的干燥时间。

 思考题

1. 若湿空气的 t、H 不变,总压减小,湿空气 H–I 图上的各线将如何变化?在相同的条件下,减小压力对干燥操作是否有利,为什么?

2. 对一定的水分蒸发量及空气离开干燥器时的湿度,试问应按夏季的大气条件还是按冬季的大气条件来选择干燥系统的风机?

3. 试分析恒速干燥阶段与降速干燥阶段中的干燥机理及影响干燥速率的因素。

4. 当空气的 t、H 一定时,某物料的平衡湿含量为 X^*,若空气的 H 下降,试问该物料的 X^* 有何变化?

本章主要符号说明

英文字母

a——单位体积物料提供的传热（干燥）面积，m^2/m^3；

A——转筒截面积，m^2；

c——比热容，$kJ/(kg \cdot ℃)$；

d_p——颗粒的平均直径，m；

D——干燥器的直径，m；

G——绝干物料的质量流量，kg 绝干料$/s$；

G'——绝干物料的质量，kg；

G''——湿物料的质量流速，$kg/(m^2 \cdot s)$；

H——空气的湿度，kg/kg 绝干气；

I——湿空气的焓，kJ/kg 绝干气；

I'——湿物料的焓，kJ/kg 绝干料；

k_H——传质系数，$kg/(m^2 \cdot s \cdot \Delta H)$；

k_p——传质系数，$kg/(m^2 \cdot s \cdot \Delta p)$；

k_X——降速干燥阶段干燥速率曲线的斜率，kg 绝干料$/(m^2 \cdot s)$；

l——单位空气消耗量，kg 绝干气$/kg$ 水分；

L——绝干空气流量，kg 绝干气$/s$；

L_0——新鲜空气流量，kg 新鲜空气$/s$；

L'——湿空气的质量流速，$kg/(m^2 \cdot s)$；

M——摩尔质量，$kg/kmol$；

n'——转筒的转速，r/min；

n''——每秒钟通过干燥管的颗粒数；

N——传质速率，kg/s；

p——水汽分压，Pa 或 kPa；

$p_总$——湿空气的总压，Pa 或 kPa；

Q——传热速率，W；

r——汽化热，kJ/kg；

S——干燥表面积，m^2；

S_p——每秒内颗粒提供的表面积，m^2/s；

t——温度，$℃$；

u_g——气体的速率，m/s；

u_t——颗粒的沉降速率，m/s；

U——干燥速率，$kg/(m^2 \cdot s)$；

v_H——湿空气的比体积，m^3 湿空气$/kg$ 绝干气；

V'——干燥器的容积，m^3；

V''——风机的风量，m^3/h；

V_s——空气的流量，m^3/s；

w——物料的湿基含水量，kg 水分$/kg$ 湿料；

W——水分的蒸发量，kg/s 或 kg/h；

W'——水分的蒸发量，kg；

X——物料的干基含水量，kg 水分$/kg$ 绝干料；

X^*——物料的干基平衡含水量，kg 水分$/kg$ 绝干料；

Z——转筒的长度或干燥管的高度，m

希腊字母

α——对流传热系数，$W/(m^2 \cdot K)$；

η——热效率；

θ——湿物料的温度，$℃$；

λ——导热系数，$W/(m \cdot K)$；

ν——运动黏度，m^2/s；

ρ——密度，kg/m^3；

τ——干燥时间或物料在干燥器内的停留时间，s；

φ——相对湿度百分数，$\%$

下标

0——进入预热器的，新鲜的；

1——进入干燥器的或离开预热器的；

2——离开干燥器的；

as——绝热饱和的；

c——临界的；

d——露点的；

D——干燥器的；

g——气体的或绝干气的；

H——湿的；

L——热损失的；

m——湿物料的或平均的；

P——预热器的；

s——饱和的或绝干物料的；

t——相对的；

t_d——露点下的；

t_w——湿球温度下的；

v——水汽的；

w——湿球的

第十二章 其他分离方法

学习指导

一、学习目的

通过本章学习,读者应掌握其他分离方法的基本原理、工艺过程及其在工业上的应用。本章主要内容包括:

(1) 溶液结晶的基本概念,溶液的相平衡与过饱和度在结晶过程中的运用,各种工业结晶方法的特点与选择,简单的结晶工艺计算;

(2) 膜分离的基本原理,各种膜分离过程的特点和应用范围,膜分离方法的选择;

(3) 吸附的基本概念,物理吸附和化学吸附的区别,各种吸附剂的特点与选用,吸附等温线及其运用,工业吸附方法与设备的选择,简单搅拌槽吸附过程的计算;

(4) 离子交换分离方法的特点和工业应用。

二、学习要点

1. 重点掌握的内容

掌握本章各种分离方法的基本原理、特点;对于特定的待分离物系,能够正确选择合适的分离方法。

2. 学习时应注意的问题

本章只是简要地介绍了目前工业上常用的几种分离方法,由于篇幅所限,许多其他新的分离方法,如亲和分离、液膜分离、电泳分离、色谱分离等并未列入,读者可参阅有关专著。

12.1 结　　晶

固体物质以晶体形态从溶液、熔融混合物或蒸气中析出的过程称为结晶。在化工、冶金、制药、材料、生化等工业中,许多产品及中间产品都是以晶体形态出现的,都包含结晶这一单元操作。例如,海水制盐就是一个经典的结晶过程;一些重要抗生素(如青霉素、红霉素等)的生产一般都包含结晶操作。此外,在其他许多生物技术领域中结晶的重要性也在与日俱增,如蛋白质的纯化和生产都离不开结晶操作。

与其他分离方法相比,结晶操作有如下特点:

(1) 能从杂质含量较多的溶液或熔融混合物中分离出高纯度的晶体产品;

(2) 过程能耗较低,因为结晶热仅为汽化潜热的 $1/7\sim1/3$;

(3) 可用于高熔点混合物、同分异构体混合物、共沸物及热敏性物质等许多难分离物系的分离。

结晶包括溶液结晶、熔融结晶、升华结晶及沉淀结晶等。其中工业上应用最广的是溶液结晶,其原理是对溶液进行降温或浓缩使其达到过饱和状态,促使溶质以晶体形态从溶液中析出。本节重点介绍溶液结晶的原理及结晶设备。

12.1.1　结晶的基本概念

一、晶体及其特征

晶体是化学组成均一的固体物质,组成它的微观粒子(原子、离子或分子)在三维空间有序排列,形成有规则的多面体结构。多面体的表面称为晶面,棱边称为晶棱。

构成晶体的微观粒子按一定规则排列所形成的最小单元称为晶格。晶体内部每一质点的晶格都相同,因此晶体中各部分的宏观物理性质(如密度、熔点等)及化学组成都相同。晶体的这一特性保证了晶体产品的高纯度。

按照晶格空间结构的不同,可将晶体分为不同的晶系,如立方晶系、四方晶系、六方晶系等。同一种物质在不同的条件下可以形成不同的晶系,亦可能形成两种晶系的混合物。例如,熔融的硝酸铵在冷却过程中可由立方晶系变成斜棱晶系和长方晶系等。

晶体从溶液中结晶的过程中,微观粒子的规则排列可按不同的方向发展,即各晶面以不同的速率生长,从而可形成不同外形的晶体。晶体的这种习性及最终形成的晶体形状称为晶习。晶体的外形及其大小、颜色在很大程度上取决于结晶的条件,如温度、溶剂种类、pH 及含有少量杂质或添加剂等。例如,因结晶温度的不同,碘化汞的晶体可以是黄色的或红色的;氯化钠在纯水溶液中的结晶为立方晶体,但若水溶液中含有少许尿素,则氯化钠形成八面体的结晶。因此控制结晶操作的条件以改善晶习,从而获得理想的晶体外形,是结晶操作区别于其他分离操作的重要特点。

二、结晶过程

利用物质的溶解度和晶习的不同,创造相应的结晶条件,可使其以极为纯净的方式从溶液中结晶出来。溶质从溶液中结晶需经历两个步骤:首先要产生微观的晶粒作为结晶的核心,称为晶核;然后晶核长大为宏观的晶体,这个过程称为晶体成长。无论是成核过程还是晶体成长过程,都必须以浓度差(即溶液的过饱和度)作为推动力。溶液过饱和度的大小直接影响成核过程和晶体成长过程的快慢,而这两个过程的快慢又影响着晶体产品的粒度分布。因此,过饱和度是结晶过程中一个极其重要的参数。

从溶液中结晶出来的晶体和剩余的溶液所构成的悬混物称为晶浆,去除晶体后所剩的溶液称为母液。结晶过程中,含有杂质的母液会以表面黏附或晶间包藏的方式夹带在固体产品中。工业上,通常在对晶浆进行固-液分离后,再用适当的溶剂对固体进行洗涤,以尽量除去由于黏附和包藏母液所带来的杂质。

三、结晶水合物与结晶水

如果结晶时存在着水合作用,则所得晶体中会含有一定数量的溶剂(水)分子,称为结晶水,含有结晶水的晶体称为结晶水合物。结晶水的含量不仅影响晶体的形状,也影响晶体的性质。例如,无水硫酸铜($CuSO_4$)在 240 ℃ 以上结晶时,是白色的三棱形针状晶体,而在常温下结晶时,则是含 5 个结晶水的大颗粒蓝色结晶水合物($CuSO_4 \cdot 5H_2O$)。结晶水合物都具有一定的蒸气压。

四、晶体的粒度分布

晶体的粒度分布是指不同粒度的晶体质量(或粒子数目)与粒度的分布关系,可通过筛分法测定。将晶体样品进行筛分,由筛分结果标绘筛下(或筛上)累计质量分数与筛孔尺寸的关系曲线,此曲线即为晶体的粒度分布。

晶体的粒度分布是晶体产品的一个重要质量指标。结晶操作不仅对产品的纯度有一定的要求,还希望晶体有适当的粒度和较窄的粒度分布。

12.1.2 结晶过程的相平衡

一、相平衡与溶解度

众所周知,固体溶质可以溶解在溶剂中形成溶液。实际上,在固体溶质溶解的同时,溶液中还存在着一个相反的过程,即已溶解的溶质粒子重新变成固体溶质而从溶剂中析出。溶解与析出是可逆过程。当固体溶质与其溶液接触时,如果溶液尚未饱和,则固体溶质溶解;如果溶液恰好达到饱和,则固体溶质与溶液之间达到相平衡状态,此时溶解速率与析出速率相等,固体溶质在溶剂中溶解的量达到最大;如果溶液处于过饱和状态,则溶液中的逾量溶质迟早将会析出。

溶质-溶液处于相平衡状态时,单位质量的溶剂中所能溶解的固体溶质的量称为该固体溶质在溶剂中的溶解度,常用 g 溶质/100 g 溶剂或 mol 溶质/kg 溶剂等单位来表示。溶解度的大小与溶质及溶剂的性质、温度有关,压力的影响可以忽略。对于给定的溶质-溶剂体系,溶解度主要随温度变化。因此溶解度的数据通常用溶解度对温度所标绘的曲线来表示,称为溶解度曲线。图 12-1 示出了某些无机物在水中的溶解度曲线。

由图 12-1 可见,大多数物质的溶解度随温度升高而明显增大,如 KNO_3、$KClO_4$ 等;有些物质的溶解度受温度变化的影响较小,曲线比较平坦,如 KCl、$NaHCO_3$ 等;另有一些物质,其溶解度随温度升高反而降低,如 $Ca(OH)_2$、$CaCrO_4$ 等;还有一些形成结晶水合物的物质,它们的溶解度曲线有折点(变态点)。例如,Na_2SO_4 在低于 32.4 ℃ 时,从水溶液中结晶出来的是 $Na_2SO_4 \cdot 10H_2O$,而高于该温度时,结晶出来的则是无

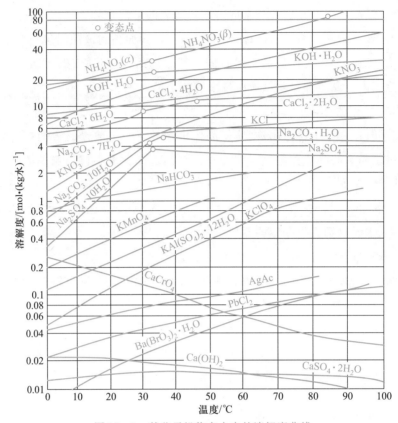

图 12-1   某些无机物在水中的溶解度曲线

水 Na_2SO_4。

物质的溶解度曲线的特征对于结晶方法的选择起着决定性的作用。对于溶解度随温度变化敏感的物质,可选用变温结晶的方法分离;对于溶解度随温度变化缓慢的物质,可用蒸发结晶的方法(移除一部分溶剂)分离。不仅如此,通过物质在不同温度下的溶解度数据还可计算结晶过程的理论产量。

二、溶液的过饱和

固-液相平衡时的溶液称为饱和溶液,此时溶液的浓度等于其溶解度。如果溶液中含有超过饱和量的溶质,则称为过饱和溶液。相同温度下,过饱和溶液与饱和溶液的浓度差称为溶液的过饱和度,它是结晶过程的推动力。

将一个完全纯净的溶液在不受任何外界扰动(如无搅拌,无振荡,无超声波等作用)的条件下缓慢降温,就可以得到过饱和溶液。但溶液的过饱和是有一定限度的,超过此限度,澄清的过饱和溶液将会自发地产生晶核。能自发产生晶核的过饱和溶液的浓度与温度的关系曲线称为超溶解度曲线。

图 12-2 是溶液的过饱和与超溶解度曲线图。图中 AB 线为溶解度曲线,CD 线为超溶解度曲线,它与溶解度曲线大致平行。这两条曲线将浓度-温度图分为三个区域。AB 线以下的区域为稳定区,在此区域内,溶液处于不饱和状态,不可能产生晶核。AB

线以上是过饱和区,此区又分为两部分。AB 线和 CD 线之间的区域称为介稳区,在此区域内,由于过饱和度不够大,溶液中不能自发地产生晶核。但如果向溶液中加入晶种(小颗粒的溶质晶体),这些晶种就会长成较大的晶体。CD 线以上是不稳区,在此区域内,溶液的过饱和度已足够大,能自发地产生晶核。

大量研究表明,一个特定物系只有一条确定的溶解度曲线,但超溶解度曲线的位置却受到许多因素的影响,如有无搅拌、搅拌强度的大小、有无晶种、晶种的大小与多寡、冷却速率的快慢等。换言之,一个特定物系可以有多条超溶解度曲线。

前已述及,结晶过程的推动力是溶液的过饱和度。在溶液结晶中,形成过饱和状态的基本方法有两种。一种方法是直接冷却溶液,使其温度降低,如图 12-2 中 EFH 线所示,这种方法称为冷却结晶。另一种方法是将溶液浓缩,通常采用蒸发移除部分溶剂的方法,如图 12-2 中 $EF'G'$ 线所示,这种方法称为蒸发(浓缩)结晶。实际结晶操作往往采用冷却与蒸发相结合的方法,如图 12-2 中 $EF''G''$ 线所示。

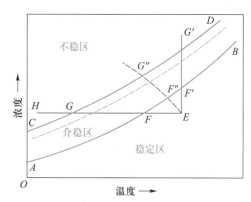

图 12-2 溶液的过饱和与超溶解度曲线

显然,对于溶解度随温度变化较大的物系,采用冷却结晶更为有利;而对于溶解度随温度变化不大的物系,宜采用蒸发结晶的方法。

溶液的过饱和与介稳区的概念,对工业结晶操作具有重要的指导意义。例如,在结晶过程中,若将溶液的状态控制在介稳区且较低的过饱和度内,则在较长时间内只能有少量的晶核产生,主要是加入晶种的长大,于是可获得粒度大而均匀的结晶产品。反之,将溶液状态控制在不稳区且较高的过饱和度,则会产生大量晶核,所得结晶产品的粒度必然较小。

12.1.3 结晶动力学简介

一、晶核的形成

晶核是过饱和溶液中初始生成的微小晶粒,是晶体成长过程必不可少的核心。晶核的形成机理尚无成熟的理论。一般认为,溶液中快速运动的质点元素(原子、离子或分子)相互碰撞结合成为线体单元。当线体单元增长到一定限度后成为晶胚。晶胚极不稳定,有可能继续长大,亦可能重新分解为线体单元或单个质点。当晶胚进一步长大即成为稳定的晶核。晶核的大小为数十纳米至几微米。

晶核的形成方式可分为初级成核和二级成核。

在没有晶体存在的过饱和溶液中自发产生晶核的过程称为初级成核。前曾指出,洁净的过饱和溶液在介稳区内不能自发地产生晶核。只有进入不稳区后,晶核才能自发地产生。但溶液中常常混入外来的固体杂质粒子,如空气中的灰尘或其他人为引入的固体粒子,这些固体杂质粒子对初级成核有诱导作用。这种在非均相过饱和溶液中(指溶液中混入了固体杂质粒子)自发产生晶核的过程称为非均相初级成核。

另外一种晶核的形成过程是在有晶体存在的过饱和溶液中进行的,称为二级成核。在过饱和溶液成核之前加入晶种诱导晶核生成,或在已有晶体析出的溶液中再进一步成核均属于二级成核。二级成核的机理是接触成核和剪切成核。接触成核是指当晶体之间或晶体与其他固体物接触时,晶体表面破碎成为新的晶核。在结晶器中晶体与搅拌桨叶、器壁或挡板之间的碰撞、晶体与晶体之间的碰撞都有可能产生接触成核。剪切成核是指由于过饱和溶液与正在成长的晶体之间的相对运动,在晶体表面产生的剪切力将附着于晶体之上的粒子扫落,而成为新的晶核。

研究表明,初级成核的速率比二级成核的速率大得多,而且初级成核对溶液的过饱和度非常敏感,其成核速率很难控制。因此,除了超细粒子制备外,一般结晶过程都要尽量避免发生初级成核,而应以二级成核作为晶核的主要来源。

二、晶体的成长

晶核形成后,在溶液过饱和度的推动下,溶质质点会继续在晶核表面上层层有序排列,使晶核或晶种微粒不断长大成为宏观的晶体,该过程称为晶体的成长。该过程是由如下三个步骤组成的,如图 12-3 所示。

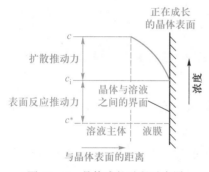

图 12-3　晶体成长过程示意图

(1)溶质质点由溶液主体穿过靠近晶体表面的静止液层(边界层)扩散至晶体表面,其推动力是溶液主体与晶体表面溶质的浓度差。

(2)到达晶体表面的溶质质点按一定排列方式嵌入晶体表面,使晶体长大并放出结晶热。这好像是筑墙,不仅要把砖运到工地,还要把砖按规定的图样——垒砌成墙。

(3)放出的结晶热传导至溶液主体中。

由于大多数物系的结晶热不是很大,对整个结晶过程的影响可忽略不计。因此晶体成长的控制步骤一般是扩散过程或表面反应过程。对于多数结晶物系,扩散阻力小于表面反应阻力,因此晶体成长过程多为表面反应过程控制。

对于一定的结晶物系,晶体成长速率的大小与溶液的过饱和度、溶液的黏度和密度、结晶温度、晶粒大小、搅拌强度及杂质等许多因素有关,在此不作详细讨论。

12.1.4　溶液结晶方法与设备

一、溶液结晶方法

前已述及,溶液结晶过程中,形成过饱和度的方法有冷却、蒸发、冷却与蒸发相结合等。根据过饱和度的形成方式,可将溶液结晶分为两大类:不移除溶剂的结晶(冷却结晶)和移除部分溶剂的结晶。

1. 冷却结晶

冷却结晶法基本上不移除溶剂,而是通过冷却降温使溶液变成过饱和,故适用于溶解度随温度降低而显著下降的物质,如 KNO_3、$NaNO_3$、$MgSO_4$ 等。

2. 移除部分溶剂的结晶

按照具体操作情况,此法又可分为蒸发结晶和真空冷却结晶。蒸发结晶是使溶液在常压(沸点温度下)或减压(低于正常沸点)下蒸发,部分溶剂汽化,从而获得过饱和溶液,此法适用于溶解度随温度变化不大的物系。真空冷却结晶是使溶液在较高真空度下绝热闪蒸的方法。在这种方法中,溶液经历的是绝热等焓过程,在部分溶剂被蒸发的同时,溶液也被冷却。因此,此法实质上兼有蒸发结晶和冷却结晶共有的特点,适用于具有中等溶解度物系的结晶。

二、溶液结晶设备

在实际工业操作中,由于被结晶溶液的性质各有不同,对结晶产品的粒度、晶形及生产能力大小的要求各异,因此使用的结晶设备也多种多样。下面重点介绍几种常用结晶器的结构和性能。

1. 冷却结晶器

如图 12-4(a)和(b)所示的间接换热釜式冷却结晶器是目前应用最广的冷却结晶器,图 12-4(a)为溶液内循环式,图 12-4(b)为溶液外循环式。冷却结晶过程所需冷量由夹套或外部换热器提供。溶液内循环式冷却结晶器由于换热面积的限制,换热量不能太大。而溶液外循环式冷却结晶器通过外部换热器传热,由于溶液的强制循环,传热系数较大,还可根据需要加大换热面积,但必须选用合适的循环泵,以避免悬浮晶体的磨损破碎。这两种冷却结晶器既可连续操作,也可间歇操作。

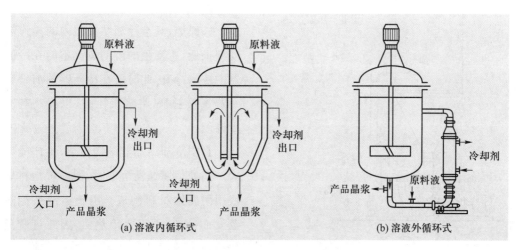

图 12-4　间接换热釜式冷却结晶器

间接换热冷却的缺点在于冷却表面结垢及结垢导致的换热器效率下降。为克服这一缺点,有时可采用直接接触式冷却结晶,它是直接将冷却介质与结晶溶液混合。常用的冷却介质是惰性的液态烃类,如乙烯、氟利昂等。但应注意,采用这种操作时,冷却介质要不污染结晶产品,且不能与结晶溶液中的溶剂互溶或难以分离。这类结晶器有釜式、回转式及湿壁塔式等类型。

2. 移除部分溶剂的结晶器

移除部分溶剂的结晶器有多种,下面介绍最常用的几种。

(1)蒸发结晶器   蒸发结晶器与用于溶液浓缩的普通蒸发器在结构及操作上完全相同。在此种类型的设备(如结晶蒸发器、有晶体析出所用的强制循环蒸发器等)中,溶液被加热至沸点,蒸发浓缩达到过饱和而结晶。但应指出,用蒸发器浓缩溶液使其结晶时,由于是在减压下操作,故可维持较低的温度,使溶液产生较大的过饱和度。但该设备难以控制晶体的粒度,因此遇到必须严格控制晶体粒度的场合,可先将溶液在蒸发器中浓缩至略低于饱和浓度,然后移送至另外的结晶器中完成结晶过程。

(2)真空冷却结晶器   真空冷却结晶器是将热的饱和溶液加到一个与外界绝热的结晶器中,由于器内维持高真空,故其内部滞留的溶液的沸点低于加入溶液的温度。这样,溶液进入结晶器后,便经绝热闪蒸过程冷却到与器内压力相对应的平衡温度。

真空冷却结晶器可以间歇或连续操作。图12-5为一种连续式真空冷却结晶器。加热了的原料液自进料口连续加入,晶浆(晶体与母液的悬混物)用泵连续排出,结晶器底部管路上的循环泵使溶液作强制循环流动,以促进溶液均匀混合,维持有利的结晶条件。蒸出的溶剂蒸汽由器顶部排至高位混合冷凝器中冷凝。二级蒸汽喷射泵用于产生和维持结晶器内的真空。一般地,真空冷却结晶器内的操作温度都很低,所产生的溶剂蒸汽不能在冷凝器中被水冷凝,此时可在冷凝器的前部装一蒸汽喷射泵,将蒸汽压缩,以提高其冷凝温度。

真空冷却结晶器结构简单,生产能力大。当处理腐蚀性溶液时,器内可加衬里或用耐腐蚀材料制造。由于溶液系绝热蒸发而冷却,不需要传热面,因此可避免传热面上的腐蚀及结垢现象。其缺点是必须使用蒸汽,冷凝耗水量较大,溶液的冷却极限受沸点升高的限制等。

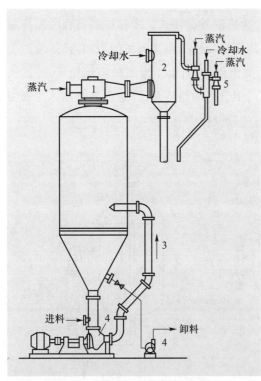

1—蒸汽喷射泵;2—冷凝器;3—循环管;
4—泵;5—二级蒸汽喷射泵

图12-5   连续式真空冷却结晶器

（3）导流筒挡板结晶器（draft-tube-baffled crystallizer，又称 DTB 结晶器）　导流筒挡板结晶器是具有导流筒及挡板的结晶器。导流筒挡板结晶器性能优良，生产强度大，能产生粒度达 $600 \sim 1200 \ \mu m$ 的大粒结晶产品，器内不易结晶疤，已成为连续式结晶器的最主要型式之一。

图 12-6 是导流筒挡板结晶器的结构简图。结晶器内有一圆筒形挡板，中央有一导流筒。在其下端装置的螺旋桨式搅拌器的推动下，悬浮液在导流筒及导流筒与挡板之间的环形通道内循环流动，形成良好的混合条件。圆筒形挡板将结晶器分为晶体生长区与澄清区。挡板与器壁间的环隙为澄清区，此区内搅拌的作用已基本上消除，使晶体得以从母液中沉降分离，只有过量的细晶会随母液从澄清区的顶部排出器外加以消除，从而实现对晶核数量的控制。为了使产品粒度分布更均匀，有时在结晶器下部设有淘洗腿。

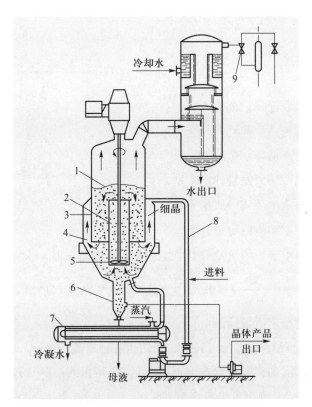

1—沸腾液面；2—导流筒；3—圆筒形挡板；4—澄清区；
5—螺旋桨式搅拌器；6—淘洗腿；7—加热器；
8—循环管；9—喷射真空泵

图 12-6　导流筒挡板结晶器

导流筒挡板结晶器属于典型的晶浆内循环结晶器。其特点是器内溶液的过饱和度较低，并且循环流动所需的压头很低，螺旋桨只需在低速下运转。此外，桨叶与晶体间的接触成核速率也很低，这也是该结晶器能够生产较大粒度晶体的原因之一。

12.1.5　溶液结晶过程的计算

结晶过程计算的基础是物料衡算和热量衡算,计算的目的是求取晶体的产量、结晶器的换热面积、蒸汽消耗量等。

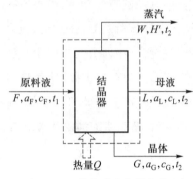

图 12-7　结晶器的物料衡算和
热量衡算

1. 物料衡算

在作物料衡算时,结晶过程若为连续操作,则以 kg/s 为基准;若为间歇操作,则以 kg 为基准。

对如图 12-7 所示的结晶器作总物料衡算,可得

$$F = L + G + W \tag{12-1}$$

对溶质作物料衡算,可得

$$Fa_F = La_L + Ga_G \tag{12-1a}$$

将式(12-1)与式(12-1a)联立,可得

$$G = \frac{F(a_F - a_L) + Wa_L}{a_G - a_L} \tag{12-2}$$

式中　　F——原料液量,kg 或 kg/s;

L——母液量,kg 或 kg/s;

G——结晶产量,kg 或 kg/s;

W——溶剂(水)蒸发量,kg 或 kg/s;

a_F——原料液中溶质的质量分数;

a_L——母液中溶质的质量分数;

a_G——晶体中溶质的质量分数,当晶体不含结晶水时,$a_G = 1$;当晶体含结晶水

时,$a_G = \dfrac{M}{M_{hyd}}$,其中 M_{hyd} 为晶体水合物的摩尔质量,kg/kmol,M 为纯溶

质的摩尔质量,kg/kmol。

式(12-2)是计算结晶产量 G 的通式,适用于各种结晶过程:

① 对于蒸发结晶,如果预先给定溶剂蒸发量 W,可由式(12-2)计算结晶产量 G;反之,若给定结晶产量 G。则可求得溶剂蒸发量 W。

② 对于不移除溶剂的冷却结晶,$W = 0$,式(12-2)可简化为

$$G = \frac{F(a_F - a_L)}{a_G - a_L} \tag{12-3}$$

③ 对于溶剂自蒸发的真空结晶,需要将式(12-2)与热量衡算式联立求解,方可求得结晶产量 G。

2. 热量衡算

对如图 12-7 所示的结晶器作热量衡算,可得

$$F c_F t_1 + Q = L c_L t_2 + G c_G t_2 + W H' \tag{12-4}$$

式中　　Q——外界向结晶器加入的热量,kJ 或 kJ/s,当从结晶器移除热量,Q 为负值。

　　　　t_1——原料液的温度,℃;

　　　　t_2——母液及晶体的温度,℃;

　　　　c_F——原料液的比热容,kJ/(kg·℃);

　　　　c_L——母液的比热容,kJ/(kg·℃);

　　　　c_G——晶体的比热容,kJ/(kg·℃);

　　　　H'——蒸汽的焓,kJ/kg。

　　应当指出,式(12-4)中的 Gc_Gt_2 为溶质在晶体状态(晶态)的焓,其值等于该溶质在溶解状态(溶态)的焓 $Gc_L't_2$ 与溶质结晶放热值之差,即

$$Gc_Gt_2=Gc_L't_2-Gr_{cs} \qquad (12-5)$$
$$\text{晶态}\quad\text{溶态}\quad\text{结晶热}$$

式中　　r_{cs}——单位质量晶体的结晶热,kJ/kg;

　　　　c_L'——溶质在溶态下的比热容,kJ/(kg·℃)。

　　将式(12-5)代入式(12-4)得

$$Fc_Ft_1+Q=Lc_Lt_2+Gc_L't_2-Gr_{cs}+WH'$$

令 $Sc_St_2=Lc_Lt_2+Gc_L't_2$,则

$$F\,c_Ft_1+Q=Sc_St_2-Gr_{cs}+WH' \qquad (12-6)$$

式中,$S=L+G=F-W$,S 为溶态母液的量(即尚未结晶的过饱和溶液),c_S 为溶态母液的比热容。

　　通常在结晶过程中,溶液稀释热效应可忽略不计,故溶液的比热容可近似按线性加和计算,即

$$c_F=c_W(1-a_F)+c_Ga_F \qquad (12-7)$$
$$c_S=c_W(1-a_S)+c_Ga_S \qquad (12-7a)$$

式中　　c_W——水的比热容,kJ/(kg·℃);

　　　　a_S——溶态母液中溶质的质量分数。

　　将式(12-7)与式(12-7a)联立消去 c_G,可得

$$\frac{c_F-c_W}{c_S-c_W}=\frac{a_F}{a_S}$$

　　再将上式代入如下物料衡算方程式(12-8):

$$a_S=\frac{Fa_F}{S}=\frac{Fa_F}{F-W} \qquad (12-8)$$

整理可得

$$(F-W)c_S=Fc_F-Wc_W \qquad (12-9)$$

　　将式(12-9)代入式(12-6),可得

$$Wr_W=Fc_F(t_1-t_2)+Gr_{cr}+Q \qquad (12-9a)$$

式中，$r_w = H' + c_w t_2$，r_w 为溶剂（水）在温度 t_2 下的汽化热，kJ/kg。

式（12-9a）表明，结晶过程中溶剂（水）汽化所需的热量等于溶液降温放出的显热、溶液结晶放出的结晶热，以及外界加入的热量之和。

对于溶剂自蒸发的真空结晶过程，$Q = 0$，式（12-9a）可简化为

$$Wr_w = Fc_F(t_1 - t_2) + Gr_{cr} \qquad (12-9b)$$

◆ 例 12-1　采用真空冷却结晶器将 80 ℃的醋酸钠水溶液结晶制 $NaC_2H_3O_2 \cdot 3H_2O$。已知原料液中醋酸钠的质量分数为 40%，进料量为 2000 kg/h，结晶器内操作压力为 2.06 kPa（绝对压力），溶液的沸点升高可取 11.5 ℃，试计算结晶产量（单位为 kg/h）。已知数据：结晶热 $r_{cr} = 144$ kJ/kg 水合物，溶液比定压热容 $c_p = 3.50$ kJ/(kg·℃)。

解：查得 2.06 kPa 下水的汽化热 $r_w = 2451.8$ kJ/kg，水的沸点为 17.5 ℃。溶液的平衡温度 $t_2 = (17.5 + 11.5)$ ℃ $= 29$ ℃，

从有关手册中查得 29 ℃时母液中溶质的溶解度为 0.54 kg/kg 水，故

$$a_L = \frac{0.54}{1 + 0.54} = 0.351$$

晶体中水的质量分数为　　　$a_G = 82/136 = 0.603$

由于是真空冷却结晶，所以 $Q = 0$。

将以上数据代入物料衡算方程（12-2）和热量衡算方程（12-9b），分别得

$$G = \frac{2000 \times (0.4 - 0.351) + W \times 0.351}{0.603 - 0.351}$$

及　　　$W \times 2451.8 \times 10^3 = 2000 \times 3.50 \times 10^3 \times (80 - 29) + G \times 144 \times 10^3$

联立解得　　　　　　　$W = 183.6$ kg/h

　　　　　　　　　　　$G = 646.8$ kg/h

12.1.6　其他结晶方法

除了前面讨论的溶液结晶方法外，还有许多其他结晶方法，如熔融结晶、沉淀结晶、升华结晶、喷射结晶、冰析结晶等。

一、熔融结晶

熔融结晶是根据待分离物质之间的凝固点不同而实现物质结晶分离的过程。熔融结晶与溶液结晶的比较参见表 12-1。

表 12-1　熔融结晶与溶液结晶的比较

项目	熔融结晶	溶液结晶
原理	利用待分离组分凝固点的不同，使它们得以结晶分离	冷却或移除部分溶剂，使溶质从溶液中结晶出来

项目	熔融结晶	溶液结晶
推动力	过冷度	过饱和度,过冷度
操作温度	在结晶组分的熔点附近	取决于物系的溶解度特性
过程的主要控制因素	传热、传质及结晶速率	传质及结晶速率
产品形态	液体或固体	呈一定分布的晶体颗粒
目的	分离纯化	分离、纯化、产品晶粒化
结晶器型式	塔式或釜式	釜式为主

熔融结晶多用于有机化合物的分离提纯,而专门用于冶金材料精制或高分子材料加工的区域熔炼过程也属于熔融结晶。

二、沉淀结晶

沉淀结晶包括反应结晶和盐析结晶。

反应结晶是通过气体(或液体)与液体之间的化学反应,生成溶解度很小的产物。工业上通过反应结晶制取固体产品的例子很多,例如,由硫酸和含氨焦炉气反应生产 $(NH_4)_2SO_4$,由盐水及窑炉气生产 $NaHCO_3$ 等。通常化学反应速率比较快,溶液容易进入不稳区而产生过多晶核,因此反应结晶所生产的固体颗粒一般较小。要制取足够大的固体颗粒,必须将反应试剂高度稀释,并且反应结晶时间要足够长。

盐析结晶是通过往溶液中加入某种物质来降低溶质在溶剂中的溶解度,使溶液达到过饱和。所加入的物质称为稀释剂或沉淀剂,它可以是固体、液体或气体。此法之所以称为盐析结晶,是因为 NaCl 是一个最常用的沉淀剂。一个典型例子是从硫酸钠盐水中生产 $Na_2SO_4 \cdot 10H_2O$,通过向硫酸钠盐水中加入 NaCl 可降低 $Na_2SO_4 \cdot 10H_2O$ 的溶解度,从而提高 $Na_2SO_4 \cdot 10H_2O$ 的结晶产量。某些液体也常用作沉淀剂,例如,醇类和酮类可用于 KCl、NaCl 和其他溶质的盐析。

三、升华结晶

升华是物质不经过液态直接从固态变成气态的过程。其反过程,气体物质直接凝结为固态的过程称为凝华。升华结晶过程常常包括上述两个步骤。通过这种方法可以将一个升华组分从含其他不升华组分的混合物中分离出来。例如,碘、萘等常采用这种方法进行分离提纯。

四、喷射结晶

喷射结晶类似于喷雾干燥过程,它是将很浓的溶液中的溶质或熔融体进行固化的一种方式,所得固体颗粒的大小和形状在很大程度上取决于喷射口的大小和形状。

五、冰析结晶

冰析结晶过程一般采用冷却方法,其特点是使溶剂结晶,而非溶质结晶,其应用实例有海水脱盐制取淡水、果汁的浓缩等。

12.2 膜 分 离

12.2.1 膜分离概述

一、膜分离的定义及分类

膜分离是利用固体半透膜或液膜对混合物(气体或液体)中各组分的渗透性差异来分离混合物的过程。当原料混合物在特定的半透膜中运动时,由于混合物中各组分在膜内的迁移速率不同,经半透膜的选择性渗透作用,改变混合物的组成,实现组分间的分离。膜分离技术广泛应用于化工、冶金、能源、环保、生物医药、轻工食品、海水淡化等领域,已成为当今最重要的分离技术之一。

膜分离过程的推动力是待分离组分在膜两侧的化学位,具体表现为压力差、浓度差或电位差等。其中,以压力差为推动力的膜分离过程是目前应用最广、历史最悠久的膜分离过程,包括微滤、超滤、纳滤和反渗透等;以浓度差为推动力的膜分离过程包括渗析、气体膜分离和渗透蒸发等;以电位差为推动力的膜分离过程称为电渗析,它用于溶液中带电粒子的分离。若干常见的膜分离过程详见表 12-2。

表 12-2 若干常见的膜分离过程

过程	概念示意图	膜类型	推动力	传递机理	透过物	截留物
微滤 MF	原料液 → □ → 透过液	微孔膜 (0.02~10 μm)	压力差 ~0.1 MPa	筛分	水、溶剂溶解成分	悬浮物、微粒
超滤 UF	原料液 → □ → 浓缩液 / 透过液	非对称多孔膜 (1.2~20 nm)	压力差 0.1~0.5 MPa	筛分	水、溶剂小分子溶解物	胶体、细菌等大分子物质
纳滤 NF	原料液 → □ → 浓缩液 / 透过液	非对称荷电膜 (<20 nm)	压力差 0.3~0.6 MPa	筛分	溶剂、一价离子	<20 nm 的中性分子或高价离子
反渗透 RO	原料液 → □ → 浓缩液 / 溶剂	非对称膜或复合膜 (0.1~1 nm)	压力差 2~10 MPa	溶剂和溶质的选择性渗透	水、溶剂	溶质、悬浮物、离子
渗析 D	原料液 → □ → 大分子截留液 / 小分子+渗析液 → 渗析液	微孔膜或均质膜 (1.5~10 nm)	浓度差	筛分和微孔膜内的受阻扩散	离子、小相对分子质量的有机化合物	相对分子质量大于1000的溶解物和悬浮物

续表

过程	概念示意图	膜类型	推动力	传递机理	透过物	截留物
电渗析 ED	阳极 阴膜 浓电解质 原料液 非离子溶剂 阳膜 浓电解质 阴极	离子交换膜（1～10 nm）	电位差	反离子经离子交换膜的迁移	离子	非离子和中性分子
气体膜分离 GP	混合气 渗余气 渗过气	均质膜（<50 nm）或复合膜	压力差 1～10 MPa、浓度差	气体的选择性扩散渗透	气体或蒸气	不透过膜的气体或蒸气
渗透蒸发 PV	原料液 非汽化组分 汽化透过组分	均质膜（<1 nm）或非对称膜（0.3～0.5 μm）	浓度差、分压差	气体的选择性扩散渗透	蒸气	液体

二、膜分离的特点

与传统分离方法相比,膜分离过程具有如下特点:

(1) 膜分离过程通常在常温下进行,特别适合于热敏性物料的分离,如食品、生物产品的分离、浓缩及纯化等;

(2) 多数膜分离过程不发生相的变化,因而能耗较低;

(3) 由于膜分离过程主要以压力差或电位差等为推动力,因此装置简单,操作方便,易于工业放大;

(4) 膜分离的应用范围广泛,不仅适合于无机和有机化合物的分离,而且适用于病毒、细菌等的分离;

(5) 膜分离过程不消耗化学试剂,不外加任何添加剂,因而不会污染产品。

12.2.2 膜材料及膜性能

一、膜材料及分类

膜分离过程所用膜的种类和功能繁多,分类方法也有多种。按照膜材料的不同,可分为聚合物膜和无机膜两大类。

1. 聚合物膜

聚合物膜是由天然的或合成的聚合物制成的,目前在分离用膜中占主导地位。天然聚合物包括橡胶、纤维素等;合成聚合物可由相同单体经缩合或加合反应制得,亦可由两种不同单体共聚制得。按照聚合物膜的结构与作用特点,可将其分为均质膜、微孔膜、非对称膜、复合膜与离子交换膜 5 类。

(1) 均质膜　它是一种截面均质的致密薄膜,物质通过这类膜的传递机理主要是分子扩散。

（2）微孔膜　微孔膜内含有相互交联的微孔道，这些孔道曲曲折折，孔径大小分布范围宽，一般为 $0.01\sim20~\mu m$，膜厚 $50\sim250~\mu m$。对于小分子物质，微孔膜的透过率高，但选择性低。当原料混合物中一些物质的分子尺寸大于膜的平均孔径，而另一些物质的分子尺寸小于膜的平均孔径时，用微孔膜可以实现对这两类物质的分离。

（3）非对称膜　这种膜的特点是膜的断面不对称，故称非对称膜。它由同种材料制成的表面活性层与大孔支撑层两层组成。膜的分离作用主要取决于表面活性层。由于表面活性层很薄（通常仅 $0.1\sim1.5~\mu m$），故对分离小分子物质而言，该膜层不但渗透性高，而且分离的选择性好。大孔支撑层呈多孔状，仅起支撑作用，其厚度一般为 $50\sim250~\mu m$。

（4）复合膜　它由在非对称膜表面加一层 $0.2\sim15~\mu m$ 的均质活性层构成。膜的分离作用也取决于这层均质活性层。与非对称膜相比，复合膜的均质活性层可根据不同需要选择多种材料。

（5）离子交换膜　它是一种膜状的离子交换树脂，由基膜和活性基团构成。按膜中所含活性基团的种类可分为阳离子交换膜、阴离子交换膜和特殊离子交换膜。这类膜大多为均质膜，厚度在 $200~\mu m$ 左右。

2. 无机膜

聚合物膜通常应在较低的温度下使用（最高不超过 200 ℃），并要求待分离的原料混合物不与膜发生化学作用。当在较高温度下或原料混合物为化学活性混合物时，可以采用由无机材料制成的分离膜。无机膜是以金属及其氧化物、陶瓷、多孔玻璃等为原料，制成相应的金属膜、陶瓷膜、玻璃膜等。这类膜的特点是热稳定性、机械稳定性和化学稳定性好，使用寿命长，污染少且易于清洗，孔径分布均匀等。其主要缺点是易破损、成型性差、造价高。

此外，无机材料还可以和聚合物制成杂合膜，该类膜有时能综合无机膜与聚合物膜的优点而具有良好的性能。目前无机膜的开发速度远快于聚合物膜。

二、膜的性能参数

膜分离的效果主要取决于膜本身的性能，膜材料的结构及其化学性质对分离膜的性能起着决定性的影响。膜的性能包括膜的物化稳定性和分离性能两个方面。

膜的物理稳定性主要指其机械强度、允许使用的压力和温度范围等；化学稳定性是指其耐酸、碱和有机溶剂的性能及对各种化学品的抵抗性能等。膜分离过程中，对所用膜的要求是：具有良好的机械强度、热稳定性和化学稳定性。

膜的分离性能包括膜的透过性能和膜的分离能力。膜的透过性能通常用透过通量（或速率）表示；膜的分离能力是指对被分离混合物中各组分选择性透过的能力。对于不同的膜分离过程，其表示方法不同，如截留率、截留分子量等。

1. 截留率 R

膜的截留率定义为

$$R = \frac{c_F - c_P}{c_F} = 1 - \frac{c_P}{c_F} \tag{12-10}$$

式中　　c_F——原料液中被分离组分的浓度,kg/m^3 或 $kmol/m^3$;

　　　　c_P——透过液中被分离组分的浓度,kg/m^3 或 $kmol/m^3$。

截留率 R 反映了膜对被分离组分的截留程度,$R=100\%$ 表示被分离组分全部截留,此为理想的半透膜;$R=0$ 表示被分离组分全部透过,膜无分离作用。

2. 透过通量

透过通量是指单位时间、单位面积上透过的量(溶质或溶剂),其单位为 $kmol/(m^2 \cdot s)$ 或 $kg/(m^2 \cdot s)$。

透过通量的大小与膜材料的化学特性和膜的形貌及结构有关,该参数直接决定分离设备的大小。

3. 截留相对分子质量

截留相对分子质量是指分离时不允许透过膜的大分子物质的相对分子质量。截留相对分子质量在一定程度上反映膜孔径的大小。由于多孔膜的孔径大小不一,所以截留物的相对分子质量将在膜孔径范围内分布。一般取截留率 $R=90\%$ 的物质的相对分子质量作为膜的截留相对分子质量。

12.2.3　典型膜过程简介

一、反渗透

1. 反渗透的原理

反渗透是利用某些半透膜只允许溶剂(通常为水)通过而截留溶质(通常为离子)的特性,以膜两侧压力差为推动力,克服溶剂的渗透压,使溶剂透过膜而实现液体混合物分离的膜过程。

渗透现象是由化学位差引起的自发扩散现象,其原理可由图 12-8 的实例说明。用半透膜将一个容器隔成两部分,一侧放入 25℃ 的海水(溶解盐的质量分数约为 3.5%),另一侧放入相同温度的纯水,所用半透膜只允许水分子通过而不允许溶质(盐离子)通过,如图 12-8(a)所示。由于纯水的化学位高于盐溶液中水的化学位,纯水将通过半透膜进入海水中从而将其稀释。当两侧的化学位相等时,渗透达到平衡状态,将出现如图 12-8(b)

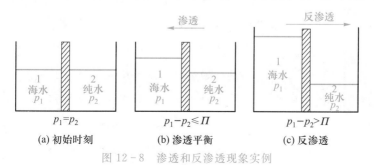

图 12-8　渗透和反渗透现象实例

所示的情况。此时膜两侧的压力差(即二液面之间的液柱静压差)$p_1 - p_2 = \Pi$ 为盐溶液的渗透压。

　　若在海水的上方施加压力,海水中水的化学位将升高,海水中的水分子将经半透膜进入纯水侧,这种现象是渗透的逆过程,称为反渗透,如图 12-8(c)所示。因此,利用反渗透操作可以从溶液中获得纯溶剂,截留离子(溶质),从而达到混合物分离的目的。

　　渗透压的大小是溶液的物性,且与溶质的浓度有关,表 12-3 列出了 25 ℃下不同浓度的 NaCl 水溶液的渗透压。

表 12-3　25℃下不同浓度的 NaCl 水溶液的渗透压

$\dfrac{浓度}{mol NaCl/kg\ 水}$	0	0.01	0.10	0.50	1.0	2.0
$\dfrac{渗透压}{MPa}$	0	0.04762	0.4620	2.2849	4.6407	9.7475
$\dfrac{密度}{kg/m^3}$	997.0	997.4	1001.1	1017.2	1036.2	1072.3

　　在实际反渗透过程中,反渗透膜的两侧是不同浓度的溶液,因此反渗透过程所需的外压 Δp 应大于膜两侧溶液的渗透压差 $\Pi_1 - \Pi_2 = \Delta\Pi$。通常情况下,反渗透的操作压力差为 2～10 MPa。

　　反渗透膜常用对称膜与复合膜,由醋酸纤维素、聚酰胺等材料制成,其致密表层几乎无孔,因此可截留大多数溶质(包括离子)而使溶剂通过。反渗透膜必须有良好的亲水性能和透水性能。此外,反渗透膜还必须有良好的耐压性能。

　　2. 通量方程

　　描述反渗透膜内溶质传递的机理有两种。一种认为半透膜为微孔膜,能够截留大于 1 nm 的溶质,而溶剂(水)和溶解在其中的更小的溶质以黏性流动方式通过微孔到达膜的另一侧。另一种认为半透膜是无孔的致密膜,能截留约 1nm 大小的溶质。溶剂(水)和更小的溶质在膜内通过分子扩散的方式透过膜,其推动力是膜内的浓度梯度及膜两侧压力差。

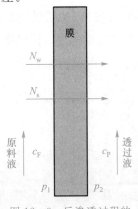

图 12-9　反渗透过程的通量和浓度

　　根据膜内传递的溶解-扩散机理(第 2 种机理),溶剂(水)和溶质透过膜的过程为① 原料液中的溶剂(水)或溶质首先吸附在膜的表面并溶解于膜内;② 在膜内浓度梯度和膜两侧压力差的推动下以分子扩散的方式透过膜;③ 在膜的另一侧解吸并进入透过液中,如图 12-9 所示。

　　溶剂(水)透过膜的透过通量可表示为

$$N_w = A_w(\Delta p - \Delta\Pi) \tag{12-11}$$

式中　　N_w——溶剂(水)的透过通量,kg 溶剂/$(m^2 \cdot s)$;

　　　　A_w——溶剂的渗透常数,kg 溶剂/$(m^2 \cdot s \cdot Pa)$;

Δp——膜两侧的压力差（$\Delta p = p_1 - p_2$，p_1 为原料液的压力，p_2 为透过液的压力），Pa；

$\Delta \Pi$——膜两侧的渗透压差（$\Delta \Pi = \Pi_1 - \Pi_2$，$\Pi_1$ 为原料液的渗透压，Π_2 为透过液的渗透压），Pa。

类似地，溶质的透过通量方程为

$$N_s = A_s (c_F - c_P) \tag{12-12}$$

式中　N_s——溶质（盐）的透过通量，kg 溶质/($\text{m}^2 \cdot \text{s}$)；

A_s——溶质的渗透常数，m/s；

c_F——原料液中溶质的浓度，kg 溶质/m^3；

c_P——透过液中溶质的浓度，kg 溶质/m^3。

总透过通量为溶剂透过通量与溶质透过通量之和：

$$N = N_w + N_s \tag{12-13}$$

其单位为 kg 溶液/($\text{m}^2 \cdot \text{s}$)。

式(12-11)及式(12-12)中的渗透常数 A_w 和 A_s 是表征膜性能的重要参数，其值与膜的性质和结构有关，需根据所用膜的类型由实验来确定。对于常用的醋酸纤维素膜，水的渗透常数 A_w 的范围为 $1 \times 10^{-6} \sim 5 \times 10^{-6}$ kg 水/($\text{m}^2 \cdot \text{s} \cdot \text{kPa}$)；溶质的渗透常数 A_s 分别为 NaCl 4.0×10^{-7} m/s，KCl 6.0×10^{-7} m/s，$MgCl_2$ 2.4×10^{-7} m/s 等。

定态下对溶质作质量衡算，可得溶质扩散通过膜的量应等于离开的透过液中溶质的量，即

$$N_s = \frac{N_w c_P}{c_{wP}} \tag{12-14}$$

式中　c_{wP}——透过液中溶剂的浓度，kg 溶剂/m^3。

如果透过液是稀溶液，则 c_{wP} 近似为溶剂的密度。

将式(12-11)和式(12-12)代入式(12-14)中，解得

$$\frac{c_P}{c_F} = \frac{1}{1 + B(\Delta p - \Delta \Pi)} \tag{12-15}$$

式中，$B = \dfrac{A_w}{A_s c_{wP}}$，单位为 Pa。

将式(12-15)代入式(12-10)，可得反渗透过程的截留率为

$$R = 1 - \frac{c_P}{c_F} = \frac{B(\Delta p - \Delta \Pi)}{1 + B(\Delta p - \Delta \Pi)} \tag{12-16}$$

◆ 例 12-2　25℃下用反渗透膜分离 NaCl 水溶液。已知原料液浓度为 2.5 kg NaCl/m^3，密度为 999 kg/m^3。水的渗透常数为 $A_w = 4.747 \times 10^{-6}$ kg 水/($\text{m}^2 \cdot \text{s} \cdot \text{kPa}$)，NaCl 的渗透常数为 $A_s = 4.42 \times 10^{-7}$ m/s。操作压力差 $\Delta p = 2.76$ MPa。试求水的透过通量 N_w、溶质的透过通量 N_s、溶质的截留率 R 及透过液的浓度 c_P。

解：由题意知，原料液中的水含量为$(999-2.5)$ kg 水/m^3=996.5 kg 水/m^3，故 NaCl 的含量为$[(2.5\times1000)/(996.5\times58.5)]$mol/kg 水=0.04289 mol/kg 水。由表 12-3 查得 $\Pi_1=0.200$ MPa。

由于透过液浓度 c_P 是未知的，故先初设 $c_P=0.1$ kg NaCl/m^3。由于所设 c_P 值很低，可认为该透过液的密度近似等于同温度下(25 ℃)水的密度，即 $\rho=999$ kg 水/m$^3\approx\rho_P=997.0$ kg 溶液/m^3。同理，透过液中水的浓度亦可近似为水的密度 $c_{wP}\approx997.0$ kg 水/m^3。这样，对于透过液，每千克水中含 NaCl 的含量为$[(0.1\times1000)/(997.0\times58.5)]$mol/kg 水=0.00171 mol/kg 水。由表 12-3 查得 $\Pi_2=0.00811$ MPa。

由式(12-11)得水的通量为

$$N_w=A_w(\Delta p-\Delta\Pi)=[4.747\times10^{-6}\times1000\times(2.76-0.200+0.00811)]\text{kg 水}/(\text{m}^2\cdot\text{s})$$

$$=1.219\times10^{-2}\text{ kg 水}/(\text{m}^2\cdot\text{s})$$

$$B=\frac{A_w}{A_sc_{wP}}=\left(\frac{4.747\times10^{-6}}{4.42\times10^{-7}\times997.0}\right)\text{kPa}^{-1}=0.01077\text{ kPa}^{-1}=10.77\text{ MPa}^{-1}$$

由式(12-16)得截留率为

$$R=\frac{B(\Delta p-\Delta\Pi)}{1+B(\Delta p-\Delta\Pi)}=\frac{10.77\times(2.76-0.200+0.00811)}{1+10.77\times(2.76-0.200+0.00811)}=0.965$$

再由式(12-10)可得 $$0.965=1-\frac{c_P}{c_F}=1-\frac{c_P}{2.5}$$

解得 $$c_P=0.0875\text{ kgNaCl/m}^3$$

该值与初设值略有偏差，故将其作为初值，重复以上计算步骤。结果表明 c_P 值没有明显变化。因此将 $c_P=0.0875$ kg NaCl/m^3 作为计算的终值。

由式(12-12)得溶质的通量为

$$N_s=A_s(c_F-c_P)=[4.42\times10^{-7}\times(2.5-0.0875)]\text{kgNaCl}/(\text{m}^2\cdot\text{s})$$

$$=1.066\times10^{-6}\text{ kgNaCl}/(\text{m}^2\cdot\text{s})$$

3. 浓差极化及其对膜通量的影响

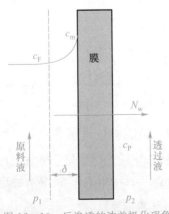

图 12-10   反渗透的浓差极化现象

在反渗透过程中，由于半透膜只允许溶剂透过，溶质不能或只有极少量的透过，因此溶质在膜高压侧的表面上逐渐积累，致使膜表面处的浓度 c_m 高于主体溶液浓度 c_F，从而在膜表面到溶液主体之间形成一个厚度为 δ 的浓度边界层，引起溶质从膜表面向溶液主体的扩散，这一现象称为浓差极化，如图 12-10 所示。

发生浓差极化时，引起水的通量下降，因为渗透压 Π_1 随着边界层浓度的增加而上升，总推动力($\Delta p-\Delta\Pi$)下降。同样，溶质通量增加，因为边界层内的溶质浓度增加。因此,通常需要增加 Δp 以补偿推动力的下降,这样就会增加过程的能耗。

浓差极化的影响可以用浓差极化比 β 来表示,其定义为膜表面溶质的浓度 c_m 与原料液主体溶质的浓度 c_F 之比。据此,可将水透过膜的通量方程近似表示为

$$N_w = A_w(\Delta p - \Delta \Pi') \tag{12-17}$$

式中,$\Delta \Pi' = \beta \Pi_1 - \Pi_2$。

由于渗透压近似正比于浓度,因此溶质的通量方程可修正为

$$N_s = A_s(\beta c_F - c_P) \tag{12-18}$$

浓差极化比 β 的计算往往是困难的,其值通常为 $1.2 \sim 2.0$,即边界层中溶质的浓度是原料液主体中溶质浓度的 $1.2 \sim 2.0$ 倍。

反渗透主要应用于海水和苦咸水的脱盐淡化、纯水制备,以及低相对分子质量水溶液的浓缩和回收等。

二、超滤

1. 超滤的原理及应用

超滤的原理与反渗透类似,也是由压力差为推动力的膜分离过程。原料液(通常为水溶液)中的水和小分子溶质透过膜,进入膜的另一侧作为透过液;大分子溶质被截留作为浓缩液回收。

超滤所用膜一般为非对称多孔膜,由芳香聚酰胺、醋酸纤维素、聚酰亚胺、聚砜等材料制造,其表面活性层有孔径为 $1.2 \sim 20$ nm 的微孔,能够截留相对分子质量 $500 \sim 1000000$ 或更大的大分子溶质,如蛋白质、聚合物、淀粉、胶体微粒等。

超滤是目前应用最为广泛的膜分离技术,应用实例包括食品加工中果汁的澄清、牛奶的浓缩及其他乳制品的加工;生物制药中蛋白质的分离或分级、生物酶的浓缩精制;从工业废水中除去大分子有机化合物及微粒、细菌、热源等有害物等。

2. 通量方程与浓差极化

溶剂的透过通量仍可用反渗透的通量方程式(12-11)表示:

$$N_w = A_w(\Delta p - \Delta \Pi) \tag{12-11}$$

与反渗透不同的是,超滤膜仅截留大分子溶质及各种胶体微粒。由于大分子溶质的渗透压通常是很低的,可以忽略不计,因此式(12-11)变成

$$N_w = A_w \Delta p \tag{12-19}$$

或写成

$$N_w = \Delta p / R_m \tag{12-20}$$

式中,$R_m = 1/A_w$,是膜阻力,简称膜阻,是膜渗透性能的重要参数,其单位为 $(m^2 \cdot s \cdot Pa)/kg$ 溶剂。

与反渗透的操作压力差($2 \sim 10$ MPa)相比,超滤的操作压力差较低,通常为 $0.1 \sim 0.5$ MPa。对于低压力差(如 $\Delta p < 0.1$ MPa)或低原料液浓度(如大分子溶质的质量分数低于 1%)的超滤,式(12-20)的计算值与实验值非常接近。

当原料液浓度较高或采用较大的操作压力差时,透过通量的计算需考虑浓差极化的影响。

与反渗透类似,在超滤过程中,由于溶质被膜截留并在膜表面处积聚,当操作压力差及溶质浓度增加时,产生浓差极化,而且比反渗透过程的浓差极化严重得多,如图 12-11(a)所示。图中 c_m 是膜表面处溶质的浓度,c_F 是溶液主体中溶质的浓度,c_P 是透过液中溶质的浓度。

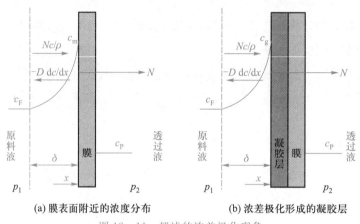

(a) 膜表面附近的浓度分布　　　　　(b) 浓差极化形成的凝胶层

图 12-11　超滤的浓差极化现象

在定态条件下,对溶质作质量衡算可知,溶质透过膜的通量 N_s 等于溶质从溶液主体对流传递到膜表面的通量(Nc/ρ)与溶质从膜表面扩散到溶液主体的通量($-D\,\mathrm{d}c/\mathrm{d}x$)之差,即

$$N_s = -D\,\frac{\mathrm{d}c}{\mathrm{d}x} + \frac{N}{\rho}\,c \tag{12-21}$$

式中　　N——溶液的透过通量,kg 溶液/(m²·s);

　　　　ρ——溶液的总浓度(密度),kg 溶液/m³;

　　　　D——溶质的扩散系数,m²/s;

　　　　c——原料液中溶质的浓度,kg 溶质/m³;

　　　　N_s——溶质透过膜的通量,kg 溶质/(m²·s)。

由于　　　　　　　　　　$N_s = N/\rho \cdot c_P \tag{12-22}$

式中　　c_P——透过液中溶质的浓度,kg 溶质/m³。

将式 (12-22)代入式(12-21)中,并在 $x=0$、$c=c_F$ 至 $x=\delta$、$c=c_m$ 积分,可得

$$\frac{N}{\rho} = \frac{D}{\delta}\,\ln\frac{c_m-c_P}{c_F-c_P} = k_c\,\ln\frac{c_m-c_P}{c_F-c_P} \tag{12-23}$$

式中　　$k_c = D/\delta$——浓差极化层内的传质系数,m/s。

如果进一步增加操作的压力差,膜表面处的浓度 c_m 将达到极限值 c_g。在此极限浓度下,膜面上的溶质积聚形式一个半固体状的凝胶层,其中 $c_m = c_g$,如图 12-11(b)所示。凝胶层形成后,几乎所有的大分子溶质全部被凝胶层截留,即 $c_P = 0$。

由于凝胶层的形成,溶液的透过通量达到某一极限值 N_{lim}。由式(12-23)可得

$$\frac{N_{\text{lim}}}{\rho} = \frac{N_{\text{w}}}{\rho} = k_{\text{c}} \ln \frac{c_{\text{g}}}{c_{\text{F}}} \qquad (12-24)$$

有凝胶层存在时,溶剂的透过通量可写为

$$N_{\text{w}} = \frac{\Delta p}{R_{\text{m}} + R_{\text{g}}} \qquad (12-25)$$

式中 R_{g}——凝胶层的附加阻力,$(\text{m}^2 \cdot \text{s} \cdot \text{Pa})/\text{kg}$ 溶剂。

超滤的操作压力差与透过通量之间的关系如图 12-12 所示。由图可见,对于纯溶剂或极低浓度溶液的超滤,N_{w} 与 Δp 成正比,即式(12-19)。随着原料液中溶质浓度的提高,由于浓差极化等的影响,透过通量随操作压力差的增加为一曲线,即式(12-23)。

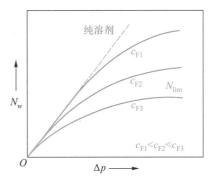

图 12-12 超滤的操作压力差与透过通量之间的关系

当凝胶层形成后,透过通量达到极限通量 N_{lim},即可由式(12-24)表示。此时 N_{lim} 仅与原料液浓度 c_{F} 有关,而与膜本身的阻力无关。原料液浓度越高,极限通量越小。因此,对于一定浓度的原料液,操作压力差过高并不能有效提高透过通量。工业应用中,实际的操作压力差应根据原料液浓度和膜的性质由实验确定。

三、渗析

1. 渗析的原理

渗析又称透析,它是以膜两侧流体的浓度差为推动力的膜过程。原料液与溶剂(称为渗析液)分别在半透膜的两侧逆流流过,在浓度差的推动下,原料液中的小分子溶质以扩散方式通过膜进入渗析液一侧,而大分子溶质被截留。如果膜两侧的压力相等,则在渗透压的作用下,溶剂也会通过膜渗透至原料液一侧。提高原料液侧压力则溶剂渗透可以减少乃至消除。

渗析用膜多为微孔膜或均质膜,典型的渗析膜材料是亲水性纤维素、醋酸纤维素、聚砜和聚甲基丙烯酸甲酯。典型渗析膜厚为 50 μm,膜孔径 1.5～10 nm。由于渗析膜两侧的压力基本相等,故渗析膜可以做得很薄。

2. 通量方程

以均质膜的渗析过程为例,其传质过程如图 12-13 所示。溶质分子先从原料液传递至膜表面并溶解于膜内,然后在浓度梯度的作用下扩散通过膜,在膜的另一侧解吸进入渗析液中。

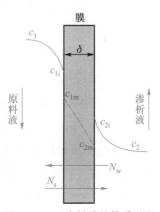

图 12-13 渗析膜的传质过程

在定态条件下,溶质的通量方程可表示为

$$N_s = k_{c1}(c_1 - c_{1i}) = \frac{D}{\delta}(c_{1m} - c_{2m}) = k_{c2}(c_{2i} - c_2) \qquad (12-26)$$

式中　　c_1——原料液中扩散溶质的浓度,kmol 溶质/m³;

　　　　c_{1i}——原料液侧膜表面处溶质的浓度,kmol 溶质/m³;

　　　　c_{1m}——原料液侧膜表面处膜相中溶质的浓度,kmol 溶质/m³;

　　　　c_2——渗析液中扩散溶质的浓度,kmol 溶质/m³;

　　　　c_{2i}——渗析液侧膜表面处溶质的浓度,kmol 溶质/m³;

　　　　c_{2m}——渗析液侧膜表面处膜相中溶质的浓度,kmol 溶质/m³;

　　　　k_{c1}——原料液侧的对流传质系数,m/s;

　　　　k_{c2}——渗析液侧的对流传质系数,m/s;

　　　　D——溶质在膜相中的扩散系数,m²/s;

　　　　δ——膜厚,m。

在液-膜界面处,液相浓度 c_i 与膜相浓度 c_m 可通过平衡系数相关联:

$$K' = \frac{c_m}{c_i} = \frac{c_{1m}}{c_{1i}} = \frac{c_{2m}}{c_{2i}} \qquad (12-27)$$

将式(12-27)代入式(12-26),可得

$$N_s = k_{c1}(c_1 - c_{1i}) = p_m(c_{1i} - c_{2i}) = k_{c2}(c_{2i} - c_2) \qquad (12-28)$$

$$p_m = \frac{DK'}{\delta} \qquad (12-29)$$

式中　　p_m——溶质在膜内的渗透系数,m/s。

将式(12-28)写为

$$\frac{N_s}{k_{c1}} = c_1 - c_{1i}, \qquad \frac{N_s}{p_m} = c_{1i} - c_{2i}, \qquad \frac{N_s}{k_{c2}} = c_{2i} - c_2$$

三式相加可得

$$N_s = \frac{c_1 - c_2}{1/k_{c1} + 1/p_m + 1/k_{c2}} \qquad (12-30)$$

式中　　$1/k_{c1}$、$1/p_m$、$1/k_{c2}$——分别是原料液侧、膜内和渗析液侧的传质阻力。

在某些情况下,两液侧的阻力远小于膜阻力,即渗析通量由膜阻力控制。

3. 渗析的应用

渗析膜过程可用于许多液体混合物的分离。例如,从含 17%～20%NaOH 的半纤维素废液中回收 9%～10%的纯液态 NaOH;从含金属离子的废酸液中回收铬酸、盐酸、氢氟酸;从含硫酸镍的废酸中回收硫酸;回收啤酒液中的乙醇并生产低酒精度的啤酒;从有机化合物中回收矿物酸;去除聚合物液体中的低摩尔质量杂质;药物的纯化等。渗析膜分离的另一个重要应用是血液透析,清除血液中的尿素、肌酐、尿酸等小分子代谢物,但保留血液中的大分子有用物质和血细胞。血液透析装置又称人工肾。

◆ 例 12-3   37 ℃下用醋酸纤维素膜渗析器去除血液中的毒性物质尿素,膜的厚度为 0.025 mm,膜面积为 2.0 m²。血液侧的传质系数 $k_{c1}=1.25\times10^{-5}$ m/s,水溶液(渗析液)侧的传质系数 $k_{c2}=3.33\times10^{-5}$ m/s,膜的渗透系数为 8.73×10^{-6} m/s。血液中尿素的浓度为 0.02 g/100 mL,而在渗析液中的浓度可假定为零。试求尿素的去除通量和去除速率。

解:尿素的浓度 $c_1=200$ g/m³、$c_2=0$,代入式(12-30)可得

$$
\begin{aligned}
N_s &= \frac{c_1-c_2}{1/k_{c1}+1/p_m+1/k_{c2}} \\
&= \left[\frac{200-0}{1/(1.25\times10^{-5})+1/(8.73\times10^{-6})+1/(3.33\times10^{-5})}\right] g/(m^2\cdot s) \\
&= 8.91\times10^{-4}\ g/(m^2\cdot s)
\end{aligned}
$$

去除速率 $=N_s A=(8.91\times10^{-4}\times2.0\times3600)$ g/h $=6.42$ g/h

四、电渗析

电渗析是利用离子交换膜的选择性透过能力,在直流电场作用下使电解质溶液中形成电位差,从而产生阴、阳离子的定向迁移,达到溶液分离、提纯和浓缩的目的。

典型的电渗析过程如图 12-14 所示。图中的 4 片离子选择性膜按阴、阳膜交替排列。阳离子交换膜(C)带负电荷,它吸引正电荷(阳离子),排斥负电荷,只允许阳离子通过;而阴离子交换膜(A)带正电荷,它吸引负电荷(阴离子),排斥正电荷,只允许阴离子通过。两类离子交换膜均不透水。当在阴、阳两电极上施加一定的电压时,则在直流电场作用下阴、阳离子分别透过相应的膜进行渗析迁移,其结果是使阴、阳离子在室 2 和室 4 中被浓缩,从而获得一个浓缩的电解质溶液;而室 3 中的离子浓度下降,从而获得一个相

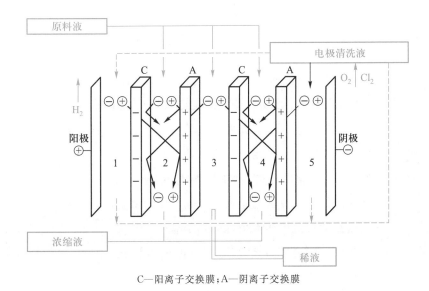

C—阳离子交换膜;A—阴离子交换膜

图 12-14   典型的电渗析过程示意图

对稀的电解质溶液。一般各室的压力保持平衡。

离子交换膜是一种具有交联结构的立体多孔状高分子聚合物,是一种聚电解质,在高分子骨架上带有若干可交换的活性基团,这些活性基团在水中可解离成带不同电荷的两部分,即解离的活性基团和可交换的离子,前者留在固相膜上,而后者则进到溶液中去。

目前电渗析技术已发展成为大规模的化工单元过程,广泛应用于苦咸水脱盐,在某些地区已成为饮用水的主要生产方法。随着性能更为优良的新型离子交换膜的出现,电渗析在食品、医药和化工领域将具有更广阔的应用前景。

五、气体膜分离

气体膜分离是气体混合物在膜两侧分压差的作用下,各组分以不同的渗透速率透过膜,使气体混合物得以分离的过程。

气体膜分离可分为两种情况:一种是气体通过多孔膜的分离,另一种是气体通过均质膜或具有致密活性层的非多孔膜的分离。其中,前者一般称为气体的扩散分离,其分离原理是气体通过微孔时组分的扩散速率与相对分子质量的平方成反比,经膜的渗透作用实现轻、重两种组分的分离。典型的工业应用包括^{235}U与^{238}U的分离,氢、碳同位素的分离等。

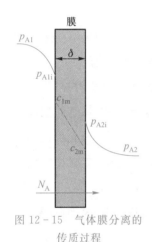

图 12 - 15 气体膜分离的传质过程

与膜渗析分离液体混合物类似,气体混合物通过均质膜的分离也可用溶解－扩散理论描述:在膜的高压侧,气体混合物中的渗透组分溶解在膜表面;溶解于膜内的组分以分子扩散方式从膜的高压侧传递至低压侧;在低压侧组分解吸至气相中,如图 12 - 15 所示。

在定态条件下,渗透组分 A 的通量方程可表示为

$$N_A = k_{G1}(p_{A1} - p_{A1i}) = \frac{D}{\delta}(c_{1m} - c_{2m}) = k_{G2}(p_{A2i} - p_{A2}) \qquad (12-31)$$

式中 p_{A1}——高压侧气体混合物中扩散组分的分压,kPa;

p_{A1i}——高压侧气 - 膜界面处气相中扩散组分的分压,kPa;

c_{1m}——高压侧气 - 膜界面处膜相中扩散组分的浓度,kmol/m³;

p_{A2}——低压侧气相中扩散组分的分压,kPa;

p_{A2i}——低压侧气 - 膜界面处气相中扩散组分的分压,kPa;

c_{2m}——低压侧气 - 膜界面处膜相中扩散组分的浓度,kmol/m³;

k_{G1}——高压侧的对流传质系数,kmol/(m²·s·kPa);

k_{G2}——低压侧的对流传质系数,kmol/(m²·s·kPa);

D——组分 A 在膜相中的扩散系数,m²/s;

δ——膜厚,m。

在气-膜界面处,固相与气相之间的相平衡关系可用亨利定律表示:

$$H = \frac{c_m}{p_{Ai}} = \frac{c_{1m}}{p_{A1i}} = \frac{c_{2m}}{p_{A2i}} \qquad (12-32)$$

式中 H——气体的溶解度系数。

将式(12-32)代入式(12-31)可得

$$N_A = k_{G1}(p_{A1} - p_{A1i}) = \frac{DH}{\delta}(p_{A1i} - p_{A2i}) = k_{G2}(p_{A2i} - p_{A2}) \qquad (12-33)$$

从上式中消去界面浓度,可得扩散的通量方程为

$$N_A = \frac{p_{A1} - p_{A2}}{1/k_{G1} + \delta/(DH) + 1/k_{G2}} \qquad (12-34)$$

式中 $1/k_{G1}$、$\delta/(DH)$、$1/k_{G2}$——分别为高压侧、膜相中和低压侧的对流传质阻力。

工业上用膜分离气体混合物的应用主要有:从合成氨尾气中回收 H_2,从空气中富集 O_2 和 N_2,天然气和空气的干燥,从空气中除去 CO_2 和 He 等。

12.2.4 膜分离设备(膜组件)

在本章12.2.2节中所论述的各种聚合物膜材料,可以根据实际应用的需要加工成如图 12-16 所示的 3 种形状。平板膜的典型尺寸为 1 m×1 m,厚度为 200 μm,其中致密活性层厚度为 50~500 nm,如图 12-16(a)所示。管式膜的典型尺寸为直径 0.5~5.0 cm,长度可达 6 m,其中致密活性层可以在管外侧面,亦可在管内侧面,并用玻璃纤维、多孔金属或其他适宜的多孔材料作为膜的支撑体,如图 12-16(b)所示。中空纤维膜的典型尺寸为内径 100~200 μm,纤维长约 1 m,致密活性层厚度 0.1~1.0 μm,如图 12-16(c)所示。

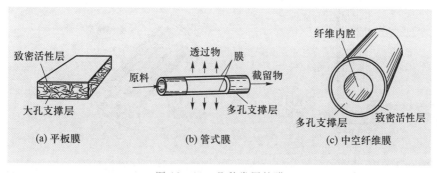

图 12-16 几种常用的膜

图 12-17 所示为常用的几种膜组件,是由如图 12-16 所示的各种形状的膜组装成的结构紧凑的膜组件。其中图 12-17(a)为典型的板框式膜组件。板框式膜组件的膜片可以做成圆形的、方形的或矩形的。另外,平板膜也可以做成如图 12-17(b)所示的螺旋卷式膜组件,其结构类似于螺旋板式换热器。螺旋卷式膜组件的典型结构是由中间为多孔支撑材料和两边为膜的"双层结构"装配而成的。其中三个边缘被密封而粘接成膜袋,另一个开放的边缘与一根多孔的透过物收集管相连接,在膜袋外部的进料侧再

垫一层网眼型间隔材料(隔网),即膜－多孔支撑体－进料侧隔网依次叠合,绕中心管紧密地卷在一起,形成一个膜卷,再装进圆柱形压力容器内,构成一个螺旋卷式膜组件。图12－17(c)是用于气体混合物分离的中空纤维式膜组件,其结构类似于管壳式换热器。加压的原料气体由膜组件的一端进入壳侧,在气体由进口端向另一端流动的同时,渗透组分经纤维管渗透至另一侧。管式膜组件的结构如图12－17(d)所示,其结构也与管壳式换热器类似,但原料多进入管内,而透过物在壳侧流动。管式膜组件通常装填的膜管数可达30以上。

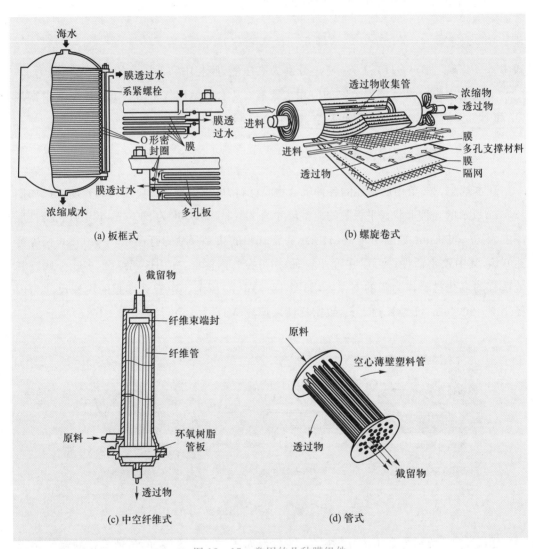

图 12－17　常用的几种膜组件

上述各种膜组件的特性比较参见表12－4。表中填充密度是指单位体积膜组件具有的膜表面积。显然,中空纤维式膜组件的填充密度最大。尽管板框式膜组件造价高,其填充密度也不很大,但在所有的工业膜分离中被普遍采用(气体膜分离除外)。螺旋卷式膜组件由于低造价和其良好的抗污染性能亦被广泛采用。中空纤维式膜组件由于具有很高的填充密度和低造价,在膜污染小和不需要进行膜清洗的场合应用普遍。

表 12-4 各种膜组件的特性比较

项目	板框式	螺旋卷式	中空纤维式	管式
填充密度 $\dfrac{m^2/m^3}$	30～500	200～800	500～9000	30～200
抗污染性能	好	中等	差	很好
膜清洗	易	可	难	简单
相对造价	高	低	低	高
主要应用	D、RO、PV、UF、MF	D、RO、GP、UF、MF	D、RO、GP、UF	RO、UF

12.3 吸　　附

吸附是利用某些固体能够从流体混合物中选择性地凝聚某些组分在其表面上的能力,使流体混合物中的组分彼此分离的单元操作过程。吸附是分离和纯化流体混合物的重要单元操作之一,广泛应用于化工、炼油、轻工、食品及环保等领域。

12.3.1 吸附现象与吸附剂

一、吸附现象

当气体或液体与某些固体接触时,在固体的表面上,气体或液体分子会不同程度地变浓变稠,这种固体表面对气体或液体分子的吸着现象称为吸附,其中的固体物质称为吸附剂,而被吸附的物质称为吸附质。

为什么固体具有把气体或液体分子吸附到自己表面上的能力呢?这是由于固体表面上的质点也和液体的表面一样,处于力场不平衡状态,表面上具有过剩的能量(即表面能)。这种不平衡的力场由于吸附质的吸附而得到一定程度的补偿,从而降低了表面能(表面自由焓),故固体表面可以自动地吸附那些能够降低其表面能的物质。吸附过程所放出的热量称为该物质在此固体表面上的吸附热。

二、物理吸附与化学吸附

按吸附作用力的不同,可将吸附分为两类:物理吸附与化学吸附。

物理吸附是指当气体或液体分子与固体表面分子间的作用力为分子间力时产生的吸附,它是一种可逆过程。当固体表面分子与气体或液体分子间的引力大于气体或液体内部的分子间力时,气体或液体分子将吸着在固体表面上。从分子运动论的观点来看,这些吸附于固体表面上的分子由于分子运动,也会从固体表面上脱离而逸入气体或液体中去,其本身并不发生化学变化。当温度升高时,气体或液体分子的动能增加,分子将不易滞留在固体表面上,而越来越多地逸入气体或液体中去,这就是所谓的脱附。这种吸附－脱附的可逆现象在物理吸附中均存在。工业上利用这种现象,通过改变操作条件,使吸附质脱附,达到吸附剂再生并回收吸附质或分离的目的。

化学吸附的作用力是吸附质与吸附剂分子间的化学结合力。这种化学键作用比物理吸附的分子间力要大得多,其热效应也远大于物理吸附热。化学吸附往往是不可逆的。人们发现,同一种物质,在低温时,它在吸附剂上进行的是物理吸附;随着温度升高到一定程度,就开始发生化学变化,转为化学吸附。有时两种吸附会同时发生。化学吸附在催化反应过程中起重要作用。

三、吸附剂

目前工业上最常用的吸附剂有活性炭、硅胶、活性氧化铝和分子筛等。

1. 活性炭

活性炭是最常用的吸附剂,由木炭、坚果壳、煤等含碳原料经炭化与活化制得,其吸附性能取决于原始成炭物质及炭化、活化等的操作条件。活性炭可用于溶剂蒸气的回收、各种气体物料的纯化、水的净化等。

2. 硅胶

硅胶是另一种常用吸附剂,它是一种坚硬的由无定形的 SiO_2 构成的多孔结构的固体颗粒,其分子式为 $SiO_2 \cdot n H_2O$。硅胶制备过程是:用硫酸处理硅酸钠水溶液生成凝胶,所得凝胶用水洗去硫酸钠后,进行干燥即得硅胶。依制造过程条件的不同,可以控制微孔尺寸、空隙率和比表面积的大小。硅胶主要用于气体干燥、气体吸收、液体脱水、色谱分析,以及用作催化剂等。

3. 活性氧化铝

活性氧化铝又称活性矾土,为一种无定形的多孔结构物质,通常由氧化铝(以三水合物为主)加热、脱水和活化而得。活性氧化铝对水有很强的吸附能力,主要用于液体与气体的干燥,如汽油、煤油、芳烃和氯代烃的脱水,空气、甲烷、氯气、氯化氢及二氧化硫等的干燥。

4. 分子筛

分子筛是近几十年发展起来的沸石吸附剂。其组成为 $M_{2/n}O \cdot y SiO_2 \cdot w H_2O$(含水硅酸盐),其中 M 为 ⅠA 或 ⅡA 族金属元素,n 为金属离子的价数,y 与 w 分别为 SiO_2 与 H_2O 的分子数。沸石有天然沸石和合成沸石两类。自从发现天然沸石的分子筛作用和它在分离过程中的应用以来,人们已采用人工合成方法,仿制出上百种合成分子筛。

分子筛为晶体且具有多孔结构,其晶格中有许多大小相同的空穴,可包藏被吸附的分子。空穴之间又有许多直径相同的孔道相连,因此,分子筛能使比其孔道直径小的分子通过孔道,吸附到空穴内部,而比其孔径大的分子则被排斥在外面,从而使分子大小不同的混合物分离,起到筛分分子的作用。

由于分子筛突出的吸附性能,它在吸附分离中的应用十分广泛,如各种气体和液体的干燥,烃类气体或液体混合物的分离。分子筛还可用于从天然气中去除 H_2S 和其他硫化物,从空气和天然气中去除 CO_2。特制的分子筛可用于从石油馏分中分离正烷烃,从二甲苯混合物中分离对二甲苯等。与其他吸附剂相比,分子筛的显著优点是吸附质在被处理的混合物中浓度很低时及在较高的温度时,仍有较好的吸附能力。

5. 其他吸附剂

除了上述常用的四种吸附剂外,还有其他一些吸附剂,如吸附树脂、活性黏土等。吸附树脂是具有巨型网状结构的合成树脂,如苯乙烯和二乙烯苯的共聚物、聚苯乙烯、聚丙烯酸酯等。吸附树脂主要应用于处理水溶液,如废水处理、维生素分离等。吸附树脂的再生比较容易,但造价较高。

一些常用吸附剂的主要特性如表 12-5 所示。

表 12-5　一些常用吸附剂的主要特性

吸附剂	孔径 d_p/nm	孔隙率 ε_p	粒子密度 ρ_p/(kg·m^{-3})	比表面积 a_g/(m^2·g^{-1})
活性炭:				
小孔	1.0～2.5	0.4～0.6	0.5～0.9	400～1500
大孔	>3.0	—	0.6～0.8	200～600
硅胶:				
小孔	2.2～2.6	0.47	1.09	750～850
大孔	10.0～15.0	0.71	0.62	300～350
活性氧化铝	1.0～7.5	0.50	1.25	320
分子筛	0.3～1.0	0.2～0.5	—	600～700
吸附树脂	4.0～25.0	0.4～0.55	—	80～700

12.3.2　吸附平衡与吸附速率

一、吸附等温线

在一定条件下,当气体或液体与固体吸附剂接触时,气体或液体中的吸附质将被吸附剂吸附,经过足够长的时间,吸附质在两相中的含量达到稳定,称为吸附平衡。若气体或液体中吸附质的浓度高于其平衡浓度,则吸附质被吸附;反之,若气体或液体中吸附质的浓度低于其平衡浓度,则已吸附在吸附剂上的吸附质将脱附。因此,吸附平衡关系决定了吸附过程的方向和限度,是设计吸附操作过程的基本依据。

吸附平衡关系通常用等温条件下吸附剂中吸附质的含量与气体或液体中吸附质浓度(或分压)之间的关系来表示,称为吸附等温线。

1. 单组分气体(或蒸气)的吸附

对于单组分气体在固体上的吸附,Langmuir 提出了著名的吸附理论。其主要假定为:① 固体表面是均匀的;② 吸附是单分子层的;③ 吸附分子间无相互作用力。

以 Γ 表示固体表面被吸附分子遮盖的分数，$(1-\Gamma)$ 为未遮盖的表面分数，则净的吸附速率应为吸附速率与脱附速率之差，即

$$\mathrm{d}q/\mathrm{d}\theta = k_{\mathrm{a}}p(1-\Gamma) - k_{\mathrm{d}}\Gamma \tag{12-35a}$$

吸附平衡时，$\mathrm{d}q/\mathrm{d}\theta = 0$，故式(12-35a)变为

$$\Gamma = \frac{Kp}{1+Kp} \tag{12-35b}$$

式中 K——吸附平衡常数($=k_{\mathrm{a}}/k_{\mathrm{d}}$)。

由于

$$\Gamma = q/q_{\mathrm{m}} \tag{12-36}$$

将式(12-36)代入式(12-35b)得

$$q = \frac{Kq_{\mathrm{m}}p}{1+Kp} \tag{12-37}$$

式中 p——吸附质的平衡分压，Pa；

q——吸附量，kg 吸附质/kg 吸附剂；

q_{m}——固体表面满覆盖($\Gamma=1$)时的最大吸附量，kg 吸附质/kg 吸附剂。

式(12-37)即朗缪尔(Langmuir)吸附等温线方程，q_{m} 和 K 可通过拟合实验数据得到。

对于特定的物系，表达吸附平衡关系的吸附等温线均需由实验测定。对于单组分气体吸附，由实验测定的吸附等温线可归纳为如图 12-18 所示的 5 种类型。由图可见，朗缪尔吸附等温线方程仅适用于 Ⅰ 型吸附等温线。对于其他类型的吸附等温线，许多人曾试图用模型方程来描述它们，在此仅举两例。

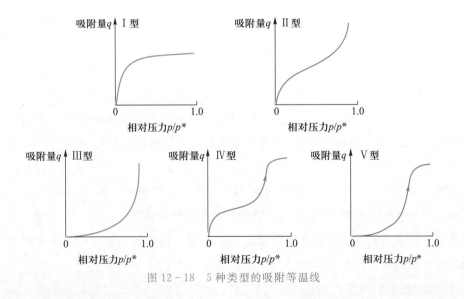

图 12-18   5 种类型的吸附等温线

(1) BET(Brunauer-Emmett-Teller)吸附等温线方程   该方程假定：① 固体表面是均匀的；② 吸附分子间无相互作用力；③ 可以有多层吸附，但层间分子力为范德华力；

④ 第一层的吸附热为物理吸附热,第二层及以上的吸附热为液化热;⑤ 总吸附量为多层吸附量之和。根据上述假定导出的 BET 吸附等温线方程为

$$q = \frac{q_m b p}{(p^* - p)\left[1 + (b-1)\dfrac{p}{p^*}\right]} \qquad (12-38)$$

式中　p——平衡压力;

　　　q——在压力 p 下的吸附量;

　　　b——与吸附热有关的常数;

　　　p^*——实验温度下的饱和蒸气压;

　　　q_m——第一层满覆盖时所吸附的量。

与朗缪尔吸附等温线方程比较,BET 吸附等温线方程的适用范围要宽些,它可适用于如图 12-18 所示 I 型、II 型和 III 型吸附等温线,但仍不适用于 IV 型和 V 型吸附等温线,故仍有不少人继续从事这方面的研究工作。

(2) 弗罗因德利希(Freundlich)方程

$$q = k p^{1/n} \qquad (12-39)$$

式中,k 与 n 是与温度有关的常数,一般 n 的范围在 1~5。

2. 气体混合物的吸附

工业吸附过程所涉及的都是气体混合物而非纯气体。如果在气体混合物中除组分 A 之外的所有其他组分的吸附均可忽略,则 A 的吸附量可按纯气体的吸附等温线估算,但其中的压力应采用 A 的分压。如果气体混合物中有两个或更多的组分被吸附,则情况是十分复杂的。一些实验数据表明,气体混合物中的某一组分对另外组分吸附的影响可能是增加其吸附量、减小其吸附量或者没有影响,取决于吸附分子间的相互作用。

对于气体混合物的吸附,Markham 和 Benton 将朗缪尔吸附等温线方程进行了扩展。他们认为在气体混合物吸附时,其他组分的吸附对组分 A 吸附产生的唯一影响是空白(未覆盖吸附质)固体表面的减少。以 A 与 B 的二组分气体混合物吸附为例讨论。令 Γ_A 为被分子 A 覆盖的表面分数,Γ_B 为被分子 B 覆盖的表面分数,则 $(1-\Gamma_A-\Gamma_B)$ 为空白表面的分数。当达吸附平衡时:

$$(k_A)_a p_A (1-\Gamma_A-\Gamma_B) = (k_A)_d \Gamma_A \qquad (12-40)$$

$$(k_B)_a p_B (1-\Gamma_A-\Gamma_B) = (k_B)_d \Gamma_B \qquad (12-41)$$

联立求解以上两式,可得

$$q_A = \frac{(q_A)_m K_A p_A}{1 + K_A p_A + K_B p_B} \qquad (12-42)$$

$$q_B = \frac{(q_B)_m K_B p_B}{1 + K_A p_A + K_B p_B} \qquad (12-43)$$

式中,$(q_i)_m$ 是固体表面满覆盖时组分 i 的最大吸附量。式(12-42)与式(12-43)可以很容易地扩展到多组分气体混合物系统,即

$$q_i = \frac{(q_i)_m K_i p_i}{1 + \sum_j K_j p_j} \tag{12-44}$$

像多组分气-液相平衡和液-液相平衡一样,目前文献上发表的多组分气-固吸附平衡的实验数据是很少的,而且也没有相应的纯气体数据准确。

3. 液体的吸附

液体吸附的机理远比气体吸附的复杂。对于给定的吸附剂,溶剂的种类对溶质的吸附亦有影响。这是因为吸附质在不同溶剂中的溶解度不同,以及溶剂本身的吸附均对吸附质的吸附有影响。一般说来,溶质的溶解度越小,吸附量越大;温度越高,吸附量越低。

液体吸附时,溶质与溶剂都将被吸附。由于总吸附量无法测量,故以溶质的相对吸附量或表观吸附量来表示。用已知质量的吸附剂处理已知体积的溶液(以 V 表示单位质量吸附剂所处理的溶液体积),如溶质优先被吸附,则可测出溶液中溶质初始的浓度值 c_0 及降低到平衡时的浓度值 c^*。忽略溶液的体积变化,则吸附质的表观吸附量为 $V(c_0 - c^*)$(单位为 kg 吸附质/kg 吸附剂)。

一般说来,在较低的浓度范围内,特别是对于稀溶液,吸附等温线可以用弗罗因德利希方程表示,即

$$c^* = k[V(c_0 - c^*)]^n \tag{12-45}$$

式中,k 和 n 为系统的特性常数。

二、吸附动力学简介

吸附速率是指单位时间内被吸附的吸附质的量(单位为 kg/s),它是吸附过程设计与操作的重要参数。通常一个吸附过程应包括以下几个步骤(如图 12-19 所示),而每一步的速率都将不同程度地影响总吸附速率。① 外扩散:吸附质分子从流体主体以对流扩散方式传递到吸附剂固体表面。由于流体与固体接触时,在紧贴固体表面附近有一层流膜层,因此这一步的传递速率主要取决于吸附质在这一层流膜层的传递速率。② 内扩散:吸附质分子从吸附剂的外表面进入其微孔道,进而扩散到达孔道的内部表面。③ 在吸附剂微孔道的内表面上吸附质被吸附剂吸着。

对于物理吸附,通常吸附剂表面上的吸着速率远较外扩散和内扩散快,因此影响吸附总吸附速率的往往是外扩散速率与内扩散速率。

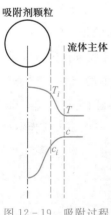

图 12-19 吸附过程的浓度与温度分布

1. 外扩散速率方程

吸附质从流体主体到吸附剂固体表面的传质速率方程可表示为

$$\frac{dq}{d\theta} = k_f a_p (c - c_i) \tag{12-46}$$

式中 q——吸附剂上吸附质的量,kg 吸附质/kg 吸附剂;

θ——时间，s；

$\dfrac{\mathrm{d}q}{\mathrm{d}\theta}$——吸附速率，kg/(s·kg 吸附剂)；

a_p——吸附剂的外比表面积，m^2/kg；

c——流体相中吸附质的平均浓度，kg/m^3；

c_i——吸附剂外表面上流体中吸附质的浓度，kg/m^3；

k_f——流体侧的对流传质系数，m/s。

k_f 与流体的性质，两相接触的流动状况，颗粒的几何特性及温度、压力等操作条件有关。

2. 内扩散速率方程

吸附质在微孔道中的扩散有 2 种形式——在孔道空间的扩散和沿孔道表面的表面扩散。前者根据孔径大小又有 3 种情况：当孔径远远大于吸附质分子运动的平均自由程时，其扩散机理为菲克扩散；当孔径远远小于吸附质分子运动的平均自由程时，吸附质的扩散为克努森扩散；而介于两种情况之间时，两种扩散均起作用，即所谓的过渡扩散。由上述分析可知，欲获得内扩散的机理速率式是很困难的，通常的方法是将内扩散速率方程表示成如下简单形式：

$$\frac{\mathrm{d}q}{\mathrm{d}\theta}=k_s a_p(q_i-q) \tag{12-47}$$

式中　　k_s——吸附剂固体侧的传质系数，kg/(m^2·s)；

q_i——吸附剂外表面上的吸附质的量，kg 吸附质/kg 吸附剂；

q——吸附剂上吸附质的平均量，kg 吸附质/kg 吸附剂。

k_s 与吸附剂的微孔结构特性、吸附剂的物性及吸附过程的操作条件等多种因素有关，通常 k_s 需由实验测定。

3. 总吸附速率方程

吸附过程的总传质速率方程可以表示为

$$\frac{\mathrm{d}q}{\mathrm{d}\theta}=K_f a_p(c-c^*) \tag{12-48}$$

或

$$\frac{\mathrm{d}q}{\mathrm{d}\theta}=K_s a_p(q^*-q) \tag{12-49}$$

式中　　c^*——与吸附质的量为 q 的吸附剂成平衡的流体相中吸附质的浓度，kg/m^3；

q^*——与吸附质浓度为 c 的流体相成平衡的吸附剂上的吸附质的量，kg 吸附质/kg 吸附剂；

K_f——以 $\Delta c=c-c^*$ 为推动力的总传质系数，m/s；

K_s——以 $\Delta q=q^*-q$ 为推动力的总传质系数，kg/(m^2·s)。

若吸附过程为定态，则

$$\frac{\mathrm{d}q}{\mathrm{d}\theta}=K_f a_p(c-c^*)=K_s a_p(q^*-q)$$

$$=k_f a_p(c-c_i)=k_s a_p(q_i-q) \tag{12-50}$$

设在操作的浓度范围内吸附平衡线为直线,即

$$q^* = mc \tag{12-51}$$

又由于在气-固相界面上两相互成平衡,则

$$q_i = mc_i \tag{12-52}$$

将式(12-51)及式(12-52)代入式(12-50),并整理得

$$\frac{1}{K_f} = \frac{1}{k_f} + \frac{1}{mk_s} \tag{12-53}$$

$$\frac{1}{K_s} = \frac{1}{k_s} + \frac{m}{k_f} \tag{12-54}$$

式(12-53)和式(12-54)表明,吸附过程的总阻力为外扩散阻力与内扩散阻力之和。若过程为外扩散控制,则

$$K_f \approx k_f \tag{12-55}$$

若过程为内扩散控制,则

$$K_s \approx k_s \tag{12-56}$$

由于吸附过程涉及多种传质步骤,影响因素复杂,因此传质系数多由实验或经验确定。

12.3.3　工业吸附方法与设备

一、工业吸附方法与设备分类

工业吸附过程通常包括两个步骤:先是使气体或液体混合物与吸附剂接触,使吸附剂吸附吸附质后,与气体或液体混合物中不被吸附的部分进行分离,这一步为吸附操作;然后对吸附了吸附质的吸附剂进行处理,使吸附质脱附出来,并使吸附剂重新获得吸附能力,这一步为吸附剂的脱附与再生操作。有时不用回收吸附质与吸附剂,则这一步骤改为更换新的吸附剂。在多数工业吸附装置中,都要考虑吸附剂的多次使用问题,因而吸附操作流程中,除吸附设备外,还须具有脱附与再生设备。

按照原料气体或液体混合物中被吸附组分含量的不同,可将吸附分类为纯化吸附过程和分离吸附过程。尽管在二者之间没有严格的界定,但通常认为当原料气体或液体混合物中被吸附组分的质量分数大于 10%,则为分离吸附过程。工业上应用最广的吸附设备型式和操作方法列于表 12-6。表中所列设备可大致分成三种操作方法:① 搅拌槽固-液接触吸附操作;② 固定床周期性间歇操作;③ 模拟移动床连续操作。限于篇幅,关于各种吸附操作的工艺流程及设备细节在此不再一一介绍,读者可参阅有关吸附方面的专著。

表 12-6   工业上应用最广的吸附设备型式和操作方法

进料相态	吸附装置	吸附剂再生方法	主要应用
液体	搅拌槽	吸附剂不再生	液体纯化
液体	固定床	加热脱附	液体纯化
液体	模拟移动床	置换脱附	液体混合物分离
气体	固定床	变温脱附	气体纯化
气体	流化床-移动床组合装置	变温脱附	气体纯化
气体	固定床	惰性介质脱附	气体纯化
气体	固定床	变压脱附	气体混合物分离
气体	固定床	真空脱附	气体混合物分离
气体	固定床	置换脱附	气体混合物分离

二、搅拌槽吸附过程的计算

搅拌槽是一种典型的间歇操作的接触吸附装置。将被处理的液体与吸附剂加入搅拌槽中,通过搅拌使固体吸附剂悬浮,并与液体均匀接触,液体中的吸附质被吸附。经过足够长的时间后,再将浆液送至压滤机过滤,从液体中分离出固体吸附剂及所吸附的物质。搅拌槽式接触吸附亦称接触过滤,其操作方式有单级吸附和多级吸附,多级吸附又分为多级错流吸附和多级逆流吸附。

搅拌槽吸附过程计算的基础是物料衡算和吸附平衡方程。

1. 单级吸附

单级吸附操作流程如图 12-20 所示,对吸附质进行质量衡算得

$$G_s(Y_0 - Y_1) = L_s(X_1 - X_0) \qquad (12-57)$$

式中　　G_s——纯溶剂的量,kg;

$\qquad L_s$——纯吸附剂的量,kg;

Y_0、Y_1——分别为吸附质在进、出搅拌槽的溶剂中的质量比,kg 吸附质/kg 溶剂;

X_0、X_1——分别为吸附质在进、出搅拌槽的吸附剂中的质量比,kg 吸附质/kg 吸附剂。

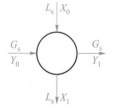

图 12-20　单级吸附
操作流程图

式(12-57)为单级吸附操作线方程,是端点为 $A(X_0, Y_0)$ 和 $B(X_1, Y_1)$,斜率为 $(-L_s/G_s)$ 的一条直线。如果离开该级的固液两相之间达到平衡,则出口点 $B(X_1, Y_1)$ 落在平衡线上。因此,操作线与平衡线的交点 B 表示离开搅拌槽的溶液和吸附剂达到平衡后的状态。

若吸附平衡曲线可用弗罗因德利希方程表示,且溶液的浓度较低,则吸附平衡方程可写成

$$Y^* = mX^n \qquad (12-58)$$

当 $X_0 = 0$ 时,将式(12-58)代入式(12-57)得

$$\frac{L_s}{G_s} = \frac{Y_0 - Y_1}{(Y_1/m)^{1/n}} \tag{12-59}$$

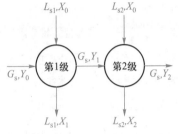

图 12-21　多级错流吸附操作流程图

2. 多级错流吸附

多级错流吸附操作流程如图 12-21 所示,被处理的原料液经过多个搅拌槽,且每个槽中均补充新鲜吸附剂。很显然,欲达到同样的分离要求,级数越多,吸附剂用量越小,但设备及操作费用越大。下面以两级为例讨论。

对吸附质进行物料衡算,得

第 1 级:$G_s(Y_0 - Y_1) = L_{s1}(X_1 - X_0)$ $\tag{12-60}$

第 2 级:$G_s(Y_1 - Y_2) = L_{s2}(X_2 - X_0)$ $\tag{12-61}$

设每一级都为理论级,且吸附平衡符合弗罗因德利希吸附等温线方程,则将式(12-58)与式(12-60)及式(12-61)联立(令 $X_0 = 0$),得

$$\frac{L_{s1} + L_{s2}}{G_s} = m^{1/n}\left(\frac{Y_0 - Y_1}{Y_1^{1/n}} + \frac{Y_1 - Y_2}{Y_2^{1/n}}\right) \tag{12-62}$$

为了获得最小吸附剂用量,可令

$$\frac{\mathrm{d}[(L_{s1} + L_{s2})/G_s]}{\mathrm{d}Y_1} = 0 \tag{12-63}$$

当分离物系和分离要求一定时,m、n、Y_0、Y_2 均为常数,将式(12-62)对 Y_1 求导,得

$$\left(\frac{Y_1}{Y_2}\right)^{1/n} - \frac{1}{n}\frac{Y_0}{Y_1} = 1 - \frac{1}{n} \tag{12-64}$$

即当满足式(12-64)时,总吸附剂用量为最小。因此由式(12-64)求出 Y_1,再根据式(12-60)、式(12-61)和式(12-62)求出吸附剂用量。

3. 多级逆流吸附

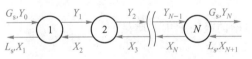

图 12-22　多级逆流吸附操作流程图

多级逆流吸附操作可以进一步节省吸附剂,其流程如图 12-22 所示。设逆流操作的级数为 N,以整个流程为系统对吸附质进行物料衡算,得

$$G_s(Y_0 - Y_N) = L_s(X_1 - X_{N+1}) \tag{12-65}$$

式(12-65)即为多级逆流吸附操作线方程,是一条通过点 (X_{N+1}, Y_N) 和点 (X_1, Y_0),斜率为 L_s/G_s 的直线。

如果物系的平衡关系符合弗罗因德利希吸附等温线方程,且所用吸附剂中不含吸附质($X_{N+1} = 0$),则对于典型的二级逆流吸附,可由操作线方程和平衡方程导出下式:

$$\frac{Y_0}{Y_2} - 1 = \left(\frac{Y_1}{Y_2}\right)^{1/n}\left(\frac{Y_1}{Y_2} - 1\right) \tag{12-66}$$

由式(12-66)求出离开第一级的液相组成 Y_1，再用操作线方程和平衡方程可以求出吸附剂用量等其他参数。

◆ **例 12-4** 蔗糖的水溶液中含有少量色素，在提浓操作之前需要用活性炭对其进行脱色。实验测得 80 ℃下的吸附平衡数据如本例附表 1 所示。

例 12-4 附表 1　80 ℃下吸附平衡数据

活性炭加入量 kg 活性炭/kg 溶液	0	0.005	0.01	0.015	0.02	0.03
脱色度 原始色度%	0	47	70	83	90	95

已知原始糖浆的色度为 20 色度单位，现要求将色度降低至 0.5 色度单位。设该吸附平衡符合弗罗因德利希吸附等温线方程，试求(1) 采用单级接触吸附处理 1000 kg 蔗糖水溶液，需加入多少新鲜活性炭？ (2) 若采用两级错流操作，则处理 1000 kg 蔗糖水溶液所需的最小总活性炭量为多少？ (3) 若改用两级逆流操作，则处理 1000 kg 蔗糖水溶液需加入多少活性炭？

解：(1) 单级操作

首先将本例附表 1 的吸附平衡数据转化为等温吸附平衡数据。令活性炭加入量为 A，脱色度为 φ，蔗糖水溶液的初始色度为 y_0，则平衡时单位质量溶液中所含色度单位为 $Y^* = y_0(1-\varphi)$，单位质量活性炭所含的色度单位为 $X = y_0\varphi/A$。计算结果如本例附表 2 所示。

例 12-4 附表 2　等温吸附平衡数据

活性炭加入量 kg 活性炭/kg 溶液	0	0.005	0.01	0.015	0.02	0.03
平衡时色度 Y^* 色度单位/kg 溶液	20	10.6	6.0	3.4	2.0	1.0
X 色度单位/kg 活性炭	0	1880	1400	1107	900	633

采用弗罗因德利希吸附等温线方程对附表 2 的平衡数据进行拟合，得

$$Y^* = 4.421 \times 10^{-7} X^{2.27}$$

当 $Y^* = 0.5$，由弗罗因德利希吸附等温线方程可求出 $X_1 = 467$，代入式(12-57)得

$$L_s = G_s \frac{Y_0 - Y_1}{X_1 - X_0} = \left(1000 \times \frac{20-0.5}{467-0}\right) \text{kg} = 41.8 \text{ kg}$$

(2) 两级错流操作

将已知条件 $Y_0 = 20$，$Y_2 = 0.5$，$n = 2.27$ 代入式(12-64)得

$$\left(\frac{Y_1}{0.5}\right)^{1/2.27} - \frac{1}{2.27}\times\frac{20}{Y_1} = 1 - \frac{1}{2.27}$$

解得
$$Y_1 = 4.33$$

由弗罗因德利希吸附等温线方程可求出 $X_1 = 1211$，$X_2 = 467$。将以上结果代入式（12-60）与式（12-61）得

第 1 级　　　$L_{s1} = G_s\dfrac{Y_0 - Y_1}{X_1} = \left(1000\times\dfrac{20 - 4.4}{1\,211}\right)\text{kg} = 12.9\ \text{kg}$

第 2 级　　　$L_{s2} = G_s\dfrac{Y_1 - Y_2}{X_2} = \left(1000\times\dfrac{4.4 - 0.5}{467}\right)\text{kg} = 8.4\ \text{kg}$

$$L = L_{s1} + L_{s2} = (12.9 + 8.4)\ \text{kg} = 21.3\ \text{kg}$$

（3）两级逆流操作

将 $Y_0 = 20$，$Y_2 = 0.5$ 代入式（12-66），得

$$\frac{20}{0.5} - 1 = \left(\frac{Y_1}{0.5}\right)^{1/2.27}\left(\frac{Y_1}{0.5} - 1\right)$$

解得
$$Y_1 = 6.72$$

由弗罗因德利希吸附等温线方程可求出 $X_1 = 1458$，将此结果代入式（12-65）（注意：式中 $N = 2$）得

$$L_s = G_s\frac{Y_0 - Y_2}{X_1 - X_3} = \left(1000\times\frac{20 - 0.5}{1458 - 0}\right)\text{kg} = 13.4\ \text{kg}$$

由上面计算数据看出，获得相同的脱色效果，两级逆流操作的吸附剂用量要少很多。

12.4　离　子　交　换

12.4.1　离子交换原理与离子交换剂

一、离子交换原理

离子交换是带有可交换离子（阳离子或阴离子）的不溶性固体与溶液中带有同种电荷的离子之间置换离子的过程。这种含有可交换离子的不溶性固体称为离子交换剂，其中带有可交换阳离子的交换剂称为阳离子交换剂，带有可交换阴离子的交换剂称为阴离子交换剂。离子交换实质上是水溶液中的离子与离子交换剂中可交换离子进行离子置换反应的过程，典型的阳离子置换反应可表示为

$$Ca^{2+}(aq) + 2NaR(s) \longrightarrow CaR_2(s) + 2Na^+(aq) \tag{12-67}$$

典型的阴离子置换反应可写成

$$SO_4^{2-}(aq) + 2RCl(s) \longrightarrow R_2SO_4(s) + 2Cl^-(aq) \tag{12-68}$$

式中,R 表示离子交换剂中不溶性的骨架或固定基团。

离子交换为一可逆过程,除非液体中含有某些有机污染物,否则离子的交换并不引起离子交换剂固体的结构改变。利用离子交换剂与不同离子结合力的强弱,可以将某些离子从水溶液中分离出来,或使不同的离子之间进行分离。目前,离子交换技术已成为在水溶液中分离金属离子与非金属离子的重要方法,广泛应用于硬水软化、水的脱盐、制药、废水处理等许多领域。

离子交换过程的机理与实现这种过程的操作技术,与吸附过程相似,甚至可以把离子交换看成吸附的一种特殊情况,因此本节仅介绍离子交换本身的特殊方面。

二、离子交换剂

可用于离子交换剂的物质有离子交换树脂、无机离子交换剂(如天然与合成沸石)和某些天然有机物质经化学加工制得的交换剂(如磺化煤等),其中应用最广的是离子交换树脂。

离子交换树脂通常为球状凝胶颗粒,是带有可交换离子的不溶性固体高聚物电解质,实质上是高分子酸、碱或盐,其中可交换离子的电荷与固定在高分子骨架上的离子基团的电荷相反,故称为反离子。根据可交换的反离子的电荷性质,离子交换树脂可分为阳离子交换树脂与阴离子交换树脂两类。每一类又可根据其解度的强弱分为强型与弱型两种。

强酸性阳离子交换树脂和强碱性阴离子交换树脂的固体骨架多为苯乙烯和二乙烯苯的共聚物,它具有三维交联结构,其中二乙烯苯为交联剂,其交联度取决于共聚时所用的二乙烯苯与苯乙烯的分子比,如图 12-23(a)所示。弱酸性阳离子交换树脂的固体骨架为丙烯酸与二乙烯苯的共聚物,如图 12-23(b)所示。这两种具有交联结构的共聚物可在有机溶剂存在下溶胀,但无离子交换性能。为将其转变成具有离子交换性能的水溶胀性的凝胶,可通过化学反应的方法,将某些离子功能基团接枝到聚合物骨架上。例如,将苯乙烯与二乙烯苯共聚物磺化,可将 SO_3^- 基团连接到聚合物的骨架上,从而获得带负电荷的骨架并带可交换 H^+ 的阳离子交换树脂,如图 12-24(a)、(b)所示。H^+ 可以与其他阳离子如 Na^+、Ca^{2+}、K^+ 或 Mg^{2+} 等进行交换。如果苯乙烯与二乙烯苯共聚物先进行氯甲基化反应再进行氨基化反应,则得到一个强碱性阴离子交换树脂,如图 12-24(c)所示,树脂中的 Cl^- 可以交换其他阴离子如 OH^-、HCO_3^-、SO_4^{2-} 和 NO_3^- 等。商品离子交换树脂中可交换的离子多是 H^+、Na^+ 或 Cl^- 的形式,其典型粒径为 40 μm～1.2 mm,含水量为 40%～65%(质量分数)。经水溶胀后,其颗粒密度为 1100～1500 kg/m^3,堆密度为 560～960 kg/m^3。

当离子交换树脂用于硬水软化时,需采用适当方法如凝聚、澄清、氯化消毒等将原水中的有机污染物除去。

强酸阳离子交换树脂或强碱阴离子交换树脂的最大交换容量是指树脂内可迁移电荷离子的物质的量。1 mol Na^+ 可交换 1 mol H^+,而 1 mol Ca^{2+} 可交换 2 mol H^+。通常交换容量以单位质量或单位体积的树脂所能交换的相当于一价离子的物质的量来表示。

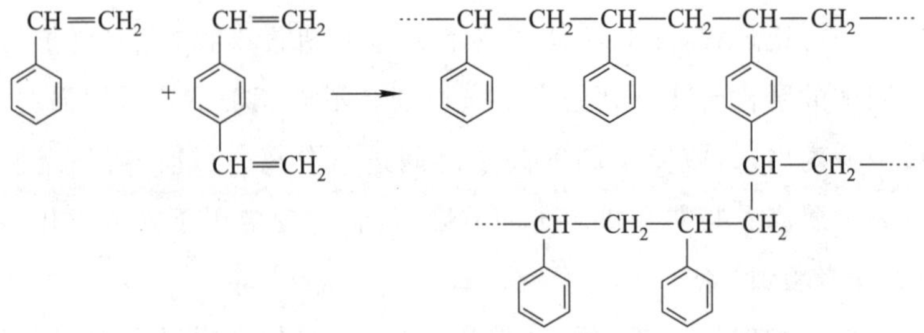

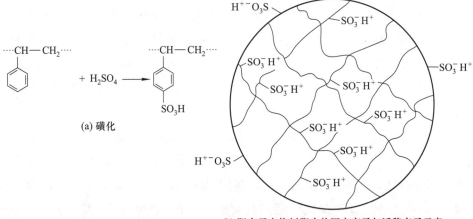

(a) 苯乙烯与二乙烯苯共聚物

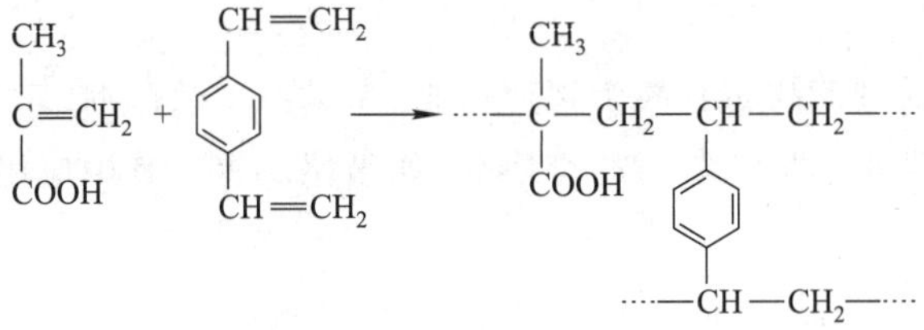

(b) 丙烯酸与二乙烯苯共聚物

图 12 - 23   离子交换树脂

(a) 磺化

(b) 阳离子交换树脂中的固定离子与迁移离子示意

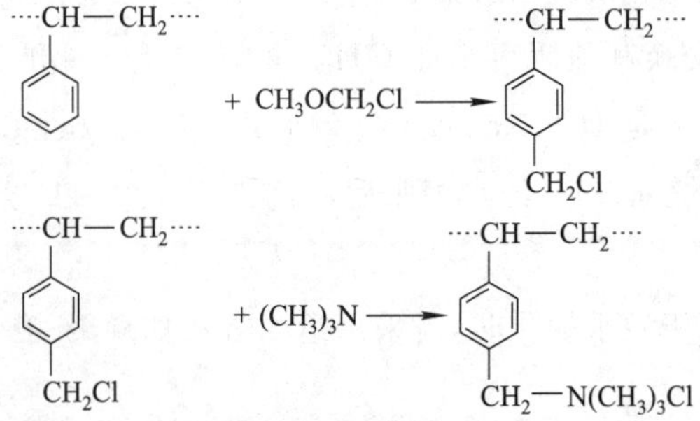

(c) 氯甲基化和氨基化

图 12 - 24   树脂上引入离子功能基团

离子交换树脂的选择性是树脂对不同反离子亲和力强弱的反映,与树脂亲和力强的离子选择性高,在树脂上的相对含量高,可取代树脂上亲和力弱的离子。

12.4.2　离子交换平衡与传质速率

一、离子交换平衡

离子交换与吸附的区别是离子交换剂中的反离子与溶液中的溶质离子进行交换,而这种离子的交换为一按化学计量比进行的可逆化学反应过程,因而离子交换剂对不同离子的选择性与其交换容量同样重要。通常可利用质量作用定律描述离子交换的平衡关系,下面按两种情况分别讨论。

第一种情况为离子交换剂中初始存在的反离子与酸或碱中的反离子进行交换。例如:

$$Na^+(aq) + OH^-(aq) + HR(s) \longrightarrow NaR(s) + H_2O(l) \tag{12-69}$$

由式(12-69)可见,离子交换剂中被交换下来的 H^+ 立即与水合溶液中的 OH^- 结合成水,故反应式的右侧不存在反离子。于是,离子交换过程将持续进行,直到水合溶液中 Na^+ 或离子交换剂中的 H^+ 消耗殆尽。

第二种情况是更普遍的情形,从离子交换剂向溶液中传递的反离子保持离子态。例如,反离子 A 与 B 的交换可用下式表示:

$$A^{n\pm}(aq) + nBR(s) \longrightarrow AR_n(s) + nB^\pm(aq) \tag{12-70}$$

式中,A 与 B 或均为阳离子或均为阴离子。对于上述情况,当交换达于平衡时,可以根据质量作用定律定义如下化学平衡常数:

$$K_{AB} = \frac{q_{AR_n} C_B^n}{q_{BR}^n C_A} \tag{12-71}$$

式中,C_i 和 q_i 分别为溶液相和离子交换剂相的浓度。对于离子交换剂相,离子浓度 q_i 以单位质量或单位体积的物质的量表示,对于溶液相,浓度 C_i 以单位体积液体的物质的量表示。K_{AB} 也称为 A 置换 B 的选择性系数。对于稀溶液,当交换的反离子及离子交换剂的交联度一定时,K_{AB} 近似为一常数。

当交换在两个电荷相等的离子之间进行时,式(12-71)可以简化为以溶液与离子交换剂间 A 的平衡浓度表示的简单形式。由于离子交换过程中,溶液及离子交换剂内反离子的物质的量 C 和 Q 为常数,于是,

$$C_i = C x_i / z_i \tag{12-72}$$

$$q_i = Q y_i / z_i \tag{12-73}$$

式中,x_i 与 y_i 为 A 与 B 的摩尔分数。

$$x_A + x_B = 1 \tag{12-74}$$

$$y_A + y_B = 1 \tag{12-75}$$

而 z_i 为反离子 i 的价数。将式(12-72)~式(12-75)代入式(12-71)中,可得

$$K_{AB} = \frac{y_A(1-x_A)}{x_A(1-y_A)} \tag{12-76}$$

于是,平衡时 x_A 和 y_A 与总物质的量 C 和 Q 无关。但当交换的两个反离子带有不同电荷时,如 Ca^{2+} 与 Na^+ 的交换,其平衡常数或选择性系数为

$$K_{AB} = \left(\frac{C}{Q}\right)^{n-1} \frac{y_A(1-x_A)^n}{x_A(1-y_A)^n} \qquad (12-77)$$

由此可知,带不同电荷的反离子交换时,其 K_{AB} 与比值 C/Q 及电荷数 n 均有关。

影响选择性系数 K_{AB} 大小的因素主要有离子交换剂本身的性质、反离子特性、温度、溶液浓度等。一般说来,在室温下的低浓度溶液中高价离子的选择性好,比低价离子更易被离子交换剂吸附。对于等价离子,选择性随原子序数的增加而增大。当溶液浓度提高时,高价离子的选择性系数减小,选择性降低。能与离子交换剂中固定离子形成键合作用的反离子具有较高的选择性。溶液中存在其他与反离子产生缔合或络合反应时,将使该离子的选择性降低,这一性质常用于分离溶液中不同的离子。温度升高,选择性降低。压力对选择性的影响很小。

二、传质速率

作为液固两相间的传质过程,离子交换与液固两相间的吸附过程相似。在离子交换过程中,也存在着两个主要的传质阻力:其一是离子交换剂粒子附近的边界层中产生的外部传质阻力;其二是在粒子内部的扩散传质阻力。传质的控制步骤可以是二者之一,也可以是二者共同作用。一般在交换离子的浓度很低时,外部传质是控制步骤,在分离因数或选择性系数高时,倾向于外部传质控制,二价离子在树脂内的扩散明显慢于单价离子的扩散。通常在离子交换剂表面进行的离子交换反应很快,因而不是传质的控制步骤。

12.4.3　工艺方法与设备

工业上的离子交换分离过程一般包括三个步骤并循环运行。

(1) 原料液(含有欲除去的反离子 A)与离子交换剂 RB 进行交换反应,RB 上的反离子 B 被原料液中的反离子 A 取代,直至离子交换剂上反离子 A 接近饱和,反应不再进行为止。

图 12-25　原水脱盐
(NaCl)的典型复床流程

(2) 饱和了反离子 A 的离子交换剂用再生液再生,使之还原为原始形态 RB。再生是交换的逆过程,所用再生液的种类取决于离子交换剂的类型。常用的再生液及其浓度范围为:盐酸 5%～7%、硫酸 1%～5%、氢氧化钠 2%～4%、氯化钠 10%～15%、纯碱约 4%、硫酸铵 4%～6%等。

(3) 完成再生的离子交换剂床层中含有再生溶液,需用清水洗净,然后供下一个循环使用。

图 12-25 为原水脱盐(NaCl)的典型复床流程。原水先在阳离子交换柱中与含 H^+ 反离子的强酸性阳离子交换树脂进

行中性盐分解反应,Na^+ 与树脂上的 H^+ 交换得含 HCl 的水。然后此水进入阴离子交换柱进行中和反应,Cl^- 与阴离子交换树脂上的 OH^- 交换,从而得到纯水。两个柱中的树脂饱和后,分别用酸和碱进行再生,再经清水洗涤后重新使用。

离子交换过程所用的设备及操作方法等均与吸附过程类似,所用设备有搅拌槽、固定床、移动床等多种型式,操作方法也有间歇式、半连续式与连续式,由于篇幅所限,不再一一介绍。

 习题

1. 质量分数为 30% 的 Na_2CO_3 水溶液 4500 kg 在结晶器中却至 20 ℃,生成的晶体为 $Na_2CO_3 \cdot 10H_2O$。已知 20 ℃时 Na_2CO_3 的溶解度为 21.5 kg/100 kg 水。在结晶过程中,溶液自蒸发的量相当于溶液最初质量的 3%。试求结晶产量。

2. 用一连续操作的真空冷却结晶器制备 $MgSO_4 \cdot 7H_2O$ 晶体。原料液为 84 ℃浓度为 35%(质量分数)的 $MgSO_4$ 水溶液,进料量为 45000 kg/h。结晶器的操作压力为 0.10 kPa。液体的沸点升高为 5 ℃。试求 $MgSO_4 \cdot 7H_2O$ 晶体的产量和所蒸发的水量。

已知数据:原料液的平均比热容为 3.22 kJ/(kg·℃);$MgSO_4$ 在 17 ℃时的溶解度为 25.3%(质量分数);结晶热为 53.6 kJ/kg;在 0.10 kPa 下水的沸点为 12 ℃,汽化潜热为 2478.1 kJ/kg。

3. 如本题附图所示,在温度为 25 ℃、压差为 10 MPa 的操作条件下,用醋酸纤维素膜连续地对盐水进行反渗透脱盐处理,处理量为 10 m^3/h。已知盐水密度为 1022 kg/m^3,含氯化钠质量分数为

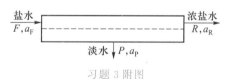

习题 3 附图

3.5%,经处理后淡水含盐的质量分数为 0.05%,水的回收率为 60%(质量分数),膜的纯水透过系数 $A = 1.746 \times 10^{-3}$ kg/(m^2·s·MPa)。试求:

(1) 淡水产量和浓盐水的质量分数;

(2) 纯水在进、出膜分离器两端的透过通量。

4. 采用由数根内径 12.5 mm、长 3 m 的超滤膜管组装而成的膜分离设备浓缩葡聚糖摩尔质量为 7000 的葡聚糖水溶液。原料液处理量为 300 kg/h,葡聚糖质量分数为 0.5%;浓缩液中葡聚糖含量为 5%。膜对葡聚糖全部截留。操作压差为 200 kPa,温度为 25 ℃。已知纯水的膜透过系数 $A_w = 0.18$ kg/(m^2·kPa·h)。试求水的通量、所需的膜面积及超滤膜管的数目。

5. 用硅藻土吸附某水溶液(S)中的少量有色杂质(A),处理量为 1000 kg/h(不包括杂质 A)。溶液中杂质的初始含量为 0.01 kg(A)/kg(S),要求 A 的脱除率为 90%。吸附剂硅藻土(B)中杂质 A 的初始含量为 0 kg(A)/kg(B),吸附平衡关系近似为 $Y^* = 0.01X$。试求:

(1) 采用单级吸附且达到平衡时硅藻土的用量;

(2) 采用两级错流流程,将单级吸附的硅藻土用量等分,分别加到两个串级的吸附搅拌槽中,杂质的脱除率为多少?

6. 某种产品的水溶液中含有少量色素,在产品结晶前需用活性炭将色素除去,活性炭几乎不吸

附产品。为了取得活性炭吸附该色素的平衡数据,进行了吸附平衡实验。实验方法是在溶液中加入一定量的活性炭,搅拌足够长时间,澄清后测定平衡时溶液的色度。实验结果如附表所示。

习题 6 附表

吸附剂用量 kg 活性炭/kg 溶液	0	0.01	0.04	0.08	0.12	0.14
平衡时溶液的色度 色度单位	9.6	8.6	6.3	4.3	1.7	0.7

试计算下列各种操作中每处理 1000 kg 溶液,使其色素的含量降至原始含量(色度为 9.6 色度单位)的 10% 时所需的活性炭量。所用活性炭不含色素。

(1) 单级操作;

(2) 二级错流,所需最小活性炭量;

(3) 二级逆流。

 思考题

1. 结晶有哪几类基本方法? 溶液结晶操作的基本原理是什么? 溶液结晶操作有哪几种方法产生过饱和度?

2. 超溶解度曲线与溶解度曲线有何不同? 过饱和度对晶核生长速率与晶体的生长速率有何影响?

3. 冷却结晶器与移除部分溶剂结晶器各自的特点及应用范围是什么?

4. 什么是膜分离? 常用的膜分离过程有哪几种?

5. 简述渗析、反渗透、超滤和气体膜分离的基本原理。

6. 电渗析的分离机理是什么?

7. 解释浓差极化现象,减小浓差极化的方法有哪些?

8. 什么是吸附现象? 吸附分离的基本原理是什么?

9. 工业上常用的吸附剂有哪几种? 各有什么特点? 什么是分子筛?

10. 吸附过程有哪几个传质步骤?

11. 工业上常用的吸附方法和设备有哪些?

12. 离子交换的基本原理是什么?

 本章主要符号说明

英文字母

a_p——吸附剂的外比表面积,m^2/kg;

c_p——比定压热容,$J/(kg \cdot ℃)$;

c——浓度,kg/m^3 或 $kmol/m^3$;

D——分子扩散系数,m^2/s;

G——结晶产品的量,kg 或 kg/h;

G_s——纯溶剂的量,kg;

H——溶解度系数,kmol/(m³·kPa);

k_s——内扩散传质系数,kg/(m²·s);

k_f——外扩散传质系数,m/s;

K'——分配系数,量纲为1;

K_f——以 $\Delta c = c - c^*$ 为推动力的总传质系数,m/s;

K_s——以 $\Delta q = q^* - q$ 为推动力的总传质系数,kg/(m²·s);

L_s——纯吸附剂的量,kg;

N——传质通量,kmol/(m²·s);

p——压力,Pa;

p_M——溶质在膜内渗透系数,kmol/(m²·s·Pa);

q——吸附量,kg 吸附质/kg 吸附剂;

q_m——固体表面满覆盖时的最大吸附量,kg 吸附质/kg 吸附剂;

r_{cr}——结晶热,J/kg;

r_w——溶剂汽化热,J/kg;

R——晶体水合物摩尔质量与纯溶质摩尔质量之比,量纲为1;
——截留率,量纲为1;

t——温度,℃;

V——单位溶剂蒸发量,kg/kg 溶剂;

W——原料液中的溶剂量,kg 或 kg/h;

W'——母液中的溶剂量,kg 或 kg/h;

X——吸附剂中吸附质的质量比,kg 吸附质/kg 吸附剂;

Y——溶剂中吸附质的质量比,kg 吸附质/kg 溶剂

希腊字母

θ——时间,s;

μ——黏度,Pa·s;

ρ——密度,kg/m³;

δ——膜厚,边界层厚,m

一、扩散系数

1. 气体扩散系数

系统	温度 K	扩散系数 10^{-4} m²/s	系统	温度 K	扩散系数 10^{-4} m²/s
空气-氨	273	0.198	氢-氩	295.4	0.83
空气-水	273	0.220	氢-氨	298	0.783
	298	0.260	氢-二氧化硫	323	0.61
	315	0.288	氢-乙醇	340	0.586
空气-二氧化碳	276	0.142	氮-氩	298	0.729
	317	0.177	氦-正丁醇	423	0.587
空气-氢	273	0.661	氦-空气	317	0.765
空气-乙醇	298	0.135	氦-甲烷	298	0.675
	315	0.145	氦-氮	298	0.687
空气-乙酸	273	0.106	氦-氧	298	0.729
空气-正己烷	294	0.080	氩-甲烷	298	0.202
空气-苯	298	0.0962	二氧化碳-氮	298	0.167
空气-甲苯	298.9	0.086	二氧化碳-氧	293	0.153
空气-正丁醇	273	0.0703	氮-正丁烷	298	0.0960
	298.9	0.087	水-二氧化碳	307.3	0.202
氢-甲烷	298	0.726	一氧化碳-氮	373	0.318
氢-氮	298	0.784	一氯甲烷-二氧化硫	303	0.0693
	358	1.052	乙醚-氨	299.5	0.1078
氢-苯	311.1	0.404			

2. 液体扩散系数

溶质 (A)	溶剂 (B)	温度 K	浓度 kmol/m³	扩散系数 10^{-9} m²/s
Cl_2	H_2O	289	0.12	1.26
HCl	H_2O	273	9	2.7
		273	2	1.8
		283	9	3.3
		283	2.5	2.5

续表

溶质 (A)	溶剂 (B)	温度 K	浓度 kmol/m³	扩散系数 10^{-9} m²/s
		289	0.5	2.44
NH_3	H_2O	278	3.5	1.24
		288	1.0	1.77
CO_2	H_2O	283	0	1.46
		293	0	1.77
NaCl	H_2O	291	0.05	1.26
		291	0.2	1.21
		291	1.0	1.24
		291	3.0	1.36
		291	5.4	1.54
甲醇	H_2O	288	0	1.28
醋酸	H_2O	288.5	1.0	0.82
		288.5	0.01	0.91
		291	1.0	0.96
乙醇	H_2O	283	3.75	0.50
		283	0.05	0.83
		289	2.0	0.90
正丁醇	H_2O	288	0	0.77
CO_2	乙醇	290	0	3.2
氯仿	乙醇	293	2.0	1.25

3. 固体扩散系数

溶质 (A)	固体 (B)	温度 K	扩散系数 m²/s
H_2	硫化橡胶	298	0.85×10^{-9}
O_2	硫化橡胶	298	0.21×10^{-9}
N_2	硫化橡胶	298	0.15×10^{-9}
CO_2	硫化橡胶	298	0.11×10^{-9}
H_2	硫化氯丁橡胶	290	0.103×10^{-9}
		300	0.180×10^{-9}
He	SiO_2	293	$(2.4 \sim 5.5) \times 10^{-14}$
H_2	Fe	293	2.59×10^{-13}
Al	Cu	293	1.30×10^{-34}
Bi	Pb	293	1.10×10^{-20}
Hg	Pb	293	2.50×10^{-19}
Sb	Ag	293	3.51×10^{-25}
Cd	Cu	293	2.71×10^{-19}

二、常用填料的特性参数

1. 常用散装填料的特性参数

附录拓展

附录拓展

填料类型	公称直径 DN mm	外径×高×厚 $d \times h \times \delta$ mm×mm×mm	比表面积 a_t m²/m³	空隙率 ε %	个数 n m⁻³	堆积密度 ρ_p kg/m³	干填料因子 Φ m⁻¹
陶瓷拉西环填料	8	8×8×1.5	570	64	1465000	600	2500
	10	10×10×1.5	440	70	720000	700	1500
	15	15×15×2	330	70	250000	690	1020
	25	25×25×2.5	190	78	49000	505	450
	40	40×40×4.5	126	75	12700	577	350
	50	50×50×4.5	93	81	6000	457	205
金属拉西环填料	25	25×25×0.8	220	95	55000	640	257
	38	38×38×0.8	150	93	19000	570	186
	50	50×50×1.0	110	92	7000	430	141
金属鲍尔环填料	25	25×25×0.5	219	95	51940	393	255
	38	38×38×0.6	146	95.9	15180	318	165
	50	50×50×0.8	109	96	6500	314	124
	76	76×76×1.2	71	96.1	1830	308	80
聚丙烯鲍尔环填料	25	25×25×1.2	213	90.7	48300	85	285
	38	38×38×1.44	151	91.0	15800	82	200
	50	50×50×1.5	100	91.7	6300	76	130
	76	76×76×2.6	72	92.0	1830	73	92
金属阶梯环填料	25	25×12.5×0.5	221	95.1	98120	383	257
	38	38×19×0.6	153	95.9	30040	325	173
	50	50×25×0.8	109	96.1	12340	308	123
	76	76×38×1.2	72	96.1	3540	306	81
塑料阶梯环填料	25	25×12.5×1.4	228	90	81500	97.8	312
	38	38×19×1.0	132.5	91	27200	57.5	175
	50	50×25×1.5	114.2	92.7	10740	54.8	143
	76	76×38×3.0	90	92.9	3420	68.4	112
金属环矩鞍填料	25(铝)	25×20×0.6	185	96	101160	119	209
	38	38×30×0.8	112	96	24680	365	126
	50	50×40×1.0	74.9	96	10400	291	84
	76	76×60×1.2	57.6	97	3320	244.7	63

2. 常用规整填料性能参数

填料类型	型号	理论板数 N_T 1/m	比表面积 a_t m^2/m^3	空隙率 ε %	液体负荷 U $m^3/(m^2 \cdot h)$	最大 F 因子 F_{max} $m/s \cdot (kg/m^3)^{0.5}$	压降 Δp MPa/m
金属孔板波纹填料	125Y	1～1.2	125	98.5	0.2～100	3	2.0×10^{-4}
	250Y	2～3	250	97	0.2～100	2.6	3.0×10^{-4}
	350Y	3.5～4	350	95	0.2～100	2.0	3.5×10^{-4}
	500Y	4～4.5	500	93	0.2～100	1.8	4.0×10^{-4}
	700Y	6～8	700	85	0.2～100	1.6	$4.6 \times 10^{-4} \sim 6.6 \times 10^{-4}$
	125X	0.8～0.9	125	98.5	0.2～100	3.5	1.3×10^{-4}
	250X	1.6～2	250	97	0.2～100	2.8	1.4×10^{-4}
	350X	2.3～2.8	350	95	0.2～100	2.2	1.8×10^{-4}
金属丝网波纹填料	BX	4～5	500	90	0.2～20	2.4	1.97×10^{-4}
	BY	4～5	500	90	0.2～20	2.4	1.99×10^{-4}
	CY	8～10	700	87	0.2～20	2.0	$4.6 \times 10^{-4} \sim 6.6 \times 10^{-4}$
塑料孔板波纹填料	125Y	1～2	125	98.5	0.2～100	3	2.0×10^{-4}
	250Y	2～2.5	250	97	0.2～100	2.6	3.0×10^{-4}
	350Y	3.5～4	350	95	0.2～100	2.0	3.0×10^{-4}
	500Y	4～4.5	500	93	0.2～100	1.8	3.0×10^{-4}
	125X	0.8～0.9	125	98.5	0.2～100	3.5	1.4×10^{-4}
	250X	1.5～2	250	97	0.2～100	2.8	1.8×10^{-4}
	350X	2.3～2.8	350	95	0.2～100	2.2	1.3×10^{-4}
	500X	2.8～3.2	500	93	0.2～100	2.0	1.8×10^{-4}

附录拓展

附录拓展

三、塔板结构参数系列化标准(单溢流型)

塔径 D mm	塔截面积 A_T m^2	塔板间距 H_T mm	弓形降液管		降液管面积 A_f m^2	A_f/A_T %	l_w/D
			堰长 l_w mm	管宽 W_d mm			
600①	0.2610	300	406	77	0.0188	7.2	0.677
		350	428	90	0.0238	9.1	0.714
		400	440	103	0.0289	11.02	0.734
700①	0.3590	300	466	87	0.0248	6.9	0.666
		350	500	105	0.0325	9.06	0.714
		450	525	120	0.0395	11.0	0.750
800	0.5027	350	529	100	0.0363	7.22	0.661
		450	581	125	0.0502	10.0	0.726
		500	640	160	0.0717	14.2	0.800
		600					

续表

塔径 D mm	塔截面积 A_T m²	塔板间距 H_T mm	弓形降液管		降液管面积 A_f m²	A_f/A_T %	l_w/D
			堰长 l_w mm	管宽 W_d mm			
1000	0.7854	350	650	120	0.0534	6.8	0.650
		450	714	150	0.0770	9.8	0.714
		500	800	200	0.1120	14.2	0.800
		600					
1200	1.1310	350	794	150	0.0816	7.22	0.661
		450					
		500	876	190	0.1150	10.2	0.730
		600					
		800	960	240	0.1610	14.2	0.800
1400	1.5390	350	903	165	0.1020	6.63	0.645
		450					
		500	1029	225	0.1610	10.45	0.735
		600					
		800	1104	270	0.2065	13.4	0.790
1600	2.0110	450	1056	199	0.1450	7.21	0.660
		500	1171	255	0.2070	10.3	0.732
		600	1286	325	0.2918	14.5	0.805
		800					
1800	2.5450	450	1165	214	0.1710	6.74	0.647
		500	1312	284	0.2570	10.1	0.730
		600	1434	354	0.3540	13.9	0.797
		800					
2000	3.1420	450	1308	244	0.2190	7.0	0.654
		500	1456	314	0.3155	10.0	0.727
		600	1599	399	0.4457	14.2	0.799
		800					
2200	3.8010	450	1598	344	0.3800	10.0	0.726
		500	1686	394	0.4600	12.1	0.766
		600	1750	434	0.5320	14.0	0.795
		800					
2400	4.5240	450	1742	374	0.4524	10.0	0.726
		500	1830	424	0.5430	12.0	0.763
		600	1916	479	0.6430	14.2	0.798
		800					

① 对 $\phi600$ mm 及 $\phi700$ mm 两种塔径是整块式塔板,降液管为嵌入式,弓弧部分比塔的内径小一圈,表中的 l_w 及 W_d 为实际值。

参 考 书 目

[1] 贾绍义,柴诚敬.化工原理[M].2版.北京:高等教育出版社,2013.

[2] 贾绍义,柴诚敬.化工原理:下册——化工传质与分离过程[M].3版.北京:化学工业出版社,2020.

[3] 夏清,贾绍义.化工原理:下册[M].2版.天津:天津大学出版社,2012.

[4] 蒋维钧,雷良恒,刘茂林,等.化工原理:下册[M].3版.北京:清华大学出版社,2010.

[5] 陈敏恒,丛德滋,方图南,等.化工原理:下册[M].5版.北京:化学工业出版社,2020.

[6] 谭天恩,窦梅,等.化工原理:下册[M].4版.北京:化学工业出版社,2013.

[7] 时钧,汪家鼎,余国琮,等.化学工程手册:上卷[M].2版.北京:化学工业出版社,1996.

[8] 机械工程手册、电机工程手册编辑委员会.机械工程手册:第12卷(通用设备卷)[M].2版.北京:机械工业出版社,1997.

[9] 柴诚敬,王军,陈常贵,等.化工原理复习指导[M].天津:天津大学出版社,2022.

[10] McCabe W L,Smith J C.Unit Operations of Chemical Engineering[M].7th ed.New York:McGraw Hill Inc.,2008.

[11] Coulson J M, Richardson J F.Chemical Engineering Vol 1 (Fluid Flow, Heat Transfer & Mass Transfer)[M].6th ed.Beijing:Beijing World Publishing Corporation,2000.

[12] Coulson J M,Richardson J F. Chemical Engineering Vol 2(Partical Technology & Separation Processes)[M].4th ed.Beijing:Beijing World Publishing Corporation,2000.

[13] Geankoplis C J.Transport Processes and Unit Operations[M].3rd ed.New York:Prentice Hall PTR,1993.

[14] 大连理工大学.化工原理:下册[M].4版.北京:高等教育出版社,2022.

[15] Seader J D,Henley E J. Separation Process Principles[M].3rd ed.New York:John Wiley & Sons Inc.,2011.

[16] Scott K, Hughes R.Industrial Membrane Separation Technology[M].London:Blackie Acadamic & Professional,1996.

[17] Jancic S J,Grootscholten P A M.Industrial Crystallization[M]. Delft (Holland):Delft University Press,1984.

[18] 蒋维钧,余立新.新型传质分离技术[M].2版.北京:化学工业出版社,2006.

［19］叶振华.吸着分离过程基础［M］.北京：化学工业出版社,1988.

［20］Slater M J.Principles of Ion Exchange Technology［M］.Oxford：Butterworth-Heinemann Ltd.,1991.

［21］刘茉娥,陈欢林.新型分离技术基础［M］.2 版.杭州：浙江大学出版社,1999.

郑重声明

高等教育出版社依法对本书享有专有出版权。任何未经许可的复制、销售行为均违反《中华人民共和国著作权法》,其行为人将承担相应的民事责任和行政责任;构成犯罪的,将被依法追究刑事责任。为了维护市场秩序,保护读者的合法权益,避免读者误用盗版书造成不良后果,我社将配合行政执法部门和司法机关对违法犯罪的单位和个人进行严厉打击。社会各界人士如发现上述侵权行为,希望及时举报,我社将奖励举报有功人员。

反盗版举报电话 (010)58581999 58582371

反盗版举报邮箱 dd@hep.com.cn

通信地址 北京市西城区德外大街 4 号

高等教育出版社法律事务部

邮政编码 100120

读者意见反馈

为收集对教材的意见建议,进一步完善教材编写并做好服务工作,读者可将对本教材的意见建议通过如下渠道反馈至我社。

咨询电话 400-810-0598

反馈邮箱 hepsci@pub.hep.cn

通信地址 北京市朝阳区惠新东街 4 号富盛大厦 1 座

高等教育出版社理科事业部

邮政编码 100029